경상계열을 위한

통계학의 이해

탁충습 지음

敎友社

머 리 말

現代는 정보의 시대이다. 이러한 관점에서 본다면 통계학이란 숫자로 나열된 정보를 의미있는 문자로 된 정보로 풀이하는 과정이라고 해석할 수 있다. 우선, 통계학이라고 하면 많은 수식과 복잡한 이론의 체계라고 생각하기 쉬우나 통계학만큼 일목요연하면서도 홍미를 자아내게 하는 학문도 드물다고 생각한다.

본서는 통계학 공부에서 지루하면서도 난해한 방법을 지양하고 초보자도 알기 쉽게 간단명료한 이론과 풍부한 예제, 연습문제를 통하여 쉽게 접근할 수 있도록 구성하였다.

1장부터 13장까지는 통계학의 기초로써 모든 방면에 걸쳐 기반이 되는 내용을 수록하였으며 14장부터 18장까지는 통계학의 후속과정이 없는 분야의 전공에 유익하도록 회귀분석, 분산분석, 시계열분석 및 비모수 검정부분을 수록하였다.

아무쪼록 본서가 통계학에 대한 이해를 증진시키고 쉬운 접근을 통하여 독자의 홍미를 배가시키는 데 목적을 둔 만큼 소기의 성과를 거두리라고 확신하며 독자 여러분들의 학문발전에 기여하기를 바란다.

끝으로 본서의 출간에 도움을 주신 교우사의 오판근 사장님과 출간에 도움을 주신 편집진께 감사의 말씀을 드리고자 한다.

저 자 씀

차 례

제 1 장 서　론 1

1.1 통계학과 방법론 2
1.2 통계적 추론의 기본 개념 3
연습문제 9

제 2 장 자료의 분석과 정리 11

2.1 자료의 분석 : 기술 통계학 12
2.2 도수분포 I 12
2.3 도수분포표의 도표 18
연습문제 22

제 3 장 기술통계-분포의 특성과 자료의 요약 25

3.1 중심화 경향치 26
3.2 분산도 32
3.3 체비셰프의 법칙 37
연습문제 39

제 4 장 확률이론 41

4.1 확률의 기초개념 42
4.2 확률의 정의 42

4.3 집합과 확률 44
4.4 확률의 공리 48
4.5 확률의 기본 법칙 48
4.6 베이즈 정리 52
연습문제 55

제 5 장 확률변수와 확률분포 59

5.1 확률변수 60
5.2 확률분포, 확률밀도함수, 누적분포함수 62
5.3 이산확률변수와 확률함수 63
5.4 이산확률변수와 주변확률, 결합확률 67
5.5 연속확률변수와 확률함수 70
5.6 수학적 기대치와 분산 73
5.7 공분산, 상관계수 80
연습문제 90

제 6 장 이산확률분포 95

6.1 베르누이 분포 96
6.2 이항분포 97
6.3 포아송 분포 101
6.4 초기하분포 103
6.5 기하분포 105
연습문제 106

제 7 장 연속확률분포 109

7.1 항등분포 110
7.2 정규분포 112

7.3 표준정규분포 114
7.4 이항분포의 정규근사확률 125
연습문제 129

제 8 장 표본분포와 중심극한정리 131

8.1 표본분포 132
8.2 표본평균의 표본분포 132
8.3 중심극한정리 136
8.4 표본평균과 표본분포의 제 형태 137
8.5 분산의 표본분포 144
연습문제 151

제 9 장 추정이론 153

9.1 추정량의 성질 154
9.2 구간추정 159
9.3 표본 크기의 결정 167
9.4 모비율에 관한 구간추정 168
9.5 모분산 σ^2의 신뢰구간 170
9.6 두 모집단의 평균에 관한 추정 174
9.7 두 모집단의 비율의 차에 관한 구간 추정 182
9.8 모집단 비율의 추정에 있어서 표본크기의 결정 185
연습문제 187

제 10 장 가설검정 191

10.1 가설검정의 기초 192
10.2 검정기준 194
10.3 검정통계량 197

10.4 가설검정의 순서 200
10.5 가설검정의 오류 202
10.6 P값과 유의 수준 204

제 11 장 단일 모집단의 평균과 비율에 관한 가설검정추정 이론 209

11.1 모집단의 분산을 알고 있을 경우 210
11.2 모집단의 분산을 모를 경우 212
11.3 단일 모비율에 관한 가설검정 219
연습문제 221

제 12 장 두 모집단의 평균과 비율에 대한 가설검정 221

12.1 두 모집단간 평균에 관한 가설검정(총론) 222
12.2 두 모집단간 평균의 차에 관한 가설검정 222
12.3 두 표본이 짝을 이룬 경우 표본의 차에 관한 검정 232
12.4 두 모집단의 비율의 차에 관한 가설검정 235
연습문제 238

제 13 장 모집단의 분산에 관한 가설검정 243

13.1 단일 모집단의 분산에 관한 가설검정 244
13.2 두 모집단의 분산에 관한 가설검정 247
연습문제 253

제 14 장 회귀분석 257

14.1 회귀분석과 상관분석 258
14.2 산포도 259
14.3 단순회귀모형 261
14.4 표본회귀식의 추정방법 264

14.5 최소자승법 267
14.6 회귀선의 적합도 271
14.7 상관분석 279
연습문제 285

제 15 장 회귀분석의 통계적 추론 289

15.1 회귀분석의 기본 가정 290
15.2 모수에 대한 가설검정 292
15.3 모수에 대한 신뢰구간 추정 구간추정 295
15.4 예측치 ($\hat{Y}_i$) 의 모수 [$E(Y_i)$]에 대한 구간추정 298
15.5 분산분석 298

제 15.A 장 보론 다중회귀분석 305

15A.1 모 형 306
15A.2 표본회귀식의 추정 307
15A.3 추가되는 가정 308
15A.4 결정계수 308
15A.5 가설검정 309
연습문제 311

제 16 장 분산분석 315

16.1 분산분석의 기본 개념 316
16.2 분산분석의 기본원리 317
16.3 분산분석의 검정 320
연습문제 327

제 17 장 시계열분석 331

17.1 시계열 자료분석 332
17.2 지수 334
17.3 시계열의 평활법 335
연습문제 341

제 18 장 비모수 검정 343

18.1 비모수 통계학 344
18.2 χ^2-검정 344
18.3 윌콕슨 순위합 검정 352
18.4 윌콕슨 부호순위검정 354
연습문제 356

부 록 359
연습문제 해답 381
찾아보기 431

제 1 장 서 론

1.1 통계학과 방법론

1.2 통계적 추론의 기본 개념

1.1 통계학과 방법론

19세기 초기가 될 때까지 통계학은 국가적인 성격의 것, 특히 정치적인 또는 군사적인 기관과 관계를 가진 것으로 인식되어 있었다. 이러한 성격 또는 특성은 처음에는 주로 말로써 설명되어 지다가 점차 수식화되어 졌다. 통계학이 이와 같이 점차 수식의 형태를 띠어 가자 통계학은 점차 국가적이 아닌 분야에로까지 영역이 확장되게 되었다. 나중에 확률 이론이 발달하게 되자 통계학의 이론은 그 영역이 넓혀져 불완전한 정보로부터 과학적인 일반화를 가능하게 하는, 말하자면 통계적인 추론의 영역에까지 이르게 되었다.

이러한 역사적인 발전의 결과, 통계학이라는 학문은 두가지 부문 —기술적 통계학과 통계적 추론—을 포괄하게 되었다. 기술적 통계학은 통계적 자료를 수집하고 정리하여 도표나 표를 만들거나 자료를 요약하여 대표값이나 변동의 크기 등을 구하는 방법을 다루는 분야를 말한다. 반면에 통계적 추론이란 자료에 내포되어 있는 정보를 분석하여 불확실한 사실에 대한 추론을 하는 분야이다. 즉, 통계적 추론에서는 통계적 모형을 설정하고, 또한 설정된 모형이 합리적인지 여부를 평가하며, 자료로부터 얻어지는 정보를 근거로하여 미지의 특성에 대한 결론을 내리고 미래에 일어날 현상에 대한 예측을 하게 된다. 간단히 말하자면 통계적 추론이란 부분으로부터 전체적인 것으로의 일반화를 다루는 것이라고 말할 수 있다. 통계적 추론이란 다른 과학과 마찬가지로 통계학적 이론의 전개뿐 아니라 그 응용과도 관련이 있다.

기술적 통계학 :	통계적 자료를 모집, 정리하여 도표나 표를 만들거나 자료를 요약하여 대표값이나 변동의 크기 등을 구하는 방법을 기술
통계적 추 론 :	자료에 내포된 정보를 분석하여 불확실한 사실에 대한 추론을 하는 분야

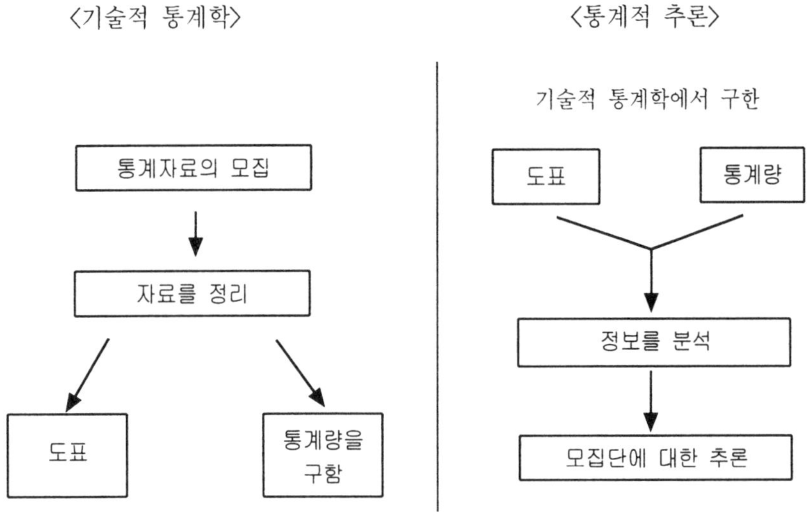

그림 1.1 기술적 통계학과 통계적 추론

계량경제 및 경영학에서는 통계적 추론이 중요한 비중을 차지하고 있다. 기술통계학은 통계자료의 수집, 정리 및 분석, 예를 들면 평균이나 분산을 구하는 등의 것과 관련이 있지만 통계적 추론에서는 위와 같이 측정하는 것에 덧부쳐 통계적 물음의 단계로까지 확장되는 것을 말한다.

1.2 통계적 추론의 기본 개념

통계적 추론을 보다 깊이있게 논하기에 앞서 몇가지 기본 개념을 알아두어야 할 필요가 있다. 가장 중요한 것들이 모집단과 표본집단에 관한 것들이다. 모집단이란 어떠한 측정이나 결과에 대한 모든 가능한 관찰치의 총체라고 정의할 수 있다. 예를 들면 어떤 특정한 시점에서의 어떤 지역의 모든 사람들의 소득, 여러 기간 동안의 일국의 국민소득, 또는 동전을 수없이 던졌을 때 나올 수 있는 모든 결과 등이 모집단이다. 모집단에는 유한 모집단과 무한 모집단이 있다. 유한 모집단이란 말 그대로 모든 가능한 관찰치의 개수가 유한한 경우를 말한다. 그러나 유한과 무한이라는 것은 생각보다 훨씬 미묘한 경우가 많다. 예를 들자면 1971년부터

1990년까지의 우리나라 국민 총생산에 관한 연간 통계자료를 생각해 본다면 20개의 관찰치로서 유한한 것처럼 보인다. 그러나 같은 통계자료라도 측정한 사람이나 측정한 기관이 다를 경우 관찰치는 측정 방법에 따라 얼마든지 상이할 수 있다. 따라서 어떤 기간 동안의 국민 총생산에 관한 모집단의 통계자료는 실제로 관찰된 관찰치까지 포함하는 것으로 생각할 수 있다. 즉 유한 관찰치가 무한 관찰치로 될 수도 있는 것이다. 이와 유사하게 동전을 던지는 경우, 발생 가능한 모든 결과에 관한 모집단은 무한 모집단이다. 왜냐하면 동전을 던지는 경우의 모집단은 무한한 경우이다. 즉 동전을 던지는 과정을 되풀이 할 경우, 앞면과 뒷면이 무한히 나올 것이다.

모집단이라는 개념과 관련해서 표본이라는 개념이 있는데, 그것은 모집단으로부터 선택된 결과치들이나 측정치들의 집합을 말한다. 모집단으로부터의 추출은 관찰자에 의해 행하여지는데 이것을 표본추출이라고 한다. 무한 모집단으로부터의 추출되는 표본은 무한 표본집단이 되겠지만 실제로 우리가 경험하는 표본은 유한한 경우가 대부분이다. 표본은 주어진 모집단으로부터의 추출로 얻어지기 때문에 어떻게 표본을 선택하느냐 하는 문제가 표본의 구성을 결정짓는 데 중요한 역할을 한다. 표본이 어떠한 확률적인 방법으로 선택된다면 그러한 표본을 확률표본이라고 한다. 확률표본의 중요한 예로써 무작위 표본(random sample)이 있다. 유한 모집단의 경우 모집단을 구성하는 각각의 구성인자가 표본으로 선택될 확률이 동일한 경우의 표본을 무작위 표본이라고 한다. 반면에 무한 표본의 경우 각 표본이 그 외의 다른 표본으로부터 독립적인 경우가 무작위 표본이다. 독립이란 뒤에 다시 부연하여 설명하겠지만 한 사상의 발생이 또다른 사상의 발생에 아무런 영향을 미치지 못하는 경우를 말한다.

> 모집단 : 어떠한 측정이나 결과에 대한 모든 가능한 관찰치의 총체
>
> 표　본 : 모집단으로부터 선택된 결과치들이나 측정치들의 집합

모집단이나 표본집단은 그 특성에 차이가 있다. 모집단의 수학적 특성을 모수(parameter)라고 하며, 요약 형태의 표본특성을 통계량(statistics)

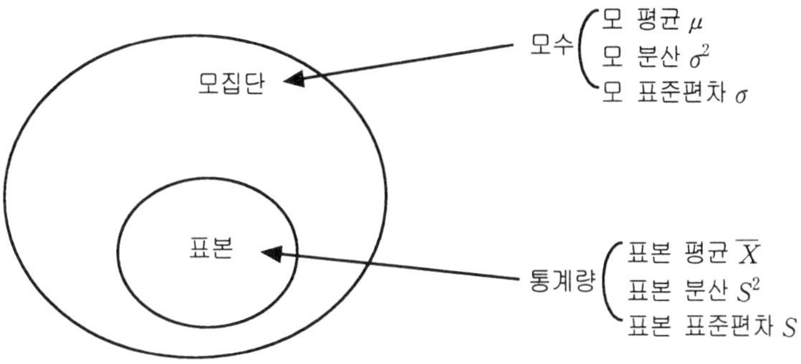

그림 1.2 모집단, 모수, 표본, 통계량

이라고 한다. 그러한 통계량의 예로는 집중화 경향치(예, 평균 또는 최빈값), 산포도(예, 표준편차) 또는 구성비 등이 있다. 무한 모집단의 모수는 결코 관찰될 수 없지만 유한 모집단의 모수는 이론상 관찰이 가능하나 실제로는 불가능하다.

지금까지 살펴본 바와 같이 통계량은 측정하거나 셀 수 있는 현상과 관련이 있다. 우리가 변수라고 말할 때 그것은 관찰 시점이 다를 때 다른 값을 나타내는 동일한 수량을 의미한다. 만약 어떤 현상이 단지 셀 수 있을 뿐이고 측정될 수 없을 때, 우리는 그것을 속성이라고 한다. 예를 들면 아이들이 출생했을 때의 사상의 결과를 생각해 본다면 우리는 아이들의 성(남자 또는 여자)이라는 속성을 연상할 수 있다. 이러한 속성은 양적인 변수보다 질적인 변수의 경우에 쓰인다.

변수의 경우와는 달리 관찰치에 따라 그 양이 변하지 않는 것을 상수라고 한다(모수도 상수이다. 왜냐하면 관찰할 때마다 그 값이 변하지 않기 때문이다). 만약 문제의 양이 상수가 아니고 변수일 때, 그 값이 변하는 원인이 무엇인지 알아볼 필요가 있을 것이다. 그 변수가 통제 가능한지 아닌지를 구별하는 것은 중요하다. 만약 통제가 불가능하다면 그것의 존재에는 확률적인 요소가 있다. 통제 불가능한 변수의 명백한 예가 동전을 던지는 경우의 결과이다. 대부분의 경제적인 변수들은 어느 정도 확률적인 요소를 포함하고 있기는 하지만 좌우간에 관찰하기 전에는 완전히 통제가 불가능한 변수들을 무작위 변수 또는 확률변수(random or sto-chastic variables)라고 한다. 그것들의 주된 특성은 어떤 값을 취할 때마다 항상 확률치를 가진다는 것이다. 이에 반해 작위 변수이거나 확정 변수는 통제 가능하거나 또는 예측 가능한 변수를 말한다. 상수는 말하자면 작위 변수의 특별한 경우라고 말할 수 있다.

변수를 또 달리 분류하자면 연속(連續)변수와 이산(離散)변수로 구분할 수 있다. 연속변수(continuous variable)란 좌표축에서나 그 일부분에서 어떠한 값이라도 취할 수 있는 변수를 말한다. 이러한 변수의 대표적인 예는 시간과 온도이지만 소득, 지출 등과 유사한 변수도 연속변수로 분류된다. 실제로 모든 경제적인 변수는 연속적이거나 대략 연속적이다. 연속변수에 대응하여 이산변수(discrete variable)가 있다. 이산 변수는 좌표축 상에 어떤 특정한 값만 취하는 변수를 말한다. 이 변수는 어떤 구간 내에서 일정한 크기로 나누어져 있다. 예를 들자면 일가족 내의 아이들의 수, 주사위를 한번 던질 때 3이 나오는 회수와 같은 경우가 이산변수이다. 연속변수는 소수점 이하 몇 자리까지도 분해하여 나타낼 수 있는데 이것을 연속자료의 가분성이라고 한다. 이에 반하여 이산변수인 자녀의 수, 주사위의 수 등은 정수로만 나타낼 수 있고 연속적인 숫자, 예를 들어 2.5, 3.25 등과 같이 표시할 수 없다.

연속변수 : 좌표축이나 그 일부분에서 어떠한 값이라도 취할 수 있는 변수

이산변수 : 좌표축 상에서 어떤 특정한 값만 취하는 변수

표 1.1 가구별 자녀수

아이들의 수 (변수)	가족의 수 (절대도수)	가족의 구성비 (상대도수)
0	3	0.09375
1	8	0.25000
2	10	0.31250
3	7	0.21875
4	4	0.12500
계	32	1.00000

이 단계에서 소개할 마지막개념으로 분포(distribution)가 있다. 표본의 경우에는 도수분포(frequency distribution)라고 한다. 도수분포(frequency distribution)란 이산변수의 경우, 변수의 각각의 값에 대한 관찰치를 부여하거나 또는 연속변수의 각 구간의 값에 대하여 관찰치를 부여하는 수치상의 자료의 총체를 말한다. 각각의 계급에 있어서의 관찰치(즉, 이산변수에 있어서의 점이나 연속변수에 있어서의 구간에 대한 관찰치)를 절대도수(absolute frequency)라 한다. 이것은 각각의 계급의 값이 전체의 관찰치에서 차지하는 비율에 대한 개념인 상대도수(relative frequency)와 구별된다.

> 절대도수 : 각각의 계급에 있어서의 관찰치
>
> 상대도수 : 각각의 계급의 값이 전체의 관찰치에서 차지하는 비율

예를 들자면 <표 1.1>에서와 같이 각각의 아이들 수에 따른 32가구의 표본을 생각해 볼 수도 있고 <표 1.2>에서와 같이 연속인 변수의 경우를 생각해 볼 수도 있다. <표 1.2>의 경우는 각각의 성적의 범위에 드는 학생의 수를 나타낸 것이다.

표 1.2 학급의 성적분포

성적범위 (변수)	학생수 (절대도수)	누적학생수 (누적도수)	상대비율 (상대도수)	상대적 누적비율 (상대적누적도수)
59점 이하	4	4	0.10	0.10
60점 - 69점	6	10	0.15	0.25
70점 - 79점	14	24	0.35	0.60
80점 - 89점	10	34	0.25	0.85
90점 - 100점	6	40	0.15	1.00
계	40		1.00	

<표 1.2>는 어느 학급의 평균 성적의 분포를 나타낸 것이다. 이 표에서 우리는 각각의 계급의 성적에 속한 학생수뿐만 아니라 그 계급의 성적

에 속한 학생들이 전체의 학생중에 차지하는 비율(상대도수)도 알 수 있다. 이러한 상대도수의 개념은 확률분포의 개념으로도 이해할 수 있다. 즉, 표본의 도수분포에 해당하는 모집단의 도수분포를 확률분포(probability distribution)라 한다. 즉 <표 1.2>의 총학생수 40명을 모집단이라고 가정하면, "전체 학생 가운데 10%는 59점 이하이다."라는 말은 "전체 학생 가운데 성적이 59점 이하의 학생을 선택할 확률은 0.10이다."라는 말과 같다. <표 1.2>는 이밖에 누적도수와 상대적 누적비율을 나타내고 있는데 누적도수는 각 구간(계급)의 절대도수를 누적적으로 합한 것이고 상대적 누적비율이란 상대도수(또는 상대비율)를 누적적으로 합한 것이다.

어떤 변수의 확률분포란 표본의 도수분포와 같은 의미로 이해할 수 있으며 한 번에 한 개 이상의 변수의 확률분포도 취급할 수 있다. 예를 들면 각각의 나이에서 사망할 확률의 분포는 일 변수 분포이나 동일 확률을 남녀에 따른 확률분포로 나누어 생각한다면 두 변수 확률분포로 나타낼 수 있다. 같은 방법으로 또다른 특성에 의해 분류한다면 다변수 확률분포로 확장해 볼 수 있다.

연습문제

1.1 통계학이란 어떠한 학문 분야인가?

1.2 기술통계학과 통계적 추론(推理統計學)의 차이점을 설명하여라.

1.3 다음 통계적 용어를 설명하여라.

1) 모집단과 표본
2) 모수와 통계량
3) 변수와 속성
4) 이산변수와 연속변수
5) 무작위 변수(또는 확률변수)
6) 절대도수와 상대도수
7) 확률분포

1.4 통계학의 대상이 될 수 있는 모집단과 그 표본으로는 어떠한 것들이 있는지 각각 예를 들어 보아라.

제 2 장

자료 분석과 정리

2.1 자료의 분석 : 기술 통계학

2.2 도수분포 I

2.3 도수분포표의 도표

2.1 자료의 분석 : 기술 통계학

우리들은 일상 생활에서 수많은 각종 통계 자료에 접하게 된다. 예를 들면 어느 학급의 학생들의 성적, 매일매일의 주식의 가격, 어느 상품의 가격동향 등 어느것 하나도 우리들에게 수많은 정보를 전하지 않는 것이 없다. 이렇게 전해진 각종 정보를 일련의 속성(또는 통계적 특성)의 형태로 나타내는 것을 자료의 분석이라고 한다. 흔히 자료의 분석은 자료를 시각적으로 쉽게 알아볼 수 있도록 표나 도표(그래프)의 형태로 나타내므로써 시작된다. 자료는 크게 두 가지 형태의 변수를 포함하고 있는데 하나는 양적인 변수와 질적인 변수의 두 가지 형태를 띤다. 양적인 변수(quantitative variable)라 함은 시험 점수라든가 상품의 가격 등과 같이 수치가 자료의 특성을 나타내는 경우의 변수를 말하고 질적인 변수(qualitative variable)라 함은 성별, 직업, 학력 등과 같이 자료의 속성을 수치로 나타낼 수 없는 경우의 변수를 말한다.

양적변수 : 수치가 자료의 특성을 나타내는 변수
질적변수 : 자료의 속성을 수치로 나타낼 수 없는 경우의 변수

2.2 도수분포 I

제1장에서 도수분포의 개념을 대략 살펴본 바와 같이, 도수분포란 수집된 통계자료를 체계적으로 요약하여 이산변수의 경우 각각의 변수값에 대한 관찰치를 부여하거나, 연속 변수의 경우 각 구간(또는 계급)에 대한 관찰치를 부여하여 정리한 표를 말한다. 이해의 편의를 위하여 도수 분포표의 예를 두 가지의 경우로 나누어 살펴보도록 하자. <표 2.1>은 우리가 요약, 정리하려는 자료가 질적인 변수의 경우로써 어느 학급 학생들의 학부형의 최고 학력에 관한 자료이다.

표 2.1 어느 학급의 학부형의 학력

학생의 출석번호	학부형 학력	학생의 출석번호	학부형 학력
1	대졸	11	고졸
2	고졸	12	대졸
3	중졸	13	국졸
4	대졸	14	중졸
5	대졸	15	고졸
6	중졸	16	대졸
7	고졸	17	대졸
8	고졸	18	대졸
9	대졸	19	고졸
10	대졸	20	대졸

※ 학생수 = 20

표 2.2 학부형의 학력에 대한 도수분포표

학력(X)	도수(f)	상대도수($\frac{f}{n}$)	백분율
국졸	1	$\frac{1}{20}$	5
중졸	3	$\frac{3}{20}$	15
고졸	6	$\frac{6}{20}$	30
대졸	10	$\frac{10}{20}$	50
합계	20	1	100 %

<표 2.1>만으로는 학부형들의 학력이 대체로 어떠한지를 쉽게 알 수가 없다. 학력의 분포 상태를 좀더 용이하게 알아보기 위하여 표 2.2와 같이 학력에 대한 도수분포표를 작성하였다. 표 2.2에서 첫 번째 열에 있는 X는 학력이라는 질적인 변수를 그 종류(또는 계급, 구간)에 따라 몇 개로 나누어 놓은 것이고 그 각각의 종류에 대한 관찰치가 두 번째 열에 나타나 있다. 이것을 도수(또는 빈도수)라고 한다. 세 번째 열의 상대도수란

질적인 변수인 각각의 학력이 전체 학부형의 수 가운데서 차지하는 비율을 말한다. 즉 상대적 도수(또는 빈도)란 각 계급의 관찰치가 전체의 관찰치에서 차지하는 비율을 의미하며 전체의 관찰치를 n, 그 계급의 관찰치를 f_i 라 하면,

$$\text{상대적 도수(빈도)} = \frac{f_i}{n}, \quad (\text{단 } \Sigma f_i = n)$$

또는

$$\text{상대적 도수(백분율)} = \left(\frac{f_i}{n}\right) \times 100$$

<표 2.2>의 네 번째 열은 상대적인 도수를 백분율로 환산한 것으로써 각 계급의 관찰치가 전체 관찰치에서 차지하는 비율을 나타내는 것으로써 상대적 도수와 함께 각 계급간을 비교해 보는데 편리하다. 이 상대도수는 후술하게 될 확률의 개념으로 이해할 수 있다. 환언하면 전체 학생 가운데 한 학생을 골라 그 학부형의 학력을 조사해 보았을 때 그것이 대졸일 확률은 $\frac{1}{2}$일 것이라는 점이다.

다음으로 우리는 양적인 변수의 도수분포표를 살펴보도록 하자. 앞서 설명한 바와 같이 양적변수는 크게 두 가지로 나누어 이산변수와 연속변수로 나눌 수 있다. <표 2.4>, <표 2.5>는 이산변수의 도수분포의 예이다. 우선 <표 2.4>는 어느 연립주택 32가구의 자녀들의 수를 조사한 자료이다.

표 2.4 32 가구별 자녀들의 수

2	3	0	1	1	2	2	3
5	4	3	0	1	1	2	0
3	4	2	2	4	2	3	2
1	2	2	3	1	1	1	3

표 2.5 32가구별 자녀들의 수에 대한 도수분포표 f_i

자녀의 수	도수 (=절대도수 f_i)	상대도수 ($\frac{f_i}{n}$)	누적도수 (Σf_i)	누적상대도수 ($\Sigma \frac{f_i}{n}$)
0	3	0.09375	3	0.09375
1	8	0.25000	11	0.34375
2	10	0.31250	21	0.65625
3	7	0.21875	28	0.87500
4이상	4	0.12500	32	1.00000
합계	32	1.00000		

<표 2.5>는 네 번째, 다섯 번째 열만 제외하면 제1장에서의 <표 1.1>과 같다. <표 2.5>는 누적도수와 누적상대도수를 보여준다.

> 누적도수(cumulative frequency)란 어떤 계급의 관찰치(도수)를 포함해서 그 이하 또는 그 이상의 모든 관찰치(도수)를 합계한 것이다.

가령 위의 예에서 자녀의 수가 둘 이하인 가구의 총 관찰치(도수)를 알고자 할 경우 그 계급에서의 누적도수를 보면 21임을 알 수 있다. 이것은 3, 8, 10의 합계와 같다.

> 누적상대도수(cumulative relative frequency)란 어떤 계급 이상 또는 이하에 해당하는 도수가 전체 관찰치 중에서 차지하는 비율을 의미한다.

상대도수가 어떤 계급에 속하는 도수가 전체 관찰치에서 점하는 비율을 말한다면 누적상대도수란 어떤 계급 이상 또는 이하까지의 상대도수의 합계를 나타낸다. <표 2.5>의 예에서 자녀의 수가 둘 이하인 가구의 누적상대도수는 0.65625임을 알 수 있는데 이것은 두 가지 의미로 이해할 수 있다. 첫째는 자녀수가 둘 이하인 가구의 수가 21인데 이것은 전체 가구수 32중의 비율($=\frac{21}{32}$)이 0.65625임을 나타내며 둘째 자녀의 수가 둘 이하인 가구의 상대도수를 합계(=0.09375 + 0.25000 + 0.31250)한 것이 0.65625임을 알 수 있다. 결국 첫째와 둘째는 같은 의미이지만 상대도수의 경우와 같이 전체 가구중에서 자녀의 수가 둘 이하인 가구가 선택될 확률은 0.65625임을 의미한다. 다음으로 연속 변수의 경우 도수분포표를 작성하는 방법을 살펴보도록 하자.

표 2.6 40명 학생들의 기말고사 평균성적

43	92	76	55	67	83	99	32
81	78	74	60	72	100	88	85
51	75	70	86	94	65	87	77
73	64	68	96	78	70	93	84
89	73	76	66	89	72	71	82

<표 2.6>을 보면 관찰치들을 몇 개의 계급구간으로 나누어 보면 관찰치들의 분포상태를 더 쉽게 파악할 수 있다. 이때 계급의 수가 너무 적으면 관찰치의 분포를 파악하기 곤란하고 이에 반하여 계급의 수가 너무 많으면 필요 이상으로 상세하여 분포의 전체적인 형태를 파악하기 곤란하다. 계급의 수가 많다는 것은 계급의 구간이 작음을 의미하고 또 계급의 수가 적으면 계급의 구간이 넓어짐을 의미한다. 계급의 수를 얼마로 할 것인가는 계급의 구간을 얼마로 할 것인가의 문제와 긴밀한 관계가 있다고 할 수 있다. 결국 보다 더 일목요연한 정보를 얻는다는 점에서 적당한 계급의 수와 구간을 정해야 할 것이다. 계급의 수와 구간은 다음의 관계가 있다.

$$\text{계급의 구간} = \frac{\text{자료의 최대값} - \text{자료의 최소값}}{\text{계급의 수}}$$

위의 <표 2.6>의 연속자료는 최대치가 100이고 최소치가 32이므로 계급구간이 10이 되도록 정하면 계급의 수는 7이 된다. <표 2.7>은 <표 2.6>을 계급의 구간이 10, 계급의 수가 7이 되도록 작성된 도수분포표이다.

표 2.7 <표 2.6>을 계급구간으로 나눈 도수분포표(기말고사 성적분포)

점수(X)	중간점	도수	상대도수	누적도수	누적상대도수
31 - 40	35.5	1	0.025	1	0.025
41 - 50	45.5	1	0.025	2	0.050
51 - 60	55.5	3	0.050	5	0.100
61 - 70	65.5	7	0.150	12	0.250
71 - 80	75.5	12	0.350	24	0.600
81 - 90	85.5	10	0.250	34	0.850
91 - 100	95.5	6	0.150	40	1.000
계		40	1.000		

도수분포표를 작성하는 방법을 간략히 기술하면 다음과 같다.

i) 구간의 수는 자료의 수에 따라 차이가 있으나 5~10정도가 적당하다.

ii) 계급의 구간은 모두 같아야 하나 계급의 양끝은 포괄적(예컨데 30 이하 또는 80 이상 등)일 수 있다.

iii) 각 관찰치는 오직 하나의 계급구간에만 포함 되어야 하며 계급은 연속적으로 표시한다.

다음은 몇 가지 도수분포표의 예이다.

[예 1] 도수분포표 I

성 적	인원수
40미만	5
40이상 - 50미만	7
50 - 60	8
60 - 70	4
70이상	1
합계	20

[예 2] 도수분포표 II

점 수	인원수
69이하	2
70 - 74	3
75 - 79	4
80 - 84	6
85 - 89	0
90 - 94	3
95 - 99	2
합 계	20

2.3 도수분포표의 도표

무질서하고 복잡한 원래의 자료를 몇 개의 계급의 수와 구간으로 나누어 도수분포표로 표시했을 때 자료의 특성을 용이하게 파악할 수가 있으나 이러한 도수분포표를 도표로 나타내면 자료의 분포상태를 한 눈에 일목요연하게 알아볼 수 있다. 다음은 몇 가지 도표의 예이다.

2.3.1 막대 그림표

막대 그림표는 질적자료에 유용하게 쓰인다. <표 2.2>를 막대그림표로 나타내면 <그림 2.1>과 같다.

표 2.2 학부형의 학력에 대한 도수분포표

학력(X)	도수(f_i)	상대도수 ($\frac{f_i}{n}$)
국졸	1	$\frac{1}{20}$(= 0.05)
중졸	3	$\frac{3}{20}$(= 0.15)
고졸	6	$\frac{6}{20}$(= 0.30)
대졸	10	$\frac{10}{20}$(= 0.50)
합 계	20	1.0

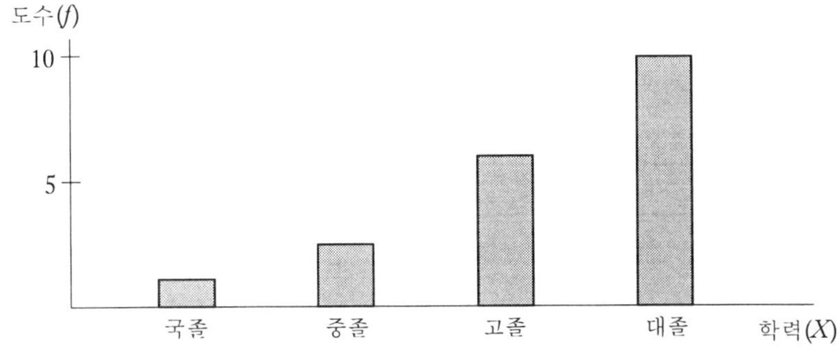

그림 2.1 학부형의 학력에 대한 도수

막대 그래프는 질적자료에도 쓰이지만 양적자료에도 유용하게 쓰인다.

2.3.2 히스토그램

히스토그램은 연속적 자료로 된 도수분포표를 도표로 표시할 때 사용된다. 연속적 자료로 된 도수분포표를 도표로 나타낼 때 각 막대간의 간격을 붙혀 표시하므로써 각 구간의 측정치가 연속적임을 나타내고 있다. 히스토그램의 예로써 <표 2.7>의 도수분포표를 사용하기로 한다.

표 2.7 기말고사 성적에 관한 도수분포

점수(X)	중간점	도수	상대도수	누적도수
31 - 40	35.5	1	0.025	1
41 - 50	45.5	1	0.025	2
51 - 60	55.5	2	0.050	4
61 - 70	65.5	6	0.150	10
71 - 80	75.5	14	0.350	24
81 - 90	85.5	10	0.250	34
91 - 100	95.5	6	0.150	40

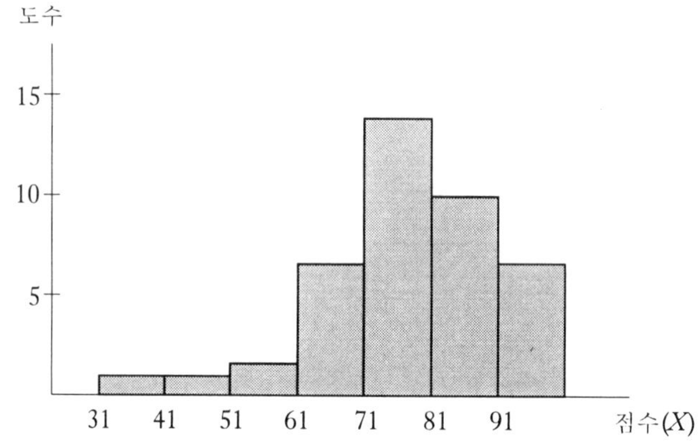

그림 2.2 기말고사 성적의 히스토그램

2.3.3 꺽은 선 그림표

꺽은선 그림프는 막대 그림표의 각각의 중간점을 연결하며 표시한 것으로써 자료가 연속적일 때 많이 사용한다. 질적자료나 이산적 자료에는 사용되지 않는다. 앞의 <표 2.7>을 꺽은선 그림표로 나타내면 다음과 같다.

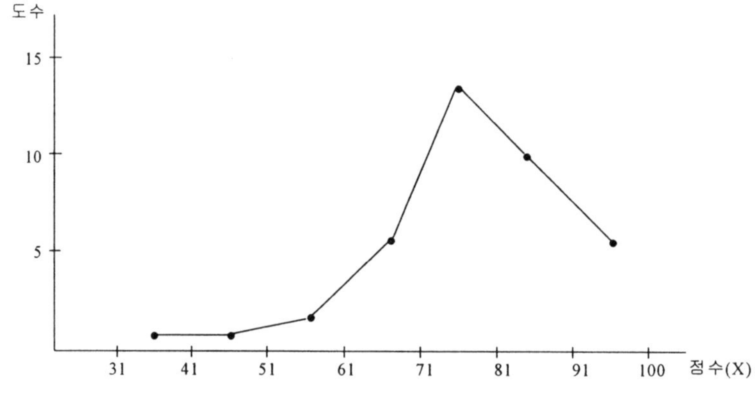

그림 2.3 기말고사 성적의 꺽은선 그래프

2.3.4 기타의 그림표

기타의 그림표로 원(pie) 그림표가 있다. 원그림표를 막대그림표처럼 질적자료 등을 나타낼 때 자료의 일목요연한 속성을 잘 나타내 준다. 앞서

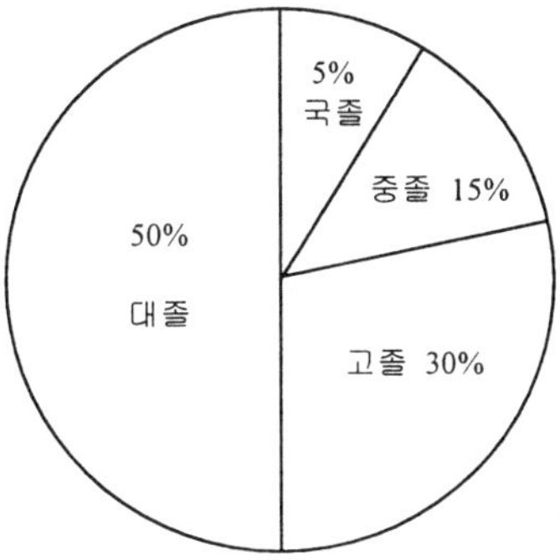

그림 2.4 학부형의 학력에 대한 원 그림표

의 <표 2.2>의 학부형의 학력에 대한 도수분포표를 pie 그림표로 나타내면 위와 같다.

연습문제

2.1 다음 자료 중에서 이산적 자료와 연속적 자료를 구분하여 보아라.

① 전자제품의 수명　　② 전국 대학생들의 몸무게

③ 기온　　④ TV의 판매량

⑤ 가구당 자녀수　　⑥ 어떤 공장의 일일 총 생산량

2.2 다음은 어느 고등학교 3학년 중 한 반 40명의 몸무게의 자료이다. 이 자료를 보고 물음에 답하라.

45	57	85	72	65	92	55	48	51	62
70	69	58	53	49	71	60	67	53	44
40	54	58	78	66	54	73	65	56	48
96	83	77	47	53	58	64	61	74	52

① 구간의 개수가 6개인 도수분포표를 만들고 상대도수, 누적도수, 누적상대도수를 포함하라.

② 구간의 개수가 12개인 도수분포표를 만들고 역시 상대도수, 누적도수, 누적상대도수를 표시하라.

③ ①과 ②의 히스토그램과 꺽은선 그림표를 그려보아라.

2.3 다음은 어느 빌라 20가구의 자녀수를 조사한 자료이다. 이 자료를 기초로 도수분포표를 작성하고 상대도수, 누적도수, 누적상대도수를 나타내어라.

4	0	3	2	1
1	2	2	3	0
4	1	2	2	3
2	1	2	2	1

2.4 다음은 어느 대학교 4학년 학생 30명의 평균성적(GPA)이다. 이 자료를 기초로 도수분포표를 작성하고 상대도수, 누적도수, 누적 상대도수를 표시하여라.

4.0	2.6	1.0	1.8	4.3	3.7	3.3	2.5	3.4	2.9
2.4	2.3	2.5	1.5	0.6	0.8	1.3	2.1	3.8	4.2
1.9	1.2	0.9	4.3	2.3	3.5	2.5	3.1	3.0	2.0

기술통계
–분포의 특성과 자료의 요약

제 3 장

3.1 중심화 경향치

3.2 분산도

3.3 체비셰프의 법칙

2장에서 수집된 자료를 정리하는 방법에 대하여 공부하였다. 예컨대 관찰치의 분포 상태를 용이하게 파악하기 위하여 도수분포표를 작성하든가 또는 자료의 분포를 시각적으로 나타내기 위하여 각종 도표를 이용하든가 하였다.

그러나 자료의 수집, 정리만으로는 분포의 특성을 정확히 파악하기 어렵다. 따라서 이 장에서의 목표는 이와 같이 수집 정리된 자료로부터 분포의 특성을 보다 더 자세히 분석하고자 하는 것이다. 여기서 분석이라 함은 분포의 특성을 세분화하여 중심화 경향치(central tendency), 분산도(dispersion) 등을 숫자로 나타내는 과정이라고 할 수 있다. 중심화 경향치에는 최빈값, 중앙값, 산술평균 등이 있으며 분산도에는 분산과 표준편차 등이 있는데 이 중에서 분포의 특성을 나타내 주는 제일 중요한 개념은 중심화 경향치의 산술평균과 분산도의 표준편차(또는 분산)이라고 할 수 있다.

3.1 중심화 경향치(central tendency)

중심화 경향치란 관찰된 자료들이 어느 부분에 집중되어 있는가를 나타내주는 개념으로써 여기에는 최빈값(mode), 중앙값(median), 산술평균(arithmetic mean) 등이 있다.

(1) 최빈값(mode)

최빈값은 자료의 분포에서 어느 곳이 자주 나타나는 값인가를 나타내주는 수치(즉, 관찰치)를 말한다. 가령 어느 10명의 학생들의 통계학 성적이 다음과 같다고 할 때,

85 60 95 80 75 65 75 70 80 75

이러한 관찰치들 중 최빈값은 75이다.

또 어느 지역 20가구의 자녀수를 조사한 결과 다음과 같다고 한다면

표 3.1 가구별 자녀수의 도수 분포표

자녀수	가구수
0	2
1	4
2	11
3	3
계	20

이 자료에서 최빈값은 관찰치가 가장 많이 몰려 있는 2(자녀)가 최빈값이 된다. 이에 반하여 2장에서의 예처럼 가령 <표 2.7> 기말고사 성적에 관한 도수분포에 정리된 자료처럼 계급구간이 있는 연속된 자료의 경우 최빈값은 최빈구간의 중간점이 된다. 따라서 이 경우에는 최빈구간이 71-80이며 이의 중간점 75.5가 최빈값이 된다.

(2) 중앙값(median)

중앙값이란 숫자로 표시된 전체 자료를 크기순으로 나열했을 때 중앙에 위치하게 되는 값을 의미한다. 관찰치가 n개일 때

$$\text{중앙값} = \frac{n+1}{2}$$

이다.

관찰치의 숫자 n이 홀수일 때와 짝수일 때를 보면

① n 이 홀수일 때(n=7)

2 3 4 6 7 8 9

따라서 중앙값은 (7+1)/2 = 4, 즉 4번째의 수 6이 된다.

② n 이 짝수일 때 (n=8)

12 10 7 6 3 8 5 9

이 자료를 크기순으로 나열하면

3 5 6 7 8 9 10 12

따라서 중앙값은 (8+1)/2=4.5 즉, 네 번째와 다섯 번째의 중앙에 있는 값이 된다. 그러므로 7과 8의 가운데 즉, 7.5가 중앙값이다.

만약 연속된 자료가 도수분포표로 나타나 있을 때 중앙값은 어떻게 구해야 할까? 다음의 예를 살펴보자.

표 3.2 계급별 도수

n = 29

계급	도수	누적도수
10 - 14	2	2
15 - 19	4	6
20 - 24	7	13
25 - 29	13	26
30 - 34	3	29

총 관찰치가 29이므로 중앙값은 (29+1)/2=15, 즉 총 관찰치 중 큰 순서로 나열했을 때 15번째의 수치가 중앙값이다.

위의 표에서 15번째의 값은 계급구간이 25-29 구간이고(왜냐하면 20-24까지 누적도수가 13이므로 이 구간 중 2번째로 작은 수치의 값을 구하면 된다. 25-29 구간의 정확한 구간 한계는 24.5-29.5이므로(24와 25의 중간값과 29와 30의 중간값) 2번째의 숫자는

$$5 : 13\text{ 도수} = x : 2\text{ 도수}$$

즉 $\frac{10}{13}$ = 0.77. 따라서 해당 구간의 작은 한계 24.5에서 0.77을 더한 수치가 15번째(즉 13+2)의 숫자로써 중앙값 24.5+0.77 = 25.27, 약 25.3이다.

(3) 산술평균(arithmetic Mean)

산술평균은 중심화 경향치(central tendency)를 대표하는 값이라고 해도 과언이 아닐 정도로 분포의 집중도를 나타내는 중심 개념으로써 널리 쓰이고 있으며 그냥 간단히 평균이라고도 한다.

모평균

$$\mu = \frac{x_1 + x_2 + \ldots + x_n}{N} = \frac{\sum_{i=1}^{N} X_i}{N}$$

표본평균

$$\overline{\mathrm{X}} = \frac{x_1 + x_2 + \ldots + x_n}{n} = \frac{\sum_{i=1}^{n} X_i}{n}$$

[예제 1] 어느과 10명 학생의 성적이 다음과 같다면 평균 성적은 얼마냐?

89 55 45 62 75 90 67 82 72 81

풀이

$$\mu = \frac{\sum_{i=1}^{N} X_i}{N}$$

$$= \frac{89+55+45+62+75+90+67+82+72+81}{10}$$

$$= 71.8$$

위의 $\mu = 71.8$ 은 전체 학생(모집단) 10명을 대상으로 구성한 것이므로 모평균이다.

[예제 2] 어느 지역 가구들의 월 평균 소비전력을 측정하기 위하여 8가구를 표본으로 뽑아 조사했더니 다음과 같았다. 표본의 평균값은 얼마냐? (단위 Kw)

120 184 220 85 68 146 162 95

풀 이

$$\overline{X} = \frac{\sum_{i=1}^{n} X_i}{n}$$

$$= \frac{120+184+220+85+68+146+162+95}{8}$$

$$= 135$$

도수 분포표에서 평균값을 구하는 경우를 살펴보자. 가령, 도수분포표가 아래와 같다면

표 3.3 계급별 도수

계급	중간점	도수(fi)
10 - 14	12	2
15 - 19	17	4
20 - 24	22	7
25 - 29	27	13
30 - 34	32	3
		$n = 29(=\Sigma fi)$

도수분포표에서의 산술평균

$$\overline{X} = \frac{f_1x_1+f_2x_2+\ldots+f_nx_n}{n} = \frac{\Sigma f_ix_i}{n}$$

위 도수분포표의 평균은

$$\overline{X} = \frac{12\times2+17\times4+22\times7+27\times13+32\times3}{29}$$

$$= \frac{693}{29} \doteqdot 23.9$$

이다.

(4) 분포의 모양과 중심화 경향치

이제까지 중심화 경향치 즉, 최빈값, 중앙값 및, 산술평균을 살펴보았다. 중심화 경향치들의 분포에 있어서의 위치는 분포의 모양에 따라 다르다.

① 좌우가 대칭인 분포

좌우가 대칭인 분포에서는 세 개의 값은 동일

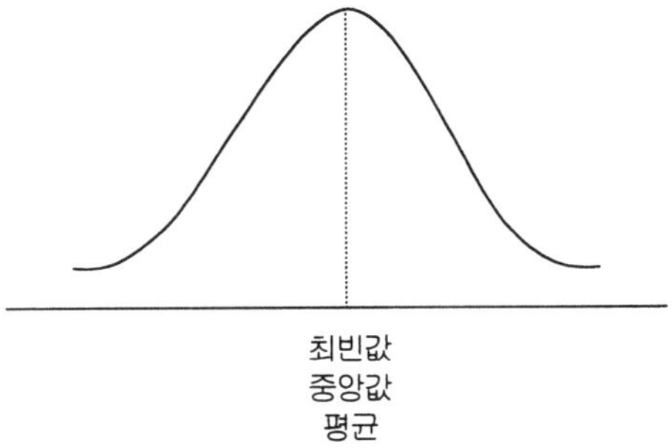

그림 3.1

② 왼쪽으로 꼬리가 있는 비대칭 분포(Skewed to the left)

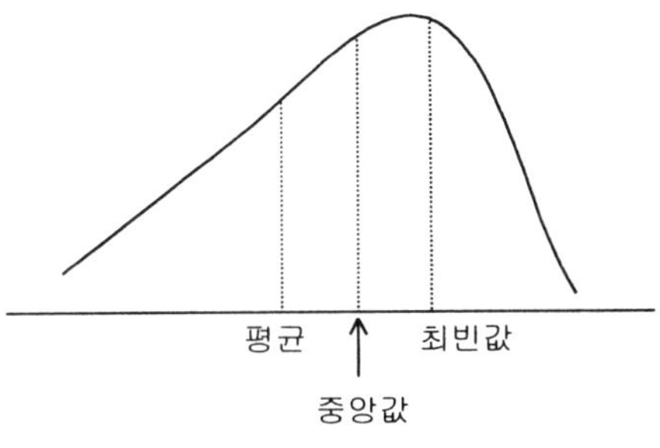

그림 3.2

③ 오른쪽으로 꼬리가 있는 비대칭 분포(Skewed to the right)

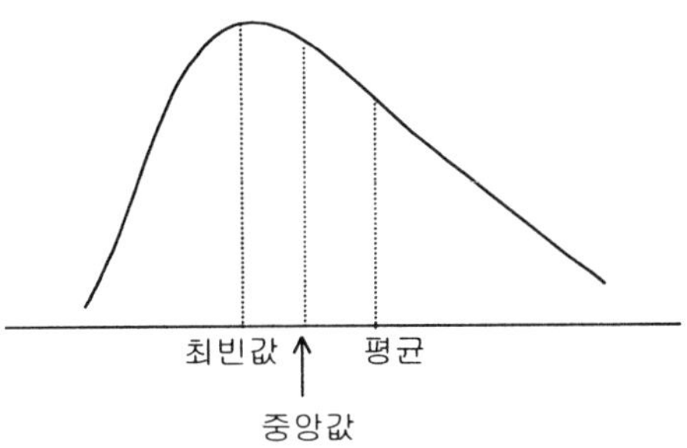

그림 3.3

(5) 중심화 경향치간의 특징

중심화 경향치에는 최빈값, 중앙값, 산술평균이 있는데 어느 것이 집중도를 나타내는 것으로써 적절한가? 결론부터 말한다면 이 문제는 분석하고자 하는 자료의 특징이나, 분포의 형태에 따라 결정될 문제이다. 가령 자녀수에 따른 세대별 도수분포표의 경우 평균 자녀수로 1.xx, 2.xx 등은 별 의미가 없다. 왜냐하면 자녀수가 소수점으로 나타나는 것은 이상할 것이기 때문에 이 경우는 산술평균보다 최빈값이 적절한 중심화 경향치가 될 수 있다. 이에 반하여 한 반 전체 학생의 성적의 분포로는 산술평균이 분포의 집중도를 분석하는 좋은 자료가 될 수 있겠고, 또 어떤 분포가 좌우 비대칭일 경우 산술평균보다 중앙값을 보는 것이 분포의 중심도를 살펴보는데 적절하다고 할 수 있다. 일반적으로 관찰치의 분포가 지극히 비대칭적이지 않는 한 대체로 산술 평균이 분포의 집중도를 분석하는 적절한 대표치가 된다.

3.2 분산도(dispersion)

가령 A, B 두 개의 국가의 일인당 평균 국민소득이 다같이 $10,000이라고 하더라도 A국이 B국에 비하여 빈부의 격차가 더 크다고 한다면 A국은 B국에 비하여 사회적 불안과 갈등요인을 훨신 더 많이 내포하고 있을 것이다.

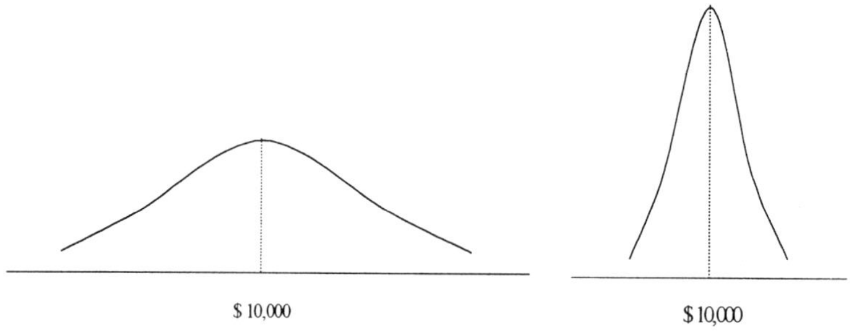

(a) (b)

여기서 말하는 빈부의 격차란 결국 평균적으로 보면 일인당 $10,000의 국민소득이지만 소득의 분포상태가 빈곤계층에서부터 최상계층까지 광범위한 정도가 큰 경우를 말한다. 우리가 지금부터 공부한 분산도의 개념도 이와같이 분포에서 관찰치들이 흩어져 있는 정도를 나타내는 것으로써 이와같은 분석을 분산분석이라 한다.

> 분산도란 관찰치들이 분포에서 흩어져 있는 정도를 나타내는 것으로써 범위(range), 사분편차(quartile deviation), 분산(variance), 그리고 표준편차 등이 있다.

(1) 범위(range)

범위란 관찰치의 최대치와 최소치의 차이를 말하며 분산도를 알아보는 가장 간단한 개념이다. 그러나 범위는 두 극단치 사이의 차이는 나타내나 두 극단치 사이의 분포는 알 수 없는 단점도 있다.

[예제 3] 어떤 학과 4학년 10명의 통계성적이 다음과 같다면 성적의 범위는?

32 95 76 45 68 89 62 55 92 83

증명 이 자료에서 최대치가 95, 최소치가 32이므로 범위는 95−32=63이다.

(2) 사분편차(quartile deviation)

사분편차란 관찰치를 크기 순서로 열거했을 때 전체 관찰치중 $\frac{1}{4}$ 지점의 수치와 $\frac{3}{4}$ 지점의 수치의 차이를 이등분한 값을 말한다.

$$\text{사분편차} = \frac{Q_3 - Q_1}{2}$$

Q_3 : $\frac{3}{4}$ 지점의 수치

Q_1 : $\frac{1}{4}$ 지점의 수치

가령 위의 예제를 성적순으로 나타내면

32 45 55 62 68 76 83 89 92 95

총 관찰치가 10개이므로 Q_1은 왼쪽에서 2.5번째, Q_3는 7.5번째에 해당하는 수치이다. 2.5번째는 45와 55의 중간수치이므로 50, 7.5번째 수치는 83과 89의 중간이므로 86이다. 그러므로

$$\text{사분편차} = \frac{86-50}{2} = \frac{36}{2} = 19$$

따라서 사분편차는 중앙값(68과 76의 중간값, 즉 72)을 중심으로 관찰치가 흩어져 있는 정도를 개략적으로 보여준다.

(3) 분산(dispersion)과 표준편차(standard deviation)

분산과 표준편차는 통계학에서 평균과 함께 가장 널리 쓰이는 개념이다. 분산과 표준 편차는 자료가 평균치로부터 흩어진 정도를 나타내는 것으로써 표준편차는 분산의 제곱근을 구한 것이다.

앞에서 모평균을 μ, 표본평균을 $\overline{X}$로 표기한 것처럼 분산도 모분산과 모표준편차를 각각 σ^2, σ로 나타내고 표본분산과 표본 표준편차는 각각 S^2, S로 나타낸다. 각각의 공식은 아래와 같다.

모분산	모표준편차
$\sigma^2 = \frac{\sum_{i=1}^{N}(X_i-\mu)^2}{N}$	$\sigma = \sqrt{\sigma^2} = \sqrt{\frac{\sum_{i=1}^{N}(X_i-\mu)^2}{N}}$

표본분산

$$S^2 = \frac{\sum_{i=1}^{N}(X_i - \overline{X})^2}{n-1}$$

표본 표준편차

$$S = \sqrt{S^2} = \sqrt{\frac{\sum_{i=1}^{N}(X_i - \overline{X})^2}{n-1}}$$

[예제 4] 다음 5개의 자료가 있다.

75 65 93 40 82

① 위의 자료가 모집단이라고 가정했을 때 모분산 σ^2과 모표준편차 σ은?

② 위의 자료가 모집단으로부터 추출한 표본집단이라고 가정했을 때 표본분산 S^2과 표본 표준편차 S는?

풀 이

① $\mu = \frac{75+65+93+40+82}{5} = \frac{355}{5} = 71$

$$\sigma^2 = \frac{1}{5}[(75-71)^2+(65-71)^2+(93-71)^2+(40-71)^2+(82-71)^2]$$

$$= \frac{1}{5} \times 1,618 = 323.6$$

$\sigma = 17.99$

② $\overline{X} = \frac{75+65+93+40+82}{5} = \frac{355}{5} = 71$

$$S^2 = \frac{1}{5-1}[(75-71)^2+(65-71)^2+(93-71)^2+(40-71)^2+(82-71)^2]$$

$$= \frac{1}{4} \times 1,618 = 404.5$$

$S = \sqrt{S^2} = 20.11$

여기서 주의할 것은 분산을 구할 때 각 관찰치가 평균으로부터 떨어진 정도를 나타내는 편차의 제곱의 합이라는 사실이다. 이것은 편차가 정(+)일 수도 있고 부(-)일 수도 있다는 점을 고려하면 어느 방향으로나 흩어진 정도를 증폭해 볼 수 있는 이점(利點) 이 있는 반면 자료의 단위에 따라(예를 들면 kg과 g) 편차가 너무 증폭되어보이는 문제점을 해소하기 위하여 분산의 제곱근인 표준편차를 사용하기도 한다. 또 하나 특기할 것은 표본의 분산을 계산할 때 나누는 수가 n이 아니고 n-1이라는 사실을 유의할 필요가 있다. 이것은 다름이 아니라 표본의 분산을 모분산의 불편추정량[즉 $E(S^2) = \sigma^2$]으로 만들기 위함이며 n < 30일 때 표본의 경우 반드시 n-1로 나누어야하며 n ≥ 30일 때에는 n으로 나누어도 무방하다.

도수분포표에서 분산을 계산하는 방법은 다음과 같다.

도수분포표상에서의 σ^2, S^2

$$\sigma^2 = \frac{\sum_{i=1}^{N}(X_i - \mu)^2 f_i}{N} = \frac{\sum f_i X_i^2}{N} - \left(\frac{\sum f_i X_i}{N}\right)^2$$

$$S^2 = \frac{\sum_{i=1}^{n}(X_i - \overline{X})^2 f_i}{n-1}$$

[예제 5] 다음의 도수분포표에서 σ^2과 S^2을 구하라. σ^2과 S^2을 구할 때는 아래의 자료가 각각 모집단 및 표본집단으로 가정할 것

X_i	f_i
0	2
1	5
2	10
3	3
	20 (N 또는 n=20)

풀이 ① $\mu = \frac{\sum f_i x_i}{N} = \frac{0\times2+1\times5+2\times10+3\times3}{20} = \frac{34}{20} = 1.7$

$$\sigma^2 = \frac{(0-1.7)^2\times2+(1-1.7)^2\times5+(2-1.7)^2\times10+(3-1.7)^2\times3}{20}$$

$$= \frac{11.31}{20} = 0.57$$

② $\overline{X} = \frac{\sum f_i X_i}{n} = \frac{0\times2+1\times5+2\times10+3\times3}{20} = \frac{34}{20} = 1.7$

$$S^2 = \frac{(0-1.7)^2\times2+(1-1.7)^2\times5+(2-1.7)^2\times10+(3-1.7)^2\times3}{20-1}$$

$$= \frac{11.31}{19} = 0.60$$

3.3 체비셰프의 법칙(Chebyshev's rule)

체비셰프의 법칙이란 자료에 포함된 전체 관찰치들 중에서 평균을 중심으로 $\pm k\sigma$ 이내에 포함되는 관찰치의 비율은 최소 $\left(1-\frac{1}{k^2}\right)$가 됨을 나타낸다. 예를 들면 $k=2$인경우 $1-\frac{1}{k^2} = 1-\frac{1}{4} = \frac{3}{4}$, 즉 μ를 중심으로 $\pm 2\sigma$ (즉, $\pm 2\times$ 표준편차)에 포함되는 관찰치들의 비율은 전체 관찰치들 중 75%에 해당된다.

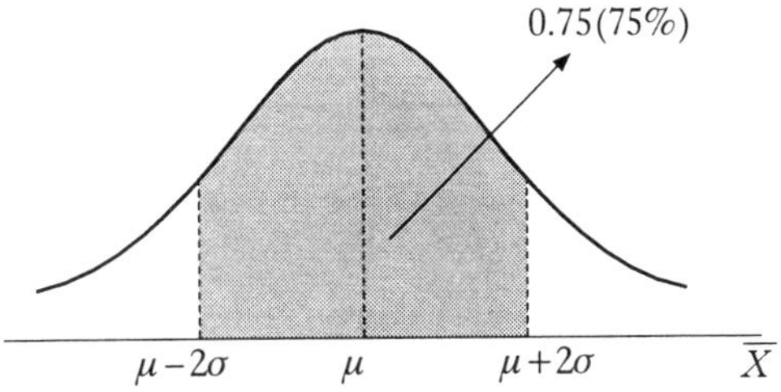

그림 3.5 체비셰프 법칙

[예제 6] 어느 회사 종업원들의 평균 임금은 600,000원, 표준편차는 30,000원이었다, 이 때 전체 종업원들 중 75%는 임금수준이 어떤 범위가 될까?

풀 이 체비셰프 법칙에 의하여 전체의 75%일 때 $1-\frac{1}{k^2} = \frac{3}{4}$, 즉 $k=2$

그러므로 평균을 중심으로 $\pm 2\sigma$의 범위가 전체의 75%이므로 600,000 $\pm 2\times 30{,}000$이다. 즉 540,000에서 660,000까지의 임금에 포함되는 종업원은 전체의 75%이다.

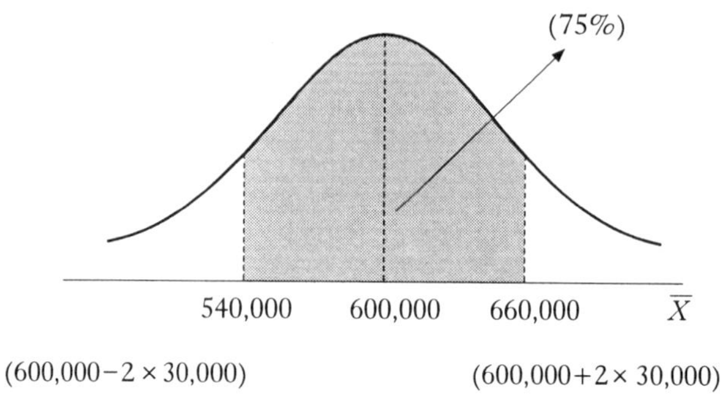

그림 3.6 전체 종업원들의 임금분포

연습문제

3.1 다음 개념을 설명하여라.

① 중심화 경향치

② 분산, 표준편차

③ 범위, 사분편차

3.2 다음 자료로부터 최빈값, 중앙값, 평균, 분산을 구하라.

① 4, 7, 9, 3, 2, 8, 6, 5, 10, 3

② 2.15, 3.75, 4.38, 3.75, 0.89, 1.76, 3.23

3.3 다음은 어느 중학교 학급 학생들의 키에 관한 자료이다. 키의 최빈값, 중앙값, 평균, 분산을 구하라.

키(X_i)	인원(f_i)
140-144	2
154-149	3
150-154	6
155-159	7
160-164	12
165-169	3
170-174	2
175-179	4
계	39

3.4 문제 2.2의 ①에서 작성된 도수분포표로부터 다음 물음에 답하라.

① 평균, 분산, 표준편차를 구하라.

② 구간을 나누지 아니한 원 자료로부터 평균과 분산을 구하여 ①과 비교해보아라.

3.5 다음 자료에서 평균, 분산, 표준편차는?

X_i	f_i
1	3
3	2
4	1
9	4
8	2
6	3

3.6 다음 자료로부터 범위, 사분편차, 평균, 분산, 표준편차를 구하라.

① 8, 7, 6, 10, 5, 7, 3, 9

② 5, 12, 19, 7, 8, 10, 15, 9

제 4 장

확률이론

4.1 확률의 기초개념

4.2 확률의 정의

4.3 집합과 확률

4.4 확률의 공리

4.5 확률의 기본 법칙

4.6 베이스 정리

4.1 확률(probability)의 기초개념

우리는 앞장에서 통계학의 기본 체계에 대하여 공부한 바 있다. 즉 통계학이란 우리가 관심을 가지고 있는 대상 전체에 대한(즉, 母集團에 대한) 특성을 규명하는 방법체계라고 정의하였다. 그러나 모집단 전체에 대한 자료의 수집, 정리, 분석에는 시간과 비용의 문제가 수반된다. 따라서 우리는 전체에 대한 분석보다는 전체의 특성을 잘 대변할 수 있는 부분적인 자료(즉 표본)를 수집, 정리, 분석하므로써 모집단 전체에 대한 통계적 추론을 행한다. 그러나 이 과정에서 오류를 범할 가능성을 내포하고 있다.

바로 이러한 '가능성'을 나타내는 개념이 확률이다. 동전을 던졌을 때 앞면이 나올 가능성은 $\frac{1}{2}$ 이며, 주사위를 던졌을 때 가령 1이 나올 가능성은 $\frac{1}{6}$ 이라든지 하는 것이 모두 확률의 개념이라고 말할 수 있다.

4.2 확률의 정의

확률이란 일반적으로 어떤 상황이 발생할 가능성이라고 정의할 수 있다. 여기서 말하는 어떤 상황이란 우리가 관심을 가지고 있는 사건(事件) 또는 사상(事象, event)을 말한다. 확률의 정의에는 상대빈도주의(相對頻度主義 : relative frequency principle)와 동시발생주의(同時發生主義 : equally likely principle)의 두 가지 개념이 있다.

(1) 상대빈도주의(relative frequency principle)

확률을 상대빈도주의에 의하여 정의한다면 다음과 같다. 즉, 어떤 특정사건 또는 사상 A가 발생될 확률을 P(A)라고 하면

$$P(A) = \lim_{n \to \infty} \frac{f}{n}$$

여기서 n은 총 시행횟수를, 그리고 f는 사상 A가 발생한 횟수를 의미한다. 가령 동전을 연속해서 두 번 던져본다면 모두 앞면이나 뒷면이 나올 수도 있고 앞뒷면이 각각 한차례씩 나올 수도 있다. 그러나 던지는 회수를 무한히 반복한다면 앞면이나 뒷면이 나올 확률은 $\frac{1}{2}$에 가까울 것이다. 이러한 방법으로 확률을 정의하는 것을 상대빈도주의라고 한다.

> 상대빈도주의에 의한 확률의 정의 : 시행회수를 무한히 많이 했을 때 특정사상이 발생할 확률 P(A)는
>
> $$P(A) = \lim_{n \to \infty} \frac{f}{n}$$

(2) 동시발생주의(equally likely principle)

우리는 동전을 던지는 시행의 경우 시행횟수를 무한히 반복하지 않더라도 앞면이나 뒷면이 나올 확률은 $\frac{1}{2}$ 임을 알고 있다. 여기서 2란 앞면의 사상과 뒷면 사상을 합한 수를 말한다(즉, 앞면과 뒷면 외의 경우의 수는 없으므로). 마찬가지로 주사위의 경우 1회의 시행에서 가령 2가 나올 확률은 $\frac{1}{6}$ 이다. 왜냐하면 주사위를 던질 때 1에서 6까지 나올 가능성은 동일하며 2는 그중에서 한 가지 이므로 2가 나올 확률은 $\frac{1}{6}$ 임을 알 수 있다. 즉, 동시발생주의에 의한 확률의 정의는 다음과 같다.

> 동시발생주의에 의한 확률의 정의
>
> $$P(A) = \frac{\text{A가 발생할 사상의 수}}{\text{동시발생 가능한 전체 사상의 수}}$$

4.3 집합과 확률

확률의 개념을 이해하는데에는 집합의 이론이 유용하다. 다음에 몇 가지 집합의 개념을 설명하기로 한다.

(1) 집합(集合)의 개념

집합(set)이란 발생 가능한 모든 원소(element)들의 모임으로 정의할 수 있다. 이러한 모든 원소들의 모임을 표본공간(sample space)이라고 한다. 가령 동전을 던지는 경우의 수의 집합을 S_1이라면

$$S_1 = \{앞면,\ 뒷면\}$$

이때 원소는 앞면과 뒷면이다. 마찬가지로 주사위를 던지는 경우의 수의 집합을 S_2라고 하면

$$S_2 = \{1,\ 2,\ 3,\ 4,\ 5,\ 6\}$$

이때 원소는 1, 2, 3, 4, 5, 6이 된다. 다음으로 몇 가지 집합의 개념을 살펴보자.

(2) 집합의 종류

① 합집합(合集合, union)

집합 A와 집합 B의 합집합은 A∪B로 나타낸다. A, B의 합집합 A∪B는 A, B 중 어느 하나의 집합에 속한 원소들의 집합을 말한다. 가령 A = {1, 2}, B = {2, 3}이면, A∪B = {1, 2, 3}

② 교집합(交集合, intersection)

집합 A와 집합 B의 교집합, A∩B는 A와 B에 모두 속한 원소로 이

루어진 집합을 말한다. 가령 A = {1, 2}, B = {2, 3}이면, A∩B = {2}

③ 공집합(空集合, empty set)

공집합은 원소가 하나도 없는 집합을 말하며 상호 배타적인 집합을 나타내며 기호로는 ∅ 으로 표시한다.

가령 A = {1, 2}, B = {3, 4}이면, A∩B = ∅, 또는 동전의 경우 A = {앞면}, B = {뒷면}일 때 A∩B = ∅

(상호배타적인 집합(mutually exclusive set)의 교집합은 공집합임)

④ 부분집합(部分集合)

집합 A의 모든 원소가 집합 B의 원소들의 일부분일 때, A는 B의 부분집합이라고 한다. 즉 A⊂B, 모든 공집합은 어떤 집합에게도 부분집합이 된다(왜 그럴까?).

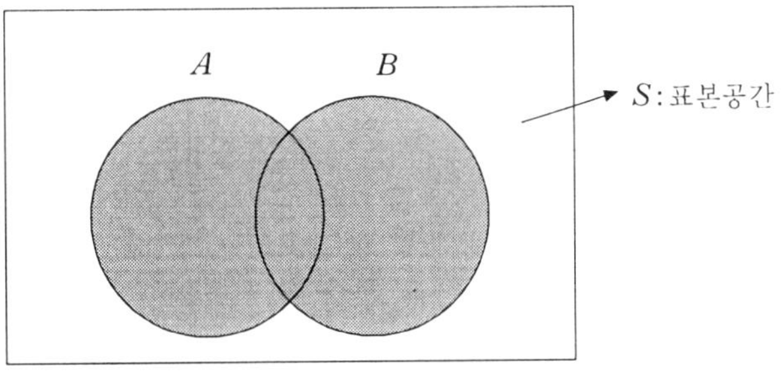

(a) 합집합 (A∪B)

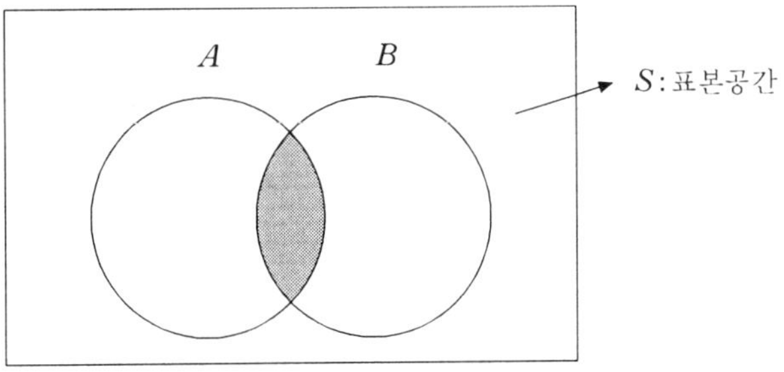

(b) 교집합 (A∩B)

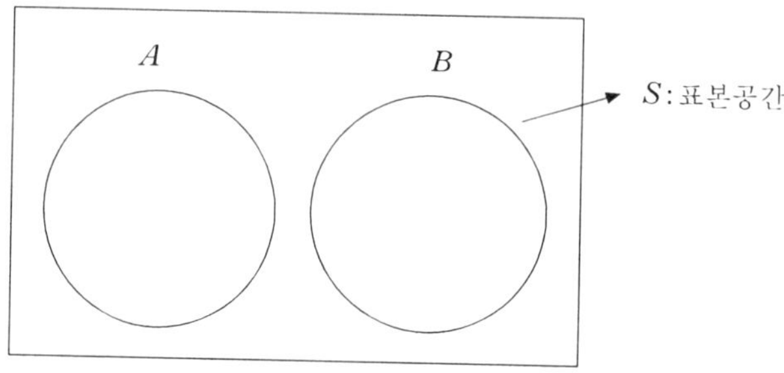

(c) 공집합 [(A∩B) = ∅]

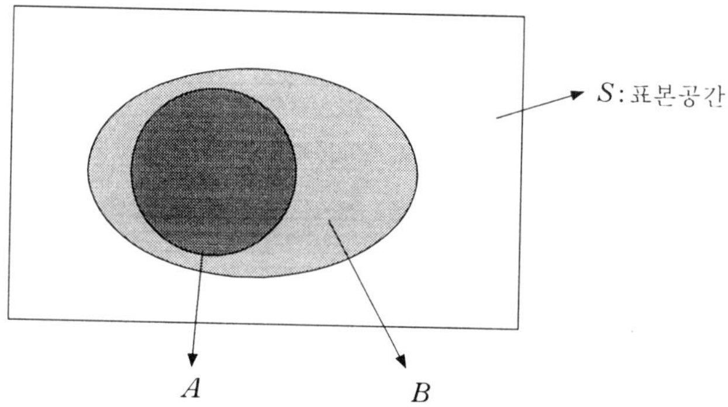

(d) 부분집합 A⊂B

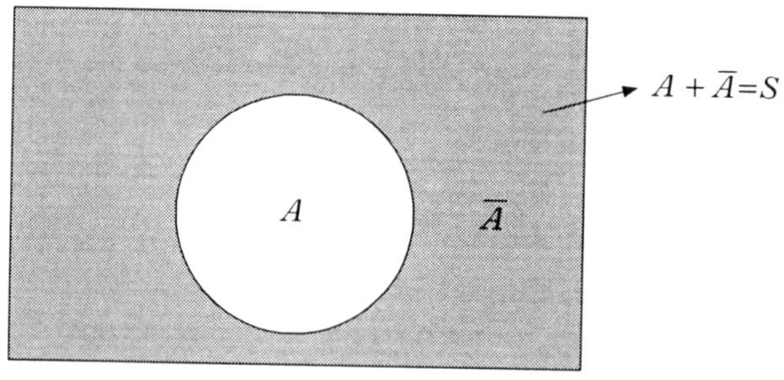

(e) 여집합(complementary sets)

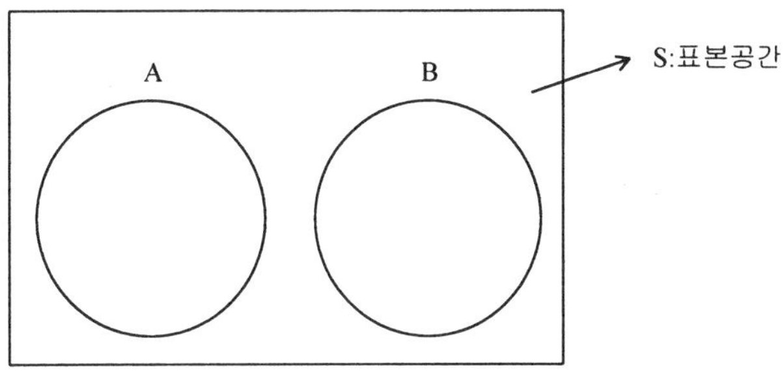

(f) 상호 배반집합

[(A∩B) = ∅] : 동시발생이 불가능하며 교집합이 0

그림 4.1 각종 집합의 벤다이어그램(Venn diagram)

⑤ 여집합(餘集合, complementary sets)

집합 A의 여집합 $\overline{A}$는 A에 속하지 아니한 원소로 구성된 집합을 말한다. 여기서 $A+\overline{A}$는 전체표본 공간 S를 나타낸다. 가령 S={1, 2, 3, 4, 5}이고 A={1, 2}라면 $\overline{A}=\{3,4,5\}$이다.

⑥ 상호배반 집합(相互排反集合, mutually exclusive set)

상호배반집합 또는 상호배타적 집합은 동시에 발생할 수 없는 원소로 구성된 집합을 말한다. 즉, A={1, 2}, B={3, 4}이면, A와 B는 상호배반집합이며 $(A\cap B)=\emptyset$이다. 일반적으로

$$A\cup B = A+B-A\cap B$$

이다. 여기서 A와 B가 상호배반적이면 $(A\cap B)=\emptyset$이므로

$$A\cup B = A+B$$

이다.

4.4 확률의 공리(確率의 公理)

확률은 기본적으로 다음과 같은 세 가지 특징을 가지고 있으며 이것들을 확률의 공리라고 한다. 첫째, 어떤 사상 A가 발생할 확률은 항상 0보다 같거나 크며 1보다 같거나 적다는 것이다. 즉, 어떤 경우에도 확률은 0 이상 1이하임을 의미한다. 둘째, 모든 사상의 집합을 S(즉, 표본공간)이라 할 때 어떤 사상이라도 발생할 확률은 100%(=1)이라는 것이다. 셋째, 어떤 사상의 여사상이 발생할 확률은 1에서 어떤 사상이 발생할 확률을 뺀 것과 같다. 예를 들면 비올 확률이 0.7이면 비가 오지 않을 확률은 0.3(=1-0.7)과 같음을 나타낸다.

확률의 공리

1. $0 \leq P(A) \leq 1$
2. $P(S) = 1$
3. $P(\overline{A}) = 1 - P(A)$

4.5 확률의 기본 법칙

확률에도 덧셈법칙과 곱셈법칙이 있다. 이해의 편의를 위하여 상호배반사상의 덧셈법칙, 조건부 확률 및 독립 사상의 곱셈법칙도 함께 설명하기로 한다.

(1) 확률의 덧셈법칙

확률의 덧셈 법칙

$$P(A \cup B) = P(A) + P(B) - P(A \cap B)$$

확률의 덧셈법칙은 합집합에 대응되는 개념으로써 예를 들면 다음과 같다. 가령 카드게임에서 하트가 나올 확률은 $\frac{13}{52}$, 에이스가 나올 확률은 $\frac{4}{52}$이다. 만약 52장의 카드에서 한 장을 뽑았을 때 그것이 하트이거나 에이스일 확률은

$$
\begin{aligned}
P(\text{하트} \cup \text{에이스}) &= P(\text{하트}) + P(\text{에이스}) - P(\text{하트} \cap \text{에이스}) \\
&= \frac{13}{52} + \frac{4}{52} - \frac{1}{52} = \frac{16}{52} = \frac{4}{13}
\end{aligned}
$$

이다. 그러나 위의 경우 사상 A와 B가 상호배반적인(즉, 동시발생할 수 없는) 경우에는 $P(A \cap B) = 0$ 이므로

$$P(A \cup B) = P(A) + P(B)$$

...... 상호배반사상의 경우

이다. 예를 들면 주사위의 경우 1에서 6까지는 동시에 발생할 수 없으므로 가령 1이나 2가 나올 확률은

$$P(1 \cup 2) = P(1) + P(2) = \frac{1}{6} + \frac{1}{6} = \frac{1}{3}$$

이다.

(2) 조건부 확률(條件附 確率, conditional probability)

조건부 확률이란 어떤 주어진 사상(또는 조건)하에서 또 다른 사상(또는 조건)이 발생할 확률을 의미한다. 즉

조건부 확률

$$P(B \mid A) = \frac{P(A \cap B)}{P(A)}$$

※ 여기서 $P(A) \neq 0$ 임

이다. 윗식이 의미하는 바는 A라는 조건하에서 B가 발생할 확률은 A와 B가 모두 발생할 확률을 A가 발생할 확률로 나누어 준 것이다. 조건부 확률은 벤다이어그램 으로 나타내면 다음과 같다.

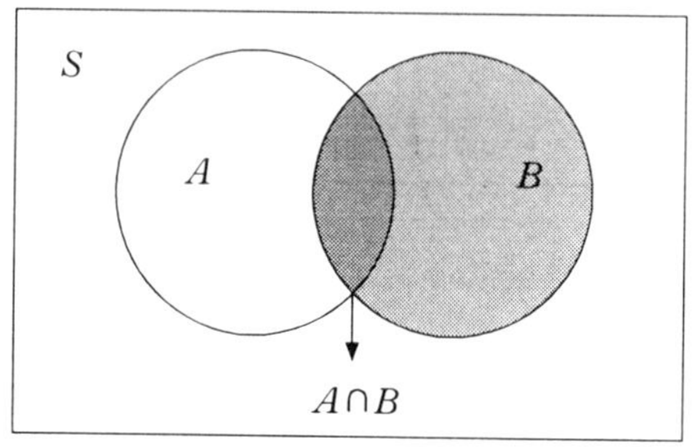

S : 표본공간

따라서 $P(A \mid B) = \dfrac{P(A \cap B)}{P(B)}$ 이다.

[예제 1] 52장의 카드에서 하트는 13장이고 킹은 4장이다. 다음을 구하라.

$$P(\text{킹} \mid \text{하트}) = \frac{P(\text{킹} \cap \text{하트})}{P(\text{하트})} = \frac{\frac{1}{52}}{\frac{13}{52}} = \frac{1}{13}$$

$$P(\text{하트} \mid \text{킹}) = \frac{P(\text{킹} \cap \text{하트})}{P(\text{킹})} = \frac{\frac{1}{52}}{\frac{4}{52}} = \frac{1}{4}$$

[예제 2] 전체 학생 100명 중 남학생은 60명이며 1학년 학생은 25명이고 1학년이며 남자인 학생은 12명이라고 할 때 다음을 구하라.

① $P(\text{남학생} \mid 1\text{학년}) = \dfrac{P(\text{남학생} \cap 1\text{학년})}{P(1\text{학년})} = \dfrac{\frac{12}{100}}{\frac{25}{100}} = \dfrac{12}{25}$

② $P(\text{여학생} \mid 1\text{학년}) = \dfrac{P(\text{여학생} \cap 1\text{학년})}{P(1\text{학년})} = \dfrac{\frac{13}{100}}{\frac{25}{100}} = \dfrac{13}{25}$

(3) 확률의 곱셈법칙과 독립사상, 상호배반사상

앞의 조건부 확률에서

$$P(B \mid A) = \frac{P(A \cap B)}{P(A)}, \quad P(A \mid B) = \frac{P(A \cap B)}{P(B)} \text{ 이므로,}$$

$P(A \cap B) = P(A) \cdot P(B \mid A) = P(B) \cdot P(A \mid B)$ 단, $P(A) \neq 0$, $P(B) \neq 0$

이다. 그런데 A와 B가 독립사상이라면,

$$P(B \mid A) = P(B), \quad P(A \mid B) = P(A) \text{ 이므로}$$

$P(A \cap B) = P(A) \cdot P(B)$

(독립사상)

이다. 여기서 상호독립사상과 상호배반사상을 구별할 필요가 있는데 독립사상은 동전을 2회 던지는 시행에서와 같이 앞시행과 뒷시행은 서로 별개의 독립된 시행이다. 이러한 것을 독립사상이라고 하고 상호배반사상은 가령 동전을 던지는 한 번의 시행에서 앞면과 뒷면은 동시에 나오지 못한다. 즉, 앞면이 나오면 뒷면이 나오지 못하고, 뒷면이 나오면 앞면이 나오지 못한다. 이러한 시행에서 앞면이 나올 사상과 뒷면이 나올 사상은 상호배반사상(또는 상호배타적 사상)이라고 한다.

[예제 3] 상자에 빨간공이 3개, 파란공이 4개가 있다. 다음의 경우에 답하라.

① 상자에서 빨간 공 1개와 파란 공 1개를 차례로 끄집어 낼 때, 첫째 공을 다시 집어 넣고 둘째 공을 끄집어 내는 경우(복원추출, 독립사상임)

$$P(\text{빨간공} \cap \text{파란공}) = P(\text{빨간공}) \times P(\text{파란공}) = \frac{3}{7} \times \frac{4}{7} = \frac{12}{49}$$

② ①과 같은 경우 첫 번째 공을 끄집어 낸 후 다시 집어 넣지 않고 두 번째

공을 끄집어 내는 경우(비복원추출, 종속사상임)

$$P(\text{빨간공} \cap \text{파란공}) = P(\text{빨간공}) \times P(\text{파란공} \mid \text{빨간공})$$
$$= \frac{3}{7} \times \frac{4}{6} = \frac{12}{42}$$

[예제 4] 주사위를 1회 던지는 시행에서 3이나 4가 나올 확률은?

주사위를 던지는 시행은 3이나 4가 동시에 발생할 수 없으므로 3과 4가 함께 나올 사상은 0이므로(즉, 상호배반사상)

$$P(3 \cup 4) = P(3) + P(4) - P(3 \cap 4)$$
$$= \frac{1}{6} + \frac{1}{6} - 0 = \frac{1}{3}$$

독립사상의 일반예는 다음과 같다.

$$P(A \cap B \cap C \cap D \cdots) = P(A) \cdot P(B) \cdot P(C) \cdot P(D) \cdots$$

4.6 베이즈 정리(Bayes' theorem)

앞 절에서 설명한 조건부 확률로부터 유도되는 베이즈정리(Bayes' theorem)를 살펴보자. 이 정리는 이미 알고 있는 정보를 이용하여 어떤 사상이 발생할 확률을 구하는 것이다.

조건부 확률이 다음과 같다고 하자.

$$P(A \mid K) = \frac{P(A \cap K)}{P(K)}$$

그런데 A와 K가 포함된 벤다이어그램이 다음과 같다면

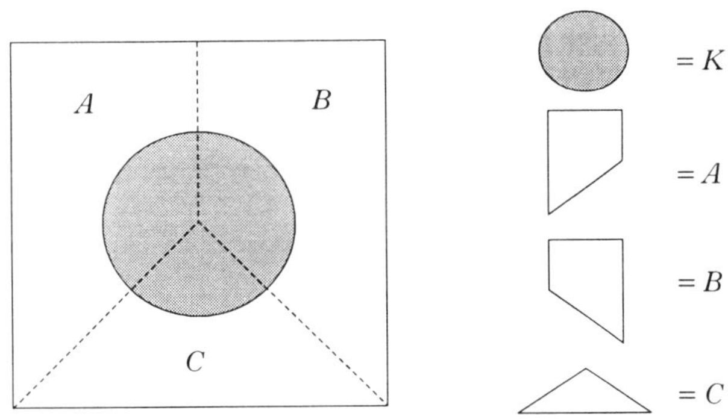

$A+B+C=S$ (표본공간) 이며 K는 가운데 빗금친 원의 부분으로써 $K=(A\cap K)+(B\cap K)+(C\cap K)$, 즉 K는 A와 K의 교집합, B와 K의 교집합, C와 K의 교집합의 합계와 같다. 따라서

$$P(A \mid K)=\frac{P(A\cap K)}{P(K)}=\frac{P(A\cap K)}{P(A\cap K)+P(B\cap K)+P(C\cap K)} \tag{2.3.1}$$

이다. 그런데

$$P(A\cap K)=P(A \mid K)P(K)=P(K \mid A)P(A)$$

이므로 같은 방법으로

$$P(B\cap K)=P(K \mid B)\cdot P(B)$$

$$P(C\cap K)=P(K \mid C)\cdot P(C)$$

이다. 따라서 이 식을 (2.3.1)식에 대입하면,

$$\begin{aligned} P(A \mid K) &= \frac{P(A\cap K)}{P(K)} \\ &= \frac{P(K \mid A)\cdot P(A)}{P(K \mid A)P(A)+P(K \mid B)P(B)+P(K \mid C)P(C)} \end{aligned} \tag{2.3.2}$$

이다. 이것이 바로 식(2.3.1)과 함께 베이즈정리에 사용되는 식이다. 이해의 편의를 위하여 다음 예제를 살펴보자.

[예제 5] 어느 부품을 생산하는 공장에서 A, B, C 세대의 기계를 사용하고 있다. 이 기계에서는 각각 5%, 4%, 3% 씩의 불량률이 발생하고 있다. 또 A, B, C 각 기계는 총 생산량의 10%, 40%, 50% 씩을 생산한다고 한다. 어느 부품 한 개를 끄집어 내었을 때 불량품이었다면 그것이 C 기계에서 생산되었을 확률은?

증명 불량품을 K라 했을 때 $P(C \mid K)$를 구하는 것이다.

$$P(A) = 0.1,\quad P(B) = 0.4,\quad P(C) = 0.5,\quad P(K \mid A) = 0.05,$$

$$P(K \mid B) = 0.04,\quad P(K \mid C) = 0.03$$

이므로

$$\begin{aligned} P(C \mid K) &= \frac{P(C \cap K)}{P(K)} \\ &= \frac{P(C \cap K)}{P(A \cap K) + P(B \cap K) + P(C \cap K)} \\ &= \frac{P(K \mid C)P(C)}{P(K \mid A)P(A) + P(K \mid B)P(B) + P(K \mid C)P(C)} \end{aligned}$$

$$\begin{aligned} P(C \mid K) &= \frac{0.03 \times 0.5}{0.05 \times 0.1 + 0.04 \times 0.4 + 0.03 \times 0.5} \\ &= \frac{0.015}{0.005 + 0.016 + 0.015} = \frac{0.015}{0.036} = \frac{5}{12} \end{aligned}$$

연습문제

4.1 다음 용어를 설명하라.

① 상대빈도주의에 의한 확률

② 조건부 확률

③ 독립사상

④ 상호배반사상

4.2 다음 확률을 구하라.

① $P(A \cap B) = 0.4$, $P(B) = 0.6$ 일 때 $P(A \mid B) = ?$

② $P(A) = 0.3$, $P(B \mid A) = 0.5$ 일 때 $P(B \cap A) = ?$

③ $P(A \cap B) = 0.7$, $P(B \mid A) = 0.8$ 일 때 $P(A) = ?$

4.3 어느 통계학 강의 수강생 중 30%가 90점 이상을 받았으며 1학년 학생중에서 90점 이상을 받은 학생은 전체 수강생중 20%라고 한다. 무작위로 한 학생을 뽑았을 때 그 학생이 90점 이상이라면 그 학생이 1학년일 확률은 얼마인가?

4.4 A, B 두 명의 사수가 동시에 목표를 맞추려고 한다. 이때 두 명의 사수가 목표를 맞출 확률이 각각 0.5, 0.4라고 할 때 두 명의 사수가 동시에 목표를 맞출 확률은 얼마인가?

4.5 어느 위원회에서 40%가 여성이고 그중 20%가 공인회계사도 겸하고 있다고 하자. 위원중 한 사람을 뽑았을 때 공인회계사인 여성일 확률은?

4.6 어느 빌라에 A 신문을 구독하는 가구는 다섯, B 신문을 구독하는 가구는 열, C 신문을 구독하는 가구가 넷 있다. 지금 한 가구를 무작위로 추출할 때 그 가구가

① C 신문을 구독할 확률은?

② B 신문을 구독할 확률은?

4.7 다음 확률을 계산하라.

① 한 개의 주사위를 1회 던졌을 때 6이 나올 확률

② 한 개의 주사위를 2회 던졌을 때 6이 계속 나올 확률

③ 한 개의 주사위를 3회 던졌을 때 6이 1개만 나올 확률

④ 두 개의 주사위를 동시에 던졌을 때 나올 숫자의 합이 9 이상 될 확률

⑤ 두 주사위중 한 주사위의 숫자가 3일 확률

⑥ 한 주사위의 숫자가 3일 경우 두 주사위의 합이 8일 경우

4.8 다음 자료는 어느 대학의 써클을 구성하는 학생들의 흡연 여부에 대한 자료이다. 이중 한 명을 뽑을 때 다음의 확률을 구하라.

학년	흡연자	비흡연자
1	5	22
2	9	15
3	10	17
4	8	14

① 흡연자　② 1학년

③ 3학년　④ 3학년을 제외한 흡연자

4.9 수강인원이 120명인 어느 물리학 강의에서 남녀 학생별 취득학점은 아래와 같다. 120명중 한 명을 뽑을 때 다음의 확률을 구하라.

학점	남학생수	여학생수
A	10	5
B	13	12
C	25	15
D	8	7
E	4	21

① A학점 여학생일 확률

② C학점을 받은 학생일 확률

③ 남학생일 확률

④ 그 학생이 적어도 C 학점 이상을 받았을 확률

4.10 전구를 생산하는 어느 공장은 A, B, C 세대의 기계를 사용하고 있다. 이 기계들은 불량률이 각각 1%, 2%, 3%이다. 각 기계들은 전체 생산량 중 각각 25%, 35%, 40% 씩을 생산하고 있다. 한 개의 전구를 생산했을 때 그것이 불량품이었다면 이 불량품이 A 기계에서 생산되었을 확률을 구하라.

4.11 집합 S, A, B, C 가 각각 다음과 같다.

$$S = \{1, 2, 3, 4, 5, 6\}$$

$$A = \{1, 2\}$$

$$B = \{2, 3, 4\}$$

$$C = \{4, 5, 6\}$$

이때 다음을 구하라.

① $A \cup B =$ ② $A \cap C =$ ③ $B \cup C =$

④ $B \cap C =$ ⑤ $\overline{A} =$ ⑥ $\overline{B} \cap \overline{C} =$

4.12 52장의 카드에서 다음의 확률을 구하라.

① P(에이스 | 스페이드)

② P(스페이드 | 에이스)

③ P(하트 | 그림)

④ P(그림 | 하트)

4.13 항아리에 10개의 구슬이 있는데 그중 7개가 흰색이고 3개가 빨간색이다.

① 꺼낸 구슬을 다시 넣지 않는다고 할 때 세 번째 처음으로 흰색공일 확률은?

② 꺼낸 구슬을 다시 넣는다고 할 때 공을 세 번 꺼집어 내는 경우 흰색공이 한번만 나올 확률은?

4.14 52장의 카드에서 임의로 2장의 카드를 순서대로 추출할 때 다음 각 사상의 확률을 구하여라. 단, 추출된 카드는 넣지 않는다고 한다.

① 2장이 크로버일 경우

② 2장이 같은 종류의 카드일 경우

제 5 장

확률변수와 확률분포

5.1 확률변수

5.2 확률분포, 확률밀도함수, 누적분포함수

5.3 이산확률변수와 확률변수

5.4 이산확률변수와 주변확률, 결합확률

5.5 연속확률변수와 확률변수

5.6 수학적 기대치와 분산

5.7 공분산, 상관계수

우리는 제4장에서 표본공간, 사상 및 확률 등의 개념을 살펴보았다. 이 장에서는 앞에서 공부한 개념을 기초로 하여 확률변수와 확률분포를 공부하기로 한다.

5.1 확률변수(random variable)

동전을 1개 던지는 실험을 생각해보자. 이 실험에서 나타날 수 있는 사상은 앞면이거나 또는 뒷면이다. 앞면을 H, 뒷면을 T, 표본공간을 S라고 하면

$$S = \{H,\ T\}$$

따라서 앞면 H가 나올 확률은 $\frac{1}{2}$, 뒷면 T가 나올 확률은 $\frac{1}{2}$이다. 이때, 앞면이 나올 개수를 X라 하면 H는 1, T는 0에 해당된다. 따라서 표본공간 S는

$$S = \{1,\ 0\}$$

으로 표시할 수 있다. 이와 같이 확률변수란 표본공간의 원소 즉 사상(事象)에 숫자를 부여한 것을 말하며 위의 X 즉 0, 1이 이에 해당된다. 또 확률분포란 확률변수가 취할 수 있는 확률을 대응시켜 각 확률변수와 이에 대응되는 확률을 나열시킨 것을 말하며 이러한 대응관계를 표로 나타낸 것을 확률분포표(確率分布表)라고 한다. 위의 예를 확률분포표로 나타내면 다음과 같다.

표 5.1 동전을 한 번 던질 때의 확률분포표

확률변수(X)	확률f(x)
1	$\frac{1}{2}$
0	$\frac{1}{2}$

[예제 1] 동전을 2회 던지는 실험에서 앞면의 개수를 X라 할 때 X의 확률분포표를 만들어라.

풀 이 이 실험에서 앞 면을 H 뒷면을 T라 하면 나올 수 있는 사상은 HH, HT, TH, TT 네 가지이다. 각각의 경우 발생확률은 $\frac{1}{4}\left(=\frac{1}{2}\times\frac{1}{2}\right)$이다. 앞면의 개수를 X라 했으므로 HH는 X=2, HT와 TH는 X=1, TT는 X=0 따라서 X의 확률분포표는 다음과 같다.

앞면의 개수(X)	확률f(X)
2	$\frac{1}{4}$
1	$\frac{1}{2}$
0	$\frac{1}{4}$

여기서 X=1의 경우 HT, TH의 두 가지이므로 확률은 HT $\left(=\frac{1}{2}\times\frac{1}{2}\right)$의 확률이 합과 같으므로 $\frac{1}{4}+\frac{1}{4}=\frac{1}{2}$이다.

[예제 2] 주사위를 1회 던질 때 나오는 숫자를 확률변수 X라고 할 때 확률분포표를 구하라.

풀 이 주사위를 던질 때 나타나는 사상은 6가지이며 이때의 표본공간 S는 $S=\{1, 2, 3, 4, 5, 6\}$이며 그 각각에 대응되는 확률은 각각 $\frac{1}{6}$이다. 왜냐하면 6가지 경우중 한 가지이므로 각각의 경우의 확률은 $\frac{1}{6}$이다. 따라서 확률분포표는 위의 표와 같다.

확률변수(X)	확률f(x)
1	$\frac{1}{6}$
2	$\frac{1}{6}$
3	$\frac{1}{6}$
4	$\frac{1}{6}$
5	$\frac{1}{6}$
6	$\frac{1}{6}$

확률변수란 표본공간의 원소 즉 사상에 숫자를 부여한 것을 의미함

확률분포란 확률변수가 취할 수 있는 확률을 대응시켜 각 확률변수와 이에 대응되는 확률을 나열시킨 것

5.2 확률분포(確率分布), 확률밀도함수, 누적분포함수

확률변수는 두 가지 종류, 즉 이산확률변수(離散確率變數, discrete random variable)와 연속확률변수(連續確率變數, continuous random variable)가 있다. 이산확률변수란 확률변수가 취할 수 있는 값의 범위가 한정된 경우를 말하며 가령 주사위를 5회 던질 때 1이 나올 개수를 확률변수로 하는 경우와 같다. 이에 반하여 연속확률변수란 확률변수가 취할 수 있는 값의 범위가 무한한 경우를 말한다. 가령 몸무게나 키 등과 같은 변수의 경우, 측정치가 상이(相異)한 경우가 무한히 많이 있을 수 있다. 이러한 경우의 확률변수를 연속확률변수라고 한다. 왜냐하면 확률변수가 무한히 연속적일 수 있기 때문이다.

이산확률변수가 이루는 확률분포를 이산확률분포(discrete probability distribution), 연속확률변수가 이루는 분포를 연속확률분포(contiuous probability distribution)라고 한다. 이산확률분포에는 이항분포, 포아송분포 및 초기하 분포 등이 있으며 연속확률분포에는 정규분포, t분포, F분포, 카이스퀘어(χ^2, chi square)분포 등이 있으며 이러한 분포는 해당되는 장(章)에서 공부하기로 한다.

이산확률변수 : 확률변수가 취할 수 있는 값의 범위가 유한함

이산확률분포 : 이산확률변수의 분포

연속확률변수 : 확률변수가 취할 수 있는 값의 범위가 무한함
연속확률분포 : 연속확률변수의 분포

5.3 이산확률변수(discrete random variable)와 확률함수(probability function)

가령 동전을 2회 던지는 시행을 행할 경우 나올 수 있는 사상은 HH, HT, TH, TT의 네 가지이다. 여기서 HH는 첫 시행에서 앞면, 두 번째 시행에서 앞면이 나올 경우를 나타낸다. 마찬가지로 HT는 각각 앞면, 뒷면을 표시한다. 이때 각각의 사상에서 발생 가능한 사상과 이 때의 앞면의 수, 또 그 때의 확률 등을 나타내면 다음과 같다.

표본공간의 원소	앞면의 수	확률
HH	2	$\frac{1}{4}$
HT	1	$\frac{1}{4}$
TH	1	$\frac{1}{4}$
TT	0	$\frac{1}{4}$

이제 앞면의 수를 X, 또 그때 X를 얻을 수 있는 확률을 $f(x)$라고 하면 위의 표는 다음과 같이 정리할 수 있다.

X	f(x)
0	$\frac{1}{4}$
1	$\frac{1}{2}$
2	$\frac{1}{4}$
계	1

이와 같은 분포한다. 일반적으로 X가 각각 $x_1,\ x_2,\ \cdots,\ x_n$의 값을 가지는 이산확률변수이고 또 그때의 대응되는 $f(x_i)$의 조합을 X의 확률분포(또는 확률함수)라고 하고 그때의 표를 확률분포표라고 한다.

X 의 확률분포(확률함수)

X	f(x)
x_1	$f(x_1)$
x_2	$f(x_2)$
⋮	⋮
x_n	$f(x_n)$

[예제 3] 동전을 3회 던질 때 앞면이 나오는 횟수를 X라 할 때 X의 확률분포표를 만들어라.

풀 이 동전을 3회 던질 때 발생 가능한 사상은 다음과 같이 총 8가지이다. 즉 HHH, HHT, HTH, THH, HTT, THT, TTH, TTT이다. 여기서 각각의 사상이 발생할 확률은 각각 $\frac{1}{8}$이다(왜냐하면 총 8가지 중 한 가지이기 때문임). 이 가운데 앞면이 하나도 안 나올 경우는 1가지, 한번 나올 확률은 3가지, 두 번 나올 경우는 3가지, 또 세 번 나올 경우는 1가지이므로 이것을 정리하면 X의 확률분포는 다음과 같다.

X	f(x)
0	$\frac{1}{8}$
1	$\frac{3}{8}$
2	$\frac{3}{8}$
3	$\frac{1}{8}$
계	1

[예제 4] 주사위를 2개 던질 때 그 합을 X라 하면

① X의 확률분포는? ② X가 5나 10일 확률은?

③ 또 X가 2가 아닐 확률은? ④ X가 4 이하일 확률은?

풀 이

① 주사위를 2개 던질 때 그 합을 X라하고 X의 표본 공간의 원소 및 그때의 확률을 구하면 아래의 표와 같다. 즉, 두 개의 주사위가 (1, 1)이 나올 경우 합은 1+1=2, 이며 그때 첫째 주사위가 1이 나올 확률은 $\frac{1}{6}$, 둘째 주사위가 1이 나올 확률

X(합)	표본공간의 원소	f(x)[확률]
2	(1, 1)	$\frac{1}{36}$
3	(1, 2), (2, 1)	$\frac{2}{36}$
4	(1, 3), (2, 2), (3, 1)	$\frac{3}{36}$
5	(1, 4), (2, 3), (3, 2), (4, 1)	$\frac{4}{36}$
6	(1, 5), (2, 4), (3, 3), (4, 2), (5, 1)	$\frac{5}{36}$
7	(1, 6), (2, 5), (3, 4), (4, 3), (5, 2), (6, 1)	$\frac{6}{36}$
8	(2, 6), (3, 5), (4, 4), (5, 3), (6, 2)	$\frac{5}{36}$
9	(3, 6), (4, 5), (5, 4), (6, 3)	$\frac{4}{36}$
10	(4, 6), (5, 5), (6, 4)	$\frac{3}{36}$
11	(5, 6), (6, 5)	$\frac{2}{36}$
12	(6, 6)	$\frac{1}{36}$

은 $\frac{1}{6}$이며 각각의 사상은 독립적이므로(1, 1)의 확률은 $\frac{1}{6} \times \frac{1}{6} = \frac{1}{36}$이며 같은 방법으로 나머지를 구할 수 있다.

② 다음으로 X가 5나 10일 확률은 $\frac{4}{36} + \frac{3}{36} = \frac{7}{36}$ 이다. 왜냐하면 X가 5나 10이 나올 사상은 동시에 발생할 수 없으므로 상호배반사상이다. 따라서

$$P(5 \cup 10) = P(5) + P(10) = \frac{4}{36} + \frac{3}{36} = \frac{7}{36} \text{ 이다.}$$

③ X가 2가 아닐 확률은 X가 2일 사상에 대한 여사상의 확률이므로

$$P(X\neq2) = 1-P(2)=1-\frac{1}{36}=\frac{35}{36}$$ 이다.

④ X가 4 이하일 확률은 X가 2, 3, 4일 때의 확률을 더한 것과 같다. 따라서

$$P(X\leq4) = P(2)+P(3)+P(4) = \frac{1}{36}+\frac{2}{36}+\frac{3}{36} = \frac{6}{36} = \frac{1}{6}$$

이다.

위의 예제의 ④와 같이 X가 4 이하일 확률을 X=4일 때의 누적확률(cumulative probability)이라고 한다. 일반적으로 X가 이산확률변수일 때 x_k까지의 누적확률함수 $F(x_k)$는 다음과 같다.

$$F(x_k) = f(x_1)+f(x_2)+\cdots+f(x_k) = \sum_{i=1}^{k} f(x_k)$$

위의 예에서 x가 $-\infty$, …, -1, 0, 1 일 확률은 0과 같으므로 위의 식은

$$F(x_k) = \sum_{i=-\infty}^{k} f(x_k)$$

로 고쳐 쓸 수 있다. 왜냐하면 $f(-\infty)$, …, $f(-1)$, $f(0)$, $f(1)$은 모두 0이기 때문이다. 이러한 F(x)를 누적확률함수라 하며 누적확률함수의 성질은 다음과 같다.

누적확률함수 $F(x_k) = \sum_{-\infty}^{k} f(x_k)$

누적확률함수의 성질

① x_n이 X의 제일 큰수라면 $F(x_n)=1$

② $F(-\infty)=0$,　$F(\infty)=1$

③ $F(x_i)-F(x_{i-1})=f(x_i)$, [단, $x_{i-2} < x_{i-1} < x_i$]

5.4 이산확률변수와 주변확률, 결합확률

이제까지 우리들은 확률변수가 단지 한 개인 확률함수만을 공부했다. 그러한 확률분포를 1변수확률분포(univariate probability distribution)라고 하는데 지금부터는 다변수 확률분포(multivariate probability distribution)을 생각해 보자. 다변수 확률분포란 확률변수가 한 번에 한 개 이상 관여된 확률분포를 의미한다. 논의를 간편히 하기 위하여 다변수 확률분포 중 2변수(bivariate) 확률분포를 고려해 보기로 한다.

예를 들어 52장의 카드로부터 한 장씩 카드를 끄집어 내는 실험을 한다고 할 때 각 카드는 두 가지 특징을 가지고 있음을 알고 있다. 이 때 X를 숫자 즉 1(에이스), 2, 3, ⋯, 10, 11(잭), 12(퀸), 13(킹)을 나타내고 Y를 모양 즉 1(하트), 2(다이아몬드), 3(스페이드), 4(클럽)을 나타낸다고 하면 X와 Y의 2변수 확률분포를 다음과 같이 나타낼 수 있다.

		X						f(y)
		1	2	3	⋯⋯⋯⋯	12	13	
Y	1	$\frac{1}{52}$	$\frac{1}{52}$	$\frac{1}{52}$	⋯⋯⋯⋯	$\frac{1}{52}$	$\frac{1}{52}$	$\frac{13}{52}$
	2	$\frac{1}{52}$	$\frac{1}{52}$	$\frac{1}{52}$	⋯⋯⋯⋯	$\frac{1}{52}$	$\frac{1}{52}$	$\frac{13}{52}$
	3	$\frac{1}{52}$	$\frac{1}{52}$	$\frac{1}{52}$	⋯⋯⋯⋯	$\frac{1}{52}$	$\frac{1}{52}$	$\frac{13}{52}$
	4	$\frac{1}{52}$	$\frac{1}{52}$	$\frac{1}{52}$	⋯⋯⋯⋯	$\frac{1}{52}$	$\frac{1}{52}$	$\frac{13}{52}$
f(x)		$\frac{4}{52}$	$\frac{4}{52}$	$\frac{4}{52}$	⋯⋯⋯⋯	$\frac{4}{52}$	$\frac{4}{52}$	1

X가 x_1, $x_2, \cdots$의 값을 취하고 Y가 y_1, $y_2, \cdots$ 의 값을 취한다고 할 때 $f(x, y)$로 표시된 확률분포를 결합확률분포(joint probability distribution)라고 한다. 즉

결합확률분포는	두 확률변수 X와 Y의 조합의 모든 값과 이러한 조합에 대응되는 확률분포를 X와 Y의 결합확률분포(joint probability distribution)

를 말한다. 위의 예에서는 가령 x=퀸, y=하트인 카드를 끄집어 낼 확률은 $f(12,\ 1) = \frac{1}{52}$ 이다. 이에 반하여 Y가 어떠한 값이든지 상관없이 X만으로 된 확률변수 $f(x)$를 X의 주변확률(marginal probability)이라고 하고 그 분포를 X의 주변확률분포라고 한다. 이와 같이

주변확률분포는	X와 Y의 결합분포 중에서 X 또는 Y 중 어느 하나로만 표시되어 있는 확률변수로 이루어진 분포

이다. 위의 예에서 f(x), f(y)가 각각 X와 Y의 주변확률이다. 즉 X의 주변확률 $f(x)$와 그 분포는 다음과 같다.

X=x	1	2	3	……………………	12	13	계
f(x)	$\frac{4}{52}$	$\frac{4}{52}$	$\frac{4}{52}$	……………………	$\frac{4}{52}$	$\frac{4}{52}$	1

Y=y	1	2	3	4	계
f(y)	$\frac{13}{52}$	$\frac{13}{52}$	$\frac{13}{52}$	$\frac{13}{52}$	1

따라서 모양이 어떠하든지 52장의 카드 중 1(Ace)를 끄집어 낼 확률은 $\frac{4}{52}$ 이고(왜냐하면 Ace가 총 네장이므로) 숫자가 어떠하든지 하트인 카드를 추출할 확률은 $\frac{13}{52}$ 이다(왜냐하면 하트는 총 13장이므로).

위의 예에서 x_i의 주변확률은 x_i에 관계되는 모든 결합확률을 더한 것과 같고, y_i의 주변확률은 y_i에 관계되는 모든 결합확률을 더한 것과 같다. 즉,

$$f(x_i) = f(x_i, y_1) + f(x_i, y_2) + \cdots\cdots = \sum_{j=1}^{\infty} f(x_i, y_j)$$

$$f(y_i) = f(x_1, y_i) + f(x_2, y_i) + \cdots\cdots = \sum_{j=1}^{\infty} f(x_j, y_i)$$

이다. 앞에서 조건부 확률을 공부한 바에 있다. 그때 확률의 개념을 사용하여

$$P(A \mid B) = \frac{P(A \cap B)}{P(B)}$$

라고 표기하였으나 확률함수로 나타내면

$$f(x \mid y) = \frac{f(x,\ y)}{f(y)} = \frac{x,\ y\text{의 결합확률}}{y\text{의 주변확률}}$$

로 나타낼 수 있다. 마찬가지로 X와 Y의 독립 여부도

$$f(x \mid y) = f(x), \qquad\qquad f(y \mid x) = f(y)$$

이면 X와 Y는 상호독립이라고 말할 수 있다.

[예제 5] 두 이산 확률분포가 다음과 같을 때 주변확률분포표를 만들어라.

Y \ X	0	1	2
1	$\frac{1}{12}$	$\frac{1}{12}$	$\frac{1}{6}$
3	$\frac{1}{4}$	$\frac{1}{6}$	$\frac{1}{4}$

증명 x, y의 결합확률을 각각 세로와 가로 방향으로 더하면

Y \ X	0	1	2	f(y)
1	$\frac{1}{12}$	$\frac{1}{12}$	$\frac{1}{6}$	$\frac{1}{3}$
3	$\frac{1}{4}$	$\frac{1}{6}$	$\frac{1}{4}$	$\frac{2}{3}$
f(x)	$\frac{1}{3}$	$\frac{1}{4}$	$\frac{5}{12}$	1

x와 y의 주변확률을 위의 표와 같이 얻을 수 있다. 이것을 다시 풀어쓰면

X	0	1	2	계
$f(x)$	$\frac{1}{3}$	$\frac{1}{4}$	$\frac{5}{12}$	1

Y	1	3	계
$f(y)$	$\frac{1}{3}$	$\frac{2}{3}$	1

와 같다.

5.5 연속확률변수(continuous random variable)와 확률함수(probability function)

연속확률변수란 앞에서 설명한 바와 같이 확률변수가 취할 수 있는 값의 범위가 무한한 경우를 말한다. 키나 몸무게, 전구의 수명, 타이어의 수명 등은 어떤 실수의 구간내에 무한히 연속적이라고 생각할 수 있다. 이러한 경우의 확률분포를 연속확률분포라고 한다.

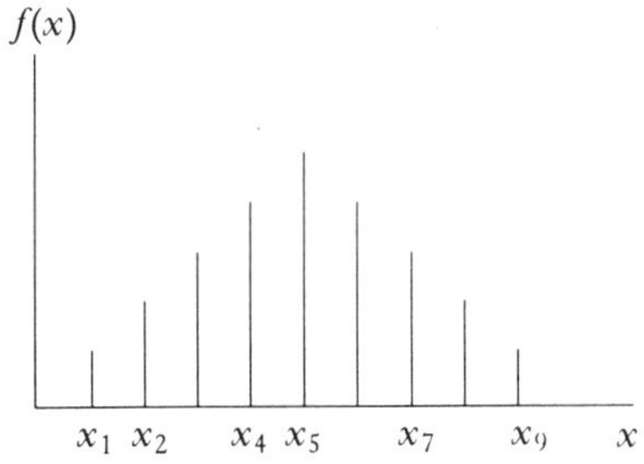

이산확률분포

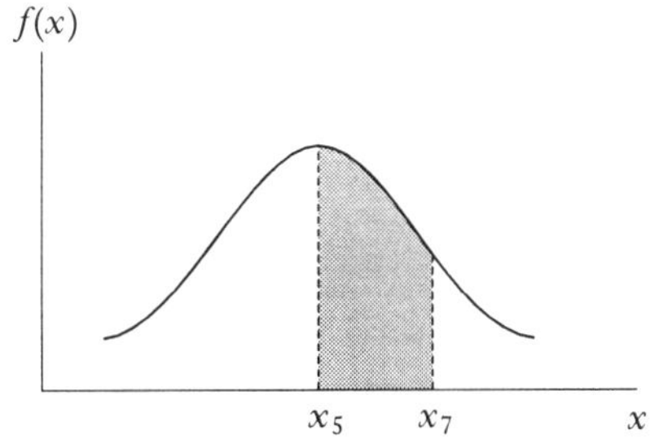

연속확률분포

이산 확률분포의 경우 가령 $P(x_4 < x \leq x_7)$을 구하면

$$P(x_4 < x \leq x_7) = f(x_5) + f(x_6) + f(x_7) = \sum_{i=5}^{7} f(x_i)$$

또는

$$P(x_4 < x \leq x_7) = F(x_7) - F(x_4)$$

이다.

그러나 연속확률분포의 경우 $P(x_4 < x \leq x_7)$을 구하면

$$P(x_4 < x \leq x_7) = \int_{x_4}^{x_7} f(x)dx$$

이다. 일반적으로 x가 a, b 사이의 구간에 있을 확률 $P(a < x < b)$라면

$$P(a < x < b) = \int_a^b f(x)dx$$

이며,

이때 $f(x)$를 x의 확률밀도함수(probability density function)라고 하며,

$$P(-\infty < x < \infty) = \int_{-\infty}^{\infty} f(x)dx = 1$$

이다.

따라서 X가 어떤 특정한 x보다 작거나 같은 값까지의 확률 F(x)는

$$F(x) = \int_{-\infty}^{x} f(x)dx$$

로 표시하며 이때 F(x)를 (연속확률변수) x의 누적확률이라고 한다. 다음은 누적확률함수의 성질이다(이산확률함수의 경우와 비교해 보아라).

1. $F(-\infty) = 0$,　　　　　$F(+\infty) = 1$
2. a<b일 때,

$$F(b) - F(a) = \int_{-\infty}^{b} f(x)dx - \int_{-\infty}^{a} f(x)dx$$

$$= \int_{a}^{b} f(x)dx = P(a < x < b)$$

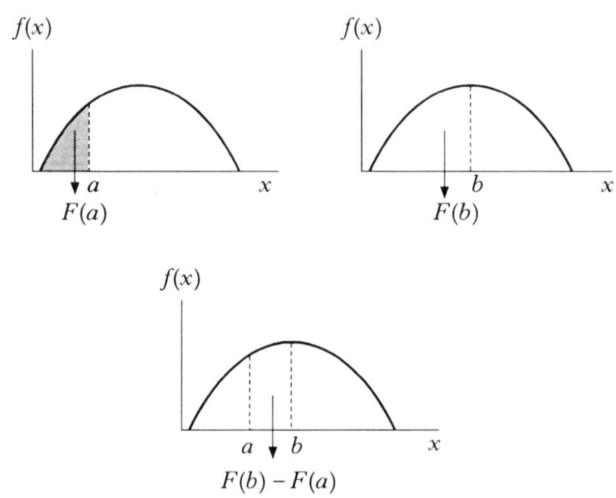

f(x, y), f(x)를 각각 X와 Y의 결합확률 및 X의 주변확률이라고 하면

$$f(x) = \int_{-\infty}^{+\infty} f(x,\ y)dy \qquad f(y) = \int_{-\infty}^{+\infty} f(x,\ y)dx$$

이산확률변수의 경우

$$f(x_i) = \sum_{j=1}^{n} f(x_i,\ y_j), \qquad f(y_i) = \sum_{j=1}^{n} f(x_j,\ y_i)$$

이며

$$f(x,\ y,\ z,\ \cdots\cdots) = f(x)f(y)f(z)\ \cdots\cdots$$

일 때 X, Y, Z는 독립이라고 한다.

5.6 수학적 기대치와 분산

확률분포에는 여러 가지 특성이 있으나 그 중에 잘 알려진 개념이 평균과 분산이다. 특히 평균은 기대값(expected value) 또는 수학적 기대치(mathematical expectations)라고 한다. 이 절에서는 기대치와 분산의 개념을 살펴보기로 한다.

(1) 기대치(expected value)

기대치를 수식으로 표현하면 다음과 같다. 기대치는 확률 f(x)의 값을 가중치로 하는 확률변수의 가중평균치(weighted average value)라고 할 수 있다.

기대치	$E(X) = \mu$	
	$E(X) = \sum_{i=1}^{n} x_i f(x_i)$	이산확률변수
	$E(X) = \int_{-\infty}^{\infty} x f(x) dx$	연속확률변수

[예제 6] 주사위를 던질 때 나타나는 숫자를 확률변수 X로 정의할 때 X의 기대치는?

풀 이

$$
\begin{aligned}
E(X) &= \sum_{i=1}^{6} x_i f(x_i) \\
&= 1\times\frac{1}{6}+2\times\frac{1}{6}+3\times\frac{1}{6}+4\times\frac{1}{6}+5\times\frac{1}{6}+6\times\frac{1}{6} \\
&= \frac{1+2+3+4+5+6}{6} = \frac{21}{6} = 3.5
\end{aligned}
$$

즉, 주사위를 무한히 던지면 매번 던질 때마다 평균적으로 얻는 숫자는 3.5가 된다는 의미이다.

[예제 7] 복권 1,000장을 발행하여 1등 한 명에게 1,000만원, 2등 2명에게 100만원 씩, 3등 3명에게 10 만원 씩을 지급키로 한다면 복권의 가격은 최소 얼마로 해야 하나?

증명 복권의 기대치 $= \sum_{i=1}^{\infty} x_i f(x_i)$이므로

X	$f(x)$
1,000만원	$\frac{1}{1,000}$
100만원	$\frac{2}{1,000}$
10만원	$\frac{3}{1,000}$

에서

복권의 기대치 (단위:만원) $= 1,000\times\frac{1}{1,000} + 100\times\frac{2}{1,000} + 10\times\frac{3}{1,000}$

$= 1+0.2+0.03 = 1.23$

따라서 복권의 가격은 최소 12,300원 이상이 되어야 한다.

일반적으로 X가 확률변수이고 g(X)가 X의 함수이면

$E[g(X)] = \sum_{i=1}^{\infty} g(x_i)f(x_i)$	이산확률변수
$E[g(X)] = \int_{-\infty}^{\infty} g(x)f(x)dx$	연속확률변수

이다. 이 성질을 이용하여 우리는 다음을 알 수 있다.

(X 확률변수, a, b는 상수)

$$E(aX+b) = aE(X)+b$$

왜냐하면 X가 이산확률변수일 때

$$\begin{aligned} E(aX+b) &= \sum_{i=1}^{\infty}(ax_i+b)f(x_i) \\ &= \sum_i ax_i f(x_i) + \sum_i bf(x_i) \\ &= a\sum_i x_i f(x_i) + b\sum_i f(x_i) \\ &= aE(X)+b \end{aligned}$$

X가 연속확률변수일 때

$$\begin{aligned} E(aX+b) &= \int_{-\infty}^{\infty}(ax+b)f(x)dx \\ &= \int_{-\infty}^{\infty} axf(x)dx + \int_{-\infty}^{\infty} b\cdot f(x)dx \\ &= a\int_{-\infty}^{\infty} xf(x)dx + b\int_{-\infty}^{\infty} f(x)dx \\ &= aE(X)+b \end{aligned}$$

[예제 8] 동전을 던져서 앞면이 나오면 1,000원, 뒷면이 나오면 500원을 주기로 하는 게임이 있을 때

① 기대치는?

② 상금을 2배로 올릴 때의 기대치는?

③ 상금을 2배로 올린 후 참가자 전원에게 500원씩을 덧붙여 줄 때의 기대치는?

증명

① $E(X) = 1,000 \times \frac{1}{2} + 500 \times \frac{1}{2} = 750$원

② $E(2X) = 2E(X) = 2 \times 750 = 1,500$원

③ $E(2X + 500) = 2E(X) + 500 = 1,500 + 500 = 2,000$원

(2) 분산(分散, variance)

확률분포의 특징을 나타내는 중요한 개념으로써 평균과 함께 분산이 있다. 분산은 확률변수가 평균으로부터 흩어져 있는 정도를 나타내는 것으로써 편차의 제곱에 대한 기대치를 의미한다.

$$Var(X) = E[(X-\mu)^2] = \sigma^2,$$

$$E[(X-\mu)^2] = \sum_i (x_i - \mu)^2 f(x_i) \qquad \text{이산확률변수}$$

$$E[(X-\mu)^2] = \int (x-\mu)^2 f(x)dx \qquad \text{연속확률변수}$$

여기서

$$\begin{aligned}\sigma^2 &= E(X-\mu)^2 = E(X^2 - 2X\mu + \mu^2) \\ &= E(X^2) - 2\mu E(X) + \mu^2 = E(X^2) - \mu^2 \\ &= E(X^2) - [E(X)]^2\end{aligned}$$

이다.

X가 확률변수이고 a, b가 상수일 때,

$$\mathrm{Var}(aX+b) = a^2\,\mathrm{Var}(X)$$

임을 알 수 있다. 왜냐하면

$$\mathrm{Var}(X) = E[X-\mu]^2 = E[X-E(X)]^2$$

이므로

$$\begin{aligned}\mathrm{Var}(aX+b) &= E[(aX+b)-E(aX+b)]^2 \\ &= E[(aX+b)-aE(X)-b]^2 \\ &= E[aX-aE(X)]^2 \\ &= E[a^2(X-E(X))^2] \\ &= a^2E[X-E(X)]^2 \\ &= a^2\,\mathrm{Var}(X)\end{aligned}$$

이다.

한편 표준편차 σ는 분산 σ^2의 제곱근을 말한다.

[예제 9] 다음에서 평균, 분산, 표준편차를 구하라.

X	f(x)
1	$\frac{1}{4}$
2	$\frac{1}{2}$
3	$\frac{1}{4}$

증명 다음과 같은 표를 만들어 보자

x	$f(x)$	$x \cdot f(x)$	$x-\mathrm{E}(x)$	$[x-\mathrm{E}(x)]^2$	$[x-\mathrm{E}(x)]^2 \cdot f(x)$
1	$\frac{1}{4}$	$\frac{1}{4}$	-1	1	$\frac{1}{4}$
2	$\frac{1}{2}$	1	0	0	0
3	$\frac{1}{4}$	$\frac{3}{4}$	1	1	$\frac{1}{4}$

$$\mu = \mathrm{E(X)} = \sum x_i f(x_i) = \frac{1}{4} + 1 + \frac{3}{4} = 2$$

$$\sigma^2 = \mathrm{Var(X)} = \sum [\, x_i - \mathrm{E}(x_i)]^2 f(x_i) = \frac{1}{2}$$

$$\sigma = \sqrt{\mathrm{Var(X)}} = \sqrt{\frac{1}{2}} = \frac{\sqrt{2}}{2}$$

[예제 10] 다음에서 평균, 분산, 표준편차를 구하라.

x	f(x)
2	$\frac{1}{4}$
4	$\frac{1}{2}$
6	$\frac{1}{4}$

풀이 다음과 같은 표를 만들어 보자.

x	$f(x)$	$x \cdot f(x)$	$x-\mathrm{E}(x)$	$[x-\mathrm{E}(x)]^2$	$[x-\mathrm{E}(x)]^2 \cdot f(x)$
2	$\frac{1}{4}$	$\frac{1}{2}$	-2	4	1
4	$\frac{1}{2}$	2	0	0	0
6	$\frac{1}{4}$	$\frac{3}{2}$	2	4	1

$$\mu = \mathrm{E(X)} = \sum x_i f(x_i) = \frac{1}{2} + 2 + \frac{3}{2} = 4$$

$$\sigma^2 = \mathrm{Var(X)} = \sum [\, x_i - \mathrm{E}(x)_i)]^2 f(x_i) = 2$$

$$\sigma = \sqrt{Var(X)} = \sqrt{2}$$

위의 두 가지 확률분포를 비교해 보면 (예제 2)의 분산이 (예제 1)의 분산보다 큼을 알 수 있다. 즉 (예제 2)의 분포가 평균을 중심으로 크게 퍼져 있음을 알 수 있다.

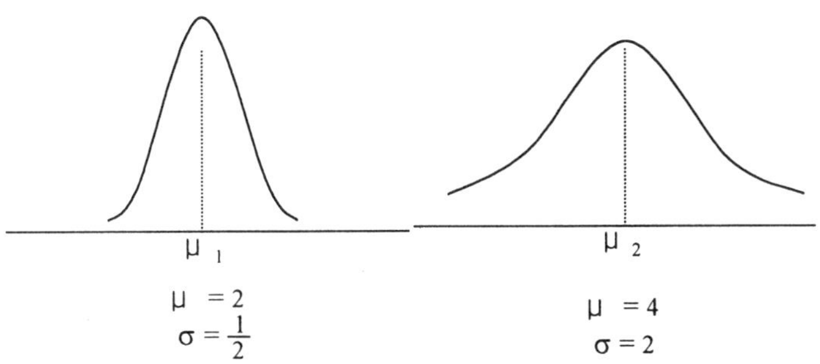

즉, x의 값이 2배로 증가되면 분산은 4배($\frac{1}{2} \times 4 = 2$)로 증가됨을 알 수 있다.

[예제 11] 연속 확률변수 X가 다음과 같은 확률밀도함수를 가질 때 X의 평균과 분산은?

$$f(x) = \begin{cases} \frac{2}{9}x, & 0 \le x \le 3 \\ 0, & x < 0 \quad \text{또는} \quad x > 3 \end{cases}$$

풀 이

$$\mu = E(X) = \int_{-\infty}^{\infty} xf(x)dx = \int_0^3 x \cdot \frac{2}{9}x \cdot dx$$

$$= \frac{2}{9}\int_0^3 x^2 dx = \frac{2}{9}\left[\frac{x^3}{3}\right]_0^3 = \frac{2}{9} \cdot 9 = 2$$

$$E(X^2) = \int_0^3 x^2 f(x)dx = \int_0^3 x^2 \cdot \frac{2}{9}xdx = \frac{2}{9}\int_0^3 x^3 dx$$

$$= \frac{2}{9}\left[\frac{x^4}{4}\right]_0^3 = \frac{2}{9} \times \frac{81}{4} = \frac{9}{2}$$

$$\sigma^2 = Var(X) = E(X^2) - [E(X)]^2 = \frac{9}{2} - 4 = \frac{1}{2}$$

한편 X와 Y의 결합확률함수가 $f(x, y)$이면, X와 Y의 함수 g(X, Y)의 기대치는

$$E[g(X, Y)] = \sum_{i=1}^{\infty} \sum_{j=1}^{\infty} g(x_i, y_j) f(x_i, y_j), \quad X, Y \text{는 이산확률변수}$$

$$E[g(X, Y)] = \int_{-\infty}^{\infty} \int_{-\infty}^{\infty} g(x, y) f(x, y) dx dy, \quad X, Y \text{는 연속확률변수}$$

이다. 위의 식을 이용하여 다음 정리를 증명할 수 있다.

정리 1) $E(X+Y+Z\cdots\cdots) = E(X)+E(Y)+E(Z)+\cdots\cdots$

정리 2) $E(aX+bY+cZ\cdots\cdots) = aE(X)+bE(Y)+cE(Z)+\cdots\cdots$

$a, b, c, \cdot\cdot\cdot\cdot$는 상수

X, Y, Z, $\cdot\cdot\cdot\cdot$은 확률변수

정리 2의 증명)

$$\begin{aligned} E(aX+bY) &= \sum_i \sum_j (ax_i + by_j) f(x_i, y_j) \\ &= \sum_i \sum_j ax_i f(x_i, y_j) + \sum_i \sum_j by_j f(x_i, y_j) \\ &= a\sum_i x_i \sum_j f(x_i, y_j) + b\sum_j y_j \sum_i f(x_i, y_j) \\ &= a\sum_i x_i f(x_i) + b\sum_j y_j f(y_j) \\ &= aE(X) + bE(Y) \end{aligned}$$

5.7 공분산(共分散), 상관계수(相關係數)

공분산(共分散, covariance)은 두 확률변수 X와 Y의 상관관계를 측정하는 것으로써

$$\begin{aligned} Cov(X, Y) &= E[X-E(X)][Y-E(Y)] \\ &= E(XY) - E(X)E(Y) \end{aligned}$$

이다. 위 식을 증명하면 다음과 같다.

$$\begin{aligned}\mathrm{Cov}(X,\ Y) &= E[X-E(X)][Y-E(Y)]\\ &= E[XY - XE(Y) - YE(X) + E(X)E(Y)]\\ &= E(XY) - E(X)E(Y) - E(Y)E(X) + E(X)E(Y)\\ &= E(XY) - E(X)E(Y)\end{aligned}$$

여기서

$$E(XY) = \sum_i \sum_j x_i y_j f(x_i,\ y_j), \qquad \text{이산확률변수}$$

또는

$$E(XY) = \int\int xyf(x,\ y)dxdy, \qquad \text{연속확률변수}$$

이다.

만약 Cov(X, Y) > 0 이면 X가 커지면 Y도 커지고 X가 작아지면 Y도 작아짐을 나타내고 Cov(X, Y) < 0 이면 X가 커질 때 Y는 작아지고 X가 작아질 때 Y가 커짐을 나타낸다. -즉 Cov(X, Y)가 양이면 $[x-E(x)]$와 $[y-E(y)]$가 같은 부호로써 그 둘의 곱은 양을 나타내고 Cov(X, Y)가 음이면 $[x-E(x)]$와 $[y-E(y)]$는 서로 상이한 부호로써 그 둘의 곱은 음이다. 이 관계를 그래프로 나타내면 다음과 같다.

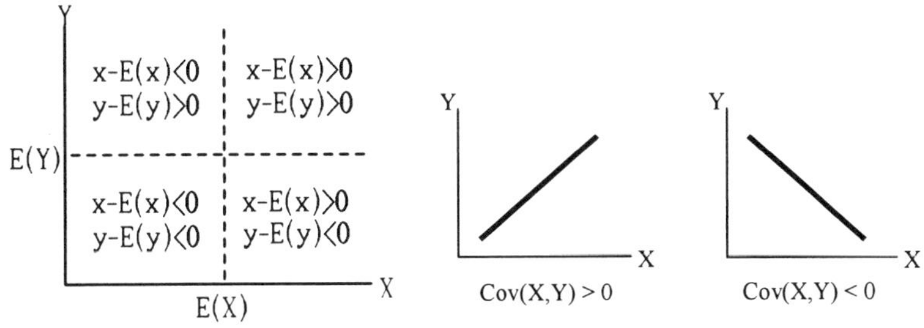

한편, Cov(X, Y) = 0 인 경우, X와 Y는 상관관계가 없다고 한다(uncorrelated). 그러나 상관관계가 없다고 해서 X와 Y가 독립임을 의미하지는 않는다. 즉 X와 Y가 독립적(independent)이면 항상 Cov(X, Y) = 0이나

Cov(X, Y) = 0이라고 해서 X와 Y가 항상 독립이라고 말할 수 없다. X와Y가 독립적이기 위해서는 $f(x \mid y) = f(x)$또는 $f(y \mid x) = f(y)$이어야한다.

X와 Y의 상관도를 측정하기 위하여 Cov(X, Y)를 계산하는 것이 항상 유용하지는 않다. 왜냐하면 Cov(X, Y)의 값이 큰 양수라고 하여 작은 양수의 Cov(X, Y)의 값보다 양의 상관도가 크다고 말할 수 없다. 왜냐하면 X, Y의 단위가 클수록(즉 예를들면 kg일 때가 g일 때보다) Cov(X, Y)의 값은 크게 나타나기 때문이다. 그러므로 Cov(X, Y)가 큰 양수의 값이라고 해서 X와 Y의 양의 상관도가 크다고 말할 수 없다. 이러한 문제점을 치유하기 위한 개념이 상관계수(相關係數, correlation coefficent, ρ_{xy})이다. 상관계수

$$\rho_{xy} = \frac{\text{Cov(X, Y)}}{\sigma_x \sigma_y}$$

상관계수는 X와 Y의 Cov(X, Y) 값을 X와 Y의 표준편차 σ_x, σ_y로 나누어준 값이다. ρ_{xy}의 값은 $-1 \le \rho_{xy} \le 1$의 범위내에 있다.

[예제 12] 두 확률변수 X와 Y의 결합확률변수가 다음과 같을 때 아래 물음에 답하라.

X \ Y	2	4	6
1	$\frac{1}{8}$	$\frac{1}{16}$	$\frac{1}{8}$
3	$\frac{1}{16}$	$\frac{1}{8}$	$\frac{1}{4}$
5	$\frac{1}{16}$	$\frac{1}{8}$	$\frac{1}{16}$

① X와 Y의 주변확률을 구하라.

② E(X), E(Y), Var(X), Var(Y)를 구하라.

③ E(X+Y)는?

④ Cov(X, Y)는?

⑤ X와 Y는 독립인가, 아닌가?

⑥ ρ_{xy}(X와 Y의 상관계수)는?

증명 ①

X \ Y	2	4	6	f(x)
1	$\frac{1}{8}$	$\frac{1}{16}$	$\frac{1}{8}$	$\frac{5}{16}$
3	$\frac{1}{16}$	$\frac{1}{8}$	$\frac{1}{4}$	$\frac{7}{16}$
5	$\frac{1}{16}$	$\frac{1}{8}$	$\frac{1}{16}$	$\frac{4}{16}$
f(y)	$\frac{4}{16}$	$\frac{5}{16}$	$\frac{7}{16}$	1

X의 주변확률

X	1	3	5	계
f(x)	$\frac{5}{16}$	$\frac{7}{16}$	$\frac{4}{16}$	1

y의 주변확률

Y	2	4	6	계
f(y)	$\frac{4}{16}$	$\frac{5}{16}$	$\frac{7}{16}$	1

②

$$E(X) = \sum x_i f(x_i) = 1\times\frac{5}{16}+3\times\frac{7}{16}+5\times\frac{4}{16}$$
$$= \frac{5+21+20}{16} = \frac{46}{16}$$
$$= \frac{23}{8}$$

$$E(Y) = \sum y_i f(y_i) = 2\times\frac{4}{16}+4\times\frac{5}{16}+6\times\frac{7}{16}$$
$$= \frac{8+20+42}{16} = \frac{70}{16} = \frac{35}{8}$$

$$Var(X) = E(X^2)-[E(X)]^2 = \sum x_i^2 f(x_i)-[E(X)]^2$$
$$= 1^2\times\frac{5}{16}+3^2\times\frac{7}{16}+5^2\times\frac{4}{16}-\left(\frac{23}{8}\right)^2$$
$$= \frac{5+63+100}{16}-\frac{529}{64}$$
$$= \frac{168}{16}-\frac{529}{64} = \frac{672-529}{64} = \frac{143}{64}$$

$$\begin{aligned}\text{Var(Y)} &= \text{E}(\text{Y}^2) - [\text{E(Y)}]^2 = \sum y_i^2 f(y_i) - [\text{E(Y)}]^2 \\ &= 2^2 \times \frac{4}{16} + 4^2 \times \frac{5}{16} + 6^2 \times \frac{7}{16} - \left(\frac{35}{8}\right)^2 \\ &= \frac{16+80+252}{16} - \frac{1225}{64} \\ &= \frac{348}{16} - \frac{1225}{64} = \frac{1392-1225}{64} = \frac{167}{64}\end{aligned}$$

③ $\text{E(X+Y)} = \text{E(X)} + \text{E(Y)} = \frac{23}{8} + \frac{35}{8} = \frac{58}{8} = \frac{29}{4}$

④

$$\begin{aligned}\text{Cov(X, Y)} &= \text{E(XY)} - \text{E(X)E(Y)} \\ &= \sum_i \sum_j x_i y_j f(x_i, y_j) - \text{E(X)E(Y)} \\ &= 1\times2\times\frac{1}{8} + 1\times4\times\frac{1}{16} + 1\times6\times\frac{1}{8} + 3\times2\times\frac{1}{16} \\ &\quad + 3\times4\times\frac{1}{8} + 3\times6\times\frac{1}{4} + 5\times2\times\frac{1}{16} + 5\times4\times\frac{1}{8} \\ &\quad + 5\times6\times\frac{1}{16} - \frac{23}{8}\times\frac{35}{8} \\ &= \frac{2}{8} + \frac{4}{16} + \frac{6}{8} + \frac{6}{16} + \frac{12}{8} + \frac{18}{4} + \frac{10}{16} + \frac{20}{8} + \frac{30}{16} - \frac{805}{64} \\ &= \frac{4+4+12+6+24+72+10+40+30}{16} - \frac{805}{64} \\ &= \frac{202}{16} - \frac{805}{64} = \frac{808}{64} - \frac{805}{64} = \frac{3}{64}\end{aligned}$$

⑤ X와 Y의 독립성 여부?

X와 Y가 독립이라면 $f(x \mid y) = f(x)$. 따라서

$f(x \mid y) = \frac{f(x, y)}{f(y)}$ 이 $f(x)$와 같은지 여부를 판별하면 된다.

$$f(1 \mid 4) = f\frac{(1,\ 4)}{f(y)} = \frac{\frac{1}{16}}{\frac{5}{16}} = \frac{1}{5}, \quad f(1) = \frac{5}{16}$$

그러므로 $f(x \mid y) = \frac{1}{5} \neq f(x) = \frac{5}{16}$

따라서 X와 Y는 독립이 아니다.

⑥ $\rho_{xy} = \dfrac{Cov(X, Y)}{\sigma_x \sigma_y}$, $Cov(X, Y) = \dfrac{3}{64}$,

$\sigma_x = \sqrt{Var(x)} = \sqrt{\dfrac{143}{64}}$

$\sigma_y = \sqrt{Var(y)} = \sqrt{\dfrac{167}{64}}$

$$= \frac{\frac{3}{64}}{\sqrt{\frac{143}{64}} \cdot \sqrt{\frac{167}{64}}} = \frac{3}{\sqrt{143}\sqrt{167}}$$

$$= \frac{3}{11.96 \times 12.92} = \frac{3}{154.5} \doteqdot 0.019$$

[예제 13] 확률변수 X와 Y의 결합확률변수가 다음과 같을 때 물음에 답하라.

X \ Y	0	1
1	0	$\frac{1}{3}$
2	$\frac{1}{3}$	0
3	0	$\frac{1}{3}$

① X와 Y의 주변확률은?

② E(X), E(Y), Var(X), Var(Y)?

③ Cov(X, Y)는?

④ X와 Y는 독립인가, 아닌가?

⑤ X와 Y는 상관계수, ρ_{xy}는?

풀 이

X \ Y	0	1	f(x)
1	0	$\frac{1}{3}$	$\frac{1}{3}$
2	$\frac{1}{3}$	0	$\frac{1}{3}$
3	0	$\frac{1}{3}$	$\frac{1}{3}$
f(Y)	$\frac{1}{3}$	$\frac{2}{3}$	1

① X의 주변확률

X	1	2	3	계
f(x)	$\frac{1}{3}$	$\frac{1}{3}$	$\frac{1}{3}$	1

Y의 주변확률

Y	0	1	계
f(y)	$\frac{1}{3}$	$\frac{2}{3}$	1

② $E(X) = 1\times\frac{1}{3}+2\times\frac{1}{3}+3\times\frac{1}{3} = \frac{6}{3} = 2$

$E(Y) = 0\times\frac{1}{3}+1\times\frac{2}{3} = \frac{2}{3}$

$Var(X) = E[X-E(X)]^2$

$= (1-2)^2\times\frac{1}{3}+(2-2)^2\times\frac{1}{3}+(3-2)^2\times\frac{1}{3}$

$= \frac{2}{3}$

$Var(Y) = E[Y-E(Y)]^2 = \left(0-\frac{2}{3}\right)^2\times\frac{1}{3}+\left(1-\frac{2}{3}\right)^2\times\frac{2}{3}$

$= \frac{4}{9}\times\frac{1}{3}+\frac{1}{9}\times\frac{2}{3} = \frac{6}{27} = \frac{2}{9}$

③ $Cov(X, Y) = E[X-E(X)][Y-E(Y)] = E(XY)-E(X)E(Y)$

$= 1\times0\times0+1\times1\times\frac{1}{3}+2\times0\times\frac{1}{3}+2\times1\times0$

$+ 3\times0\times0+3\times1\times\frac{1}{3}-2\times\frac{2}{3}$

$= \frac{1}{3}+1-\frac{4}{3} = 0$

④ $f(x \mid y)$와 f(x)가 같은지 다른지를 검정해야 하므로 $x = 2$, $y =$ 0일때,

$f(x, y) = f(2,\ 0) = \frac{1}{3}$, $f(y) = f(0) = \frac{1}{3}$,

$f(x) = f(2) = \frac{1}{3}$

$f(2 \mid 0) = f\frac{(2,\ 0)}{f}(0) = \frac{\frac{1}{3}}{\frac{1}{3}} = 1 \neq f(2) = \frac{1}{3}$

그러므로 X와 Y는 독립이 아니다.

⑤ $\rho_{xy} = \frac{Cov(X,\ Y)}{\sigma_x\sigma_y} = \frac{0}{\sqrt{\frac{2}{3}}\cdot\sqrt{\frac{2}{9}}} = 0$

결합확률함수도 1변수확률함수와 같이 다음과 같은 성질을 가진다.

① 확률의 합은 1이다.

$f(x_i,\ y_j) \geq 0$이고, $\sum_i \sum_j f(x_i,\ y_j) = 1$ (이산확률변수)

$f(x,\ y) \geq 0$이고, $\int_{-\infty}^{\infty}\int_{-\infty}^{\infty} f(x,\ y)\,dxdy = 1$ (연속확률변수)

② X의 주변확률 $f(x) = \int_{-\infty}^{\infty} f(x,\ y)dy$ (연속확률변수)

Y의 주변확률 $f(y) = \int_{-\infty}^{\infty} f(x,\ y)dx$

③ $\mathrm{E}[g(X)] = \int g(x)f(x)\,dx$ 이므로

$\mathrm{E}(g(\mathrm{X},\ \mathrm{Y})] = \int\int g(x,\ y)f(x,\ y)dxdy$

$\therefore \mathrm{E}(\mathrm{XY}) = \int\int xyf(x,\ y)dxdy$

만약, X와 Y가 독립이라면 $f(x,\ y) = f(x)f(y)$이므로

$$\begin{aligned}\mathrm{E}(\mathrm{XY}) &= \int\int xyf(x,\ y)dxdy = \int\int xy\cdot f(x)\cdot f(y)\,dxdy \\ &= \int xf(x)\,dx\int y\cdot f(y)\,dy = \mathrm{E}(\mathrm{X})\cdot \mathrm{E}(\mathrm{Y}) \qquad —\ (*)\end{aligned}$$

$$\begin{aligned}\therefore \mathrm{Cov}(\mathrm{X},\ \mathrm{Y}) &= \mathrm{E}[\mathrm{X}-\mathrm{E}(\mathrm{X})][\mathrm{Y}-\mathrm{E}(\mathrm{Y})] \\ &= \mathrm{E}(\mathrm{XY})-\mathrm{E}(\mathrm{X})\mathrm{E}(\mathrm{Y}) \qquad —\ (**)\end{aligned}$$

그런데 X와 Y가 독립이면 (*)에서 E(XY) = E(X)E(Y). 따라서 (**)식에 대입하면 Cov(X, Y) = 0. 그러나 Cov(X, Y) = 0이라고 해서 X와 Y가 항상 독립은 아니다.

[예제 14] 확률변수 X가 다음과 같은 확률밀도함수를 가질 때 상수 k를 구하라.

$$f(x) = \begin{cases} kx, & 0 \leq x \leq 3 \\ 0, & x>3 \text{ or } x<0 \end{cases}$$

증명 $\int_{-\infty}^{\infty} f(x)\,dx = \int_0^3 f(x)dx = \int_0^3 kxdx = k\left[\frac{x^2}{2}\right]_0^3 = 1$

$\therefore\ k\cdot\frac{9}{2} = 1$ $\qquad\therefore\ k = \frac{2}{9}$

[예제 15] 연속형 확률변수 X가 다음과 같은 확률밀도함수를 가질 때 X의 평균과 분산을 계산하여라.

$$f(x) = \begin{cases} \frac{2}{9}x, & 0 \le x \le 3 \\ 0, & x < 0 \quad \text{or} \quad x > 3 \end{cases}$$

풀이

$$E(X) = \int_{-\infty}^{\infty} xf(x)dx = \int_0^3 x \cdot \frac{2}{9}xdx = \frac{2}{9}\int_0^3 x^2 dx$$

$$= \frac{2}{9}\left[\frac{x^3}{3}\right]_0^3 = \frac{2}{9} \cdot \frac{27}{3} = 2$$

$$E(X^2) = \int_0^3 x^2 \cdot \frac{2}{9}xdx = \frac{2}{9}\int_0^3 x^3 dx = \frac{2}{9}\left[\frac{x^4}{4}\right]_0^3 = \frac{2}{9} \times \frac{81}{4}$$

$$= \frac{9}{2}$$

$$Var(X) = \sigma^2 = E(X^2) - [E(X)]^2 = \frac{9}{2} - 4 = \frac{1}{2}$$

[예제 16] 두 연속형 확률변수 X와 Y의 결합확률밀도함수가 다음과 같을 Cov(X, Y)는?

$$f(x, y) = \begin{cases} \frac{1}{4}, & 0 \le x \le 2, \quad 0 \le y \le 2 \\ 0 & elsewhere \end{cases}$$

풀이 X와 Y의 주변확률밀도함수는?

$$f(x) = \int f(x, y)dy = \int_0^2 \frac{1}{4}dy = \frac{1}{4}[y]_0^2 = \frac{1}{2}, \qquad 0 \le x \le 2$$

$$f(y) = \int f(x, y)dx = \int_0^2 \frac{1}{4}dx = \frac{1}{4}[x]_0^2 = \frac{1}{2}, \qquad 0 \le y \le 2$$

$$E(X) = \int_0^2 xf(x)dx = \int_0^2 x \cdot \frac{1}{2}dx = \frac{1}{2}\left[\frac{x^2}{2}\right]_0^2 = \frac{1}{2} \times \frac{4}{2} = 1$$

$$E(Y) = \int_0^2 yf(y)dy = \int_0^2 y \cdot \frac{1}{2}dy = \frac{1}{2}\left[\frac{y^2}{2}\right]_0^2 = \frac{1}{2} \times \frac{4}{2} = 1$$

이다.

$$\begin{aligned} E(XY) &= \int\int x \cdot y \cdot f(x,\ y)\,dxdy \\ &= \int_0^2\int_0^2 x \cdot y \cdot \frac{1}{4}\,dxdy = \frac{1}{4}\int_0^2 xdx\int_0^2 ydy \\ &= \frac{1}{4}\left[\frac{x^2}{2}\right]_0^2\left[\frac{y^2}{2}\right]_0^2 = \frac{1}{4} \cdot \frac{4}{2} \cdot \frac{4}{2} = 1 \end{aligned}$$

그러므로

$$\begin{aligned} Cov(X,\ Y) &= E(XY) - E(X)E(Y) \\ &= 1 - 1 = 0 \end{aligned}$$

연습문제

5.1 다음 개념을 설명하라.

① 확률변수 ② 누적확률함수 ③ 주변확률

④ 결합확률 ⑤ 기대치 ⑥ 공분산

⑦ 상관계수 ⑧ 확률분포

5.2 동전을 세 번 던질 때 뒷면이 나올 횟수를 X라고 하면

① X의 기대값, 표준편차, 분산을 구하라.

② X의 각 변수에 5를 더했을 때의 기대값, 표준편차, 분산을 구하라.

5.3 다음 확률분포표에서 ① 기대값, ② 표준편차, ③ 분산, ④ 누적확률분포함수를 구하라.

X	f(x)
10	0.10
20	0.20
30	0.30
40	0.25
50	0.15

5.4 다음 확률분포표를 보고 물음에 답하라.

X	f(x)
0	$\frac{1}{16}$
1	$\frac{4}{16}$
2	$\frac{6}{16}$
3	$\frac{4}{16}$
4	$\frac{1}{16}$

① $P(0 \le X \le 2)$

② $P(X \ge 3)$

③ $E(X)$

④ $Var(X)$

5.5 $E(X+5)=10$, $E(X+5)^2=125$일 때

① $E(X)$ $(=\mu)$

② $Var(X)$ $(=\sigma^2)$

③ $Var\ (X+5)$

5.6 어떤 확률변수 X의 평균과 분산은

$\mu_x = 120, \quad \sigma_x{}^2 = 1,600$

또다른 확률변수 Y의 평균과 분산은

$\mu_y = 160, \quad \sigma_y{}^2 = 2,500$

이라고 하고 또 X와 Y의 상관계수 $\rho = 0.8$이라고 가정한다면 아래 각 경우의 Q에 대하여 평균과 분산은?

① $Q = X+Y$

② $Q = 0.7X + 0.3Y$

③ $Q = (X-Y)^2$

5.7 다음의 경우 X와 Y의 주변확률분포를 구하고 X와 Y가 통계적 독립인지 구별하여라.

X \ Y	1	2
0	0.04	0.30
1	0.20	0.25
2	0.16	0.05

5.8 두 확률변수 X와 Y의 결합확률분포가 다음과 같을 때

X \ Y	0	1	2
3	$\frac{1}{8}$	$\frac{1}{16}$	$\frac{1}{8}$
4	0	$\frac{1}{4}$	$\frac{1}{8}$
5	$\frac{1}{8}$	$\frac{1}{16}$	$\frac{1}{8}$

① X와 Y의 주변확률분포를 구하라.

② E(X)와 Var(X)를 구하라.

③ E(Y)와 Var(Y)를 구하라.

④ Cov(X, Y)를 구하라.

⑤ X와 Y의 상관계수는?

⑥ X와 Y가 독립인가, 아니가 판별하라.

5.9 Y의 확률밀도함수가 $g(y) = \frac{k}{y^3}$ $(1 < y < \infty)$이다.

① $g(y)$가 확률밀도함수가 되도록 k의 값을 구하라.

② E(Y)를 구하라.

③ Var(Y)가 존재하지 않음을 보여라.

5.10 다음을 증명하라.

① $E(aX + bY) = aE(X) + bE(Y)$

② $E(aX + b) = aE(X) + b$

③ $Var(aX + b) = a^2 Var(X)$

④ $Var(aX + bY) = a^2 Var(X) + b^2 Var(Y) + 2ab \cdot Cov(X, Y)$

5.11 어떤 투자에서 1,000만원의 이익이 있을 확률이 0.6, 700만원의 이익이 있을 확률이 0.25, 500만원의 손해를 볼 확률이 0.15라고 하면 이 투자의 기대이익은 얼마인가?

5.12 두 연속형 확률변수 X와 Y의 결합확률밀도가 다음과 같을 때 다음을 구하라.

$$f(x, y) = \begin{cases} \frac{1}{9}, & 0 \le X \le 3, \quad 0 \le Y \le 3 \\ 0, & \text{기타 다른 곳} \end{cases}$$

① $f(x)$　　② $f(y)$

③ $E(X)$　　④ $E(Y)$

⑤ $E(XY)$　　⑥ $Cov(X, Y)$

5.13 X와 Y가 다음과 같은 결합확률밀도함수를 가지고 있다고 할 때 다음을 구하라.

$$f(X, Y) = \frac{X + 2Y}{18} \qquad X=1, 2, \quad Y=1, 2$$

① $f(x)$　　② $f(y)$

③ $E(X)$　　④ $E(Y)$

⑤ $Var(X)$　　⑥ $Var(Y)$

⑦ $Cov(X, Y)$　　⑧ 상관계수 ρ_{xy}

제 6 장

이산확률분포

6.1 베르누이 분포
6.2 이항분포
6.3 포아송 분포
6.4 초기하 분포
6.5 기하분포

앞장에서 우리는 확률분포의 기초개념을 공부하였다. 본장에서는 확률분포중 이산확률변수에 의해 생성되는 이산확률분포에 대하여 분석하고 제5장에서는 연속확률분포를 살펴보기로 한다.

이산확률분포에는 베르누이 분포, 이항분포(二項分布), 포아송분포, 초기하분포(超幾何分布) 등이 있다.

6.1 베르누이 분포(Bernoulli distribution)

베르누이 분포란 베르누이 시행(Bernoulli trial)의 결과로 나타나는 확률분포를 말하는데 베르누이 시행이란 어떤 실험을 하거나 표본을 추출할 때 그 결과가 상호배타적인 두 가지 사상중의 하나로 나타나는 경우를 말한다. 예를 들면 동전을 던지는 실험은 앞면 또는 뒷면의 두 가지 중의 하나이며 또 주사위를 던지는 경우 기대되는 결과는 6가지이나 홀수와 짝수로 구분하는 경우 역시 두 가지로 나타난다. 이와 같이 실험결과가 둘 중의 하나인 경우 우리가 원하는 실험을 성공(S ; success), 원치 않는 다른 실험을 실패(F ; failue)라고 할 경우

> 베르누이 시행은
>
> ① 실험의 결과가 성공(S) 또는 실패(F)의 상호 배반적인 두 사상으로 나타난다.
> ② 이러한 실험에서 성공할 확률 $P(S) = p$로 일정하며 실패할 확률은 $P(F) = 1 - p = q$로 일정하다.

일반적으로 베르누이 분포의 확률변수 X의 값은 성공한 경우 1, 실패한 경우 0으로 정의되는 확률변수이다. 즉

$$P(X = 1) = p$$

$$P(X=0) = 1 - p, \qquad 0 \leq p \leq 1$$

따라서 베르누이 확률밀도함수는

$$f(x) = p^x (1-p)^{1-x} \quad , \quad x=0,\ 1$$

로 정의된다. 베르누이 확률분포의 평균과 분산은 다음과 같다.

x	f(x)
0	1-p
1	p

$$E(X) = \sum x_i f(x_i) = 0 \times (1-p) + 1 \times p = p$$

$$\begin{aligned} Var(X) &= E(X^2) - [E(X)]^2 = [0^2 \times (1-p) + 1^2 \times p] - p^2 \\ &= p - p^2 = p(1-p) = p \cdot q \qquad (\text{여기서 } q = 1-p) \end{aligned}$$

이다.

6.2 이항분포(二項分布, binomial distribution)

이항분포란 베르누이 시행을 매번 독립적으로 n번 시행했을 때 성공 또는 실패의 횟수(즉, 이항확률변수)에 대한 확률분포를 말한다. 즉, 성공할 확률이 p, 실패할 확률이 (1-p)인 베르누이 시행이 n번 반복되었을 때 확률변수 X를 n번 시행에서 성공할 회수를 나타낸다고 하면 X는 시행횟수가 n이고 성공확률이 p인 二項分布(binomial distribution)를 형성하게 된다.

예를 들면 동전을 세 번 던지는 시행에서 앞면이 나오는 횟수 X의 확률분포를 생각해보기로 하자. 동전을 던지는 각각의 시행은 성공할 확률(즉 앞면이 나올 확률)이 $\frac{1}{2}$인 베르누이 시행이며 동전을 세 번 던지는 것은 이러한 베르누이 시행을 3회 하는 것과 같다. 세 번의 시행에서 발생 가능한 경우를 나열하면 다음과 같다. (여기서 앞면은 H, 뒷면은 T이다.)

첫째	둘째	세째(각시행)	X	확률	경우의 수
T	T	T	0	$(1-p)^3=\frac{1}{8}$	1
H	T	T	1	$p(1-p)^2=\frac{1}{8}$	3
T	H	T	1	$p(1-p)^2=\frac{1}{8}$	
T	T	H	1	$p(1-p)^2=\frac{1}{8}$	
H	H	T	2	$p^2(1-p)=\frac{1}{8}$	3
T	H	H	2	$p^2(1-p)=\frac{1}{8}$	
H	T	H	2	$p^2(1-p)=\frac{1}{8}$	
H	H	H	3	$p^3=\frac{1}{8}$	1

따라서 위의 도표를 정리하면서 이항분포와 연결시켜보면

X(앞면의 수)	f(X)(=확률)	이항분포에서의 확률
0	$\frac{1}{8}$	${}_3C_0\left(\frac{1}{2}\right)^0\left(\frac{1}{2}\right)^3$
1	$\frac{3}{8}$	${}_3C_1\left(\frac{1}{2}\right)^1\left(\frac{1}{2}\right)^2$
2	$\frac{3}{8}$	${}_3C_2\left(\frac{1}{2}\right)^2\left(\frac{1}{2}\right)^1$
3	$\frac{1}{8}$	${}_3C_3\left(\frac{1}{2}\right)^3\left(\frac{1}{2}\right)^0$

와 같다. 여기서 nC_x 또는 $\binom{n}{x}$는 n번의 시행에서 x번 성공할 경우의 수를 말한다. 일반적으로 이항분포에서의 확률함수는 아래와 같다.

$$f(x : X = x) = nC_x p^x(1-p)^{n-x} = \binom{n}{x} p^x(1-p)^{n-x}$$

n : 시행횟수 $\quad$ x : 성공횟수

p : 성공확률 $\quad$ $(1-p) = q$: 실패확률

윗식에서 nCx 또는 $\binom{n}{x}$는 $\frac{n!}{x!(n-x)!}$를 나타낸다.

[예제 1] 동전을 네 번 던졌을 때 앞면이 세 번 나올 확률은 얼마인가?

풀 이 $f(X=3) = {}_4C_3\left(\frac{1}{2}\right)^3\left(\frac{1}{2}\right)^1 = \frac{4!}{3!\,1!}\times\frac{1}{8}\times\frac{1}{2} = 4\times\frac{1}{8}\times\frac{1}{2} = \frac{1}{4}$

[예제 2] 다섯 개의 4지 선다형 문제가 있는데 추측으로 네 개의 문제를 맞출 확률은?

풀 이

$$f(X=4) = {}_5C_4\left(\frac{1}{4}\right)^4\left(\frac{3}{4}\right)^1 = \frac{5!}{4!\,1!}\times\left(\frac{1}{4}\right)^4\left(\frac{3}{4}\right)$$

$$= 5\times\frac{1}{256}\times\frac{3}{4} = \frac{15}{1024} \doteqdot 0.0146$$

[예제 3] 어떤 제품의 불량률이 0.1이다. 5개의 제품을 검사했을 때 이중 불량품이 두 개 이하일 확률은 얼마냐?

풀 이 구하는 확률은 불량품이 2개, 1개, 0개일 경우의 확률의 합과 같다. $p=0.1$, $q=1-p=0.9$ $n=5$, $x=0, 1, 2$ 책 뒤의 이항분포표를 이용하면

$$\begin{aligned} f(x : X \le 2) &= f(X=0)+f(X=1)+f(X=2) \\ &= {}_5C_0(0.1)^0(0.9)^5 + {}_5C_1(0.1)^1(0.9)^4 + {}_5C_2(0.1)^2(0.9)^2 \\ &= 0.5905+0.3280+0.0729 \\ &= 0.9914 \end{aligned}$$

이항분포의 평균 E(X)와 분산 Var(X)는 다음과 같다. 이항분포는 각각 독립인 베르누이 분포를 n번 시행하는 것이므로 이것은 n개의 독립인 확률변수의 합의 평균과 분산을 구하는 것과 같으므로 앞에서 베르누이 시행에서 평균은 p, 분산은 pq이므로 이항분포를 이루는 확률변수 X의 평균과 분산은 각각

$$E(X) = np$$
$$Var(X) = npq$$

와 같다. 즉, $X = X_1, + X_2, + \cdots + X_n$이라면 X_i 를 각각의 베르누이 시행의 확률변수라면 $E(X_i) = p$, $Var(X_i) = pq$

$$\therefore\ E(X) = E(X_1, + X_2, + \cdots X_n) = nE(X_i) = np,$$

$$Var(X_1 + X_2 + \cdots + X_n) = \sum_{i=1}^{n} Var(X) = npq$$

이항분포는 n과 p의 크기에 따라 분포의 모양이 달라진다. 이러한 분포는 다음의 두 가지 특성을 지닌다.

① p=0.5일 때에는 n의 값에 관계없이 이항분포는 대칭을 이룬다.

② p=0.5가 아닐 때에는 n의 값이 커질수록 이항분포는 대칭을 이루고 n이 작아지면 비대칭이 된다.

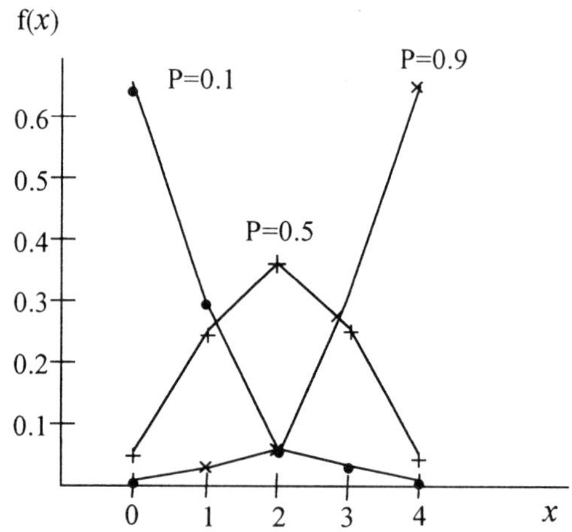

(a) n=4일 때 서로 다른 p의 이항분포

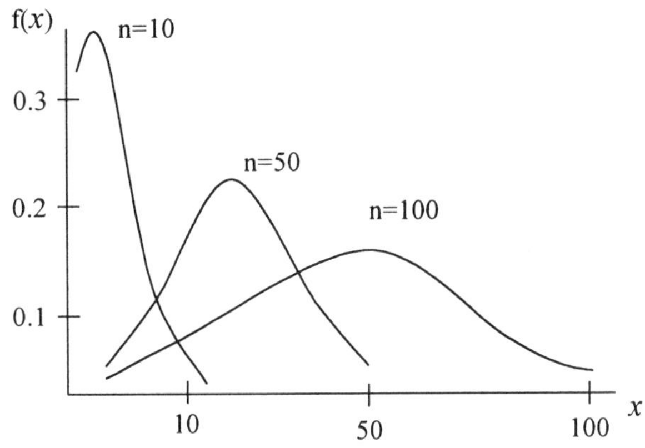

(b) p=0.1일 때 서로 다른 n의 이항분포

[예제 4] 주사위를 던질 경우 1이 나타날 확률은 $\frac{1}{6}$ 이다. 주사위를 180번 던질 경우 1이 나타나는 회수의 기대치(평균)과 분산을 구하라.

풀 이

$$\mu = E(X) = np = 180 \times \frac{1}{6} = 30 \quad (\text{회})$$

$$\sigma^2 = Var(X) = npq = 180 \times \frac{1}{6} \times \frac{5}{6} = 25 \quad (\text{회})$$

6.3 포아송 分布(Poisson distribution)

포아송분포란 특정한 시간 또는 공간에서 어떤 사건이 무작위로 발생할 때 그 사건이 발생할 회수를 나타내 주는 확률분포이다.

즉, 포아송분포는 단위구간내에서 어떤 사건이 평균 μ번 발생한다고 하면 사건이 x번 발생할 확률은 다음과 같다.

포아송 분포

$$P[X=x] = \frac{e^{-\mu} \cdot \mu^x}{x!}$$

μ : 사건의 평균발생회수

x : 사건 발생회수 ($x=0, 1, 2 \cdot \cdot \cdot$)

e : 2.71828⋯

포아송분포는 예를 들면 어떤 시간대에 걸려올 전화의 회수라던가 24시간 동안에 어느 지역에서 발생하는 교통사고의 회수 또는 어느 가게에 특정시간 동안 손님이 방문할 회수 등과 같은 확률변수의 분포를 말한다. 그러나 이러한 사건 발생의 분포가 포아송분포를 이루기 위해서는 다음의 조건들을 만족시켜야 한다.

1) 하나의 특정시간 동안(또는 공간동안) 어떤 사건이 발생할 회수는 또 다른 특정시간 동안(또는 공간동안) 그러한 사건이 발생할 회수와는 독립적이다.

2) 아주 작은 단위시간(또는 공간)에서 둘 이상의 사건이 발생할 확률은 0이다.

3) 일정한 시간(또는 공간)에서 발생하는 사건회수의 확률분포는 다른 시간(또는 공간)에서 발생하는 사건회수의 확률분포와 동일하다.

이상의 조건들을 충족시킬 경우 어떤 사건이 특정 시간내에 발생할 확률은 포아송분포를 따른다.

[예제 5] 사무실에 오후 1시부터 3시 사이에 1분동안 평균 0.5회의 전화가 걸려온다고 할 때 전화가 걸려오는 회수가 포아송분포를 따른다고 하면 전화가 1분에 3회 걸려올 확률은 얼마인가?

풀 이

$$P(x=3) = \frac{e^{-0.5}(0.5)^3}{3!} = 0.0126 \qquad \text{(포아송분포표 참조)}$$

[예제 6] 어느 공장의 기계에서 생산된 제품 중 불량품이 시간당 평균 2개씩 발생된다고 하면 특정시간대에 생산된 제품 중에서 불량품이 한 개 이상 발생할 확률은?

풀 이

$$P(X \geq 1) = 1 - P(X \leq 0)$$

$$= 1 - \frac{e^{-2} \cdot 2^0}{0!} = 1 - 0.1353 = 0.8647$$

평균이 μ인 포아송분포를 따르는 확률변수 X의 평균과 분산은 다음과 같다.

$$E(X) = \mu$$

$$Var(X) = \mu$$

앞에서 공부한 이항분포도 포아송분포와 연관지어 볼 수 있다.

$n \rightarrow \infty$이고 $p \rightarrow 0$이면 이항분포는 평균이 np인 포아송분포를 따른다고 할 수 있다.

[$np = \mu$, $n \geq 20$, $p \leq 0.05$일 때

$$\binom{n}{x} p^x (1-p)^{n-x} \doteqdot \frac{e^{-\mu} \cdot u^x}{x!}$$]

6.4 초기하분포

(超幾何分布, hypergeometric distribution)

초기하분포는 이항분포와 다음의 두 가지 점에서 다르다고 할 수 있다. 즉

① 매시행은 독립적이 아니고 종속적이다.

② 따라서 성공과 실패의 확률이 일정하지 않고 매시행마다 다르다.

초기하분포의 예를 들어보자, 9명의 위원중 남자는 5명, 여자는 4명이

있다. 이중 남자 2명, 여자 2명으로 소위원회를 구성한다고 할 경우 남자 2명, 여자 2명을 뽑을 확률을 구하는 경우 이러한 분포는 초기하분포를 이루며 그 확률함수는 다음과 같다.

초기하분포의 확률함수

$$P[n_1 \text{ 중 } x_1,\ n_2 \text{ 중 } x_2] = \frac{\binom{n_1}{x_1} \cdot \binom{n_2}{x_2}}{\binom{n_1+n_2}{x_1+x_2}}$$

윗 식의 분모는 총 n_1+n_2중 x_1+x_2를 뽑는 방법의 수이고 분자의 $\binom{n_1}{x_1}$은 n_1중 x_1을 뽑는 가지수이며 $\binom{n_2}{x_2}$는 n_2 중 x_2를 뽑는 가지수이며 이 두 가지 시행이 동시에 일어날 총 가지수는 $\binom{n_1}{x_1} \times \binom{n_2}{x_2}$이다.

위의 예에서 남자 2명 여자 2명을 뽑을 확률은

$$\frac{\binom{5}{2} \times \binom{4}{2}}{\binom{9}{4}} = \frac{\frac{5!}{2!3!} \times \frac{4!}{2!2!}}{\frac{9!}{4!5!}} = \frac{10}{21}$$

이다.

[예제 7] 어느 항아리에 빨간 구슬이 3개 노랑구슬이 2개 있다. 이중 2개를 임의로 끄집어내었을 때 노랑구슬이 한 개일 확률은 얼마인가?

풀 이 $$P(X=1) = \frac{{}_3C_1 \times {}_2C_1}{{}_5C_2} = \frac{3}{5}$$

[예제 8] 남자가 5명, 여자가 3명이 있다. 이중 3명을 뽑았을 때 남자가 2명일 확률은 얼마인가?

풀 이 $$P(X=2) = \frac{{}_5C_2 \times {}_3C_1}{{}_8C_3} = \frac{15}{28}$$

6.5 기하분포

(幾何分布, geometric distribution)

기하분포는 매번 독립적인 베르누이 시행을 반복 실시할 때 첫 번째 성공이 나타날 때까지의 시행회수에 대한 확률분포이다. 확률변수 X가 이러한 조건에 따르는 기하분포를 형성할 때 확률분포함수는 다음과 같다.

$$P(X=x) = q^{x-1} \cdot p \qquad x = 1,\ 2,\ 3 \cdots$$

p : 성공확률, q : 실패확률

x : 처음 성공할 회수

기하분포의 평균과 분산은 다음과 같다.

$$E(X) = \frac{1}{p}$$

$$Var(X) = \frac{q}{p^2}$$

[예제 9] 즉석복권의 당첨확률이 10%라고 한다. 당첨될 때까지 복권을 연달아 구입한다고 할 때 5번째에 복권이 당첨될 확률은 얼마인가?

풀이 $P(X=5) = (0.9)^4 \times (0.1) = 0.066$

[예제 10] 어떤 사격선수가 목표를 맞출 확률은 0.8이다. 이 선수가 3번째 사격에서 목표를 맞출 확률은 얼마인가?

풀이 $P(X=3) = (0.2)^2 \times (0.8) = 0.032$

연습문제

6.1 여자 5명과 남자 10명으로 이루어진 위원회가 있다. 이 15명중에서 무작위로 4명의 위원을 선출할 때 여자 위원수를 X라 하면

① X의 확률분포표를 구하라.

② X의 기대값과 분산은?

③ X의 3배에 2를 뺀 수를 Y라 할 때 E(Y)와 Var(Y)는?

6.2 다음과 같이 시행회수 n, 확률 P가 주어진 이항분포에서 성공확률 X에 대한 기대치와 분산을 구하라.

① $n = 20,\ p = 0.2$　② $n = 30,\ p = 0.7$

③ $n = 100,\ p = 0.6$　④ $n = 50,\ p = 0.3$

⑤ $n = 500,\ p = 0.02$　⑥ $n = 250,\ p = 0.15$

6.3 이항분포표를 이용하여 다음의 확률을 구하라.

① $P(X \le 2),\ n = 5,\ p = 0.2$

② $P(2 \le X \le 4),\ n = 10,\ p = 0.8$

③ $P(X \ge 5),\ n = 15,\ p = 0.4$

④ $P(X = 3),\ n = 7,\ p = 0.3$

6.4 소비자들의 $\frac{1}{3}$은 A회사 TV 제품을 구입한다. TV를 사는 소비자 4명을 임의 추출했을 때

① 4명 중 2명이 A회사 TV를 살 확률은?

② 4명중 3명 이상이 A회사 TV를 살 확률은?

③ 기대치와 분산은?

6.5 어느 가게에 손님이 방문하는 회수는 시간당 다섯 사람인 포아송 분포를 따른다고 한다. 다음의 각각의 경우의 확률을 구하라.

① 오는 손님이 하나도 없을 확률

② 세 명 이상이 방문할 확률

③ 다섯 사람이 방문할 확률

④ 두 사람 이하가 방문할 확률

6.6 어떤 수험생이 시험에 합격할 확률은 0.6이다. 이 수험생이 시험에 네 번 만에 합격할 확률은?

6.7 어떤 사무실에 걸려오는 전화의 회수는 포아송 분포를 따르며 시간당 평균 45회의 전화가 걸려올 때 다음의 확률을 구하라.

① 1분에 전화가 세 번 이상 걸려올 확률

② 1분에 전화가 한 번 걸려올 확률

③ 15분에 전화가 하나도 걸려오지 않을 확률

6.8 어떤 지역에서 자동차의 20%는 꼭 사고를 당한다고 한다. 이때 그 지역에서 15대의 차를 가지고 있는 회사가 있다면 이중 5대가 사고가 날 확률은 얼마인가?

6.9 딸을 낳을 확률은 $\frac{1}{2}$ 이다. 어떤 부부가 3명의 아이를 갖고 싶어할 때,

① 딸이 최소한 하나가 있을 확률은?

② 모두 아들일 확률은?

제 7 장

연속확률분포

7.1 항등분포

7.2 정규분포

7.3 표준정규분포

7.4 이항분포의 정규근사확률

우리는 앞장에서 이산확률분포에 대하여 공부하면서 그 예로써 이항분포, 포아송분포, 초기하분포 및 기하분포 등에 대하여 분석해보았다. 이 장에서는 특정한 범위내에서 모든 실수값을 취할 수 있는 확률변수, 즉 연속확률변수에 의하여 이루어지는 연속확률분포에 대하여 살펴보기로 한다. 연속확률변수의 예로는 길이, 무게, 시간, 수명, 부피 등을 나타내는 단위 등이 이것에 속한다. 가령 타이어의 수명이 30,000km에서 50,000km라면 이 사이에서 확률변수가 취할 수 있는 값은 수없이 많으며 어떤 학생 집단의 성적이 0점에서 100점 사이라면 성적이라는 변수는 이 사이의 구간에서 어떠한 값이라도 될 수 있다. 즉 이 구간에서 취할 수 있는 실수값은 무한하다고 말할 수 있다. 그러므로 이와 같은 확률변수(즉 연속확률변수)에 의하여 이루어지는 분포를 연속확률분포라고 함은 앞에서 설명한 바와 같다. 이러한 연속확률분포의 예로는 항등분포, 정규분포, 지수분포 등이 있으며 정규분포로부터 유도된 t분포, F분포 및 χ^2 분포에 대하여는 뒷장에서 배우기로 한다.

7.1 항등분포(恒等分布, uniform distribution)

항등분포란 일명 균일분포 또는 일양(一樣)분포라고 하는데 이것은 어떤 확률변수가 a, b 구간에서 정의될 때 그 구간에서 확률밀도함수가 동일한 (또는 균일한) 경우를 말한다.

> 항등분포의 확률밀도함수
>
> $$f(x) = \begin{cases} \dfrac{1}{b-a}, & a \le x \le b \\ 0, & x > b \text{ 또는 } x < a \end{cases}$$

이 확률밀도 함수가 포함하고 있는 면적의 합은 1이므로 항등분포의 확률함수를 $f(x) = k$라고 하면

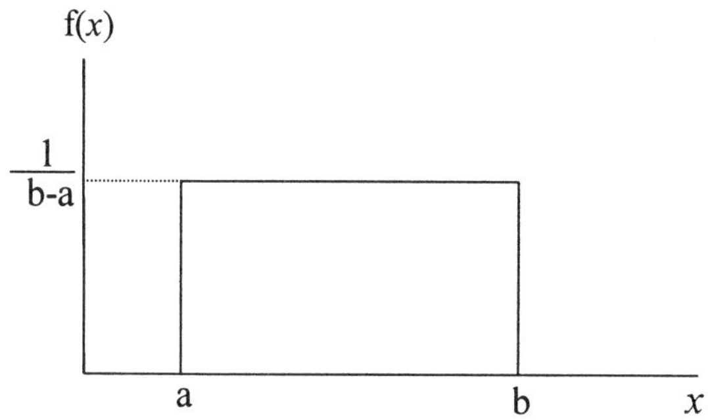

$\int_a^b f(x)dx = \int_a^b kdx = 1$ 이므로 (∵ 확률의 합은 1이므로)

$\int_a^b kdx = k[x]_a^b = 1$ $\qquad\qquad \therefore k(b-a) = 1$

$\therefore f(x) = k = \dfrac{1}{b-a}$

[예제 1] 어느 지역에 있는 가구들의 월평균 소득이 75만원과 100만원 사이에서 연속적인 항등분포로 나타낼 수 있다고 가정했을 때 월 평균소득이 75 만원에서 80만원 사이는 그 지역 전체 가구의 몇 %인가?

풀 이

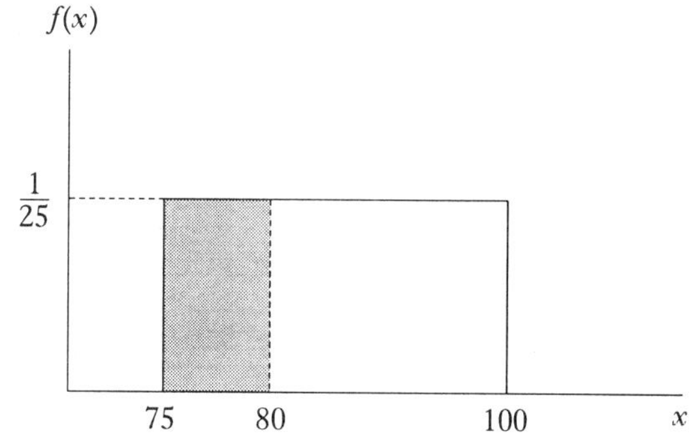

$f(x) = \dfrac{1}{100-75} \qquad 75 \le X \le 100$ (단위 만원)

이 예제에서 75에서 100 사이의 넓이가 1이므로 75에서 80 사이는

$$f(x) = \frac{80-75}{100-75} = \frac{5}{25} = \frac{1}{5}$$

즉 20% 이다.

항등분포의 평균과 분산은 다음과 같다.

$$\mathrm{E(x)} = \frac{b+a}{2}$$

$$\mathrm{Var(x)} = \frac{1}{12}(\mathrm{b}-\mathrm{a})^2$$

이것은 각각

$$\mathrm{E(x)} = \int_a^b xf(x)dx$$

$$\mathrm{Var(x)} = \mathrm{E(x^2)} - [\mathrm{E(x)}]^2$$

에 의해 유도된다.

7.2 정규분포(正規分布, normal distribution)

(1) 정규분포의 의미 및 특성

정규분포는 연속확률분포 중 가장 많이 이용되는 분포로써 일명 가우스분포(Gaussian distribution)라고도 한다. 정규분포는 뒷장에서 공부하게 될 통계적 추정 및 추론, 가설검정의 기초가 된다. 왜냐하면 우리가 수집하는 모든 사회적이거나 자연적인 통계자료들은 거의 모두가 정규분포를 따르는 것으로 가정되고 있기 때문이다. 올바른 통계적 추론 및 검정을 위하여는 정규분포의 성질에 대한 이해가 무엇보다 중요하다고 할 수 있다.

우선 정규분포의 확률밀도함수 및 분포의 특성을 살펴보기로 한다. 정규분포의 확률밀도함수는 다음 식으로 표시할 수 있다. 여기서 분포는 평균 μ와 표준편차 σ에 의하여 위치와 모양이 결정된다.

정규분포의 확률밀도함수

$$f(x) = \frac{1}{\sqrt{2\pi\sigma^2}} e^{-(x-\mu)^2/2\sigma^2} = \frac{1}{\sqrt{2\pi\sigma^2}} \cdot \exp\left[-\frac{(x-\mu)^2}{2\sigma^2}\right]$$

$$-\infty \le x \le \infty$$

e : 2.71828 ……

μ : 분포의 평균

σ^2 : 분포의 분산

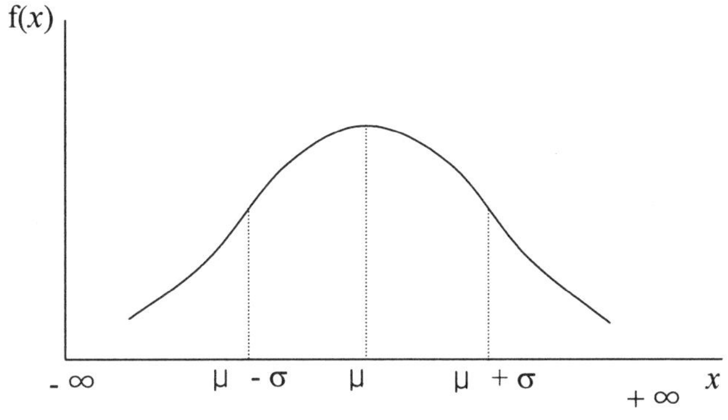

그림 7.1 정규분포 곡선

정규분포는 다음과 같은 중요한 네 가지 특성이 있다.

i) 정규분포는 연속적이며 평균 μ를 중심으로 대칭적이다.(따라서 평균, 중앙값, 최빈값이 동일하며 평균은 분포를 좌우대칭으로 나눈다.)

ii) 정규분포는 확률변수 x가 취할 수 있는 값의 범위는 $-\infty < x < \infty$ 이다.

iii) 정규분포는 $x = \mu$에서 최고 높이이며 $\mu \pm \sigma$에서 (σ는 표준편차) 변곡점을 이루며 정규분포곡선과 X축 사이의 면적의 전체는 1이다.

iv) 정규분포는 평균 μ와 분산 σ^2에 의하여 분포의 모양이 결정된다.

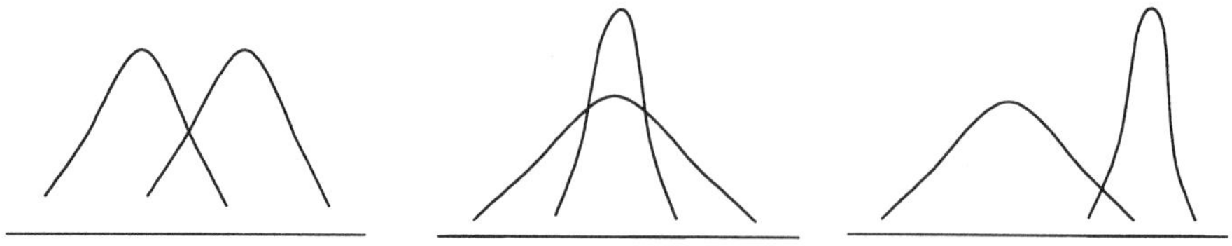

(a) (b) (c)

그림 7.2

<그림 7.2>는 정규분포의 몇 가지 형태를 나타낸 것이다.

위의 그림에서 (a)는 분산은 같으나 평균이 다른 정규분포의 예이고 (b)는 평균은 같으나 분산이 다른 경우이고 (c)는 평균과 분산이 모두 상이한 경우이다.

이와 같이 정규분포는 평균과 분산(또는 표준편차)에 의하여 분포의 위치와 모양이 결정되므로 가령 서로 다른 정규분포를 비교해야 하거나 또는 그러한 확률분포로부터 확률을 구하기 위하여 면적을 계산한다는 것이 대단히 번거로운 일이 될 것이다. 이러한 문제를 해결하기 위하여 모든 정규분포를 표준화하여 서로 다른 정규분포간에 면적(즉, 확률)을 알고 범위를 구하는 문제라든가 또는 범위를 알고 면적(즉, 확률)을 구하는 문제를 용이하게 하는 장치가 표준정규분포이다.

7.3 표준정규분포

표준정규분포는 평균이 μ이고 분산이 σ^2인 정규분포를 표준화하여 평균이 0, 분산이 1인 정규분포로 만든 것이다. 즉, X가 평균이 μ, 분산이 σ^2인 정규분포를 이루는 확률변수라고 하자. 이제 X의 선형결합함수 $aX+b$를 만들어 $E(aX+b)=0$, $Var(aX+b)=1$이 되게 a와 b를 구하면 다음과 같다.

$$E(aX+b) = aE(X)+b = a\mu+b = 0 \qquad — ①$$

$(\because E(X) = \mu$ 이므로)

$$Var(aX+b) = a^2 Var(X) = a^2\sigma^2 = 1 \qquad — ②$$

$(\because Var(X) = \sigma^2$ 이므로)

②식으로부터 $a = \frac{1}{\sigma}$, 이것을 ①식에 대입하면 $\frac{1}{\sigma}\mu + b = 0$

$$\therefore b = -\frac{1}{\sigma}\mu$$

따라서 $aX+b = \frac{1}{\sigma}X - \frac{1}{\sigma}\mu = \frac{X-\mu}{\sigma} = Z$라 두면 우리는 평균이 μ, 분산이 σ^2인 X의 어떠한 정규분포라도 평균이 0 분산이 1인 Z의 표준정규분포로 바꿀 수 있다. 즉,

$$\begin{aligned} P(a \le x \le b) &= P(a-\mu \le x-\mu \le b-\mu) \\ &= P(\frac{a-\mu}{\sigma} \le \frac{x-\mu}{\sigma} \le \frac{b-\mu}{\sigma}) \\ &= P(z_1 \le z \le z_2) \end{aligned}$$

여기서 $z_1 = \frac{a-\mu}{\sigma}$ 인데, 이것은 $z_1 = \frac{x_1-\mu}{\sigma}$ 에서 $x_1 = a$를 대입한 것이다. 같은 방법으로 $z_2 = \frac{b-\mu}{\sigma}$ 이데 이것은 $z_2 = \frac{x_2-\mu}{\sigma}$ 에서 $x_2 = b$를 대입한 것이다. 이 관계를 그래프로 나타내면 <그림 7.3>과 같다.

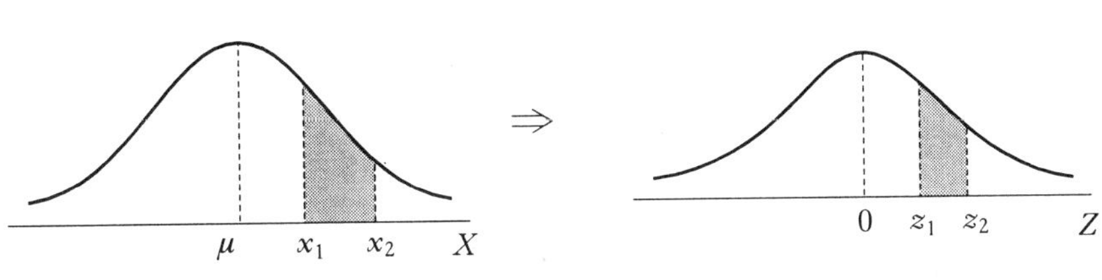

그림 7.3

[예제 2] X의 분포가 $N(\mu,\ \sigma^2)$, 즉 평균이 μ, 분산이 σ^2인 정규분포일 때 표준정규분포표를 이용하여 다음을 구하라.

① $P(\mu-\sigma<x<\mu+\sigma)$

② $P(\mu-2\sigma<x<\mu+2\sigma)$

③ $P(\mu-3\sigma<x<\mu+3\sigma)$

풀 이 ① $P(\mu-\sigma<x<\mu+\sigma)$에서 $x_1=\mu-\sigma,\quad x_2=\mu+\sigma$ 이므로

$$z_1=\frac{x_1-\mu}{\sigma}=\frac{(\mu-\sigma)-\mu}{\sigma}=-1$$

$$z_2=\frac{x_2-\mu}{\sigma}=\frac{(\mu+\sigma)-\mu}{\sigma}=+1$$

따라서

$$P(\mu-\sigma<x<\mu+\sigma)=P(-1<z<1)$$

이 관계를 그래프로 보면 <그림 7.4>와 같다.

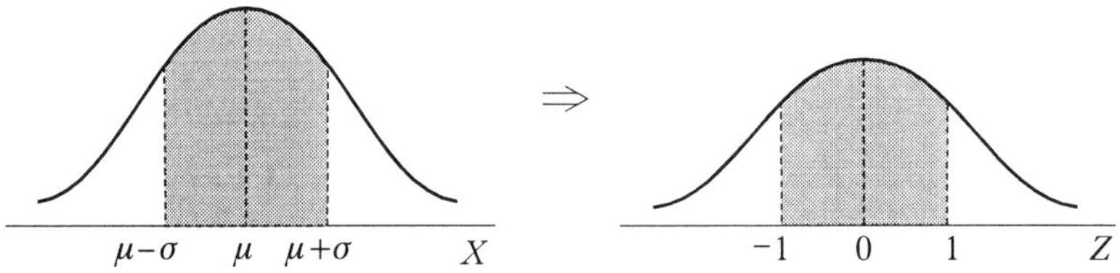

그림 7.4

$P(-1<z<1)=P(0<z<1)+P(-1<z<0)$이므로 표준정규분포표를 찾아보면 $P(0<z<1)=0.3413$이다. 따라서

$$\begin{aligned}P(\mu-\sigma<x<\mu+\sigma)&=P(-1<z<1)\\&=2\times P(0<z<1)\\&=2\times 0.3413\\&=0.6826\end{aligned}$$

이것은 X가 평균 μ를 중심으로 $\pm\sigma$(표준편차)내에 있을 확률은 68.26%임을 의미한다.

② 같은 방법으로

$$P(\mu-2\sigma < x < \mu+2\sigma) = P\left[\frac{(\mu-2\sigma)-\mu}{\sigma} < \frac{x-\mu}{\sigma} < \frac{(\mu+2\sigma)-\mu}{\sigma}\right]$$

$$= P(-2 < z < 2)$$

$$= 2\times P(0 < z < 2)$$

$$= 2\times 0.4772$$

$$= 0.9544$$

③ 역시 같은 방법으로

$$P(\mu-3\sigma < x < \mu+3\sigma) = P\left[\frac{(\mu-3\sigma)-\mu}{\sigma} < \frac{x-\mu}{\sigma} < \frac{(\mu+3a)-\mu}{\sigma}\right]$$

$$= P(-3 < z < 3)$$

$$= 2\times P(0 < z < 3)$$

$$= 2\times 0.4987$$

$$= 0.9974$$

[예제 3] X의 분포가 $N(2,\ 25)$, 즉 평균이 2, 분산이 25인 정규분포일 때 표준정규분포표를 이용하여 다음을 구하라.

① $P(X > -7)$ ② $P(-7 < X < 10)$ ③ $P(X < -7)$

④ $P(X > 10)$ ⑤ $P(-8 < X < -6)$ ⑥ $P(7 < X < 12)$

풀 이 ①

$$P(X > -7) \fallingdotseq P\left(\frac{X-2}{5} > \frac{-7-2}{5}\right) = P\left(Z > -\frac{9}{5}\right)$$

$$= P(Z > -1.8) = P(-1.8 < Z < 0) + P(0 < Z < \infty)$$

$$= P(0 < Z < 1.8) + P(0 < Z < \infty)$$

$$= 0.4641 + 0.5$$

$$= 0.9641$$

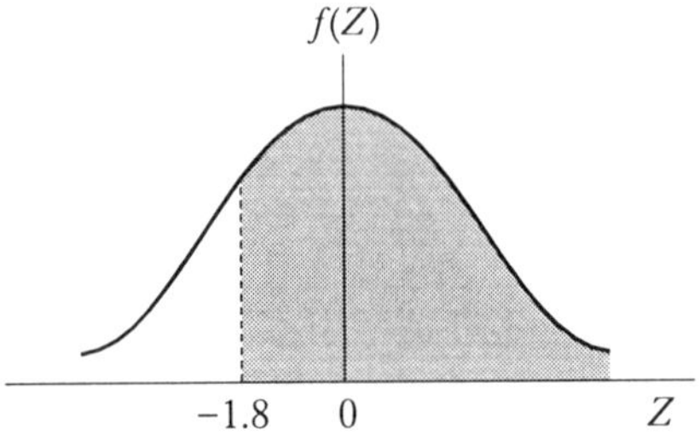

② $P(-7 < X < 10) = P\left(\frac{-7-2}{5} < \frac{X-2}{5} < \frac{10-2}{5}\right) = P(-1.8 < Z < 1.6)$

$= P(-1.8 < Z < 0) + P(0 < Z < 1.6)$

$= P(0 < Z < 1.8) + P(0 < Z < 1.6)$

$= 0.4641 + 0.4452$

$= 0.9093$

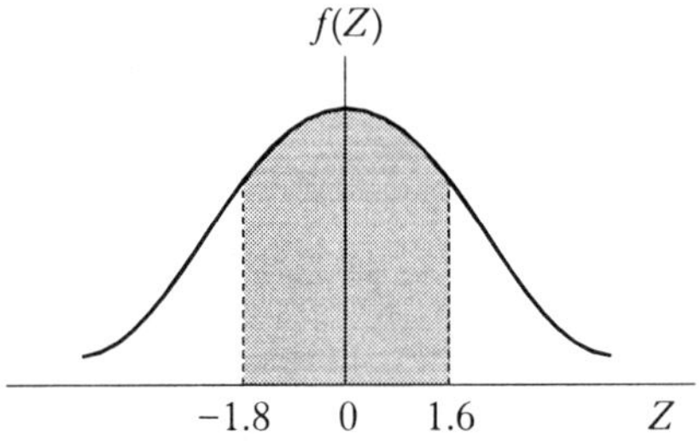

③ $P(X < -7) = P\left(\frac{X-2}{5} < \frac{-7-2}{5}\right) = P(Z < -1.8)$

$= P(-\infty < Z < 0) - P(-1.8 < Z < 0)$

$= P(0 < Z < \infty) - P(0 < Z < 1.8)$

$= 0.5 - 0.4641$

$= 0.0359$

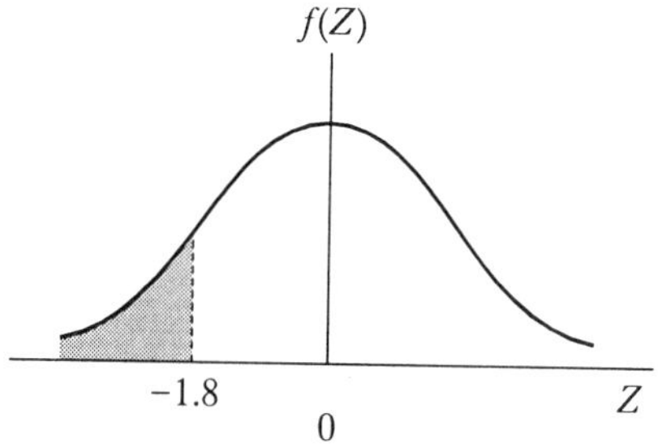

④

$$P(X>10) = P\left(\frac{X-2}{5} > \frac{10-2}{5}\right) = P(Z>1.6)$$
$$= P(0<Z<\infty) - P(0<Z<1.6)$$
$$= 0.5 - 0.4452$$
$$= 0.0548$$

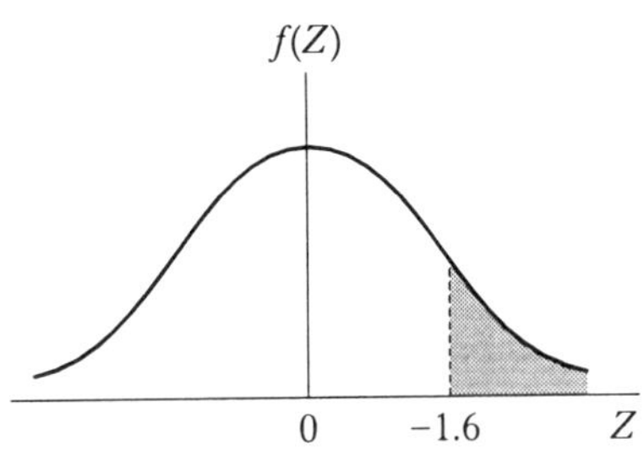

⑤

$$P(-8<X<-6) = P\left(\frac{-8-2}{5} < \frac{X-2}{5} < \frac{-6-2}{5}\right) = P(-2<Z<-1.6)$$
$$= P(-2<Z<0) - P(-1.6<Z<0)$$
$$= P(0<Z<2) - P(0<Z<1.6)$$
$$= 0.4772 - 0.4452$$
$$= 0.032$$

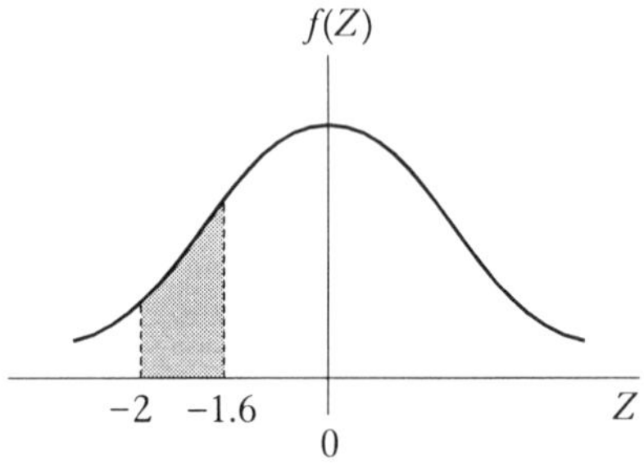

⑥

$$P(7 < X < 12) = P\left(\frac{7-2}{5} < \frac{X-2}{5} < \frac{12-2}{5}\right) = P(1 < Z < 2)$$

$$= P(0 < Z < 2) - P(0 < Z < 1)$$

$$= 0.4772 - 0.3413$$

$$= 0.1359$$

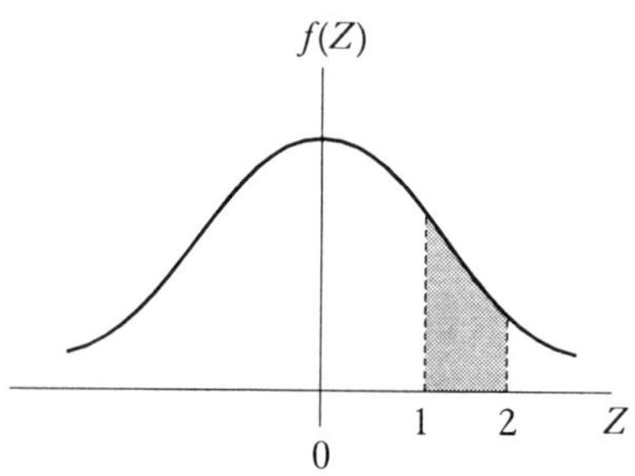

이번에는 위의 경우와는 반대로 면적을 알고 있을 때, Z의 범위를 구하는 문제를 살펴보기로 한다.

[예제 4] 다음의 면적(즉, 확률)에 해당하는 Z의 값을 구하라.

①

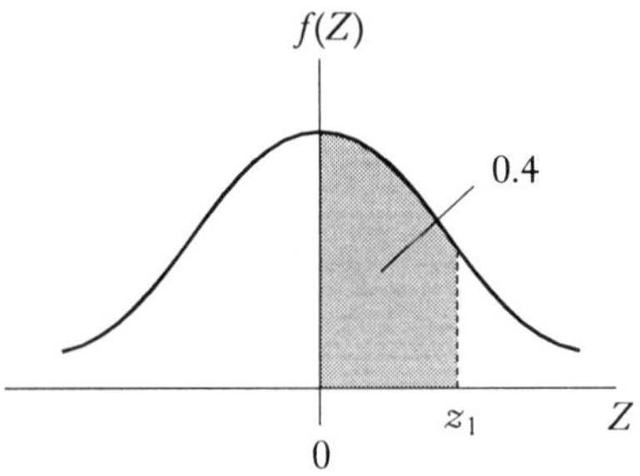

②

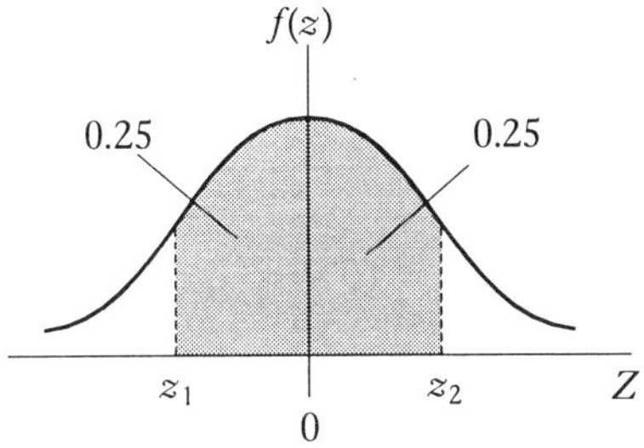

③

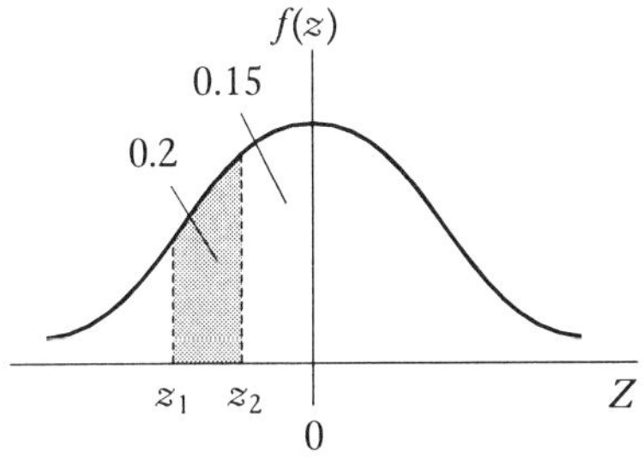

④

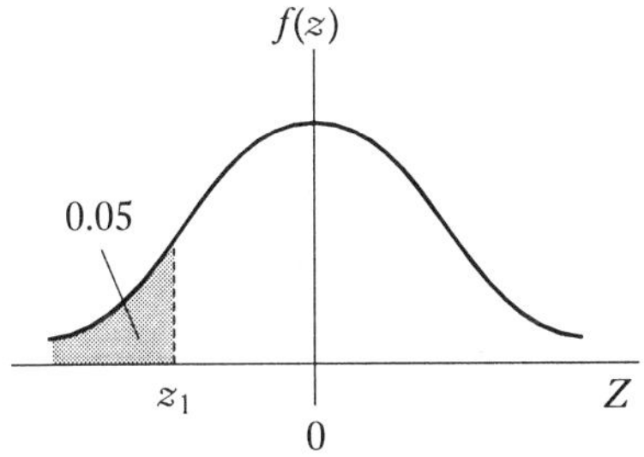

⑤ 평균을 중심으로 양쪽면적이 각각 전체의 90%, 95%, 99%가 되는 Z의 범위는?

풀이 ① $P(0 < Z < z_1) = 0.4$에 가까운 값은 $z_1 = 1.28$일 때임. 즉

$P(0 < Z < 1.28) \doteqdot 0.4$

② $P(z_1 < Z < z_2) = 2 \times P(0 < Z < z_2) = 0.5$ 즉,

$P(0 < Z < z_2) = 0.25$가 되는 $z_2 = 0.675$ 따라서,

$z_1 = -0.675$

③ $P(z_1 < Z < 0) = 0.35$, $z_1 = -1.035$

$P(z_2 < Z < 0) = 0.15$, $z_2 = -0.385$

④ $P(Z < z_1) = 0.05$

$P(z_1 < Z < 0) = 0.5 - 0.05 = 0.45$

표준정규분포표를 찾아보면 해당되는 z_1값은 -1.645이다.

⑤ 첫째 평균을 중심으로 양쪽이 0.9이므로 한쪽은 0.45이다. ④ 경우를 참조하면 한쪽의 Z 값은 1.645이므로 양쪽 0.9가 되는 의 값은 $-1.645 < Z < 1.645$이다. 둘째, 평균을 중심으로 양쪽이 0.95이므로 한쪽은 0.495이며 이때 Z값은 1.96이므로 양쪽이 0.95가 되는 Z의 값은 $-1.96 < Z < 1.96$ 즉,

$P(-1.96 < Z < 1.96) = 0.95$ 셋째, 평균을 중심으로 양쪽이 0.99이므로 한쪽은 0.495이며 이때 Z 값은 2.57이므로 양쪽이 0.99가 되는 Z의 값은 $-2.57 < Z < 2.57$, 즉

$P(-2.57 < Z < 2.57) = 0.99$

[예제 5] 통계학 시험의 성적분포는 $N(60,\ 64)$이다.(즉, 평균이 60, 표준편차는 8인 정규분포이다.)이때 다음 물음에 답하라.

① 45점 이하를 받은 학생에는 F를 준다면 F를 받은 학생은 전체의 몇 %인가?

② 80점 이상을 받은 학생에게 A를 준다면 A를 받은 학생은 전체의 몇 %인가?

③ 상위 5%에게 A를 준다면 몇 점 이상이 해당되나?

④ 하위 15%에게 F를 준다면 몇 점 이하가 해당이 되는가?

풀이 ①

$$
\begin{aligned}
P(X \le 45) &= P\left(\frac{X-60}{8} \le \frac{45-60}{8}\right) = P(Z \le -1.875) \\
&= P(-\infty < Z < 0) - P(-1.875 < Z < 0) \\
&= 0.5 - P(0 < Z < 1.875) \\
&= 0.5 - 0.4696 \\
&= 0.0304
\end{aligned}
$$

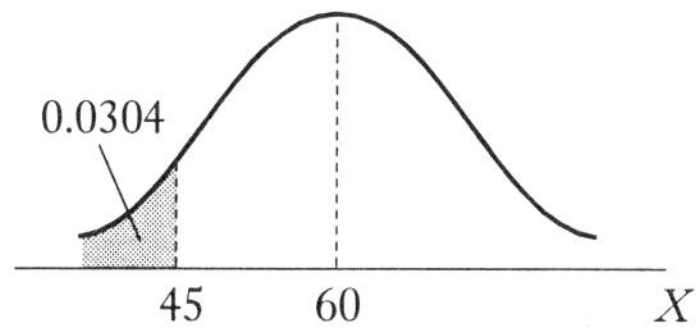

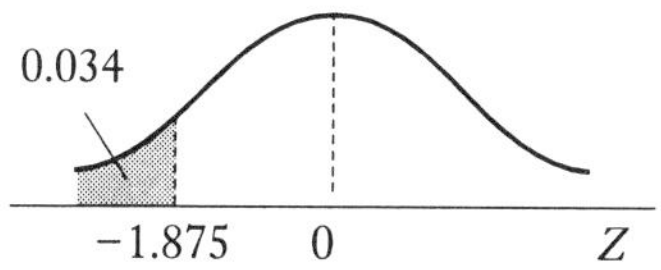

②

$$P(X \geq 80) = P\left(\frac{X-60}{8} \geq \frac{80-60}{8}\right) = P(Z \geq 2.5)$$

$$= P(0 < Z < \infty) - P(0 < Z < 2.5)$$

$$= 0.5 - 0.4938$$

$$= 0.0062$$

$\therefore$ 0.62%

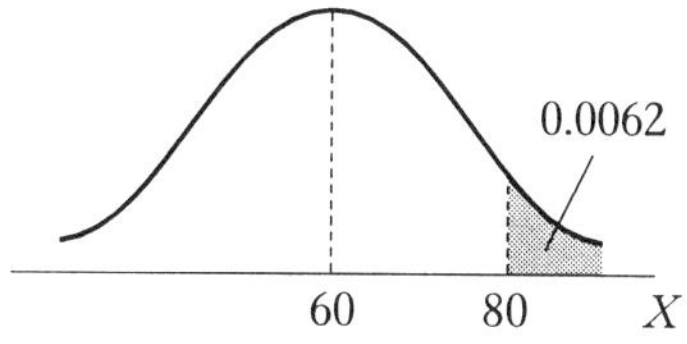

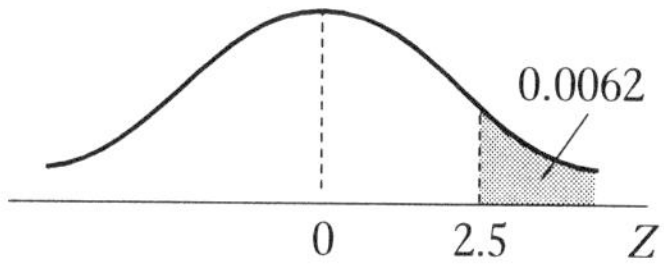

③ 상위 5%에 해당하는 Z의 범위는

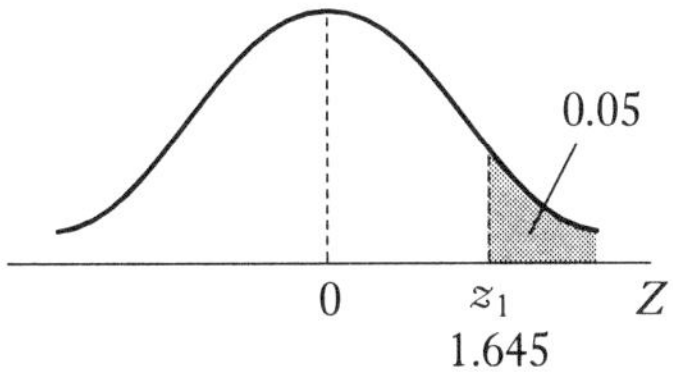

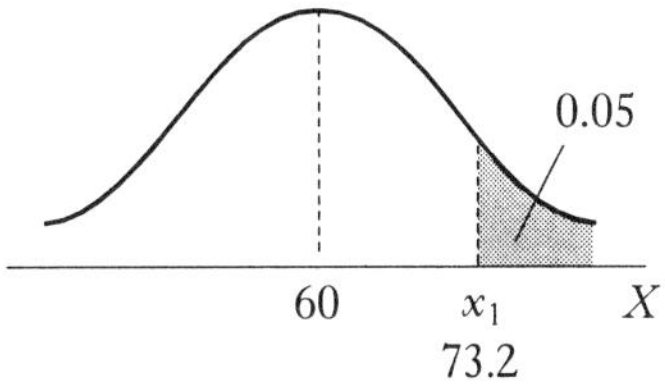

$$P(Z \geq z_1) = 0.05$$

$$\therefore P(0 < Z < z_1) = 0.5 - 0.05$$

$$= 0.45$$

면적이 0.45에 해당되는 z_1의 값은 표준정규분포표에서 구하면

$z_1 = 1.645$, z_1이 1.645에 해당되는 X의 값을 구하면

$z = \dfrac{X-\mu}{\sigma}$ 이므로 $X = \mu + \sigma z$이다. 따라서

$X_1 = 60 + 8 \times 1.645 = 73.16$

$\therefore\ P(Z \geq 1.645) = P(X \geq 73.16) = 0.05$

그러므로 73.2점 이상부터 A에 해당된다.

④ 하위 15%에 해당되는 Z의 범위는

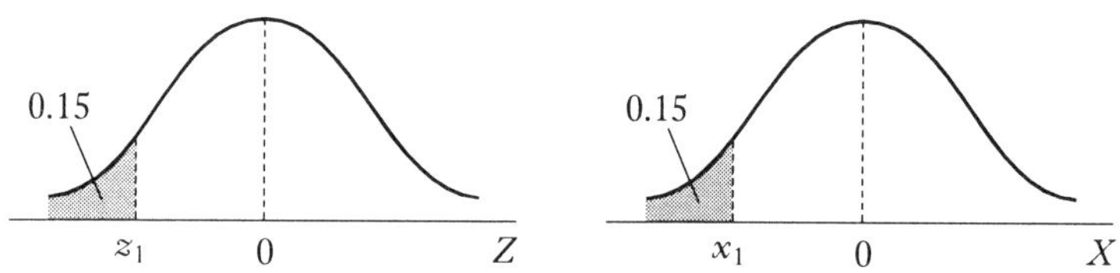

$P(Z \leq Z_1) = 0.05$

$\therefore\ P(Z_1 < Z < 0) = 0.5 - 0.15$

$= 0.35$

면적이 0.35에 해당되는 Z의 좌측값을 표준정규분포표에서 구하면 $z_1 = -1.04$, 이것에 해당되는 X의 값을 구하면

$z_1 = \dfrac{x-\mu}{\sigma}$ 에서 $X = \mu + \sigma z$이므로

$X = 60 + 8 \times (-1.04) = 51.68 \fallingdotseq 51.7$ 그러므로 51.7점 이하부터 F에 해당된다.

[예제 6] 어느 학급의 학생들의 몸무게의 평균이 55kg, 표준편차가 4kg이라고 한다. 몸무게의 분포가 정규분포를 이룬다고 한다면 전체 학생중 몸무게가 45kg~60kg인 학생의 비율은 얼마인가?

풀 이

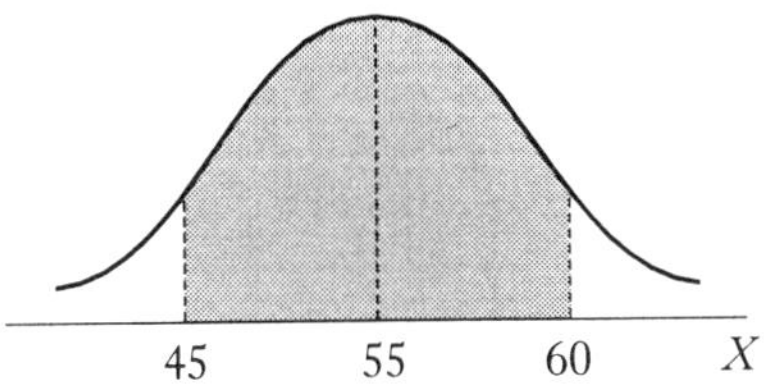

$$P(45 \le X \le 60) = P\left(\frac{45-55}{4} \le \frac{X-55}{4} \le \frac{60-55}{4}\right)$$
$$= P(-2.5 \le Z \le 1.25)$$
$$= P(-2.5 \le z \le 0) + P(0 \le Z \le 1.25)$$
$$= 0.4938 + 0.3944$$
$$= 0.8882$$

∴ 약 88.8%

7.4 이항분포의 정규근사확률

이항분포에 관해서는 제6장에서 공부한 바 있다. 이항 분포의 모양은 이미 설명한 바와 같이 성공확률 p가 0.5일 때에는 n의 크기에 관계없이 좌우가 대칭인 정규분포와 가까운 모양의 분포를 이루며 p가 0.5가 아닐 때에는 n이 작을 경우 정규분포와 다른 모습의 분포를 나타내나 n이 클 경우 정규분포에 근접하게 된다. 이와같이 모집단이 정규분포가 아닌 이항분포라 하더라도 표본의 크기 n이 커질수록 정규분포에 접근하게 되는 성질을 중심극한정리(central limit theorem)라고 한다. 이러한 중심극한정리를 이용하면 이항분포도 정규분포표를 이용하여 근사적으로 확률값을 구할 수 있다.

확률변수 X가 성공확률 p인 이항분포를 따른다고 할 때 n번의 시행에서 X의 평균과 분산은 각각

$$E(X) = np = \mu$$
$$Var(X) = npq, \qquad q = 1 - p$$

와 같다. 이때 n이 크고 p의 값이 0과 1에 가깝지 않다면 이러한 이항분포는 평균이 np, 분산이 npq인 정규분포에 가까워진다. 이와 같이 이항분포가 정규분포를 이룬다면 표준정규분포표를 이용하여 이항분포의 확률을 계산할 수 있다.

성공회수를 X라고 하면 X에 해당하는 Z값은 $Z=\frac{X-np}{\sqrt{npq}}$ 의 식에 의해 구한다.

이 과정에서 성공회수 X는 이산확률변수이므로 정규분포 근사방법을 이용하기 위하여는 연속확률변수로의 수정을 해 주어야 한다. 즉, 이산확률변수인 X의 값에 ± 0.5의 값으로 보정을 해 주어서 연속확률변수로 수정을 하여야 한다. 예를 들면 $X \geq 4$일 경우 $X \geq 3.5$, 또는 $X \leq 6$일 경우 $X \leq 6.5$로, $4 \leq X \leq 6$일 경우 $3.5 \leq X \leq 6.5$로 수정한다.

[예]	이항분포		정규분포
	i) $P(X \geq 4)$	→	$P(X \geq 3.5)$
	ii) $P(X \leq 6)$	→	$P(X \leq 6.5)$
	iii) $P(4 \leq X \leq 6)$	→	$P(3.5 \leq X \leq 6.5)$

그 이유는 $P(X \geq 4)$를 정규분포를 이용하여 근사확률을 구하고자 하는 경우에는 4는 구간에 포함되고 3은 포함되지 않으므로 4와 3 사이를 $\frac{1}{2}$로 나눈 값인 3.5로 보정하여 $P(X \geq 3.5)$의 확률을 구한다.

[예제 7] 주사위를 30회 던지는 실험에서 1이 10회 이상 나타날 확률을 구하라.

풀 이

$$E(X) = np = 30 \times \frac{1}{6} = 5, \quad (\text{1이 나올 확률 p는 } \frac{1}{6})$$

$$Var(X) = npq = 30 \times \frac{1}{6} \times \frac{5}{6} = 4.17, \qquad \sigma_x = \sqrt{4.17} = 2.04$$

따라서

$$
\begin{aligned}
P(X \geq 10) &= P(X \geq 9.5) = P\left(\frac{X-5}{2.04} \geq \frac{9.5-5}{2.04}\right) \\
&= P(Z \geq 2.21) \\
&= 0.5 - P(0 \leq Z \leq 2.21) \\
&= 0.5 - 0.4864 \\
&= 0.0136
\end{aligned}
$$

그러므로 구하는 확률은 약 1.36%이다.

[예제 8] 어느 양계장에서 병아리를 부화시키는데 6% 정도의 실패율을 가지고 있다 새로 400개의 달걀을 부화시키는데 실패율이 4%이하일 확률은 얼마인가?

풀 이 400개에서 실패율이 4% 이하이면 실패회수(X)는 16개 이하다. 여기서 p = 0.06이므로

$E(X) = np = 400 \times 0.06 = 24$

$Var(X) = npq = 400 \times 0.06 \times 0.94 = 22.56, \quad \sigma_x = \sqrt{22.56} \doteq 4.75$

$$
\begin{aligned}
\therefore\ P(X \leq 16) &= P(X \leq 16.5) = P\left(\frac{X-24}{4.75} \leq \frac{16.5-24}{4.75}\right) \\
&= P(Z \leq -1.58) \\
&= 0.5 - P(-1.58 < Z < 0) \\
&= 0.5 - 0.4429 \\
&= 0.0571
\end{aligned}
$$

그러므로 구하는 확률은 약 5.71%이다.

위 문제의 경우 n이 비교적 크므로 이럴 경우에는 P의 값에 관계없이 P의 표본분포는 중심극한정리에 의해 정규분포에 근접하므로 연속성에 관한 조정이 없이도 정규근사법을 이용할 수 있다. 연속성에 관한 조정이 없는 경우 구하는 확률은 약 4.65%가 된다.

이항분포의 정규근사법을 쓸 수 있는 경우는 경험상 $np \geq 5$, 또는 $n(1-p) \geq 5$일 때이다.

표준정규분포표

$$P_r(0 \leq X \leq z) = \int_0^z \frac{1}{\sqrt{2\pi}} e^{-\frac{1}{2}x^2} dx$$

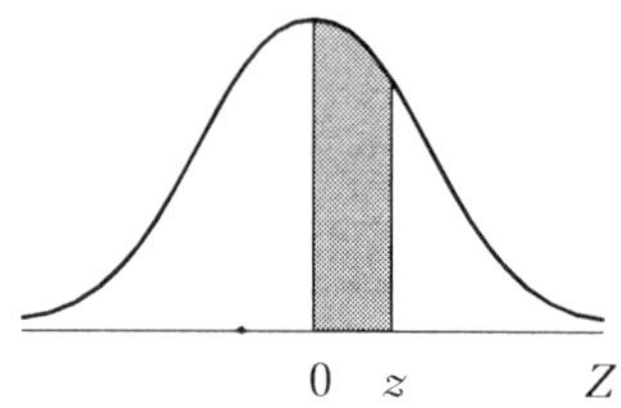

z	0.00	0.01	0.02	0.03	0.04	0.05	0.06	0.07	0.08	0.09
0.0	.0000	.0040	.0080	.0120	.0160	.0199	.0239	.0279	.0319	.0359
0.1	.0398	.0438	.0479	.0517	.0557	.0596	.0636	.0675	.0714	.0753
0.2	.0793	.0832	.0871	.0910	.0948	.0987	.1026	.1064	.1103	.1141
0.3	.1179	.1217	.1255	.1293	.1331	.1368	.1406	.1443	.1480	.1517
0.4	.1554	.1591	.1628	.1664	.1700	.1736	.1772	.1808	.1844	.1879
0.5	.1915	.1950	.1985	.2019	.2054	.2088	.2123	.2157	.2190	.2224
0.6	.2257	.2291	.2324	.2357	.2389	.2422	.2454	.2486	.2517	.2549
0.7	.2580	.2611	.2642	.2673	.2704	.2734	.2764	.2794	.2823	.2852
0.8	.2881	.2910	.2939	.2967	.2995	.3023	.3051	.3078	.3106	.3133
0.9	.3159	.3186	.3212	.3238	.3264	.3289	.3315	.3340	.3365	.3389
1.0	.3413	.3438	.3461	.3485	.3508	.3531	.3554	.3577	.3599	.3621
1.1	.3643	.3665	.3686	.3708	.3729	.3749	.3770	.3790	.3810	.3830
1.2	.3849	.3869	.3888	.3907	.3925	.3944	.3962	.3980	.3997	.4015
1.3	.4032	.4049	.4066	.4082	.4099	.4115	.4131	.4147	.4162	.4177
1.4	.4192	.4207	.4222	.4236	.4251	.4265	.4279	.4292	.4306	.4319
1.5	.4332	.4345	.4357	.4370	.4382	.4394	.4406	.4418	.4429	.4441
1.6	.4452	.4463	.4474	.4484	.4495	.4505	.4515	.4525	.4535	.4545
1.7	.4554	.4564	.4573	.4582	.4591	.4599	.4608	.4616	.4625	.4633
1.8	.4641	.4649	.4656	.4664	.4671	.4678	.4686	.4693	.4699	.4706
1.9	.4713	.4719	.4726	.4732	.4738	.4744	.4750	.4756	.4761	.4767
2.0	.4772	.4778	.4783	.4788	.4793	.4798	.4803	.4808	.4812	.4817
2.1	.4821	.4826	.4830	.4834	.4838	.4842	.4846	.4850	.4854	.4857
2.2	.4861	.4864	.4868	.4871	.4875	.4878	.4881	.4884	.4887	.4890
2.3	.4893	.4896	.4898	.4901	.4904	.4906	.4909	.4911	.4913	.4916
2.4	.4918	.4920	.4922	.4925	.4927	.4929	.4931	.4932	.4934	.4936
2.5	.4938	.4940	.4941	.4943	.4945	.4946	.4948	.4949	.4951	.4952
2.6	.4953	.4955	.4956	.4957	.4959	.4960	.4961	.4962	.4963	.4964
2.7	.4965	.4966	.4967	.4968	.4969	.4970	.4971	.4972	.4973	.4974
2.8	.4974	.4975	.4976	.4977	.4977	.4978	.4979	.4979	.4980	.4981
2.9	.4981	.4982	.4982	.4983	.4984	.4984	.4985	.4985	.4986	.4986
3.0	.4987	.4987	.4987	.4988	.4988	.4989	.4989	.4989	.4990	.4990

연습문제

7.1 정규분포는 어떠한 특성을 가지고 있는가?

7.2 500명 모집의 입학시험에서 7,500명이 응시했는데 시험점수는 평균 350점, 표준편차 25점으로 정규분포를 이루고 있다.

① 몇점이상 합격시켜야 하는가?

② 성적이 300점에서 400점 사이는 전체의 몇 %인가?

③ 하위 5%는 몇 점 이하부터인가?

7.3 평균이 50이고 표준편차가 5인 정규분포를 따르는 X에 대하여 다음 각 확률을 구하라.

① $P(X \leq 45)$ ② $P(47.5 \leq X \leq 55)$

③ $P(43 \leq X \leq 48)$ ④ $P(X \geq 58)$

⑤ $P(52 \leq X \leq 56)$ ⑥ $P(38 \leq X \leq 64)$

7.4 어떤 회사에서 생산되는 전구의 수명이 평균 800 시간이고 표준편차가 50시간인 정규분포를 이룬다고 할 때 다음 물음에 답하라.

① 1000개의 전구중에서 900 시간 이상의 수명을 가진 전구는 몇 개나 되는가?

② 이 회사 전구의 평균 수명이 680 시간 이하일 확률은?

③ 이 회사에서 생산된 전구중 수명이 긴 상위 30%는 평균 수명이 몇 시간인가?

7.5 다음의 확률을 구하라.

① $P(0 \leq Z \leq 1.5)$　　② $P(-1.5 \leq Z \leq 2.3)$

③ $P(Z \leq -1.28)$　　④ $P(Z \leq 1.78)$

7.6 확률변수 X의 확률밀도함수가 다음과 같을 때 아래 물음에 답하라.

$$f(x) = \begin{cases} cx, & 0 \leq x \leq 2 \\ 3-x, & 2 \leq x \leq 3 \end{cases}$$

① c의 값은?

② E(X)

③ Var(X)

7.7 어떤 제품의 불량률이 0.05이다. 이 회사 제품 100개를 표본추출했을 때 10개가 불량품일 확률은?(이항분포를 사용)또 정규근사법을 사용했을 때의 확률은?

7.8 어떤 학과에서 통계학의 평균점수가 68점이며 표준편차가 12점이며 정규분포를 이룬다. 다음 물음에 답하라.

① 상위 5%에게 A를 준다면 몇 점 이상이 해당되나?

② 차 상위 20%에게 B를 준다면 B는 몇점부터인가?

③ 하위 15%에게 F를 준다면 F는 몇점 이하부터인가?

7.9 확률변수 X가 평균이 μ, 분산이 σ^2인 정규분포를 이룬다면 $\frac{X-\mu}{\sigma}$는 평균이 0, 분산이 1인 표준정규분포를 이룸을 증명하라.

제 8 장

표본분포와 중심극한정리

8.1 표본분포

8.2 표본평균의 표본분포

8.3 중심극한정리

8.4 표본평균과 표본분포의 제 형태

8.5 분산의 표본분포

8.1 표본분포(標本分布)

우리는 앞에서 관심의 대상이 되는 모집단의 특성을 규명하기 위하여 모집단으로부터 표본을 추출하고 이 추출된 표본으로부터 모집단의 모수를 추정하게 됨을 공부하였다.

예를 들면, 어느 대학교에 10,000명의 대학생에게 영어 시험을 보았는데 전체 학생의 성적의 평균이 70점이라고 하자. 이때 전체학생 중 10명을 뽑아서 그 성적의 평균을 조사했을 때 70점보다 높을 수도 있고 또 다른 10명을 뽑았을 때 70점보다 낮을 수도 있다. 이와 같이 동일한 모집단으로부터 표본의 크기가 같은 서로 다른 표본을 수차에 걸쳐 추출했을 때 이러한 여러 표본들로부터 얻을 수 있는 통계량은 각각 어떻게 나타날까? 이러한 물음에 대한 해답을 주는 것이 표본분포에 관한 이론이다. 즉 위의 예에서와 같이 표본의 크기가 10인 표본을 수차에 걸쳐 추출했을 때 각각의 표본의 평균들이 이루는 분포의 특성을 분석하는 이론이 표본분포의 이론이다.

즉,

표본분포란 모집단으로부터 표본의 크기가 n인 표본을 모두 추출했을 때 그 모든 표본의 통계량(즉 표본평균, 표본분산)의 확률분포를 말한다.

8.2 표본평균의 표본분포 (sampling distribution of sample mean)

표본평균의 표본분포란 어떤 특정 모집단에서 표본의 크기가 n인 표본을 모두 추출하여 그 표본들의 평균을 구하였을 때 그 표본평균들이 이루는 확률분포를 의미한다.

즉, 앞의 예에서 전체 10,000명의 대학생 중 10명의 학생을 추출하여 그 성적(표본)들의 평균을 구하고 또다른 표본을 추출하여 두 번째 표본평균을 구하고 이러한 작업을 반복하면 다음과 같이 표본평균들의 확률분포를 구할 수 있다.

표 8.1 표본평균의 표본분포

표본	표본 크기	표본관측치	표본평균
표본①	10	(70, 80, 90, 75, 65, 95, 82, 88, 75, 65)	$\overline{X}_1 = 78.5$
표본②	10	(60, 40, 70, 100, 95, 80, 85, 70, 62, 77)	$\overline{X}_2 = 73.9$
표본③	10	(50, 55, 75, 30, 90, 83, 73, 61, 58, 70)	$\overline{X}_3 = 64.5$
표본④	10	(86, 53, 47, 67, 72, 76, 82, 69, 52, 91)	$\overline{X}_4 = 69.5$
표본⑤	10	(71, 92, 55, 48, 68, 74, 79, 83, 67, 78)	$\overline{X}_5 = 71.5$
⋮	⋮	⋮	⋮

이와같이 표본의 크기가 10인 표본을 추출하는 작업을 계속했을 때 각 표본평균들이 이루는 분포는 어떠한 형태를 이룰까를 살펴보는 것이 표본평균의 확률분포에서 다루는 내용이다.

모집단을 이루는 확률변수 X_i의 분포가 평균이 μ이고 분산이 σ^2인 확률분포를 이룰 때 평균 $\overline{X}$의 분포는 어떠한 확률분포를 이루게 되는가를 분석해보자.

$X_1, X_2, \ldots, X_n$을 모집단에서 추출한 표본의 크기 n인 확률표본이라면

$$E(X_1) = E(X_2) = \ldots = E(X_n) = \mu$$

$$Var(X_1) = Var(X_2) = \ldots = Var(X_n) = \sigma^2$$

이다. 이때 X_1, X_2, ..., X_n은 상호독립이므로 각 표본평균들의 평균과 분산은 다음과 같다.

$$\begin{aligned}
E(\overline{X}) &= E\left[\frac{1}{n}(X_1+X_2+ \ ...X_n)\right] \\
&= \frac{1}{n}E(X_1+X_2+ \ ...+X_n) \\
&= \frac{1}{n}[E(X_1)+E(X_2)+ \ ...+E(X_n)] \\
&= \frac{1}{n}[\mu+\mu+...+\mu] \\
&= \frac{1}{n}(n\mu) = \mu
\end{aligned}$$

$$\begin{aligned}
Var(\overline{X}) &= Var\left[\frac{1}{n}(X_1+X_2+ \ ...X_n)\right] \\
&= \frac{1}{n^2}Var(X_1+X_2+ \ ...X_n) \\
&= \frac{1}{n^2}[Var(X_1)+Var(X_2)+...+Var(X_n)] \\
&= \frac{1}{n^2}[\sigma_1^2+\sigma_2^2+ \ ...+\sigma_n^2] \\
&= \frac{1}{n^2}\cdot n\sigma^2 \\
&= \frac{\sigma^2}{n}
\end{aligned}$$

그러므로 $\overline{X}$의 분포는 평균이 μ, 분산이 $\frac{\sigma^2}{n}$인 확률분포를 이루게 된다. 즉,

$$\mu_{\bar{x}} = E(\overline{X}) = \mu \quad [= E(X)]$$

$$\sigma_{\bar{x}}^{\ 2} = Var(\overline{X}) = \frac{1}{n}\sigma^2 \quad [= \frac{1}{n}Var(X)]$$

[예제 1] 어느 타이어 공장에서 생산되는 타이어의 평균수명은 50,000km 분산은 3,000km이라면 10개의 표본을 추출하였을 때 추출된 표본들의 평균인 표본평균의 평균과 분산은 얼마인가?

풀 이

$$E(\overline{X}) = E(X) = 50,000km$$

$$Var(\overline{X}) = \frac{1}{n} var(X) = \frac{1}{10} \times 3,000 = 300km$$

[예제 2] 어느 학교 학생들의 영어 성적을 조사해 본 결과 평균점수가 70점, 분산이 81이었다. 이 학생들을 대상으로 표본의 크기를 아래와 같이 각기 달리 했을 때 표본평균과 표본분산은 각각 얼마인가?

① n=16 ② n=25 ③ n=100

풀 이

① n=16 일 때 $E(\overline{X}) = E(X) = 70$

$$Var(\overline{X}) = \frac{\sigma^2}{n} = \frac{81}{16}$$

$$\sigma_{\bar{x}} = \overline{X}\text{의 표준편차} = \frac{\sigma}{\sqrt{n}} = \frac{9}{4} = 2.25$$

② n=25일 때 $E(\overline{X}) = E(X) = 7.0$

$$Var(\overline{X}) = \frac{\sigma^2}{n} = \frac{81}{25}$$

$$\sigma_{\bar{x}} = \overline{X}\text{의 표준편차} = \frac{\sigma}{\sqrt{n}} = \frac{9}{5} = 1.8$$

③ $n = 100$일 때 $E(\overline{X}) = E(X) = 70$

$$Var(\overline{X}) = \frac{\sigma^2}{n} = \frac{81}{100}$$

$$\sigma_{\bar{x}} = \overline{X}\text{의 표준편차} = \frac{\sigma}{\sqrt{n}} = \frac{9}{10} = 0.9$$

8.3 중심극한정리

(中心極限定理, central limit theorem)

통계학에서 자료의 수집, 정리과정에서 구하는 통계량에서 평균과 분산이 가장 많이 쓰인다. 그 이유는 추출된 표본이 속한 모집단이 정규분포인 경우, 당연히 표본평균의 분포도 정규분포를 이루므로 평균과 분산을 알면 표본평균의 분포가 결정된다. 이때 추출된 표본이 속하는 모집단의 분포가 어떠한 분포인가를 모르는 경우에도 표본평균의 평균과 분산은 표본평균의 분포를 파악하는데 중요한 개념이 된다. 왜냐하면 모집단의 분포가 어떠한 분포이든지 표본의 크기가 n인 표본을 모두 추출했을 때 표본평균의 표본분포는 n이 크면 클수록 정규분포에 접근하기 때문이다. 이러한 정리를 중심 극한 정리라고 한다. 즉, 모집단이 이항분포이든, 포아송분포이든 또는 그 어떠한 분포이든지 상관없이 표본의 크기 n이 충분히 크기만 하면 그러한 표본 크기로 추출한 모든 표본의 표본 평균의 분포는 평균이 μ, 분산이 $\frac{\sigma^2}{n}$ (여기서 μ, σ^2은 각각 모집단의 평균와 분산을 나타냄)인 정규분포에 접근하게 되므로 표준정규분포표를 이용하여 통계적 추정을 행할 수 있다.

> 중심극한정리
>
> 모집단의 분포가 어떠하든지 평균이 μ, 분산이 σ^2인 모집단에서 표본크기 n인 표본을 모두 추출했을 때 그 추출된 표본의 표본평균의 분포는 n이 크면 클수록 정규분포에 접근하게 된다는 것을 의미한다. 이때 표본평균의 평균과 표준편차는 각각
>
> $$\mu_{\bar{x}} = E(\overline{X}) = \mu$$
>
> $$\sigma_{\bar{x}} = \frac{\sigma}{\sqrt{n}}$$ 이다.

8.4 표본평균(標本平均)과 표본분포(標本分布)의 제 형태(諸形態)

표본평균이 이루는 확률분포의 형태는 다음의 몇 가지 경우에 각기 다르다. 여기에서는 표본의 크기 및 모집단의 형태에 따라 상이한 표본평균의 표본분포를 살펴보기로 한다.

(1) 모집단이 정규분포일 때

모집단이 정규분포일 때 그 모집단으로부터 추출한 표본평균의 표본분포는 표본의 크기 n이 크든, 작든 상관없이 항상 정규분포를 이루며 그 표본평균의 평균과 분산, 표준오차 또는 표준편차는 아래와 같다.

$$\mu_{\bar{x}} = E(\overline{X}) = \mu$$

$$\sigma^2 = Var(\overline{X}) = \frac{\sigma^2}{n}$$

$$\sigma_{\bar{x}} = SE(\overline{X}) = \frac{\sigma}{\sqrt{n}}$$

SE = standand error = 표준편차

이와 같이 모집단이 정규분포를 이루는 경우 그로부터 추출한 표본평균의 표본분포는 항상 정규분포를 이루므로 이러한 분포도 표준정규분포로 변환시킬 수 있다. 즉

$\overline{X}$의 표본분포의 표준정규분포

$$Z = \frac{\overline{X} - \mu_x}{\sigma_{\bar{x}}} = \frac{\overline{X} - \mu}{\frac{\sigma}{\sqrt{n}}}$$

이다.

[예제 3] 어느 기업에서 생산된 전구의 평균수명이 800시간이고 표준편차는 40시간인 정규분포를 이룬다고 할 때, 다음 물음에 답하라.

① 이 전구중 25개를 추출하여 표본의 평균수명을 조사한 결과 $\overline{X}$가 810시간 이상일 확률은?

② 표본의 크기가 100일 때 $\overline{X}$가 796.4와 807.2 사이일 확률은?

③ $\overline{X}$가 796.3 이하일 확률이 3%이라면 이 경우 표본의 크기는 얼마인가?

풀 이

① $\mu = 800,\ \sigma = 40,\ n = 25$이므로 $\sigma_{\bar{x}} = \frac{40}{\sqrt{25}} = \frac{40}{5} = 8$

또 $\mu_{\bar{x}} = \mu = 800$이므로

$$P(\overline{X} \geq 810) = P\left(\frac{\overline{X} - \mu_{\bar{x}}}{\sigma_{\bar{x}}} \geq \frac{810 - 800}{8}\right)$$

$$= P\left(Z \geq \frac{10}{8}\right) = P(Z \geq 1.25)$$

$$= P(0 < Z < \infty) - P(0 < Z < 1.25)$$

$$= 0.5 - 0.3944 = 0.1056$$

② $\mu_{\bar{x}} = \mu = 800,\quad \sigma_{\bar{x}} = \frac{\sigma}{\sqrt{n}} = \frac{40}{\sqrt{100}} = \frac{40}{10} = 4$

그러므로

$$P(796.4 \leq \overline{X} \leq 807.2) = P\left(\frac{796.4 - 800}{4} \leq \frac{\overline{X} - \mu_{x}}{\sigma_{\bar{x}}} \leq \frac{807.2 - 800}{4}\right)$$

$$= P\left(-\frac{3.6}{4} \leq Z \leq \frac{7.2}{4}\right)$$

$$= P(-0.9 \leq Z \leq 1.8)$$

$$= 0.3159 + 0.4641$$

$$= 0.78$$

③ $P(\overline{X} \leq 796.3) = 0.03$이므로

$$P\left(\frac{\overline{X} - \mu_{x}}{\sigma_{\bar{x}}} \leq \frac{796.3 - 800}{\sigma_{\bar{x}}}\right) = 0.03$$

따라서 $P(Z \leq z_1) = 0.03$이 되는 z_1 값을 구하면

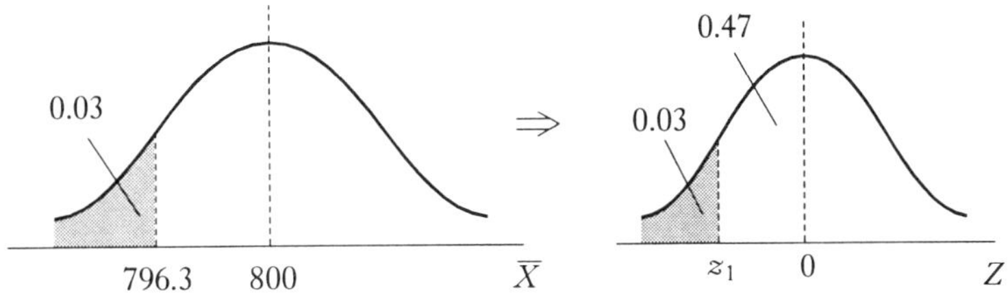

$\therefore\ P(Z \leq z_1) = 0.03$ 이므로 $z_1 = -1.88$

$z_1 = -1.88 = \dfrac{796.3 - 800}{\sigma_{\bar{x}}}$ 이므로

$$\sigma_{\bar{x}} = \frac{796.3 - 800}{-1.88} = \frac{-3.7}{-1.88} = 1.968 = \frac{\sigma}{\sqrt{n}} = \frac{40}{\sqrt{n}}$$

즉, $1.968 = \dfrac{40}{\sqrt{n}}\quad \therefore\ \sqrt{n} = \dfrac{40}{1.968} = 20.325$

그러므로 $n \fallingdotseq 413$

(2) 모집단의 크기가 작을 때($\boldsymbol{\sigma}$ 를 알 때)

우리는 앞에서 모집단의 분산을 알 때 표본평균의 평균 $\mu_{\bar{x}}$ 와 표준편차 $\sigma_{\bar{x}} = \dfrac{\sigma}{\sqrt{n}}$ 임을 알았다. 이제 모집단의 표준편차 σ 는 알고 있으나 모집단의 크기가 작은 有限 모집단으로부터 추출한 표본평균의 표준편차를 구해 보기로 한다.

표본의 크기 n에 비하여 모집단의 크기 N이 충분히 크지 않을 때에는 표본평균의 표준편차를 구할 때 아래와 같이 조정을 해 주어야 한다.

유한 모집단에서의 표본평균의 표준편차

$$\sigma'_{\bar{x}} = \frac{\sigma}{\sqrt{n}} \cdot \sqrt{\frac{N-n}{N-1}}$$

N : 모집단의 크기

n : 표본의 크기

이때 표본평균의 표준정규분포 z는 다음 식으로 구한다. 즉,

$$z = \frac{\overline{X} - \mu_{\bar{x}}}{\sigma'_{\bar{x}}}$$

[예제 4] 어떤 지역의 총가구수는 400가구였다. 이 가구들의 월 평균소득을 조사 해 보았더니 650,000원이었으며 그 표준오차는 50,000원이었다. 이 중 40가구를 추출하여 월 평균소득을 조사하였더니 670,000원이었 다. 표본평균이 670,000원보다 클 확률을 구하라.

풀 이 유한 모집단의 경우이므로

$$\sigma'_{\bar{x}} = \frac{\sigma}{\sqrt{n}} \cdot \sqrt{\frac{N-n}{N-1}} = \frac{50,000}{\sqrt{40}}\sqrt{\frac{400-40}{400-1}} = 7509.39$$

$$\begin{aligned} \therefore P(\overline{X} \geq 670,000) &= P\left(\frac{\overline{X} - \mu_{\bar{x}}}{\sigma'_{\bar{x}}} \geq \frac{670,000-650,000}{7509.39}\right) \\ &= P(Z \geq 2.663) \\ &= 0.5 - 0.4961 \\ &= 0.0039 \end{aligned}$$

(3) 모집단의 크기가 클 때($\boldsymbol{\sigma}$를 알 때)

모집단의 크기가 클 때(예를 들면 표본의 크기 $n \geq 30$일 때)에는 모집단이 정규분포이든 정규분포가 아니든 표본평균의 표본분포는 평균이 $\mu_{\bar{x}} = \mu$, 표준편차 $\sigma_{\bar{x}} = \frac{\sigma}{\sqrt{n}}$ 인 정규분포에 접근하며 $\overline{X}$의 표준정규분포는

$$z = \frac{\overline{X} - \mu_{\bar{x}}}{\sigma_{\bar{x}}} = \frac{\overline{X} - \mu}{\frac{\sigma}{\sqrt{n}}}$$

(여기서 μ, σ은 각각 모집단의 평균과 표준편차를나타낸다.)

이다.

(4) t 분포 : 모집단의 표준편차 σ를 모를 때

모집단이 정규분포를 하더라도 모분산 σ^2을 모르면서 또한 표본의 크기 n이 작을 때 우리는 표본에서 구한 σ^2의 불편추정량인 S^2으로부터 표본의 표준편차 S를 구하여 σ의 대용으로 사용한다.

$$S^2 = \frac{1}{n-1}\sum_{i=1}^{n}(X_i - \overline{X})^2, \qquad \text{즉} \quad S = \sqrt{\frac{\sum_{i=1}^{n}(X_i - \overline{X})^2}{n-1}}$$

이와같이 σ 대신 S가 쓰일 때에는 Z 통계량 $\left(= \frac{\overline{X}-\mu}{\frac{\sigma}{\sqrt{n}}}\right)$을 사용할 수 없고 표본통계량인 t통계량을 사용하여야 한다. 즉

t -통계량

$$t = \frac{\overline{X} - \mu_{\overline{X}}}{S_{\overline{X}}} = \frac{\overline{X} - \mu}{\frac{S}{\sqrt{n}}}$$

t 통계량은 t-분포라고 하는데 Z분포와 비슷한 모양을 하고 있으나 t-분포는 t=0에 대하여 대칭이며 자유도(自由度, degree of freedom, df)에 의하여 분포의 모양이 결정된다. 자유도란 표본의 크기 n에서 1을 뺀 'n-1'로 나타나며 t 분포표에서 'ν' 또는 'df'로 나타나 있다.

가령 t 분포표에서 n = 10일 때 df=9 이며 df = 9일 때 $\alpha = 0.05$에 해당하는 t값은 1.833임을 알 수 있는데 이것은 t가 1.833보다 클 확률이 0.05임을 나타낸다. 즉 $P(t \geq 1.833) = 0.05$이다. 같은 원리로 $df = 9$일 때 $P(t \geq 2.262) = 0.025$이므로 $P(-2.262 \leq t \leq 2.262) = 1 - 0.025 \times 2 = 0.95$임을 나타낸다. 왜냐하면 t분포는 t=0에 대하여 대칭이므로, 예 $(t \geq 2.262) = P(t \leq -2.262) = 0.025$이기 때문이다. 이 관계를 그래프로 나타내면 다음과 같다.

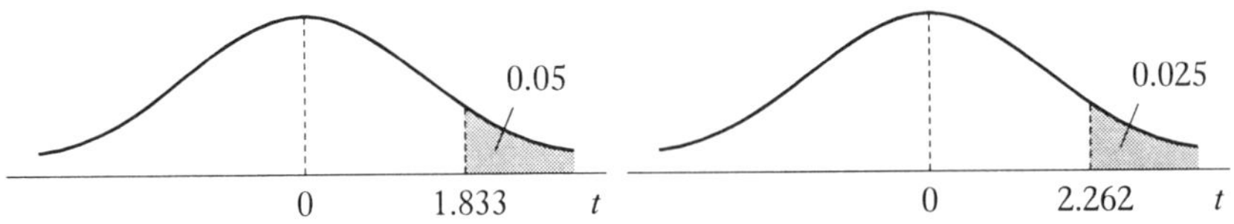

그림 8.1 t분포와 기각역

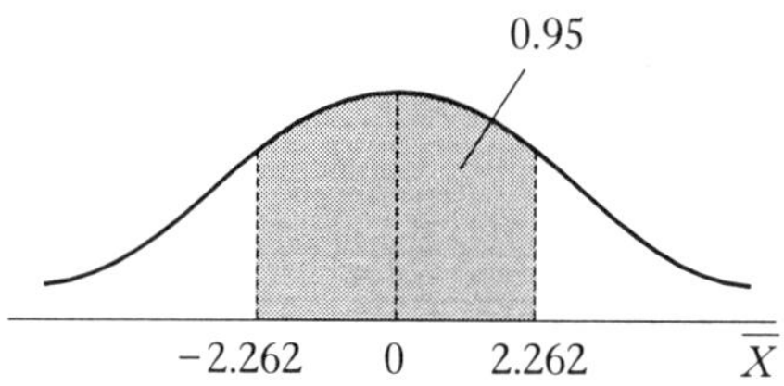

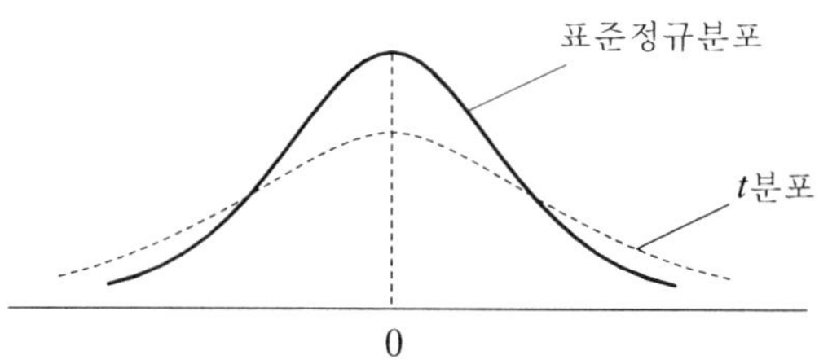

n = 10일 때의 표준정규분포와 t 분포

그림 8.2 t 분포와 채택역

n이 30이상일 경우 t 분포는 Z분포에 접근한다. 그러므로 n의 크기가 클 경우에는 t 분포 대신 Z분포를 사용해도 큰 차이가 없다. 즉,

$$P(Z \geq 1.645) = 0.05 \quad \cdots\cdots (n = \infty)$$

$$P(t \geq 1.697) = 0.05 \quad \cdots\cdots (n = 30)$$

(5) 비율의 표본분포

비율의 표본분포란 표본의 평균보다 표본의 어떤 비율에 대하여 분석할 때 사용되는 개념이다. 즉 어떤 학생 정원이 총 1,000명인데 이

중 여학생이 600명이라고 하자. 이때 모집단에서의 성공비율 $\pi = \frac{a}{N}$ (N: 모집단의 수, a: 성공회수)으로 정의된다면 위의 예에서 모집단에서의 여학생의 비율 $\pi = \frac{600}{1,000} = 0.6$ 이다. 이와같이 여학생일 비율을 성공비율이라고 하면 $\pi = 0.6$인 조건하에서 총원중, 예를들면 100명을 뽑아 여학생일 비율 $\mathrm{p}\left(= \frac{\mathrm{a}}{\mathrm{n}}\right.$, n 표본의 크기, a 표본에서의 성공비율)를 구할 때 이러한 p의 분포를 비율의 분포라고 한다. 즉, 비율의 표본분포는 모집단의 성공비율이 π인 조건하에서 표본의 크기 n인 가능한 표본을 모두 추출했을 때 그 표본들로부터 구한 비율 p의 분포를 말한다. 비율의 표본분포의 기대치와 분산은 아래와 같다.

$$E(p) = \pi$$
$$Var(p) = \frac{\pi(1-\pi)}{n}, \qquad \sigma_p = \sqrt{\frac{\pi(1-\pi)}{n}}$$

또 p의 표준정규분포는 $Z = \frac{p-\pi}{\sigma_p}$로 구할 수 있다.

[예제 5] 학생 1,000명 중 여학생이 600명이다. 이러한 학생 총원중 100명을 뽑았을 때 여학생의 비율이 70% 이상일 확률은 얼마냐?

풀 이

$$\pi = 0.6$$
$$E(p) = 0.6, \qquad \sigma_p = \sqrt{\frac{0.6 \times 0.4}{100}} = 0.0489, \quad \text{따라서}$$

$$\begin{aligned} P(p \geq 0.7) &= P\left(\frac{p-\pi}{\sigma_P} \geq \frac{0.7-0.6}{0.0489}\right) \\ &= P(Z \geq 2.045) \\ &= 0.5 - 0.4793 \\ &= 0.0207 \end{aligned}$$

8.5 분산의 표본분포

이 절에서는 표본분산이 이루는 표본분포에 대하여 분석해보기로 한다.

(1) χ^2 분포(Chi-Square 분포)

어떤 모집단의 분산이 σ^2 일 때 이러한 모집단으로부터 표본의 크기가 n인 가능한 모든 표본을 추출하여 표본분산 S^2을 구하였을 때 이러한 표본분산 $S^2\left[=\frac{1}{n-1}\Sigma(X_i-\overline{X})^2\right]$은 일정한 분포를 이루게 되는 데 이러한 것이 표본분산의 표본분포이다. 이중 χ^2 - 분포(chi square 분포)는 다음과 같이 정의할 수 있다.

> χ^2 - 분포
>
> 분산이 σ^2 이면서 정규분포를 이루는 모집단으로부터 표본의 크기가 n인 모든 표본을 추출했을 때 이러한 표본들의 분산을 S^2 이라고 하면
>
> $$\frac{(n-1)S^2}{\sigma^2}$$
>
> 은 (n-1)의 자유도를 가지는 χ^2 - 분포가 된다.

$S^2=\frac{1}{n-1}\Sigma(X_i-\overline{X})^2$ 이므로 chi-square 분포 $\frac{(n-1)S^2}{\sigma^2}$ 은

$\frac{(n-1)}{\sigma^2}\left[\frac{1}{(n-1)}\Sigma(X_i-\overline{X})^2\right]=\frac{\Sigma(X_i-\overline{X})^2}{\sigma^2}$ 이 된다. 즉, χ^2분포

$\frac{(n-1)S^2}{\sigma^2}$ 은 $\frac{\sum_{i=1}^{n}(X_i-\overline{X})^2}{\sigma^2}$ 으로도 나타낼 수 있다.

χ^2 분포는 아래 그림과 같이 자유도 df 에 따라 분포의 모양이 상이하다.

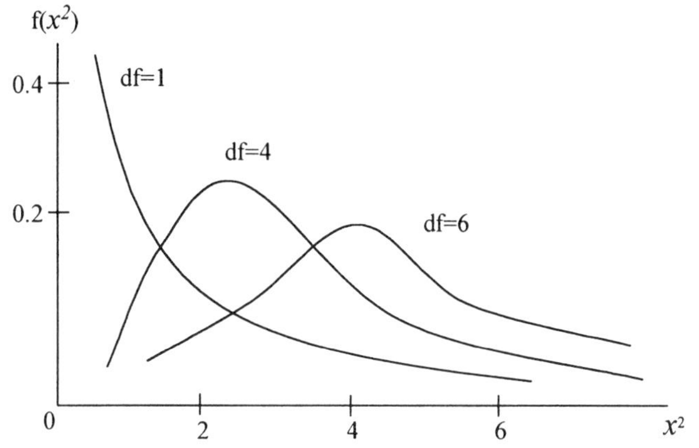

그림 8.3 χ^2 분포도

일반적으로 χ^2 분포는 오른쪽으로 긴 꼬리를 가지는 분포의 모양을 하고 있으나 자유도가 커질수록 정규분포에 근사한 모습을 가진다. 부록의 χ^2 분포를 보면

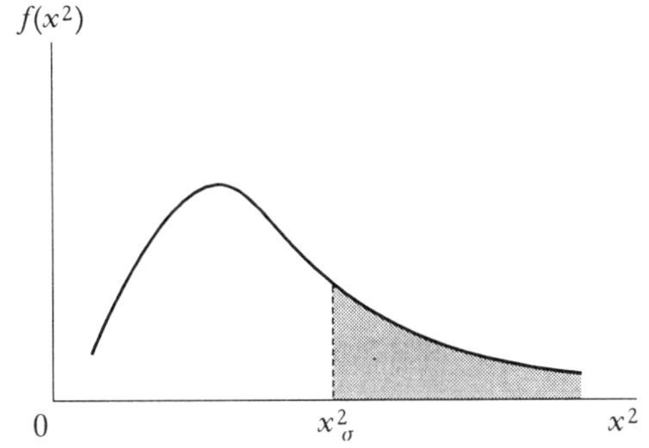

그림 8.4 χ^2 분포와 기각역

<그림 8.4>의 도표를 나타내고 있는데 가령 자유도가 9이며 (즉, 표본의 크기가 10) $\chi^2_{0.95}$ 일 때 χ^2의 값은 3.325이다. 이 말의 의미는 χ^2의 값이 3.325 이상일 확률은 95% 이라는 것을 의미한다.

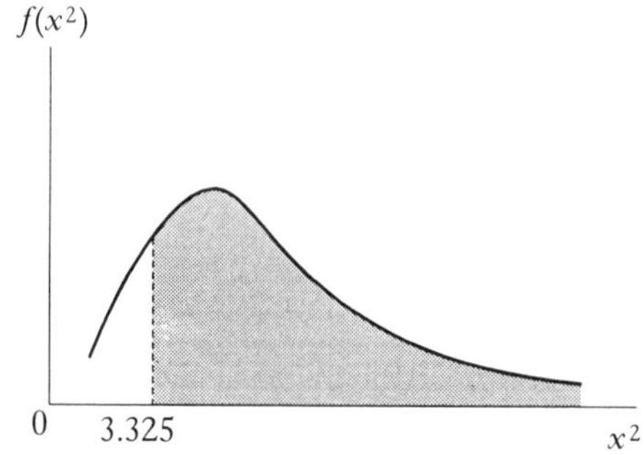

그림 8.5 χ^2 분포와 채택역

즉, $P(\chi^2 \geq 3.325) = 0.95$ 또는 $P(\chi^2 < 3.325) = 0.05$ 이다.

[예제 6] 어떤 모집단의 분산이 0.0392이다. 이 모집단으로부터 n=18인 표본을 뽑았을 때 이 표본의 분산이 0.02 보다 클 확률을 구하라.

풀 이 자유도가 $df = n - 1 = 17$이므로 χ^2 통계량을 구하면

$$\chi^2 = \frac{(n-1)S^2}{\sigma^2} = \frac{17 \times 0.02}{0.0392} = 8.67$$ 이다.

즉, $P(S^2 \geq 0.02) = P(\chi^2 \geq 8.67)$이므로 $df = 17$일 때, $P(\chi^2 \geq 8.67) = 0.95$ 즉 95%이다.

χ^2-분포를 이용한 표본분산에 관한 가설검정은 가설검정편에서 다루기로 한다.

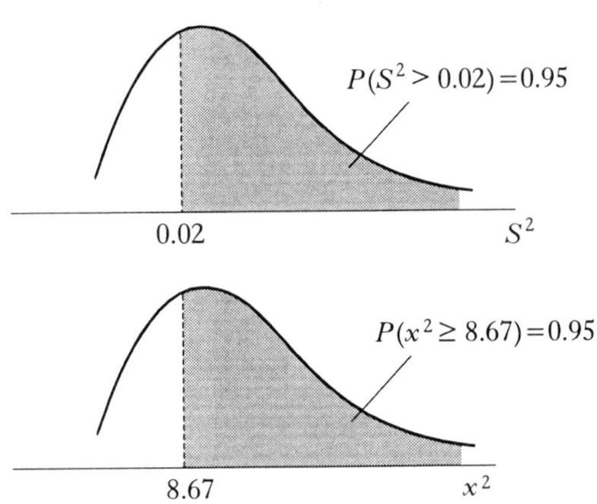

그림 8.6 χ^2분포와 기각역

(2) F 분포

분산이 σ^2 이고 정규분포를 이루는 모집단에서 표본의 크기가 n_1인 모든 표본을 뽑아 표본분산을 계산하여 그 크기를 S_1^2 이라 하고 또 다른 표본에서 똑같은 방법으로 크기가 n_2인 모든 가능한 표본을 뽑아 그 크기를 S_2^2 이라 한다. 물론 둘째 모집단의 분산도 σ^2이고 정규분포를 이룬다고 가정한다. 이렇게 했을 때 두 모집단으로부터 추출된 $\frac{S_1^2}{S_2^2}$의 모든 가능한 비율이 이루는 분포를 F분포라고 한다. F분포는 분자의 자유도 n_1-1과 분모의 자유도 n_2-1 에 의하여 분포의 모양이 결정된다. 아래 그림은 분자 및 분모의 자유도에 따라 달라지는 F-분포의 모양을 나타낸 것이다. F분포는 표본의 크기 n_1, n_2 가 커지면 중심극한정리에 의해 정규분포에 접근하는 모습을 보인다.

F 분포

$$F = \frac{S_1^2}{S_2^2}, \qquad (df_1 = n_1 - 1, \quad df_2 = n_2 - 1)$$

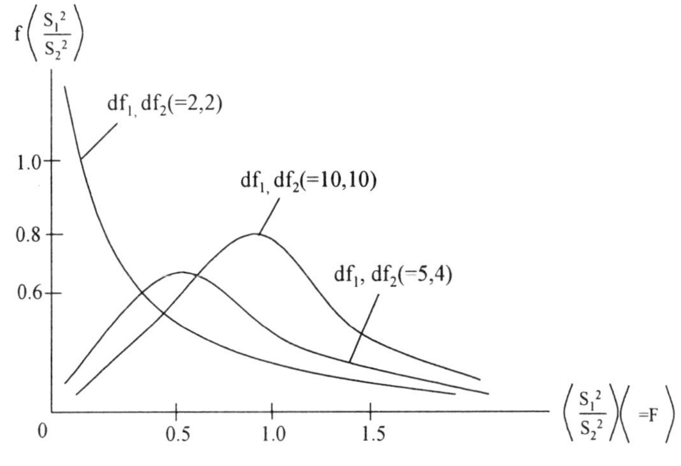

그림 8.7 F분포도

F값은 두 표본분산의 비(比) 값으로 나타나기 때문에 $\frac{S_1^2}{S_2^2}$ 의 값이 1에 가까운 값이냐 혹은 1보다 훨씬 큰 값이냐에 따라 그 의미는 상이하다.

즉 $\frac{S_1^2}{S_2^2}$의 값이 1에 가깝다고 하는 것은 두표본 집단이 동일 모집단에서 추출되었음(즉, $\sigma_1^2 = \sigma_2^2$)을 나타내는 것이고 $\frac{S_1^2}{S_2^2}$의 값이 1보다 훨씬 큰 값이라고 하는 것은 두 표본집단이 이질적인 모집단에서 추출되었음 (즉 $\sigma_1^2 > \sigma_2^2$ 혹은 $\sigma_1^2 \neq \sigma_2^2$)을 시사한다고 할 수 있다. F값은 분자와 분모의 자유도에 의해 분포의 모양이 결정되므로 F값이 1보다 훨씬 큰값이냐 아니냐를 결정하는 기준, 즉 동일 모집단에 추출된 표본여부를 결정하는 값(즉 임계치)도 df_1과 df_2(즉 분자와 분모의 자유도)에 따라 상이하다.

F분포는 다음과 같이도 정의된다. 즉 자유도가 각각 n_1-1, n_2-1인 χ^2 분포가 있다고 하면 F분포는 이러한 χ^2-분포의 통계량의 比값으로 표현 된다. 즉,

$$F = \frac{\chi_1^2/(n_1-1)}{\chi_2^2/(n_2-1)}, \quad \chi_1^2 = \frac{(n_1-1)S_1^2}{\sigma_1^2}, \quad \chi_2^2 = \frac{(n_2-1)S_2^2}{\sigma_2^2}$$

이므로

$$F = \frac{\chi_1^2/(n_1-1)}{\chi_2^2/(n_2-1)} = \frac{\left[\frac{(n_1-1)S_1^2}{\sigma_1^2}\right]/(n_1-1)}{\left[\frac{(n_2-1)S_2^2}{\sigma_2^2}\right]/(n_2-1)} = \frac{\frac{S_1^2}{\sigma_1^2}}{\frac{S_2^2}{\sigma_2^2}}$$

따라서 만약 $\sigma_1^2 = \sigma_2^2$ 이라면 위의 F분포는 $\frac{S_1^2}{S_2^2}$의 比값과 같다. 그러므로 $\frac{S_1^2}{S_2^2}$의 비값을 임계치(즉 가설검정에서 후술함)와 비교함으로 두 표본이 추출된 모집단의 분산이 동일한지 아닌지를 검정해 볼 수 있다.

t 분포표

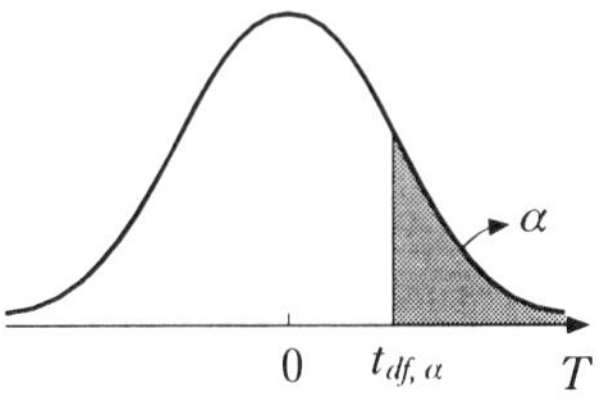

df \ α	0.25	0.1	0.05	0.025	0.01	0.005
1	1.000	3.087	6.314	12.706	31.821	63.657
2	0.816	0.886	2.920	4.303	6.965	9.925
3	0.765	1.638	2.353	3.182	4.541	5.841
4	0.741	1.533	2.132	2.776	3.747	4.604
5	0.727	1.476	2.015	2.571	3.365	4.032
6	0.718	1.440	1.943	2.447	3.134	3.707
7	0.711	1.415	1.895	2.365	2.998	3.499
8	0.706	1.397	1.860	2.306	2.896	3.355
9	0.703	1.383	1.833	2.262	2.821	3.250
10	0.700	1.372	1.812	2.228	2.764	3.169
11	0.697	1.363	1.796	2.201	2.718	3.106
12	0.695	1.356	1.782	2.179	2.681	3.055
13	0.694	1.350	1.771	2.160	2.650	3.012
14	0.692	1.345	1.761	2.145	2.624	2.977
15	0.691	1.341	1.753	2.131	2.602	2.947
16	0.690	1.337	1.746	2.120	2.583	2.921
17	0.689	1.333	1.740	2.110	2.567	2.898
18	0.688	1.330	1.734	2.101	2.552	2.878
19	0.688	1.328	1.729	2.093	2.539	2.861
20	0.687	1.325	1.725	2.086	2.528	2.845
21	0.686	1.323	1.721	2.080	2.518	2.831
22	0.686	1.321	1.717	2.074	2.508	2.819
23	0.685	1.319	1.714	2.069	2.500	2.807
24	0.685	1.318	1.711	2.064	2.492	2.797
25	0.684	1.316	1.708	2.060	2.485	2.787
26	0.684	1.315	1.706	2.056	2.479	2.779
27	0.684	1.314	1.703	2.052	2.473	2.771
28	0.683	1.313	1.701	2.048	2.467	2.763
29	0.683	1.311	1.699	2.045	2.462	2.756
30	0.683	1.310	1.697	2.042	2.457	2.750
40	0.681	1.303	1.684	2.021	2.423	2.704
60	0.679	1.296	1.671	2.000	2.390	2.660
120	0.677	1.289	1.658	1.980	2.358	2.617
∞	0.674	1.282	1.645	1.960	2.326	2.576

χ^2 분포표

$$P(x^2 \geq x^2_{df,\alpha}) = \alpha$$

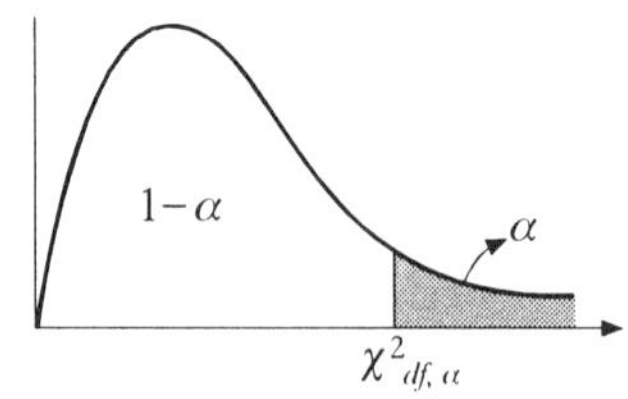

df \ α	0.995	0.990	0.975	0.950	0.050	0.025	0.010	0.005
1	392704×10^{-10}	157088×10^{-9}	982569×10^{-9}	393214×10^{-8}	3.84146	5.02389	6.63490	7.87944
2	0.0100251	0.0201007	0.0506356	0.102587	5.99147	7.37776	9.21034	10.5966
3	0.0717212	0.114832	0.215795	0.351846	7.81473	9.34840	11.3449	12.8381
4	0.206990	0.297110	0.484419	0.710721	9.48773	11.1433	13.2767	14.8620
5	0.411740	0.554300	0.831211	1.145476	11.0705	12.8325	15.0863	16.7496
6	0.675727	0.872085	1.237347	1.63539	12.5916	14.4494	16.8119	18.5476
7	0.989265	1.239043	1.68987	2.16735	14.0671	16.0128	18.4753	20.2777
8	1.344419	1.646482	2.17973	2.73264	15.5073	17.5346	20.0902	21.9550
9	1.734926	2.087912	2.70039	3.32511	16.9190	19.0228	21.6660	23.5893
10	2.15585	2.55821	3.24697	3.94030	18.3070	20.4831	23.2093	25.1882
11	2.60321	3.05347	3.81575	4.57481	19.6751	21.9200	24.7250	26.7569
12	3.07382	3.57056	4.40379	5.22603	21.0261	23.3367	26.2170	28.2995
13	3.56503	4.10691	5.00874	5.89186	22.3621	24.7356	27.6883	29.8194
14	4.07498	4.66043	5.62872	6.57063	23.6848	26.1190	29.1413	31.3193
15	4.60094	5.22935	6.26214	7.26094	24.9958	27.4884	30.5779	32.8013
16	5.14224	5.81221	6.90766	7.96164	26.2962	28.8454	31.9999	34.2672
17	5.69724	6.40776	7.56418	8.67176	27.5871	30.1910	33.4087	35.7185
18	6.26481	7.01491	8.23075	9.39046	28.8693	31.5264	34.8053	37.1564
19	6.84398	7.63273	8.90655	10.1170	30.1435	32.8523	36.1908	38.5822
20	7.43386	8.26040	9.59083	10.8508	31.4104	34.1696	37.5662	39.9968
21	8.03366	8.89720	10.28293	11.5913	32.6705	35.4789	38.9321	41.4010
22	8.64272	9.54249	10.9823	12.3380	33.9244	36.7807	40.2894	42.7956
23	9.26042	10.19567	11.6885	13.0905	35.1725	38.0757	41.6384	44.1813
24	9.88623	10.8564	12.4011	13.8484	36.4151	39.3641	42.9798	45.5585
25	10.5197	11.5240	13.1197	14,6114	37.6525	40.6465	44.3141	46.9278
26	11.1603	12.1618	13.8439	15.3791	38.8852	41.9232	45.6417	48.2899
27	11.8076	12.8786	14.5733	16.1513	40.1133	43.1944	46.9630	49.6449
28	12.4613	13.5648	15.3079	16.9279	41.3372	44.4607	48.2782	50.9933
29	13.1211	14.2565	16.0471	17.7083	42.5569	45.7222	49.587	52.3356
30	13.7867	14.9535	16.7908	18.4926	43.7729	46.9792	50.8922	53.6720
40	20.7065	22.1643	24.4331	26.5093	55.7585	59.3417	63.6907	66.7659
50	27.9907	29.7067	32.3574	34.7642	67.5048	71.4202	76.1539	79.4900
60	35.5346	37.4848	40.4817	43.1879	79.0819	83.2976	88.3794	91.9517
70	43.2752	45.4418	48.7576	51.7393	90.5312	95.0231	100.425	104.215
80	51.1720	53.5400	57.1532	60.3915	101.879	106.629	112.329	116.321
90	59.1963	61.7541	65.6466	69.1260	113.145	118.136	124.116	128.299
100	67.3276	70.0648	74.2219	77.9295	124.342	129.561	135.807	140.169

연습문제

8.1 평균이 15, 분산이 9인 정규분포를 이루는 모집단에서 추출한 25개 표본의 표본평균과 표준편차를 구하라.

8.2 어떤 회사에서 생산되는 타이어의 수명은 평균이 60,000km이고 표준편차가 15,000km인 정규분포를 이룬다고 할 때 다음 물음에 답하라.

① 10개의 타이어를 임의 추출했을 때 평균수명이 64,000km 이상이 될 확률은?

② 100개의 타이어를 임의 추출했을 때 평균수명이 57,000km이하일 확률은?

8.3 어떤 회사에서 생산되는 전구의 평균수명은 15,000 시간이고 표준편차는 2,500 시간일 때 다음 물음에 답하라. 단, 전구의 수명은 정규분포를 이룬다.

① 100개의 표본을 임의 추출했을 때 평균 수명이 14,500 시간 이하일 확률은?

② 64개의 표본을 임의 추출했을 때 평균 수명이 15,600 시간 이상일 확률은?

8.4 어떤 회사에서 생산된 제품 중 5 %가 불량품이다. 100개의 표본을 임의 추출했을 때

① 불량품이 3% 이하일 확률은?

② 불량품이 10% 이상일 확률은?

8.5 어느 공장에서 생산되는 제품의 무게는 평균이 5g이고 표준편차가

1.25g이라고 한다. 이 공장에서 생산되는 제품중 25개를 무작위 추출할 때 평균무게가 4.65g과 5.45g 사이일 확률은?

8.6 확률변수 X는 평균이 μ, 분산이 σ^2인 확률분포를 이루고, Z는 다음과 같이 정의 된다고 할 때 E(Z), Var(Z)를 구하라.

$$Z = X - \left(\frac{X-\mu}{\sigma}\right)$$

8.7 X_1, X_2, …, X_n이 각기 평균이 μ, 분산이 σ^2인 동일하면서 또한 독립된 분포를 이루는 표본이라고 할 때 다음을 구하라. 단 $i = 1, 2, \ldots, n$이며 $i \neq j$

① $E(X_I\overline{X})$　　② $E(X_i^2)$

③ $E(\overline{X}^2)$　　④ $E[X_i(X_i - \overline{X})]$

⑤ $E[\overline{X}(X_i - \overline{X})]$　　⑥ $Cov[(X_i - \overline{X})\overline{X}]$

8.8 어느 고등학교 3학년 학생중 50명의 학생을 무작위로 뽑아 모의고사의 평균 성적을 알아 보았더니 63점이었다. 이 학교 3학년 학생은 총원 350명이며 3학년 전체 성적의 평균은 61점, 표준편차는 7점이었다. 표본평균이 63점보다 클 확률은?

8.9 확률변수 X가 각각 다음과 같은 자유도의 t분포를 따른다고 하면 다음 각각의 경우의 값을 구하라.

① $df = 8$,　$P(-1.86 \le X \le 1.86)$

② $df = 7$,　$P(X \ge 1.415)$

③ $df = 6$,　$P(X \le -3.143)$

④ $df = 6$,　$P(-2.947 \le X \le 2.947)$

⑤ $df = 18$,　$P(-k \le X \le k) = 0.8$인 k의 값

제 9 장

추정이론

9.1 추정량의 성질

9.2 구간추정

9.3 표본 크기의 결정

9.4 모비율에 관한 구간추정

9.5 모분산 σ^2의 신뢰구간

9.6 두 모집단의 비율의 차에 관한 구간추정

9.7 모집단 비율의 추정에 있어서 표본크기의 결정

전통적으로 통계적 추론의 문제는 가설검정과 통계적 추정의 두 가지 문제로 나누어 볼 수 있다. 가설 검정과 통계적 추정은 알려지지 않은 모집단의 모수(모평균, 모분산 등)의 값을 규명한다는 점에 관해서는 유사하나 다음과 같은 점에 있어서는 다르다.

즉, 추정은 모집단의 모수값에 대하여 어떠한 선입견이나 주장이 있는 것은 아니지만 가설 검정은 모집단의 모수에 대하여 어떠한 주장이나 가설이 있다는 것이다. 따라서 통계적 추정에서는 모집단의 모수값에 대한 어떠한 선입견도 없이 통계적으로 모집단의 모수에 대한 유추작업을 행하는 것이다.

추정이론은 점추정(point estimation)과 구간추정(interval estimation)으로 나눌 수 있다. 점추정은 모집단으로부터 추출된 표본을 이용하여 모수값 그 자체를 추정하는 것이고 구간추정은 어떠한 확률치를 가지고 모집단의 모수가 속하게 될 구간을 추정하는 것이다. 구간은 그 구간이 속하게 될 범위에 의하여 좌우됨으로 구간추정은 결국 모집단의 모수가 위치하게 될 범위를 구하는 것과 같다고 할 수 있다. 이러한 구간을 신뢰구간(confidence interval)이라고 한다.

점추정은 모집단의 모수에 대하여 최선의 추측을 하는 것이 목적이라면 최선의 추측이 의미하는 바는 결국 추정치(estimate)가 최선이 되도록 하게 하는 추정량의 기준을 정하는 일이 될 것이다. 즉 모수에 대한 추정치가 모수의 값에 가깝도록 하려면 그러한 추정치를 구할 수 있게 하는 추정량(estimator)을 잘 정하는 일이 무엇보다 중요할 것이다. 즉 바람직한 추정량이 되기 위한 기준은 무엇인가? 아래의 절에서 그러한 기준을 정해 보도록 한다.

9.1 추정량의 성질(properties of estimators)

추정량은 모수에 대한 추정치를 구하기 위한 공식으로 정의할 수 있다.

모수에 대한 최선의 추정치를 구하기 위해서는 추정량이 최선이 되어야 할 것이다. 이와같이 최선의 추정량이 되기 위한, 즉 바람직한 추정량이 되기 위한 조건은 무엇일까? 이러한 문제에 대하여 고찰해 보기로 한다.

9.1.1 추정량과 모수(estimator and parameter)

가령 모평균에 대한 추정량에는 산술평균, 중앙값, 기하평균 등 여러 가지 추정량이 있을 수 있다. 이 가운데 어떠한 추정량을 선택할 것인가는 결국 이 가운데 한 추정량을 선택하여 표본자료를 이용하여 구한 추정치가 모수와 어느 정도 일치하는가가 관건이 될 것이다.

모집단의 모수를 θ라고 하면 이 모수에 대한 추정량 $\hat{\theta}$은 관찰치 X_1, X_2, $\cdots$, X_n의 함수일 것이므로 $\hat{\theta}=f(X_1, X_2, \cdots, X_n)$으로 나타낼 수 있다. 추정량 $\hat{\theta}$이 바람직한 성질을 가지기 위해서는 추정량의 확률분포가 모수 θ에 될 수 있는 한 가까이에 있어야 할 것이다. 이때 $\hat{\theta}$의 확률분포가 모수 θ에 어느 정도 가까이 있는가를 측정하는 기준으로 평균자승오차(mean square error : MSE)라는 개념이 있다.

$$\mathrm{MSE}(\hat{\theta}) = \mathrm{E}[\hat{\theta}-\theta]^2$$

이러한 평균자승오차는 아래와 같이 변형하면 분산 $[=\mathrm{E}(\hat{\theta}-\mathrm{E}(\hat{\theta}))^2]$과 편의의 제곱 $[=\mathrm{E}((\hat{\theta})-\theta)^2]$으로 나눌 수 있다.

$$\begin{aligned}\mathrm{MSE}(\hat{\theta}) &= \mathrm{E}[\hat{\theta}-\theta]^2 = \mathrm{E}[\hat{\theta}-\mathrm{E}(\hat{\theta})+\mathrm{E}(\hat{\theta})-\theta]^2 \\ &= \mathrm{E}[(\hat{\theta}-\mathrm{E}(\hat{\theta}))^2+(\mathrm{E}(\hat{\theta})-\theta)^2+2(\hat{\theta}-\mathrm{E}(\hat{\theta}))(\mathrm{E}(\hat{\theta})-\theta)] \\ &= \mathrm{E}[\hat{\theta}-\mathrm{E}(\hat{\theta})]^2+\mathrm{E}[\mathrm{E}(\hat{\theta})-\theta]^2+2\mathrm{E}(\hat{\theta}-\mathrm{E}(\hat{\theta})(\mathrm{E}(\hat{\theta})-\theta)]\end{aligned}$$

여기서 두 번째 항 $\mathrm{E}[\mathrm{E}(\hat{\theta})-\theta]^2$은 $[\mathrm{E}(\hat{\theta})-\theta]^2$과 같고 (왜냐하면 $\mathrm{E}(\hat{\theta})$이나 θ는 확정값이므로 [ ] 앞에 E를 붙혀도 안 붙힌 것과 같은 값이다.) 또 세 번째 항은 0(왜 그런지 계산해 보기 바람)이 되므로

$$\text{MSE}(\hat{\theta}) = \text{E}[\hat{\theta} - \text{E}(\hat{\theta})]^2 + [\text{E}(\hat{\theta}) - \theta]^2$$

분산　　　　(편의)^2

로 나타낼 수 있다. 윗식에서 첫째 항은 $\hat{\theta}$의 분산이고 둘째 항은 ($\hat{\theta}$의 편의)를 나타낸다. 편의(Bias)란 $\hat{\theta}$의 기대치 $\text{E}(\hat{\theta})$이 θ로부터 떨어진 정도를 의미한다. 따라서 위의 평균자승오차의 개념으로부터 우리는 바람직한 추정량이 갖추어야 할 성질을 알 수 있다. 즉 MSE가 최소가 되는 그러한 $\hat{\theta}$를 구한다면 θ를 추정하기 위한 바람직한 추정량이 된다고 할 수 있을 것이다.

9.1.2 바람직한 추정량의 조건

(1) 불편성(不偏性, unbiasedness)

불편성이란 추정량의 기대치 즉 $\text{E}(\hat{\theta})$이 모수 θ와 일치할 때를 의미하며 그때 $\hat{\theta}$은 θ의 불편추정량이라고 한다.

즉, $\text{E}(\hat{\theta}) = \theta$이다. 이때 $\text{E}(\hat{\theta})$이 θ와 일치하지 않을 때 그 차이를 편의(bias)라 하며 편의 $= \text{E}(\hat{\theta}) - \theta$로 정의한다.

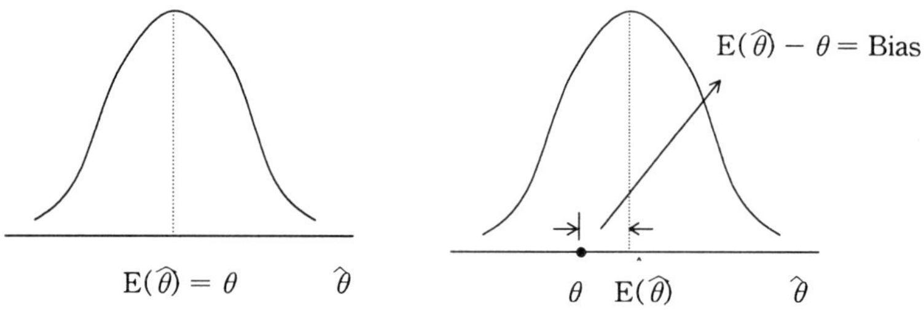

표본 평균 $\overline{X}$는 모평균 μ의 불편추정량이다. 왜냐하면

$$
\begin{aligned}
E(\overline{X}) &= E\left(\frac{\sum X_i}{n}\right) = \frac{1}{n}(X_1 + X_2 + \ldots + X_n) \\
&= \frac{1}{n}[(E(X_1) + E(X_2) + \ldots + E(X_n)] \\
&= \frac{1}{n} \cdot [n \cdot \mu] \\
&= \mu
\end{aligned}
$$

또 표본분산 $S^2 = \frac{1}{n-1}\sum(X_i - \overline{X})^2$ 도 모분산 σ^2의 불편추정량이다.($\because$ $E(S^2) = \sigma^2$)

(2) 효율성(效率性, efficiency)

효율성이란 추정량 $\hat{\theta}$의 분산이 최소인 경우를 말한다.

즉, $Var(\hat{\theta}) = E[\hat{\theta} - E(\hat{\theta})]^2$ 이 최소인 $\hat{\theta}$을 θ의 효율적인 추정량이라고 한다. 효율성을 언급하기 위해서는 추정량 $\hat{\theta}$이 ①의 불편성을 먼저 만족시켜야 한다. 만약 분산은 최소이나 $\hat{\theta}$이 θ의 편의 있는 추정량이라면 효율성이 있는 추정량이 되지 못한다.

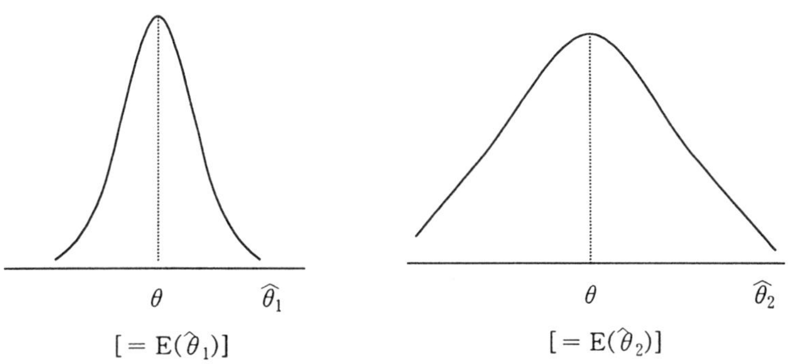

(a) 효율적인 $\hat{\theta}_1$　　(b) 비효율적인 $\hat{\theta}_2$

그림 9.2 효율적인 추정량과 비효율적인 추정량

그림(9.2)의 경우처럼, $\mathrm{Var}(\hat{\theta}_1) < \mathrm{Var}(\hat{\theta}_2)$ 일 때 $\hat{\theta}_1$은 $\hat{\theta}_2$보다 효율적인 추정량이라고 할 수 있다. 불편 추정량중 분산이 최소인 추정량을 효율적인 추정량이라고 한다.

(3) 일치성(一致性, consistency)

표본의 크기 n이 무한히 증가할 때 추정량 $\hat{\theta}$이 모수 θ에 접근하여 일치할 때 $\hat{\theta}$은 θ의 일치성 있는 추정량이라고 한다. 즉

$$\lim_{n\to\infty} \mathrm{MSE}(\hat{\theta}) = \lim_{n\to\infty} \mathrm{E}(\hat{\theta} - \theta)^2 = 0$$

이면 $\hat{\theta}$을 θ의 일치성 있는 추정량이라고 한다. 즉 $n\to\infty$일 때 ε이 임의의 작은 양수일 때

$$\mathrm{P}[\,|\hat{\theta} - \theta| < \varepsilon] = 1$$

또는

$$\mathrm{plim}\,\hat{\theta} = \theta \quad (\ \mathrm{plim} = \text{probability limit})$$

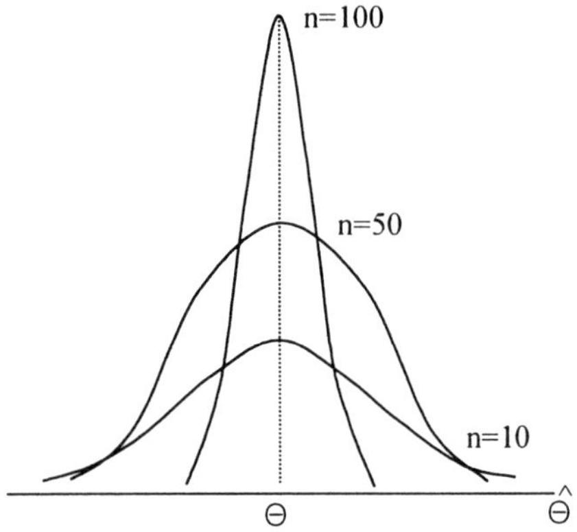

그림 9.3 일치성이 있는 추정량

(4) 충족성(充足性, sufficiency)

추정량 $\hat{\theta}$이 모수 θ에 대하여 가장 많은 정보를 제공해 줄 때 $\hat{\theta}$을 θ의 충족성이 있는 추정량이라고 한다. 가령 모평균 μ의 추정량으로 표본평균 $\overline{\mathrm{X}}$와 중앙값의 두 가지를 고려해보면 $\overline{\mathrm{X}}$는 μ를 추정하는데 필요한 모든 정보를 가지고 있는 관찰치 X_1, X_2, ..., X_n를 이용하는데 반하여

$$\left(\because \overline{\mathrm{X}} = \frac{X_1 + X_2 + ..., X_n}{n}\right),$$

중앙값은 단지 가운데 있는 관찰치만을 의미하므로 $\overline{X}$는 μ의 충족성이 있는 추정량이라고 할 수 있으나 중앙값은 그렇지 못하다.

① 불편성 : $\mathrm{E}(\hat{\theta}) = \theta$일 때 $\hat{\theta}$은 θ의 불편추정량임
② 효율성 : 불편추정량중 분산이 최소인 추정량
③ 일치성 : 표본의 크기 n이 무한대로 접근할 때 $\mathrm{E}(\hat{\theta} - \theta)^2$이 0에 접근하는 추정량
④ 충족성 : 표본의 정보를 충분히 이용하는 추정량

9.2 구간추정 (신뢰구간, confidence intervals)

우리는 앞에서 점추정과 구간추정의 차이점에 대하여 공부한 바 있다. 점추정은 추정량을 통하여 모수의 값에 대한 추정치를 구하는 것이다. 이 과정에서 구한 점추정치는 항상 표본오차(sampling error)를 내포할 가능성이 있으므로 점 추정치가 모수의 값과 거의 동일하다고 신뢰하기도 어

렵다. 이에 반하여 구간추정은 모수가 포함될 구간을 어떠한 확률치를 가지고 설정할 수 있다는 장점이 있다. 즉, 추정의 목적에 맞게 이 구간의 크기를 조정하므로써 모수가 포함될 확률을 높이거나 낮출 수 있다는 점이 점추정에 비해 구간추정이 갖는 유용한 점이라고 할 수 있다.

가령 어느 지역 가구들의 월 평균소득을 추정한다고 했을 때 월평균소득수준이 0 ~ ∞까지라면 맞을 확률은 100 %이지만 통계적 의미는 없다. 이에 반하여 30만원에서 500만원 사이라면 통계적으로 의미는 클 지 모르지만 이것 역시 오차가 포함될 가능성을 내포하고 있다. 이때 오차의 가능성을 몇 %로 했을 때 월 평균소득수준을 가령 30만원에서 500만원으로 정할 수 있을 것인가가 문제가 된다. 이 때 연구의 목적에 따라 오차의 가능성이 α 라고 하면 위의 구간은 100(1- α)%의 신뢰도를 갖는 신뢰구간이라고 정의할 수 있다.

아래에서 여러 가지 신뢰구간 추정의 경우를 살펴보기로 한다.

(1) 모평균에 대한 신뢰구간 추정 I (모분산 σ^2을 알 때)

X_i가 평균이 μ, 분산이 σ^2 인 정규분포를 이루는 모집단의 확률변수라고 했을 때 X_i의 표본평균인 $\overline{X}$는 평균이 μ, 분산이 $\frac{\sigma^2}{n}$ 인 정규분포를 이룬다는 것을 공부한 바 있다. 따라서 $\overline{X}$의 표준화된 확률변수

$Z = \left(\dfrac{\overline{X} - \mu}{\frac{\sigma}{\sqrt{n}}} \right)$는 평균이 0, 분산이 1인 표준정규분포를 이루게 됨을

알고 있다. 즉

$$\left(\frac{\overline{X} - \mu}{\frac{\sigma}{\sqrt{n}}} \right) \sim N(0,\ 1)$$

모 앞에서 $P(-1.96 \leq Z \leq 1.96) = 0.95$, 즉 표준정규분포의 확률변수 Z가 -1.96과 1.96 사이에 위치할 확률은 0.95임도 알고 있다. 따라서

$$P\left(-1.96 \le \frac{\overline{X}-\mu}{\frac{\sigma}{\sqrt{n}}} \le 1.96\right) = 0.95$$

그러므로

$$P\left\{-1.96\frac{\sigma}{\sqrt{n}} \le \overline{X}-\mu \le 1.96\frac{\sigma}{\sqrt{n}}\right) = 0.95$$

괄호 안을 μ에 관하여 정돈하면

$$P\left(\overline{X}-1.96\frac{\sigma}{\sqrt{n}} \le \mu \le \overline{X}+1.96 \cdot \frac{\sigma}{\sqrt{n}}\right) = 0.95$$

이때 괄호 안의 μ에 관한 $\overline{X}$로 표현된 범위를 μ의 95% 신뢰구간이라고 한다.

이 말의 의미는 모집단으로부터 표본의 크기가 n인 가능한 모든 표본을 추출하여 그 표본평균 $\overline{X}$를 사용하여 설정한 구간, 즉

$\left(\overline{X}-1.96\frac{\sigma}{\sqrt{n}}\ ,\ \overline{X}+1.96\frac{\sigma}{\sqrt{n}}\right)$은 그중 95% 가 μ를 포함하게 되는 구간이 된다는 것을 의미한다. 엄밀히 말하면 위의 구간에 μ가 포함될 확률이 95% 라는 말은 틀린 것이 된다. 왜냐하면 모수 μ는 고정된 값이기 때문이다.

일반적으로 μ의 $100(1-\alpha)\%$ 신뢰구간은 $\overline{X} \pm Z_{\frac{\alpha}{2}}\left(\frac{\sigma}{\sqrt{n}}\right)$이 된다.

위의 예에서 95% 신뢰구간은 $100(1-0.05)\%$ 이므로 $Z_{\frac{\alpha}{2}} = Z_{0.025} = 1.96$ 이 되므로 (즉, $Z_{0.025}$는 Z분포의 끝을 0.025가 되게 자르는 Z 값을 의미) $\left(\overline{X}-1.96\frac{\sigma}{\sqrt{n}}, \overline{X}+1.96\frac{\sigma}{\sqrt{n}}\right)$이 μ의 95% 신뢰구간을 이루는 구간의 경계점이 된다. 이 관계를 그림으로 나타내면 다음과 같다.

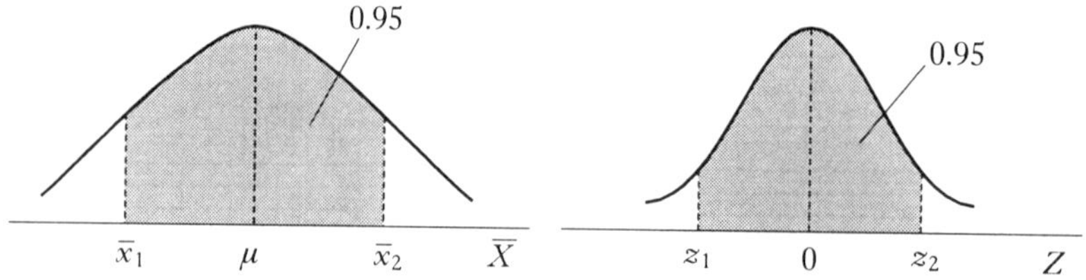

$$\bar{X}_1 = \bar{X} - 1.96\frac{\sigma}{\sqrt{n}} \qquad Z_1 = -Z_{\frac{\alpha}{2}} = -Z_{0.025} = -1.96$$

$$\bar{X}_2 = \bar{X} + 1.96\frac{\sigma}{\sqrt{n}} \qquad Z_2 = +Z_{\frac{\alpha}{2}} = +Z_{0.025} = +1.96$$

일반적으로 μ의 $100(1-\alpha)\%$의 신뢰구간을 갖는 $\bar{X}_1$과 $\bar{X}_2$의 값을 구하는 과정은 표준화의 역의 과정이다. 즉,

$$P(-Z_{\frac{\alpha}{2}} \le Z \le Z_{\frac{\alpha}{2}}) = 1-\alpha$$

$\alpha = 0.05$라면

$$P(-1.96 \le Z \le 1.96) = 0.95$$

따라서 $Z = \dfrac{\bar{X}-\mu}{\frac{\sigma}{\sqrt{n}}}$ 이므로

위 식은

$$P(-1.96 \le \frac{\bar{X}-\mu}{\frac{\sigma}{\sqrt{n}}} \le 1.96) = 0.95$$

따라서

$$P\left(-1.96\frac{\sigma}{\sqrt{n}} \le \bar{X}-\mu \le 1.96\frac{\sigma}{\sqrt{n}}\right) = 0.95$$

괄호 안을 μ에 대해 정리하면

$$P\left(\overline{X}-1.96\frac{\sigma}{\sqrt{n}} \le \mu \le \overline{X}+1.96\frac{\sigma}{\sqrt{n}}\right)=0.95$$

그러므로,

$$\overline{X}-1.96\frac{\sigma}{\sqrt{n}} \le \mu \le \overline{X}+1.96\frac{\sigma}{\sqrt{n}}$$

μ의 95% 신뢰구간이 된다(신뢰구간의 의미를 잘 파악할 것). 일반적으로 신뢰구간을 나타내는 식은 다음과 같다.

> 100(1 − α)% 신뢰구간
>
> $$\overline{X}-Z_{\frac{\alpha}{2}}\cdot\frac{\sigma}{\sqrt{n}} \le \mu \le \overline{X}+Z_{\frac{\alpha}{2}}\cdot\frac{\sigma}{\sqrt{n}}$$

[예제 1] 정규분포를 이루며 평균이 μ(알려져 있지 않음) 분산이 100인 어느 모집단으로부터 표본의 크기가 25인 표본을 추출하여 $\overline{X}$를 구했더니 $\overline{X}=80$이었다. 이때 모평균 μ의 90%, 95%, 99%의 신뢰구간을 구하라.

풀이 ① 90% 신뢰구간은 $90 = 100(1-\alpha)$에서 $\alpha = 0.1$이므로

$$Z_{\frac{\alpha}{2}} = Z_{0.05},\ \text{따라서}\ Z_{\frac{\alpha}{2}} = Z_{0.05} = 1.64$$

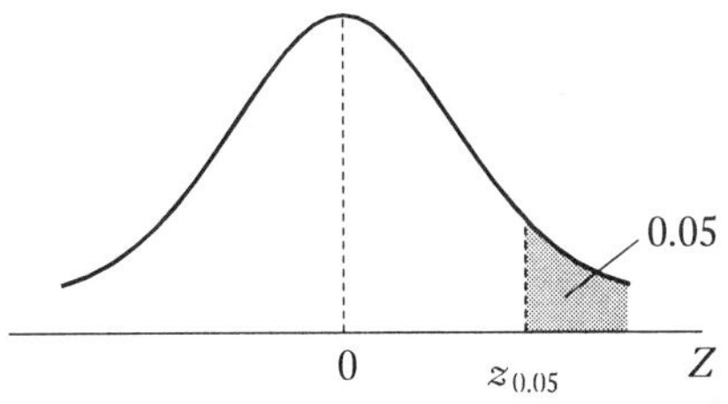

그러므로 구하는 90% 신뢰구간은

$$\left(\overline{X}-Z_{\frac{\alpha}{2}}\cdot\frac{\sigma}{\sqrt{n}} \le \mu \le \overline{X}+Z_{\frac{\alpha}{2}}\frac{\sigma}{\sqrt{n}}\right)\text{에서}$$

$$\left(80-1.64\times\frac{10}{\sqrt{25}} \le \mu \le 80+1.64\times\frac{10}{\sqrt{25}}\right)$$

이것을 정리하면 μ의 90% 신뢰구간은

$$\left(80-1.64\times\frac{10}{5}\le\mu\le 80+1.64\times\frac{10}{5}\right)$$

$$\therefore\ 76.72\le\mu\le 83.28$$

② 같은 방법으로 μ의 95% 신뢰구간은

$$80-1.96\times\frac{10}{5}\le\mu\le 80+1.96\times\frac{10}{5}$$

$$80-3.92\le\mu\le 80+3.92$$

$$\therefore\ 76.08\le\mu\le 83.92$$

③ 같은 방법으로 μ의 99% 신뢰구간은

$$80-2.57\times\frac{10}{5}\le\mu\le 80+2.57\times\frac{10}{5}$$

$$80-5.14\le\mu\le 80+5.14$$

$$74.86\le\mu\ge 85.14$$

만약 모집단이 정규분포를 하지 않을지라도 n이 크면($n\ge 30$) 중심극한정리에 의하여 위의 방법으로 신뢰구간을 구할 수 있다.

(2) 모평균의 신뢰구간 추정 II(모분산 σ^2 을 모를 때)

모분산 σ^2을 모를 때 표본의 분산을 이용하게 된다.

따라서 표본분산 $S^2=\frac{1}{n-1}\sum_{i=1}^{n}(X_i-\overline{X})^2$이다.

그런데 σ^2을 알 때에는 $\frac{\overline{X}-\mu}{\frac{\sigma}{\sqrt{n}}}$은 평균이 0, 분산이 1인 정규분포를 이루는 Z 통계량이었으나 σ을 S로 바꾼 $\frac{\overline{X}-\mu}{\frac{S}{\sqrt{n}}}$은 자유도가 $n-1$인 t 통계량을 이룬다. 따라서 신뢰구간도

$$P\left[-t_{n-1,\ \frac{\alpha}{2}} \le \frac{\overline{X}-\mu}{\frac{S}{\sqrt{n}}} \le t_{n-1,\ \frac{\alpha}{2}}\right] = 1-\alpha$$

여기서 $t_{n-1,\ \frac{\alpha}{2}}$란 자유도가 $n-1$이면서 t분포의 양끝을 $\frac{\alpha}{2}$가 되게 자르는 t값을 의미한다.

앞서의 경우와 같이 μ의 $100(1-\alpha)\%$ 신뢰구간은

$$\overline{X} - t_{n-1,\ \frac{\alpha}{2}} \cdot \left(\frac{S}{\sqrt{n}}\right) \le \mu \le \overline{X} + t_{n-1,\ \frac{\alpha}{2}}\left(\frac{S}{\sqrt{n}}\right)$$

이다.

[예제 2] 어느 학교 학생들의 영어성적을 알아보기 위하여 5명을 표본으로 뽑아 조사하였더니 다음과 같았다.

68, 72, 80, 92, 84

① 평균성적 $\overline{X}$와 표준편차 S를 구하라.

② 모집단이 정규분포를 이루고 있을 때 모집단의 평균성적에 관한 90%, 95%, 99% 신뢰구간을 구하라.

풀 이

① $\overline{X} = \frac{\sum X_i}{n} = \frac{68+72+80+92+84}{5} = \frac{396}{5} = 79.2$

$$S = \sqrt{\frac{\sum(X_i - \overline{X})^2}{n-1}}$$
$$= \sqrt{\frac{1}{5-1}\left[(68-79.2)^2 + (72-79.2)^2 + (80-79.2)^2 + (92-79.2)^2 + (84-79.2)^2\right.}$$
$$= 9.55$$

② i) 90% 신뢰구간의 경우 $df = 4$, $t_{0.05} = 2.132$

$$\therefore\ \overline{X} - t_{0.05,4} \cdot \frac{S}{\sqrt{n}} \le \mu \le \overline{X} + t_{0.05,4} \cdot \frac{S}{\sqrt{n}}$$

위의 식에 해당값을 대입하면

$$79.2-2.132\times\frac{9.55}{\sqrt{5}} \le \mu \le 79.2+2.132\times\frac{9.55}{\sqrt{5}}$$

$$79.2-9.106 \le \mu \le 79.2+9.106$$

$$\therefore\ 70.09 \le \mu \le 88.31$$

ii) 같은 방법으로 μ의 95% 신뢰구간의 경우

$$df=4,\ \ t_{0.025}=2.776$$

$$\therefore\ 79.2-2.776\times\frac{9.55}{\sqrt{5}} \le \mu \le 79.2+2.776\times\frac{9.55}{\sqrt{5}}$$

$$79.2-11.86 \le \mu \le 79.2+11.86$$

$$\therefore\ 67.34 \le \mu \le 91.06$$

iii) 같은 방법으로 μ의 99% 신뢰구간의 경우

$$df=4,\ \ t_{\frac{\alpha}{2}}=t_{0.005}=4.604$$

$$\therefore\ 79.2-4.604\times\frac{9.55}{\sqrt{5}} \le \mu \le 79.2+4.604\times\frac{9.55}{\sqrt{5}}$$

$$79.2-19.66 \le \mu \le 79.2+19.66$$

$$\therefore\ 59.54 \le \mu \le 98.86$$

(3) 표본의 크기가 큰 경우의 신뢰구간

우리는 앞에서 모집단의 분포가 정규분포를 이루고 그 분산 σ^2이 알려져 있지 않는 경우 t-분포를 이용하여 신뢰구간을 구하는 방법을 살펴 보았다. 그러나 t-분포를 이용하는 경우는 표본의 크기가 작을 때이고 표본의 크기가 커질 경우에는 표본의 분산이나 모집단의 분산이나 그 차이가 크지 않으므로 표본의 크기가 클 경우 ($n \ge 30$) t 분포 대신 Z-분포를 이용하여 신뢰구간을 구하여도 그 오차는 매우 작다. 즉, $100(1-\alpha)$%의 신뢰구간을 t분포 및 Z분포로 구해 보면 차이가 별로 없다.

$$P\left[\overline{X}-t_{\frac{\alpha}{2},df}\cdot\frac{S}{\sqrt{n}} \le \mu \le \overline{X}+t_{\frac{\alpha}{2},df}\cdot\frac{S}{\sqrt{n}}\right]=100(1-\alpha)\%$$

또는

$$P\left[\overline{X} - Z_{\frac{\alpha}{2}} \cdot \frac{S}{\sqrt{n}} \leq \mu \leq \overline{X} + Z_{\frac{\alpha}{2}} \cdot \frac{S}{\sqrt{n}}\right] = 100(1-\alpha)\%$$

9.3 표본(標本) 크기의 결정

앞절에서 신뢰구간은 Z분포, t분포를 사용할 경우 그 양 끝의 수치는 각각

$$\overline{X} \pm Z_{\frac{\alpha}{2}} \cdot \left(\frac{\sigma}{\sqrt{n}}\right), \qquad \overline{X} \pm t_{\frac{\alpha}{2}, df} \cdot \left(\frac{S}{\sqrt{n}}\right)$$

임을 알았다. 즉, 신뢰구간의 폭은 신뢰도 α의 값이 주어져 있을 경우 표본의 크기 n에 의해 좌우된다.

n이 크면 폭이 좁고 n이 작으면 폭이 넓어진다.

$Z_{\frac{\alpha}{2}} \cdot \left(\frac{\sigma}{\sqrt{n}}\right)$을 e(오차)라고 하면 오차의 크기를 알 때 표본의 크기를 정할 수 있다. 즉

$Z_{\frac{\alpha}{2}} \cdot \left(\frac{\sigma}{\sqrt{n}}\right) = e$ 이므로 양변을 제곱하면 $(Z_{\frac{\alpha}{2}})^2 \cdot \left(\frac{\sigma^2}{n}\right) = e^2$

따라서 $n = \dfrac{Z^2_{\frac{\alpha}{2}} \cdot \sigma^2}{e^2}$ (σ^2이 알려져 있을 때)

같은 방법으로 $n = \dfrac{t^2_{\frac{\alpha}{2}} \cdot S^2}{e^2}$ (σ^2이 알려져 있지 않을 때)

이다.

[예제 3] 어떤 전구의 평균수명을 조사하려고 한다. $\sigma = 1,000$시간으로 알려져 있다면 오차의 허용범위가 100시간을 넘지 않는 범위에서 신뢰도가 99% 되기 위하여 필요한 표본의 크기는 얼마인가?

풀 이

$$n = \frac{Z^2 \cdot \sigma^2}{e^2} \text{ 이고, } Z_{\frac{\alpha}{2}} = Z_{0.005} = 2.57$$

$$\therefore\ n = \frac{2.57^2 \times 1,000^2}{100^2} = 6.60 \times 100 = 660$$

따라서 660개 이상의 표본을 선택해야 한다.

9.4 모비율(母比率)에 관한 구간추정

확률변수 X가 성공확률이 π인 이항분포를 따른다면 X는 성공회수를 나타내고 표본의 성공확률 p는 $\frac{X}{n}$가 된다.

이때 이항분포를 이루는 확률변수 X의 평균과 분산은 각각

$$E(X) = n\pi$$

$$Var(X) = n\pi(1-\pi) \text{이다.}$$

따라서

$$E(p) = E\left(\frac{X}{n}\right) = \frac{1}{n}E(X) = \frac{1}{n} \cdot n\pi = \pi$$

$$Var(p) = Var\left(\frac{X}{n}\right) = \frac{1}{n^2}Var(X) = \frac{1}{n^2} \cdot n\pi(1-\pi)$$

$$= \frac{\pi(1-\pi)}{n}$$

즉, $\sigma_p = \sqrt{\frac{\pi(1-\pi)}{n}}$ 이다.

그러므로 비율의 표본분포의 기대치와 분산은

$E(p)=\pi$(π : 모집단의 성공비율)

$Var(p) = \sigma_p^2 = \frac{\pi(1-\pi)}{n}$, $\sigma_p = \sqrt{\frac{\pi(1-\pi)}{n}}$ 이다.

그러나 π를 알지 못할 경우 표본비율의 표준편차 S_p 를 모집단의 표준편차 σ_p의 추정량으로 사용한다.

$$S_p = \sqrt{\frac{p(1-p)}{n}}$$

따라서 n이 클 경우 표본비율 p의 분포를 표준화시키면

$Z = \frac{p-\pi}{\sigma_p}$ 또는 $Z = \frac{p-\pi}{S_p}$ 이다.

그러므로 모평균에 관한 신뢰구간을 구하는 경우에서와 같이 구하면 다음과 같다.

모비율 π의 $100(1-\alpha)\%$ 신뢰구간

$$p - Z_{\frac{\alpha}{2}} \cdot \sigma_p \leq \pi \leq p + Z_{\frac{\alpha}{2}} \cdot \sigma_p$$

또는

$$p - Z_{\frac{\alpha}{2}}\sqrt{\frac{p(1-p)}{n}} \leq \pi \leq p + Z_{\frac{\alpha}{2}} \cdot \sqrt{\frac{p(1-p)}{n}}$$

[예제 4] 어떤 대학교에서는 여학생의 수가 남학생보다 많다고 한다. 이것을 알아보기 위하여 100명을 임의로 조사해본 결과 이중 75명이 여학생이었다. 이 학교의 여학생의 비율에 관한 95% 신뢰구간을 구하라.

풀 이

표본비율 $p = \frac{X}{n} = \frac{75}{100} = 0.75$

$$S_p = \sqrt{\frac{p(1-p)}{n}} = \sqrt{\frac{0.75 \times 0.25}{100}} = 0.043$$

신뢰도가 95%이므로

$$Z_{0.025} = 1.96$$

따라서 모비율 π의 95% 신뢰구간은

$p - Z_{\frac{\alpha}{2}} \cdot S_p \leq \pi \leq p + Z_{\frac{\alpha}{2}} \cdot S_p$ 이므로

$0.75 - 1.96 \times 0.043 \leq \pi \leq 0.75 + 1.96 \times 0.043$

$0.6657 \leq \pi \leq 0.8343$

9.5 모분산 σ^2 의 신뢰구간

평균이 μ이고 분산이 σ^2인 정규분포를 이루는 모집단에서 표본의 크기가 n인 표본의 분산을 S^2이라고 했을 때 $\frac{(n-1)S^2}{\sigma^2}$은 자유도가 $n-1$인 χ^2분포를 이룸을 앞에서 살펴보았다. 이제 χ^2분포에서 자유도가 12일 때 $\chi^2_{0.95} = 5.226$, $\chi^2_{0.05} = 21.026$이다. 이것을 그래프로 나타내면 다음과 같다.

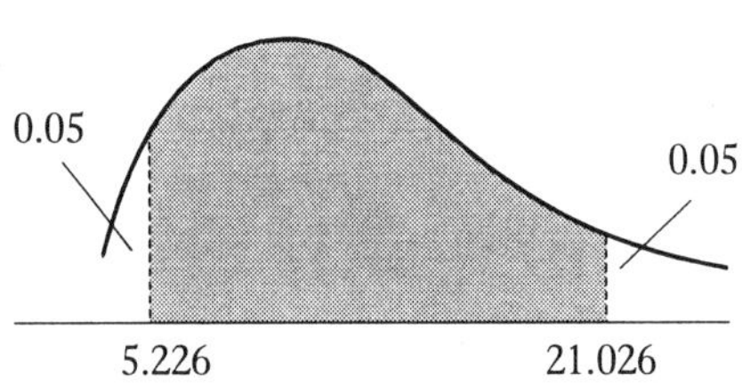

그러므로 $df = 12$인 경우

$P[5.226 \leq \chi^2 \leq 21.026] = 0.90$이다.

χ^2에 $\frac{(n-1)S^2}{\sigma^2}$을 대입하면

$$P\left[5.226 \leq \frac{(n-1)S^2}{\sigma^2} \leq 21.026\right] = 0.90$$

괄호안을 σ^2에 관해 정리하면

$$P\left[\frac{1}{21.026} \le \frac{\sigma^2}{(n-1)S^2} \le \frac{1}{5.226}\right] = 0.9$$

$\therefore\ P\left[\frac{(n-1)S^2}{21.026} \le \sigma^2 \le \frac{(n-1)S^2}{5.226}\right] = 0.9$가 되므로 σ^2에 관한 90% 신뢰구간은

$$\frac{(n-1)S^2}{21.026} \le \sigma^2 \le \frac{(n-1)S^2}{5.226}$$ 이 된다.

여기에 $(n-1)$과 S^2의 값을 대입하면 구하는 답을 얻을 수 있다. 일반적으로 σ^2에 관한 $100(1-\alpha)\%$의 신뢰구간은 주어진 자유도하에서 $\chi^2_{1-\frac{\alpha}{2}}$와 $\chi^2_{\frac{\alpha}{2}}$를 구한 후 위와 같은 방법으로 σ^2에 관해 정리하면 된다. 대입하면

$P\left[\chi^2_{1-\frac{\alpha}{2}} \le \chi^2 \le \chi^2_{\frac{\alpha}{2}}\right] = 1-\alpha$ 이므로

χ^2에 $\frac{(n-1)S^2}{\sigma^2}$을 대입하면

$$P\left[\chi^2_{1-\frac{\alpha}{2}} \le \frac{(n-1)S^2}{\sigma^2} \le \chi^2_{\frac{\alpha}{2}}\right] = 1-\alpha$$

따라서

$P\left[\frac{(n-1)S^2}{\chi^2_{\frac{\alpha}{2}}} \le \sigma^2 \le \frac{(n-1)S^2}{\chi^2_{1-\frac{\alpha}{2}}}\right] = 1-\alpha$ 이므로

$\frac{(n-1)S^2}{\chi^2_{\frac{\alpha}{2}}} \le \sigma^2 \le \frac{(n-1)S^2}{\chi_{1-\frac{\alpha}{2}}{}^2}$가 σ^2의 $100(1-\alpha)\%$의 신뢰구간이 된다.

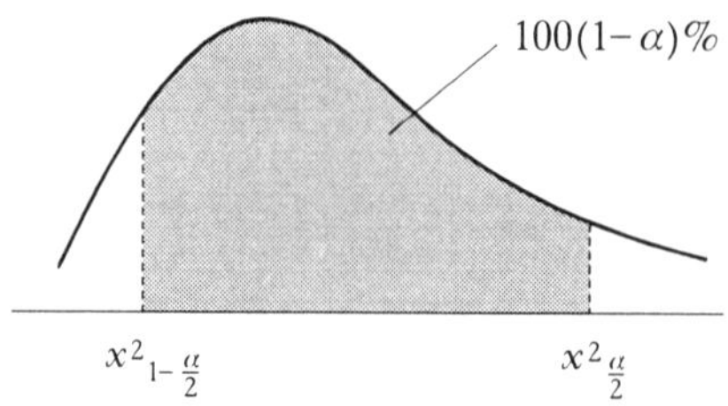

[예제 5] 어떤 학급의 학생들의 몸무게는 정규분포를 이룬다고 한다. 7명의 학생의 몸무게를 조사한 결과가 다음과 같다면 학생들의 몸무게의 분산 σ^2에 관한 90%, 95%, 99% 신뢰구간을 구하여라.

55, 75, 62, 58, 65, 53, 72

풀 이

$$\overline{X} = \frac{1}{7}(55+75+62+58+65+53+72) \fallingdotseq 62.86$$

$$S^2 = \left(\frac{1}{n-1}\right)\sum(X_i - \overline{X})^2$$

$$= \frac{1}{6}[(55-62.86)^2+(75-62.86)^2+(62-62.86)^2+(58-62.86)^2$$

$$+(65-62.86)^2+(53-62.86)^2+(72-62.86)^2]$$

$$= \frac{1}{6}\times 418.86 \fallingdotseq 69.81$$

따라서 $df = 7-1 = 6$인 경우

$P[0.6757 \le \chi^2 \le 18.5476] = 0.99$ —①

$P[1.2373 \le \chi^2 \le 14.4494] = 0.95$ —②

$P[1.6354 \le \chi^2 \le 12.5916] = 0.90$ —③

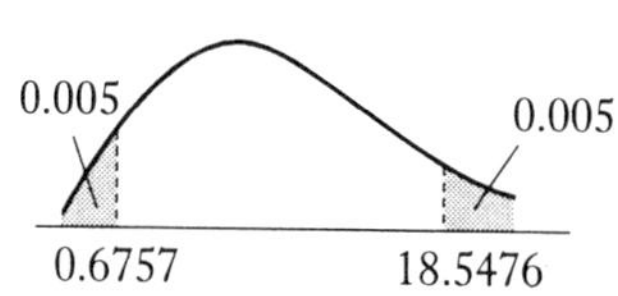

① 의 경우

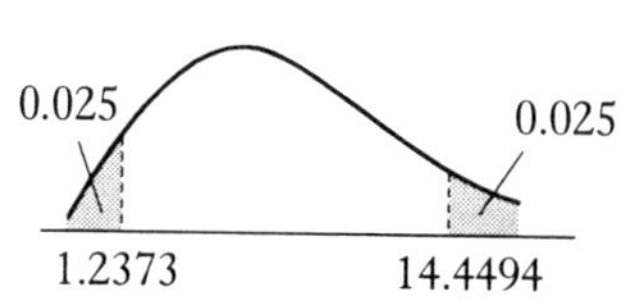

② 의 경우

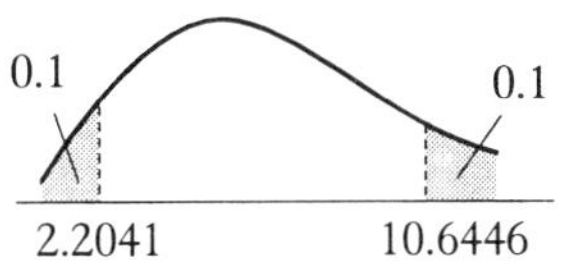

③ 의 경우

각각의 경우 χ^2에 $\dfrac{(n-1)S^2}{\sigma^2}$ 을 대입하여 풀면 99% 신뢰도의 경우

$$0.6757 \le \frac{(n-1)S^2}{\sigma^2} \le 18.5476$$

$$\therefore \frac{(n-1)S^2}{18.5476} \le \sigma^2 \le \frac{(n-1)S^2}{0.6757}$$

$n-1=6$, $S^2=69.81$ 이므로

$$\frac{6\times 69.81}{18.5476} \le \sigma^2 \le \frac{6\times 69.81}{0.6757}$$

$$\therefore 22.58 \le \sigma^2 \le 619.89$$

같은 방법으로 σ^2의 95% 신뢰구간을 구하면

$$1.2373 \le \frac{(n-1)S^2}{\sigma^2} \le 14.4494$$

$$\frac{6\times 69.81}{14.4494} \le \sigma^2 \le \frac{6\times 69.81}{1.2373}$$

$$\therefore 28.99 \le \sigma^2 \le 338.53$$

같은 방법으로 σ^2의 90% 신뢰구간을 구하면

$$1.6354 \le \frac{(n-1)S^2}{\sigma^2} \le 12.5916$$

$$\frac{6\times 69.81}{12.5916} \le \sigma^2 \le \frac{6\times 69.81}{1.6354}$$

$$\therefore 33.27 \le \sigma^2 \le 256.12$$

9.6 두 母集團의 平均에 관한 추정

9.6.1 두 모집단 평균의 차(差)에 관한 표본분포

두 모집단간의 평균의 차에 관한 표본분포는 두 모집단 평균의 차이에 관한 분포를 분석하는데 유용하다. 예를들면 두 학급간의 성적을 비교한다든가 또는 두 제조공정사이에서 생산품의 수명을 비교해본다든지 할 때 그 성적이나 수명의 차이에 관한 분포를 분석해 봄으로써 두 모집단의 모수를 비교해 볼 수 있다.

두 모집단의 평균의 차를 추정하기 위해서는 두 모집단으로부터 뽑힌 표본의 평균의 차가 어떤 분포를 이루는지 알아 보아야 한다.

(1) 母分散 σ_1^2, σ_2^2 을 알고 있는 경우

두 모분산 σ_1^2, σ_2^2을 알고 있는 경우 두 모집단에서 뽑힌 표본평균들간의 차(差)가 이루는 분포의 평균과 분산은 다음과 같다.

$$\mu_{\overline{X}_1-\overline{X}_2} = E(\overline{X_1}) - E(\overline{X_2}) = \mu_1 - \mu_2$$

$$\sigma^2_{\overline{X}_1-\overline{X}_2} = Var(\overline{X}_1 - \overline{X}_2) = Var(\overline{X}_1) + Var(\overline{X}_2) = \frac{\sigma_1^2}{n_1} + \frac{\sigma_2^2}{n_2}$$

(∵ 두 표본평균은 각각 독립이므로 $2Cov(\overline{X}_1, \overline{X}_2) = 0$)

따라서 $(\overline{X_1} - \overline{X_2})$의 분포는

$(\overline{X_1} - \overline{X_2}) \sim \left(\mu_1 - \mu_2,\ \frac{\sigma_1^2}{n_1} + \frac{\sigma_2^2}{n_2}\right)$이므로 이것을 표준화시켜

표준정규분포를 구하면

$$Z = \frac{(\overline{X}_1 - \overline{X}_2) - (\mu_1 - \mu_2)}{\sqrt{\frac{\sigma_1^2}{n_1} + \frac{\sigma_2^2}{n_2}}}, \quad Z \sim N(0,\ 1)$$

이다.

한편 앞서의 경우와 같이 $100(1-\alpha)\%$의 신뢰구간을 구하면 다음과 같다.

$$\mathrm{P}[-Z_{\frac{\alpha}{2}} \leq Z \leq Z_{\frac{\alpha}{2}}] = 1 - \alpha$$

즉

$$Z = \frac{(\overline{X}_1 - \overline{X}_2) - (\mu_1 - \mu_2)}{\sqrt{\frac{\sigma_1^2}{n_1} + \frac{\sigma_2^2}{n_2}}} \text{ 이므로}$$

$$\mathrm{P}\left[-Z_{\frac{\alpha}{2}} \leq \frac{(\overline{X}_1 - \overline{X}_2) - (\mu_1 - \mu_2)}{\sqrt{\frac{\sigma_1^2}{n_1} + \frac{\sigma_2^2}{n_2}}} < Z_{\frac{\alpha}{2}}\right] = 1 - \alpha$$

따라서 이 식을 정리하면

$$\mathrm{P}\left[-Z_{\frac{\alpha}{2}}\sqrt{\frac{\sigma_1^2}{n_1} + \frac{\sigma_2^2}{n_2}} \leq (\overline{X}_1 - \overline{X}_2) - (\mu_1 - \mu_2) \leq Z_{\frac{\alpha}{2}}\sqrt{\frac{\sigma_1^2}{n_1} + \frac{\sigma_2^2}{n_2}}\right] = 1 - \alpha$$

괄호안의 식을 $\mu_1 - \mu_2$에 대하여 정리하면 두 모집단 평균의 차에 관한 $100(1-\alpha)\%$의 신뢰구간을 구할 수 있다.

$$(\overline{X}_1 - \overline{X}_2) - Z_{\frac{\alpha}{2}}\sqrt{\frac{\sigma_1^2}{n_1} + \frac{\sigma_2^2}{n_2}} \leq (\mu_1 - \mu_2) \leq (\overline{X}_1 - \overline{X}_2) + Z_{\frac{\alpha}{2}}\sqrt{\frac{\sigma_1^2}{n_1} + \frac{\sigma_2^2}{n_2}}$$

[예제 6] A회사에서 생산되는 전구의 평균수명은 1,200시간이며 표준편차는 180시간이고 B회사에서 생산되는 전구의 평균수명은 1,000시간이고 표준편차는 90시간이다. A회사 전구에서 150개, B회사 전구에서 120개를 표본으로 추출하였을 때 다음 물음에 답하라.

① 두 전구의 평균수명의 차가 이루는 분포는 어떠한가?
($\overline{X}_1 = 1,350$, $\overline{X}_2 = 1,100$일 때)

② 두 전구의 평균수명의 차가 이루는 90% 신뢰구간은?

③ A회사 전구가 B회사의 전구보다 수명이 220시간 더 길 확률은?

풀 이

① $\mu_{\bar{x}_1 - \bar{x}_2} = \mu_1 - \mu_2 = 1,200 - 1,000 = 200$

$\sigma^2_{\bar{x}_1 - \bar{x}_2} = \text{Var}(\overline{X}_1 - \overline{X}_2) = \text{Var}(\overline{X}_1) + \text{Var}(\overline{X}_2) = \frac{\sigma_1^2}{n_1} + \frac{\sigma_2^2}{n^2}$

$= \frac{180^2}{150} + \frac{90^2}{120} = \frac{32,400}{150} + \frac{8,100}{120}$

$= 216 + 67.5$

$= 283.5$

$\sigma_{\bar{x}_1 - \bar{x}_2} = \sqrt{\sigma^2_{\bar{x}_1 - \bar{x}_2}} = \sqrt{283.5} = 16.84$

② $(\overline{X}_1 - \overline{X}_2) - Z_{\frac{\alpha}{2}} \sigma_{\bar{x}_1 - \bar{x}_2} \le \mu_1 - \mu_2 \le (\overline{X}_1 - \overline{X}_2) + Z_{\frac{\alpha}{2}} \sigma_{\bar{x}_1 - \bar{x}_2}$

에서

$\overline{X}_1 - \overline{X}_2 = 1,350 - 1,100 = 250$

$\sigma_{\bar{x}_1 - \bar{X}_2} = 16.84$. 90% 신뢰구간일 때 $Z_{\frac{\alpha}{2}} = 1.64$

$\therefore\ 250 - 1.64 \times 16.84 \le \mu_1 - \mu_2 \le 250 + 1.64 \times 16.84$

$250 - 27.62 \le \mu_1 - \mu_2 \le 250 + 27.62$

$\therefore\ 222.38 \le \mu_1 - \mu_2 \le 277.62$

③ $P[(\overline{X}_1 - \overline{X}_2) > 220] = P\left[\frac{(\overline{X}_1 - \overline{X}_2) - (\mu_1 - \mu_2)}{\sigma_{\bar{x}_1 - \bar{x}_2}} \ge \frac{220 - 200}{16.84}\right]$

$= P[Z > 1.19] = 0.5 - 0.383$

$= 0.117$

즉 11.7% 이다.

(2) 母分散 σ_1^2, σ_2^2 을 모를 때($\sigma_1^2 = \sigma_2^2$이라고 가정)

① 표본의 크기 n_1, n_2 가 작을 때

두 모집단의 분산의 값은 알지 못하나 두 분산의 값이 같다고 가정했을 때 두 표본의 크기 n_1, n_2가 작을 때는 Z-분포가 아닌 t-분포를 이루게 된다. 이때 자유도 df는 $(n_1-1)+(n_2-1)=n_1+n_2-2$가 된다. 또 표본의 크기가 작고 σ_1^2, σ_2^2은 모르지만 값이 같다고 가정할 경우 통합분산 S_p^2은 각 표본의 분산 S_1^2, S_2^2의 가중 평균치이다. 즉

$$S_p^2 = \frac{(n_1-1)S_1^2+(n_2-1)S_2^2}{(n_1-1)+(n_2-1)},$$

여기서 $S_1^2 = \dfrac{1}{n_1-1}\sum(X_{1i}-\overline{X}_1)^2$

$$S_2^2 = \frac{1}{n_2-1}\sum(X_{2i}-\overline{X}_2)^2$$

따라서 표본평균의 차의 분산은

$$S^2_{\bar{x}_1-\bar{x}_2} = \frac{S_p^2}{n_1}+\frac{S_p^2}{n_2} = S_p^2\left[\frac{1}{n_1}+\frac{1}{n_2}\right]\text{이고}$$

그러므로 표본평균의 차의 표준편차는

$$S_{\bar{x}_1-\bar{x}_2} = \sqrt{\frac{S_p^2}{n_1}+\frac{S_p^2}{n_2}}\ \text{이다.}$$

구하는 표본평균의 차의 분포는 자유도가 n_1+n_2-2이고 t 통계량이

$$t = \frac{(\overline{X}_1-\overline{X}_2)-(\mu_1-\mu_2)}{S_{\bar{x}_1-\bar{x}_2}} = \frac{(\overline{X}_1-\overline{X}_2)-(\mu_1-\mu_2)}{S_p\sqrt{\dfrac{1}{n_1}+\dfrac{1}{n_2}}}$$

여기서 $S_P = \sqrt{\dfrac{(n_{1-1})S_1^2 + (n_{2-1})S_2^2}{n_1 + n_2 - 2}}$

인 t-분포를 이룬다. 이제 앞서의 경우와 같이 신뢰도 $100(1-\alpha)\%$ 인 신뢰구간을 구하면 다음과 같다.

$$P[-t_{\frac{\alpha}{2}} \leq t \leq t_{\frac{\alpha}{2}}] = 1-\alpha$$

$$df = n_1 + n_2 - 2$$

그러므로 위의 t통계량, $t_{\frac{\alpha}{2}}$값을 [ ]속에 대입하면 $100(1-\alpha)\%$의 신뢰구간을 구할 수 있다.

$$P\left[-t_{\frac{\alpha}{2}} \leq \frac{(\overline{X}_1 - \overline{X}_2) - (\mu_1 - \mu_2)}{S_p\sqrt{\dfrac{1}{n_1} + \dfrac{1}{n_2}}} \leq t_{\frac{\alpha}{2}}\right] = 1-\alpha$$

따라서

$$(\overline{X}_1 - \overline{X}_2) - t_{\frac{\alpha}{2}}\left(S_p\sqrt{\frac{1}{n_1} + \frac{1}{n_2}}\right) \leq \mu_1 - \mu_2 \leq (\overline{X}_1 - \overline{X}_2) + t_{\frac{\alpha}{2}}\left(S_p\sqrt{\frac{1}{n_1} + \frac{1}{n_2}}\right)$$

[예제 7] 두 학급의 국어 성적을 알아보기 위해 표본을 조사한 결과는 다음과 같다. 이 때에 두 학급의 모분산은 같고 성적은 정규분포를 이룬다고 한다.

학급 A	56	46	38	47	40
학급 B	35	47	55	29	

① $\overline{X}_1$, $\overline{X}_2$, S_1^2, S_2^2은?

② $\mu_1 - \mu_2$의 99% 신뢰구간은?

풀 이

$$\overline{X}_1 \doteqdot 45.4$$

$$S_1^2 = \frac{1}{4}[(56-45.4)^2 + (46-45.4)^2 + (38-45.4)^2 + (47-45.4)^2 + (40-45.4)^2]$$

$$= 49.8$$

$$\overline{X}_2 = 41.5$$

$$S_2^2 = \frac{1}{3}[(35-41.5)^2+(47-41.5)^2+(55-41.5)^2+(29-41.5)^2]$$

$$= 137$$

② $$S_p^2 = \frac{(n_1-1)S_1^2+(n_2-1)S_2^2}{(n_1+n_2-2)} = \frac{4\times49.8+3\times137}{5+4-2}$$

$$= \frac{610.2}{7} = 87.17$$

$$\therefore\ S_p = 9.34$$

$$\therefore\ S_{\bar{x}_1-\bar{x}_2} = S_p\sqrt{\frac{1}{n_1}+\frac{1}{n_2}} = 9.34\sqrt{\frac{1}{5}+\frac{1}{4}} = 9.34\sqrt{\frac{9}{20}} = 6.265$$

$$t = \frac{(\overline{X}_1-\overline{X}_2)-(\mu_1-\mu_2)}{S_{\bar{x}_1-\bar{x}_2}},$$

$\therefore P[-t_{\frac{\alpha}{2}} < t < t_{\frac{\alpha}{2}}] = 1-\alpha = 0.99$ 따라서 $\alpha = 0.01$

자유도 $df = n_1+n_2-2 = 7$이므로, $\frac{\alpha}{2} = 0.005$, $t_{0.005} = 3.449$

그러므로 99% 신뢰구간은

$$-3.499 < \frac{(\overline{X}_1-\overline{X}_2)-(\mu_1-\mu_2)}{S_{\bar{x}_1-\bar{x}_2}} < 3.499$$

위의 부등호를 정리하면

$$(\overline{X}_1-\overline{X}_2)-t_{\frac{\alpha}{2}}\cdot S_{\bar{x}_1-\bar{x}_2} < (\mu_1-\mu_2) < (\overline{X}_1-\overline{X}_2)+t_{\frac{\alpha}{2}}\cdot S_{\bar{x}_1-\bar{x}_2}$$

$S_{\bar{x}_1-\bar{x}_2} = 6.265$, $t_{\frac{\alpha}{2}} = 3.499$, $\overline{X}_1-\overline{X}_2 = 45.4-41.5 = 3.9$

이므로

$$3.9-6.265\times3.499 < \mu_1-\mu_2 < 3.9+6.265\times3.499$$

$$\therefore -18.02 < \mu_1-\mu_2 < 25.82$$

② 표본의 크기 $\boldsymbol{n_1}$, $\boldsymbol{n_2}$ 가 클 때(모분산 $\boldsymbol{\sigma_1^2}$, $\boldsymbol{\sigma_2^2}$을 모르는 경우)

표본의 크기가 커지면 σ_1^2, σ_2^2을 모른다고 할지라도 중심극한정리에 의하여 σ_1^2 대신 S_1^2, σ_2^2 대신 S_2^2을 이용하면

$$\frac{(\overline{X}_1-\overline{X}_2)-(\mu_1-\mu_2)}{\sqrt{\dfrac{S_1^2}{n_1}+\dfrac{S_2^2}{n_2}}}$$

은 표준 정규분포를 따르게 되어 Z분포표를 이용할 수 있게 된다. 왜냐하면 n_1, n_2가 커짐에 따라 S_1^2은 σ_1^2에, S_2^2은 σ_2^2에 접근하기 때문이다. 따라서 $\mu_1-\mu_2$에 관한 $100(1-\alpha)\%$의 신뢰구간은

$$-Z_{\frac{\alpha}{2}} < \frac{(\overline{X}_1-\overline{X}_2)-(\mu_1-\mu_2)}{\sqrt{\dfrac{S_1^2}{n_1}+\dfrac{S_2^2}{n_2}}} < Z_{\frac{\alpha}{2}} \quad \text{이므로}$$

위의 부등호를 정리하여 $\mu_1-\mu_2$의 $100(1-\alpha)\%$ 신뢰구간을 구하면 다음과 같다.

$$(\overline{X}_1-\overline{X}_2)-Z_{\frac{\alpha}{2}}\cdot S_{\overline{X}_1-\overline{X}_2} \le \mu_1-\mu_2 \le (\overline{X}_1-\overline{X}_2)+Z_{\frac{\alpha}{2}}\cdot S_{\overline{X}_1-\overline{X}_2}$$

$$\text{단,} \quad S_{\overline{x}_1-\overline{x}_2}=\sqrt{\frac{S_1^2}{n_1}+\frac{S_2^2}{n_2}}$$

[예제 8] 도시와 농촌의 소득격차를 알아보기 위하여 도시의 가구를 100, 농촌의 가구를 90가구 뽑아 조사해 본 결과 $\overline{X}_1=120$만원, $S_1=8.5$만원, $\overline{X}_2=80$만원, $S_2=7.3$만원이었다고 하면 도시와 농촌의 소득의 차에 관한 90% 신뢰구간은?

풀 이 대표본의 경우이므로

$$S_{\overline{x}_1-\overline{x}_2}=\sqrt{\frac{S_1^2}{n_1}+\frac{S_2^2}{n_2}}=\sqrt{\frac{8.5^2}{100}+\frac{7.3^2}{90}}=\sqrt{1.3146}=1.147$$

$$\overline{X}_1-\overline{X}_2=120-80=40$$

$$Z_{\frac{\alpha}{2}}=1.64$$

따라서 $\mu_1-\mu_2$의 90%신뢰구간은

$$40-1.64\times 1.147 \le \mu_1-\mu_2 \le 40+1.64\times 1.147$$

이다. 즉

$$40-1.88 \le \mu_1-\mu_2 \le 40+1.88$$

$$\therefore\ 38.12 \le \mu_1-\mu_2 \le 41.88$$

9.6.2 두 모집단 평균의 합에 관한 표본분포

두 모집단의 평균의 합에 관한 표본분포는 두 모집단의 평균의 차에 관한 표본분포와 비슷한 방법으로 설명할 수 있다.

간략히 하기 위해 두 모집단은 모두 독립이고, 또한 정규분포를 이루거나 (n_1, n_2 가 작을 때) 또는 n_1, n_2가 크다고 가정한다(n_1, n_2가 크면 중심극한정리에 의해 표본평균의 합의 분포도 정규분포를 이룬다). 모집단 평균의 합의 표본분포는 다음과 같다.

$$\mu_{\bar{x}_1+\bar{x}_2} = E(\overline{X}_1+\overline{X}_2) = E(\overline{X}_1)+E(\overline{X}_2) = \mu_1+\mu_2$$

$$\sigma^2_{\bar{x}_1+\bar{x}_2} = Var(\overline{X}_1+\overline{X}_2) = Var(\overline{X}_1)+Var(\overline{X}_2) = \frac{\sigma_1^2}{n_1}+\frac{\sigma_2^2}{n_2}$$

또한 이것의 표준화된 표본 통계량은

$$Z=\frac{(\overline{X}_1+\overline{X}_2)-(\mu_1+\mu_2)}{\sigma_{\bar{x}_1+\bar{x}_2}}$$ 이며,

모 집단 평균의 합에 관한 $100(1-\alpha)\%$의 신뢰구간은

$$(\overline{X}_1+\overline{X}_2)-Z_{\frac{\alpha}{2}}\sqrt{\frac{\sigma_1^2}{n_1}+\frac{\sigma_2^2}{n_2}} \le \mu_1+\mu_2 \le (\overline{X}_1+\overline{X}_2)+Z_{\frac{\alpha}{2}}\sqrt{\frac{\sigma_1^2}{n_1}+\frac{\sigma_2^2}{n_2}}$$

이다.

[예제 9] A학교의 평균성적은 60점, B학교의 평균성적은 55점이며 A학교의 성적의 표준편차는 30점, B학교 성적의 표준편차는 50점이라고 할 때 A학교로부터 30명, B학교로부터 50명을 추출하여 각각 표본평균을 구한다면 표본평균의 합이 이루는 표본분포의 평균과 분산은 어떻게 되는가? 단, 두 학교의 성적의 분포는 각기 독립적이라고 가정한다.

풀 이

$$\mu_{\bar{x}_1+\bar{x}_2} = E(\overline{X}_1)+E(\overline{X}_2) = \mu_1+\mu_2 = 60+55 = 115$$

$$\sigma^2_{\bar{x}_1+\bar{x}_2} = Var(\overline{X}_1+\overline{X}_2) = Var(\overline{X}_1)+Var(\overline{X}_2)$$

$$= \frac{\sigma_1^2}{n_1}+\frac{\sigma_2^2}{n_2} = \frac{900}{30}+\frac{2,500}{50} = 30+50 = 80$$

$$\sigma_{\bar{x}_1+\bar{x}_2} = \sqrt{80} = 8.94$$

9.7 두 모집단의 비율의 차에 관한 구간 추정

두 지역간 실업율의 차이의 분포라든지 또는 A, B 두 기계간의 불량률(또는 합격률)의 차이에 관한 분포 등을 알아 보아야 할 경우가 있다. 이때 적용되는 것이 두 모집단의 비율의 차이에 관한 구간 추정이다.

가령 첫째 모집단에서 표본의 크기를 n_1, 성공의 회수를 X_1, 성공확률을 π_1이라고 하고, 둘째 모집단에서 표본의 크기를 n_2, 성공회수를 X_2, 성공확률을 π_2라고 하고, X_1, X_2는 확률적으로 독립이라고 가정하고 표본의 성공비율을 p_1, p_2라고 하면 $p_1 = \frac{X_1}{n_1}$, $p_2 = \frac{X_2}{n_2}$ 이다.

이때

$$E(X_1) = n_1\pi_1, \quad E(X_2) = n_2\pi_2$$

$$Var(X_1) = n, \pi_1(1-\pi_1), \quad Var(X_2) = n_2\pi_2(1-\pi_2)$$

이므로

$$E(p_1) = \left(\frac{X_1}{n_1}\right) = \frac{1}{n_1} E(X_1) = \frac{1}{n_1} \cdot n_1\pi_1 = \pi_1$$

$$E(p_2) = E\left(\frac{X_2}{n_2}\right) = \frac{1}{n_2} E(X_2) = \frac{1}{n_2} \cdot n_2\pi_2 = \pi_2$$

$$\begin{aligned} Var(p_1) &= Var\left(\frac{X_1}{n_1}\right) = \frac{1}{n_1^2} \cdot Var(X_1) \\ &= \frac{1}{n_1^2} \cdot n_1\pi_1(1-\pi_1) = \frac{\pi_1(1-\pi_1)}{n_1} \end{aligned}$$

$$\begin{aligned} Var(p_2) &= Var\left(\frac{X_2}{n_2}\right) = \frac{1}{n_2^2} \cdot Var(X_2) \\ &= \frac{1}{n_2^2} \cdot n_2\pi_2(1-\pi_2) = \frac{\pi_2(1-\pi_2)}{n_2} \end{aligned}$$

따라서 모비율 차의 표본분포의 평균과 분산은 다음과 같다. 즉

$$E(p_1 - p_2) = E(p_1) - E(p_2) = \pi_1 - \pi_2$$

$$Var(p_1 - p_2) = Var(p_1) + Var(p_2) = \frac{\pi_1(1-\pi_1)}{n_1} + \frac{\pi_2(1-\pi_2)}{n_2}$$

$$\therefore \ \sigma_{P_1 - P_2} = \sqrt{\frac{\pi_1(1-\pi_1)}{n_1} + \frac{\pi_2(1-\pi_2)}{n_2}}$$

이다.

만약 n_1, n_2가 크다면 모비율의 차에 관한 표본분포 $p_1 - p_2$는 중심극한정리에 의해 정규분포를 이루며 표준화시켜면

$$Z = \frac{(p_1 - p_2) - (\pi_1 - \pi_2)}{\sigma_{p_1 - p_2}}$$

이다.

이때 π_1, π_2를 알지 못하면 $\sigma_{p_1-p_2}$의 추정량 $S_{p_1-p_2}$는

$$S_{p_1-p_2}=\sqrt{\frac{p_1(1-p_1)}{n_1}+\frac{p_2(1-p_2)}{n_2}}$$

이다.

모비율의 차 $\pi_1-\pi_2$에 관한 $100(1-\alpha)\%$의 신뢰구간은

$$(p_1-p_2)-Z_{\frac{\alpha}{2}}\cdot S_{p_1-p_2}<\pi_1-\pi_2\le(p_1-p_2)+Z_{\frac{\alpha}{2}}\cdot S_{p_1-p_2}$$

[예제 10] 같은 종류의 제품을 생산하는 두 회사의 불량률을 조사하기 위하여 A회사의 제품의 표본을 100개 추출하여 불량품의 개수를 조사하였더니 10개가 나왔으며 B회사 제품의 표본을 역시 100개 추출하여 불량품의 개수를 조사하였더니 5개가 나왔다. 두 회사 제품 전체 불량률의 차에 관한 95% 신뢰구간을 구하라.

풀 이

$$n_1=100,\qquad n_2=100$$
$$X_1=10,\qquad X_2=5$$
$$p_1=0.1,\qquad p_2=0.05$$

따라서

$$S_{p_1-p_2}=\sqrt{\frac{0.1\times0.9}{100}+\frac{0.05\times0.95}{150}}$$

$$\therefore\ S_{p_1-p_2}=\sqrt{\frac{0.09+0.0475}{100}}=\sqrt{\frac{0.1375}{100}}=0.037$$

95% 신뢰구간이므로

$$Z_{\frac{\alpha}{2}}=Z_{0.025}=1.96$$

$$\therefore\ (p_1-p_2)-Z_{\frac{\alpha}{2}}\cdot S_{p_1-p_2}\le\pi_1-\pi_2\le(p_1-p_2)+Z_{\frac{\alpha}{2}}\cdot S_{p_1-p_2}$$

즉,

$$(0.1-0.05)-1.96\times0.037\le\pi_1-\pi_2\le(0.1-0.05)+1.96\times0.037$$

$$\therefore\ -0.023\le\pi_1-\pi_2\le0.123$$

9.8 모집단 비율의 추정에 있어서 표본크기의 결정

비율의 표본 분포에서 n이 작을 때는 이항분포를 이루지만 n이 클 때에는 정규분포에 접근하므로 Z분포를 이용하면 표본의 크기를 결정할 수 있다.

앞에서 모비율 π의 $100(1-\alpha)\%$ 신뢰구간은

$$\mathrm{p}-\mathrm{Z}_{\frac{\alpha}{2}} \cdot \sigma_{\mathrm{P}} \leq \pi \leq \mathrm{p}+\mathrm{Z}_{\frac{\alpha}{2}} \cdot \sigma_{\mathrm{P}}$$

여기서

$$\sigma_P = \sqrt{\frac{\pi(1-\pi)}{n}}$$

따라서 오차의 한계를 e라고 하면

$$e = Z_{\frac{\alpha}{2}} \cdot \sigma_P = Z_{\frac{\alpha}{2}} \cdot \sqrt{\frac{\pi(1-\pi)}{n}}$$

$$\therefore\ e^2 = Z^2_{\frac{\alpha}{2}} \cdot \frac{\pi(1-\pi)}{n}$$

이 식을 n에 관해 풀면

$$n = \pi(1-\pi) \cdot \frac{[Z_{\frac{\alpha}{2}}]^2}{e^2}$$

이때 π는 과거의 경험이나 사전조사에 의해 추정된 표본의 비율이다. 만약 π값을 모른다면 $\pi(1-\pi) = \frac{1}{4}$ 이다. 따라서 이 경우 표본의 크기는

$$n = \pi(1-\pi) \cdot \frac{Z^2_{\frac{\alpha}{2}}}{e^2} \geq \frac{1}{4} \cdot \frac{Z^2_{\frac{\alpha}{2}}}{e^2}$$

이상을 요약하면 모비율 추정에서 표본크기는 오차를 e라할 때

i) $n \geq \pi(1-\pi) \cdot \frac{Z^2_{\frac{\alpha}{2}}}{e^2}$: 모비율 π값을 추정할 수 있을 때

또는

ii) $n \geq \frac{1}{4} \cdot \frac{Z^2_{\frac{\alpha}{2}}}{e^2}$: 모비율 π값을 알 수 없을 때

[예제 11] 어느 대학교에서 흡연하는 학생들의 비율을 조사하기 위하여 표본조사를 하려고 한다. 95%의 신뢰수준에서 추정오차를 5% 이내가 되게 하려면 표본의 크기는 얼마나 되어야 하는가?

풀 이 첫째로 모비율 π를 모른다고 가정하면

$Z_{\frac{\alpha}{2}} = Z_{0.025} = 1.96$ 이고, $e = 0.05$이므로

$$n \geq \frac{1}{4} \cdot \frac{(1.96)^2}{(0.05)^2} = 384.16$$

따라서 표본의 크기 $n = 385$이다.

둘째로 만약 모비율 π가 0.25에 가깝다면

$$n \geq (0.25)(0.75) \cdot \frac{(1.96)^2}{(0.05)^2} = 288.12$$

따라서 표본의 크기는 $n = 289$이다.

연습문제

9.1 바람직한 추정량이 갖추어야 할 네 가지 성질을 설명하라.

9.2 점추정과 구간추정의 차이점을 설명하라.

9.3 어느 고등학생 중 50명을 임의로 뽑아 키를 조사하였더니 평균이 167cm이었다. 이 고등학생 모집단의 표준편차가 10cm라고 하면 이 학교 학생들의 평균키에 대한 95% 및 99%의 신뢰구간을 구하여라.

9.4 어느 타이어 회사의 타이어 중 49개를 임의 추출하여 평균수명을 조사하였더니 80,000km이었으며 모집단 타이어 수명의 표준편차는 80km로 알려져 있다. 이 회사에서 만드는 타이어의 평균수명의 95% 및 99% 신뢰 구간은?

9.5 어느 대학교 학생들 중에서 16명을 임의로 뽑아서 한 학기 동안의 결석일수를 조사하였더니 평균 7일, 표준편차는 3일이었다. 이것으로 미루어보아 전체 학생들의 평균결석일수에 관한 90% 및 99% 신뢰구간을 구하라.

9.6 어느 대학교 학생들의 월 평균용돈을 조사하기 위하여 20명을 임의추출하여 조사하였더니 평균 30만원, 표준편차가 5만원이었다. 전체 학생들의 월평균 용돈에 대한 95% 신뢰구간을 구하여라.

9.7 어느 자동차의 리터(l)당 주행거리를 알아 보기 위하여 10대를 추출하여 주행거리를 측정해본 결과 아래와 같은 자료를 얻었다.

이 자동차의 리터당 평균주행거리가 정규분포를 이룬다면 평균주행거리에 대한 95% 신뢰구간을 구하라.

17.9	16.5	18.0	17.4	18.7
15.8	17.3	16.0	17.0	16.3

9.8 어느 낫트 제조공장에서 불량률을 조사하려고 한다. 200개의 표본을 임의 추출하여 조사하였더니 12개가 불량품이었다. 불량률에 관한 95% 및 99% 신뢰구간은?

9.9 어느 공장에서 생산되는 전구의 평균수명은 1,000시간, 표준편차는 80시간이다. 지금 이 공장에서 생산되는 전구의 평균수명에 관한 95% 신뢰구간의 추정에서 오차가 ±25시간 이내가 되기 위한 표본의 크기는 얼마인가?

9.10 어느 제약회사의 영업사원들 중 8명을 추출하여 평균재직 개월 수를 조사하였더니 다음과 같았다.

36	44	58	50	45	60	48	42

이 회사 영업사원들의 평균재직개월 수에 관한 95% 신뢰 구간을 구하여라.

9.11 어떤 학생이 공을 다섯 번 던진 후 도달한 거리를 측정하였더니 다음과 같았다.

85.5m	73.2m	67.5m	58.6m	70.5m

① 주어진 자료로부터 표본평균과 표본분산은?

② 이 학생이 공을 던진 평균거리에 관한 95% 신뢰구간은?

③ 이 학생이 공을 던진 거리의 분산에 관한 95% 신뢰구간은?

9.12 어느 도시에 있는 A 고등학교와 농촌에 있는 B 고등학교의 수능성적을 비교하기 위하여 각 학교에서 40명씩 무작위로 추출하여 수능시험성적을 조사하였더니 다음과 같은 결과를 얻었다.

A : $n_1 = 40,\ \overline{X}_1 = 230,\ S_1^2 = 90$

B : $n_2 = 40$, $\overline{X}_2 = 180$, $S_2^2 = 110$

이때 $\mu_1 - \mu_2$의 95% 신뢰구간?

9.13 A, B 두 회사에서 생산되는 전구의 수명을 비교해 보기 위해 A, B 회사의 전구를 각기 100개씩 추출하여 평균수명을 조사하였더니 $\overline{X}_1 = 1,500$시간, $\overline{X}_2 = 1,300$시간 이었으며 $\sigma_1 = 150$시간, $\sigma_2 = 90$ 시간임을 과거의 통계로부터 알고 있다고 할 때 $\mu_1 - \mu_2$ 에 대한 95% 신뢰구간을 구하여라.

9.14 어느 기업에서 남녀 종업원의 체중에 대한 표본 자료를 조사하였더니 다음과 같았다. 이때 두 모집단의 분산은 같다고 가정한다.

남	74	67	81	69	73	59	77
여	55	57	72	49	62	53	

① 두 집단의 표본평균과 표준편차는?

② 전체 남녀 종업원 평균체중의 차에 관한 95% 신뢰구간은?

9.15 A대학교와 B대학교에서 각기 100명씩의 학생을 추출하여 흡연자의 비율을 조사하였더니 각각 18% 및 26 % 였다. 각 대학교 전체 흡연자의 비율의 차에 대한 99%의 신뢰 구간을 구하여라.

9.16 두 모집단에서 표본을 추출하여 다음과 같은 결과를 얻었다.

$n_1 = 20$, $\overline{X}_1 = 50$ $S_1 = 10$

$n_2 = 15$, $\overline{X}_2 = 58$, $S_2 = 15$

두 모집단의 분산이 같다고 가정했을 때 $\mu_1 - \mu_2$에 대한 90% 신뢰구간은?

제10장

가설검정

10.1 가설검정의 기초

10.2 검정기준

10.3 검정통계량

10.4 가설검정의 순서

10.5 가설검정의 오류

10.6 P값과 유의순서

우리는 앞에서 통계적 추론에는 두 가지, 즉 추정과 가설검정이 있다는 것을 공부하였다. 모집단의 모수에 대한 값을 구하는 추정과 달리 가설검정은 모집단에 대한 가설로부터 시작된다. 즉 모집단의 특성(즉 평균과 분산)에 대한 가설을 설정해놓고 그것이 옳은 것인지 틀린 것인지에 대한 판단을 내리는 것이다. 즉, 추정과 가설검정의 공통점이 있다면 표본의 통계량이 기초가 된다는 점이다. 그러나 표본의 통계량을 구하기 전까지 모집단의 모수에 대한 어떠한 유추도 하지 않는 추정과 달리 가설검정은 모집단의 특성에 대한 가설이 선행되고 이것에 대한 검정(즉 표본통계량에 입각한)이 나중에 이루어진다는 점에서 추정과는 확연히 다르다고 할 수 있다.

10.1 가설검정의 기초

가설검정의 기본원리를 이해하기 위하여 다음의 예를 살펴보자.

[예] 어느 기업이 매출부진을 타개하기 위하여 영업사원들에 대한 대대적인 교육훈련 활동을 전개하였다. 그리하여 영업사원 일인당 월 평균 매출액이 교육훈련 전과 후에 어떻게 다른지 영업사원 10명을 추출하여 평가해보기로 하였다고 하자.

이 경우 두 가지 가설을 설정할 수 있다. 하나는 교육훈련의 성과가 없다는 가설과 또 다른 하나는 성과가 있다는 것이라는 가설이다. 이때 첫 번째 가설은 교육훈련 후 전체 영업사원의 월 평균매출액이 이전과 같다는 가설로 표현할 수 있으며 ($H_o: \mu = \mu_o$) 또다른 하나는 교육훈련 후 전체 영업사원의 월 평균매출액이 이전보다 증가했다는 가설 ($H_A: \mu > \mu_o$)로 나타낼 수 있다. 첫 번째의 가설을 귀무가설(歸無假說 , null hypothesis ; H_o)라고 하며, 검정의 대상이 되는 가설이다. 두 번째 가설을 대립가설(對立假設, alternative hypothesis ; H_A)이라고 하며 검정결과 귀무가설이 기각될 때 채택하게 되는 가설을 말한다.

[예 1] $H_o : \mu = \mu_o$

$H_A : \mu > \mu_o$ (또는 $\mu < \mu_o$)

[예 2] $H_o : \mu = \mu_o$

$H_A : \mu \neq \mu_o$

(예 1)의 경우 $\mu = \mu_o$라는 귀무가설에 대한 대립가설로써 $\mu > \mu_o$ 또는 $\mu < \mu_o$라는 가설을 검정하는 경우를 단측검정(單側檢定, one tail test)이라고 하며 (예 2)의 경우와 같이 $\mu = \mu_o$라는 귀무가설에 대하여 $\mu \neq \mu_o$라는 가설과 같이 μ의 값에 대하여 어떠한 가치 판단이 없이 단지 μ가 μ_o가 아니라는 대립가설을 설정한 경우 μ는 μ_o보다 클 수도, 작을 수도 있다. 이와 같은 (예 2)의 경우를 양측검정(兩側檢定, two-tail test)이라고 한다.

귀무가설과 대립가설을 설정한 후 가설검정의 그 다음 단계는 어떤 기준에 의하여 귀무가설을 채택(즉, 대립가설을 기각)하거나 귀무가설을 기각(즉 대립가설을 채택)할 것인가를 정하는 일이다. 이러한 채택과 기각의 근거는 바로 표본 통계량에 의하여 결정한다. 즉, 표본통계량이 귀무가설의 옳고 (즉, 채택)그름 (즉, 기각)을 판별할 수 있는 증거인 셈이다.

표본통계량의 값이 기각 영역에 들면 귀무가설을 기각하고 채택영역에 속하면 귀무가설을 채택하게 되는데 이러한 채택과 기각의 영역을 결정짓는 값을 임계치(critical value)라고 한다.

10.2 검정기준(test criterion)

가령 어떤 확률변수 X의 평균이 μ_o라고 하는 귀무가설을 검정한다고 하자. 이때 X는 정규분포를 하며 또한 그 분산은 σ^2임을 알고 있다고 가정한다.

i) $H_{O:}\ \mu = \mu_O$

$H_{A:}\ \mu \neq \mu_O$

대립가설은 $\mu \neq \mu_O$라고 설정한다. 이러한 가설을 검정하기 위하여는 표본통계량을 이용하게 됨은 앞에서 설명한 바와 같다. 이때 귀무가설을 채택하고 기각하게 되는 기준을 정하는 일이 무엇보다 중요하다. 이러한 기준을 정하기 위하여 표본평균 $\overline{X}$의 분포를 살펴보면 $\overline{X}$의 분포는 평균이 μ 분산이 $\frac{\sigma^2}{n}$인 정규분포를 이루게 된다. $\overline{X}$의 값은 $-\infty$, $+\infty$ 사이의 어떠한 값이라도 가능하다. 이제 $\overline{X}$의 값이 μ_O에 가까운 값이 될 확률이 아주 크다면 귀무가설을 채택하게 되고 $\overline{X}$의 값이 μ_O에서 아주 크거나 작은 값이 될 확률이 크다면 귀무가설을 기각하게 된다.

$\overline{X}$의 값이 μ_O보다 아주 크거나 또는 아주 작은 값이 될 확률이 가령 5%라고 한다면 $\overline{X}$의 값이 μ_O보다 아주 클 확률과 μ_O보다 아주 작을 확률을 합한 것이 5%라는 의미가 된다.

만약 귀무가설($H_{O:}\ \mu = \mu_O$)이 기각되고 대립가설($H_{A:}\ \mu \neq \mu_O$)이 채택된다면 그것은 $\overline{X}$의 값이 μ_O보다 아주 큰 값이거나 아주 작은 값이 됨을 나타낸다. 따라서 만약 $\overline{X}$의 값이 μ_O보다 아주 큰 값이거나 아주 작은 값이 될 확률이 5%라면 우리는 $\overline{X}$가 μ_O보다 아주 큰 값이 될 확률은 $\overline{X}$가 μ_O보다 아주 작은 값이 될 확률과 같이 각각 2.5%라고 할 수 있다. (즉, $0.025+0.025=0.05$)

이때 $\overline{X}$가 어떤 값보다 작을 때를 " $\overline{X}$가 μ_O보다 아주 작은 값이다." 라고 할 것인가를 정해야 한다. 이러한 최저기준이 되는 점(μ_L)을 임계치라고 한다. $\overline{X}$가 어떤 값보다 클 때를 " $\overline{X}$가 μ_O보다 아주 큰 값이다." 라고 할 것인가를 정해야 한다. 역시 이러한 최고 기준이 되는 점(μ_H)을 또다른 임계치라고 한다.

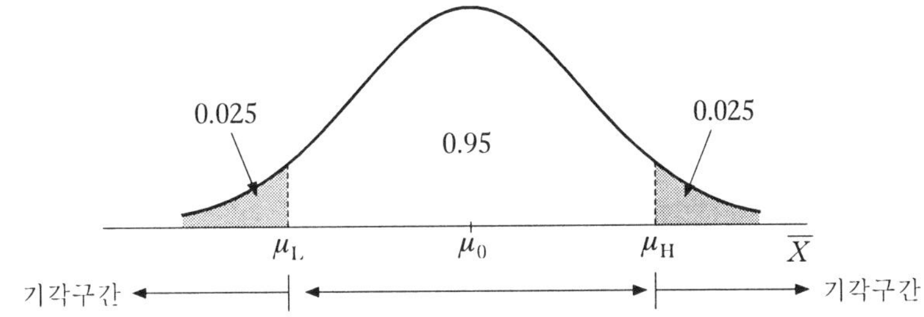

그림 10.1 채택 및 기각구간

$$P(\overline{X} > \mu_H) = 0.025$$

$$P(\overline{X} > \mu_L) = 0.025$$

$$P(\mu_L < \overline{X} < \mu_H) = 0.95$$

이와같이 임계치(critical value)란 귀무가설을 채택하거나 기각하는 기준이 되는 값을 의미한다. $\overline{X}$의 값이 이러한 임계치(μ_L , μ_H) 사이의 값일 경우 우리는 귀무가설을 채택하게 되고 이러한 임계치 밖의 값일 경우 귀무가설을 기각(즉, 대립가설을 채택)하게 된다.

즉 <그림 10.1>에서 흰색부분은 H_O를 채택하는 구간이 되고 빗금친 부분은 H_O를 기각하게 되는 구간이다. 즉 채택영역과 기각영역을 결정짓는 기준은 유의수준(level of significance)을 얼마로 할 것인가에 달려 있다고 할 수 있다. 위의 경우에는 유의수준(有意水準, significance level)이 5%의 경우이다. 유의수준은 α로 표시하며 0.05, 0.1로 정해진다. 유의수준 α가 클수록 H_O를 채택할 구간이 작아지고(즉, H_A를 채택할 구간이 커지고)반대로 유의수준 α가 작아질수록 H_O를 채택할 구간은 커진다.(즉, H_A를 채택할 구간은 작아진다.)

이제까지 우리는 양측검정의 경우, H_O를 채택할 구간과 기각할 구간을 살펴보았다. 그러나 가설 검정이 다음과 같은 단측검정일 때, 검정하고자 하는 가설은 다음의 두 가지의 경우 중 하나이다.

ii) $H_O: \ \mu = \mu_O$

$H_A: \ \mu > \mu_O$

iii) $H_O: \ \mu = \mu_O$

$H_A: \ \mu < \mu_O$

ii)의 경우는 $\overline{X}$의 값이 μ_O보다 아주 클 때 H_O를 기각하게 된다. 만약 유의수준 α가 0.05일 경우 임계치 μ_H의 값은 H_O를 기각할 확률이 5%가 되는 그러한 값이 된다. 이러한 관계를 그래프로 나타내면 다음과 같다.

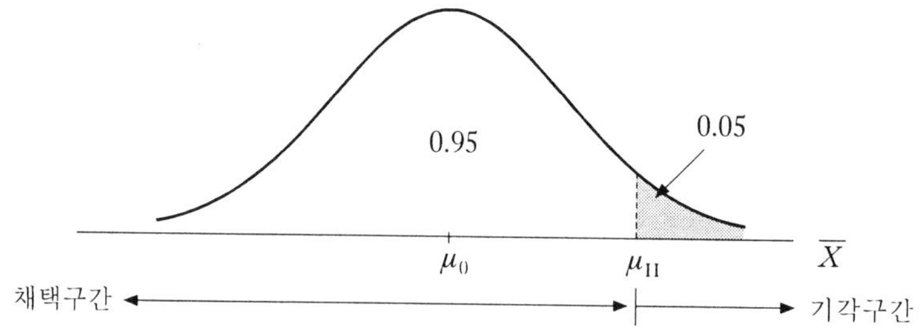

그림 10.2 기각구간(단측검정)

따라서

$$P(\overline{X} > \mu_H) = 0.05$$

$$P(\overline{X} \le \mu_H) = 0.95$$

즉 $\overline{X}$가 μ_H보다 크면 H_O를 기각하고 μ_H와 같거나 작으면 H_O를 채택한다.

iii) 의 경우는 $\overline{X}$의 값이 μ_O보다 아주 작을 때 H_O를 기각하게 된다. 만약 유의수준 α가 0.05일 경우 μ_L은 H_O를 기각할 확률이 5%가 되는 값을 나타낸다.

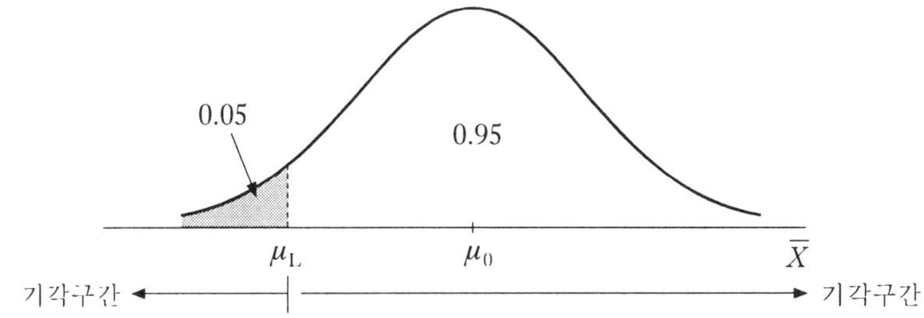

그림 10.3 기각구간(단측검정)

위의 그래프에서 $P(\overline{X} \geq \mu_L) = 0.95$

$$P(\overline{X} < \mu_L) = 0.05$$

이다.

즉 $\overline{X}$가 μ_L보다 작으면 H_O를 기각하고 μ_L보다 크면 H_O를 채택하게 된다.

10.3 검정통계량

우리는 앞에서 H_0를 채택하거나 기각할 구간을 공부하였다. 이때 μ_L이나 μ_H의 값을 모른다면 의미가 없을 것이다. 그러나 그러한 문제는 표준정규분포표나 t분포표(또는 분산의 경우 χ^2분포표나 F분포표를 이용)를 사용하여 해결할 수 있다. 가령 앞의 경우 $\overline{X}$는 평균이 μ_O, 분산이 $\frac{\sigma^2}{n}$인 정규분포를 이루므로 $Z = \dfrac{\overline{X} - \mu_0}{\frac{\sigma}{\sqrt{n}}}$은 평균이 0, 분산이 1인 표준정규분포를 이루게 된다. 그러므로 앞의 i)의 양측검정의 경우 이것을 표준정규분포 상의 채택과 기각영역으로 나타내면 다음과 같다.

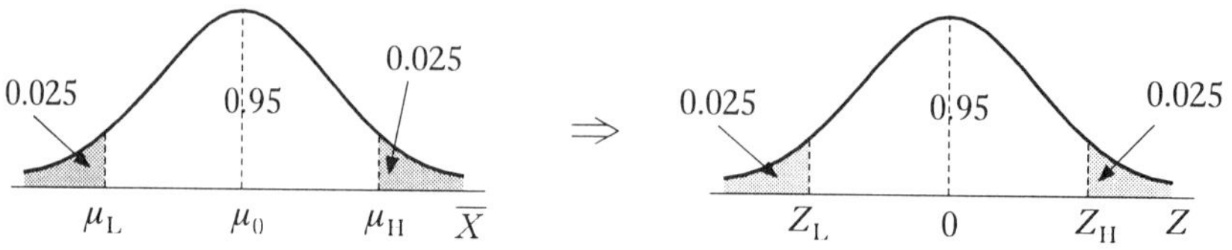

그림 10.4 채택 및 기각구간(양측검정)

이때 표준 정규분포표를 찾아보면

$Z_H = +1.96$

$Z_H = -1.96$

즉 $Z\left(= \dfrac{\overline{X} - \mu_O}{\frac{\sigma}{\sqrt{n}}}\right)$의 값이 -1.96과 +1.96 사이일 경우 H_O를 채택하게 되고 Z의 값이 1.96보다 크거나 Z의 값이 -1.96보다 작을 때 H_O를 기각하게 된다. Z의 값, 즉 $\dfrac{\overline{X} - \mu_O}{\frac{\sigma}{\sqrt{n}}}$을 검정통계량이라고 하며 이 값을 임계치의 값과 비교하여 H_O의 채택과 기각여부를 결정한다.

그러므로 만약 $-1.96 \le \dfrac{\overline{X} - \mu_O}{\frac{\sigma}{\sqrt{n}}} \le +1.96$이면 H_O를 채택하고,

$\dfrac{\overline{X} - \mu_O}{\frac{\sigma}{\sqrt{n}}} < -1.96$ 또는 $\dfrac{\overline{X} - \mu_O}{\frac{\sigma}{\sqrt{n}}} > 1.96$이면 H_O를 기각한다.

앞의 (ii)의 단측검정의 경우 ($H_O: \mu = \mu_O$, $H_A: \mu > \mu_O$)역시 표준정규분포상의 채택과 기간구간을 나타내면 다음과 같다.

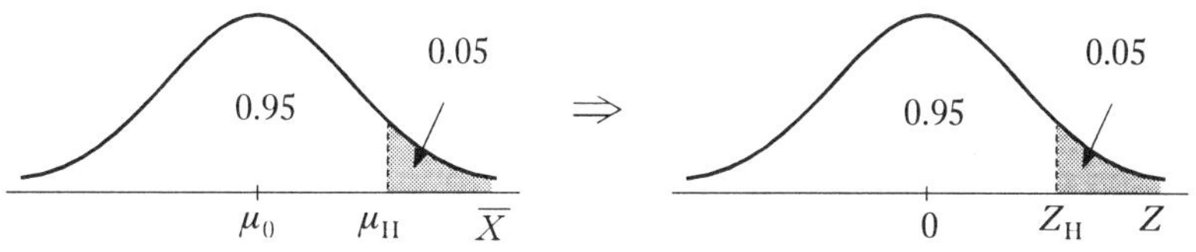

그림 10.5 채택 및 기각구간(단측검정)

Z_H의 값을 표준정규분포표에서 찾아보면 $Z_H = 1.645$ 이다.

따라서 $\dfrac{\overline{X}-\mu_O}{\frac{\sigma}{\sqrt{n}}} \leq 1.645$ 이면 H_O를 채택하고, $\dfrac{\overline{X}-\mu_O}{\frac{\sigma}{\sqrt{n}}} > 1.645$ 이면 H_0를 기각한다. 같은 방법으로 앞의 (iii)과 같은 단측검정의 경우 ($H_0: \mu = \mu_0$, $H_A: \mu < \mu_0$)에도 표준정규분포상의 채택과 기각구간을 나타내면 다음과 같다.

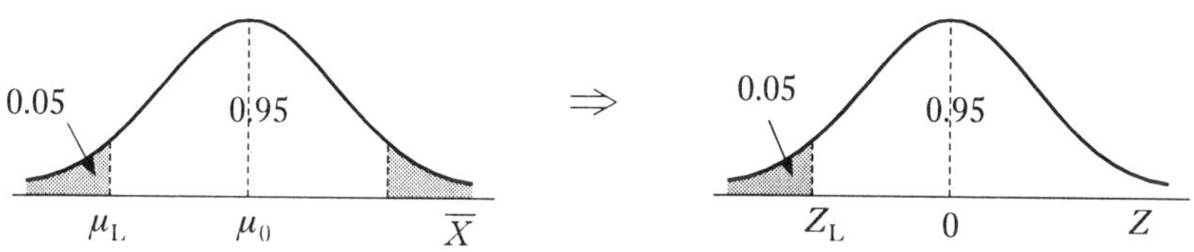

그림 10.6 채택 및 기각구간(단측검정)

역시 Z_L의 값을 표준정규분포표에서 찾아보면

$Z_L = -1.645$ 이다.

따라서 $\dfrac{\overline{X}-\mu_O}{\frac{\sigma}{\sqrt{n}}} \geq -1.645$ 이면 H_0를 채택하고

$\dfrac{\overline{X}-\mu_O}{\frac{\sigma}{\sqrt{n}}} < -1.645$ 이면 H_0를 기각한다.

검정통계량은 평균에 관한 검정을 할 경우 Z통계량 또는 t통계량 $\left(= \dfrac{\overline{X} - \mu_0}{\dfrac{S}{\sqrt{n}}}\right)$을 사용하고 분산에 관한 검정을 할 경우 χ^2통계량 $\left(= \dfrac{(n-1)S^2}{\sigma^2}\right)$또는 F 통계량$\left(= \dfrac{S_1^2}{S_2^2}\right)$ 을 사용한다. 각각 해당되는 절에서 설명하기로 한다.

10.4 가설검정의 순서

앞에서 우리는 가설검정에 대한 개략적인 원리를 공부한 바 있다. 이 절에서는 가설검정의 순서에 대해 설명하기로 한다. 일반적으로 검정하고자 하는 목적에 따라 다음의 각 과정을 거치게 된다.

i) 귀무가설 H_0와 대립가 H_A를 설정한다.
ii) 유의 수준 α를 결정한다.
iii) 유의 수준에 따라 결정되는 H_0의 채택과 기각 영역을 결정한다.
iv) 표본으로부터 구한 검정통계량의 값을 임계치와 비교하여 H_0의 채택 또는 기각 여부를 결정
v) H_0의 채택 또는 기각 여부에 따라 결과를 해석한다.

위의 각 단계에 대하여 좀더 상세한 설명을 덧붙히면 다음과 같다.

첫째, 귀무가설 H_0와 대립가설 H_A를 설정함에 있어 검정하고자 하는 가설이 평균에 관한 가설인지 또는 분산에 관한 가설인지를 결정하여야 하며 또한 양측 검정을 할 것인가 또는 단측검정을 할 것인가를 결정하여야 한다.

둘째, 유의 수준 α의 값은 검정하고자 하는 가설에 따라 정해진다. 유의 수준 α의 값이 크면 클수록 채택영역이 좁아지고 기각 영역이 커진다.

셋째, 유의 수준 α의 값에 따라 검정통계량의 분포와 가설의 형태에 따라 H_0를 채택할 영역과 기각할 영역을 결정한다. 또한 단측검정인가 양측검정인가에 따라 α의 값을 조절한다.(즉 단측검정일 때 α, 양측검정일 때 $\frac{\alpha}{2}$의 값으로 함)

넷째 표본관찰치로부터 가설을 검정할 통계량을 구한다. 검정할 가설의 형태에 따라 적절한 검정통계량을 구한다. 평균에 관한 가설을 검정할 때에는 Z 통계량 또는 t 통계량을 구하고 분산에 관한 가설을 검정할 때에는 χ^2(chi-square)통계량 또는 F통계량을 구한다. 이렇게 해서 구한 표본통계량이 셋째 단계의 채택영역과 기각영역중 어느 곳에 속하게 되는지를 판단한다.

다섯째, 위의 판단에 따라 귀무가설을 채택하거나 기각하거나를 결정하고 적절한 해석을 덧붙힌다.

다음으로 위의 순서에 따라 가설검정의 예를 공부해 보기로 한다.

[예제 1] 어느 지역 주민들의 소득수준을 알아보려고 한다. 25가구를 표본으로 조사하였더니 가구당 월수입이 650,000원이고 전체 가구들의 월수입의 표준편차가 90,000원 이었다면 이 지역 주민들의 가구당 월소득이 700,000원 이상이라고 할 수 있을지 검정하여라. 단, 이 지역 주민들의 가구당 월소득은 정규분포를 이룬다고 가정하며 유의수준 α는 5%로 하여라.

풀이

i) $H_0: \mu \geq 700,000$

$H_A: \mu < 700,000$

ii) $\alpha = 0.05$

iii) $Z \geq -1.645$ 이면 H_O를 채택

$Z < -1.645$ 이면 H_O를 기각

iv) Z 의 검정통계량은

$$Z = \left(\frac{\overline{X} - \mu_o}{\frac{\sigma}{\sqrt{n}}} \right) \text{ 이므로 } Z = \frac{650,000 - 700,000}{\frac{90,000}{\sqrt{25}}}$$

$$= \frac{50,000 \times 5}{90,000} = -2.78$$

v) Z의 값은 H_0를 기각하는 영역에 속하므로 H_0를 기각한다. 따라서 이 지역 주민들의 가구당 월 평균소득이 700,000 이상이라고 할 수 없다.

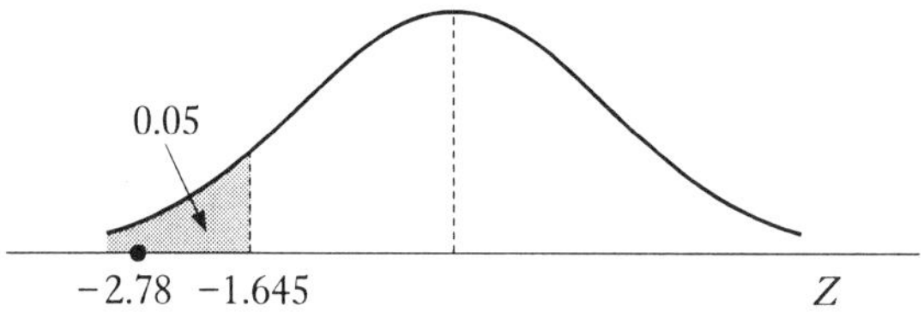

그림 10.7 Z 분포와 기각영역

10.5 가설검정의 오류

가설검정은 표본에서 구한 통계량으로 모집단에 관한 가설의 진위(眞僞)를 검정하는 것이므로 표본의 선택 방법에 따라 가설검정에 있어서 오류를 범할 수 있다. 이와 같은 가설 검정 과정에서의 오류는 두 가지 종류가 있다. 첫째는 α-오류 또는 第一種 오류(type Ⅰ error)이며 둘째는 β-오류 또는 第二種 오류(type Ⅱ error)이다.

α-오류는 귀무가설 H_0가 옳음에도 불구하고 귀무가설을 기각할 때 발생하는 오류이며 이러한 오류를 제1종 오류(type Ⅰ error)라고 한다. 이러한 α-오류는 가설검정에서 유의순준 α와 같다.

β-오류는 귀무가설 H_0가 틀림에도 불구하고 H_0를 채택할 때 발생하는 오류이며 이러한 오류를 제2종 오류(type Ⅱ error)라고 한다. 가설검정과 오류와의 관계를 표로 나타내면 다음과 같다.

표 10.1 가설검정에서의 오류

의사결정 \ 가설검정	귀무가설이 맞음	귀무가설이 틀림
귀무가설 채택	옳은 결정	β-오류(제2종 오류)
귀무가설 기각	α-오류(제1종 오류)	옳은 결정

가설검정에서의 오류를 줄이기 위해서는 옳은 가설은 채택하고 틀린 가설은 기각할 확률이 높아야 한다. 이것은 결국 옳은 가설을 기각할 오류, 즉 α-오류와 틀린 가설을 채택할 오류, 즉 β-오류를 최소화 하는 것이 중요하다는 것을 의미한다. 그러나 실제로는 α-오류와 β-오류를 동시에 최소가 되게 할 수는 없다.

왜냐하면 기각 영역의 크기를 작게 하면 귀무가설이 옳거나 틀리거나 간에 귀무가설을 기각할 확률이 작아지므로 α는 작아지게 되나 β(=귀무가설이 틀릴 경우 틀린 귀무가설을 채택할 확률)는 커지게 된다. 이것과는 반대로 만약 기각 영역의 크기가 커지면 귀무가설이 옳거나 틀리거나 간에 귀무가설을 기각할 확률이 커지므로 α는 증가하게 되나 β는 작아지게 된다.

귀무가설이 옳을 경우 귀무가설을 기각하는 오류가 α-오류이므로 옳은 귀무가설을 채택할 확률은 $1-\alpha$이다. 마찬가지로 귀무가설이 틀릴 경우 귀무가설을 채택하는 오류가 β-오류이므로 틀린 귀무가설을 기각할 확률은 $1-\beta$이다. 따라서 가설검정에서 $1-\alpha$, $1-\beta$의 크기를 크게 할 수

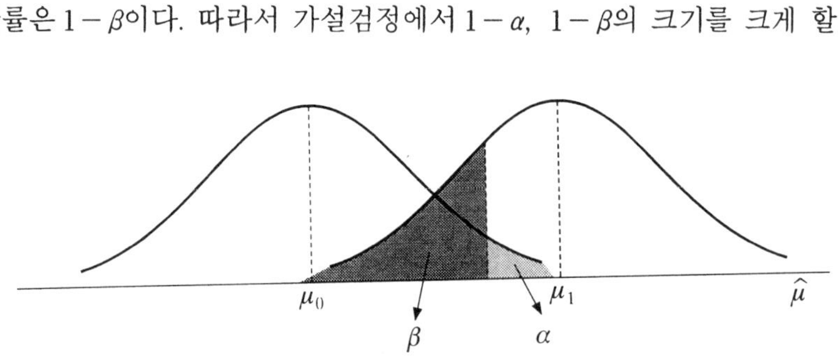

α가 작고 β가 클 경우

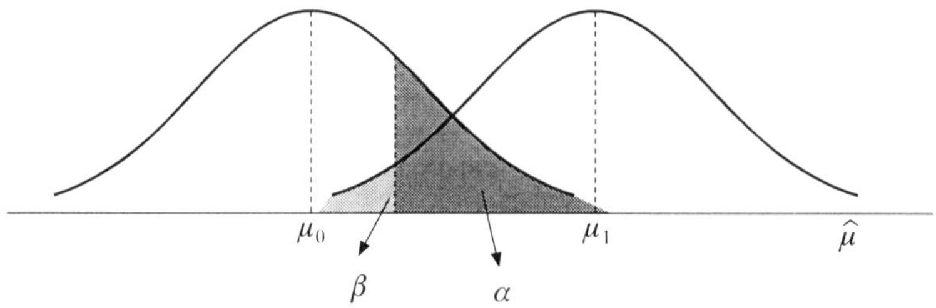

α가 크고 β가 작은 경우

그림 10.8 가설검정의 오류

록 옳은 결정을 내릴 확률이 커진다. 그러나 앞에서 설명한 바와 같이 α, β를 동시에 작게 할 수 없듯이 $1-\alpha$, $1-\beta$를 동시에 크게 할 수 없다. 따라서 통계적 방법론으로 α 오류를 먼저 정하고 이러한 α-오류의 제약하에서 β-오류를 최소화하는 것이 중요하다. 가설검정에서는 기본적으로 유력한 증거가 없는 한 귀무가설을 기각할 수 없으므로 채택과 기각구간을 결정하게 되는 α의 크기가 중요하다고 할 수 있다. 일반적으로 유의수준(有意水準, level of significance)으로 불리우는 α는 0.1, 0.05, 0.01 등으로 고정시키고 이러한 제약하에 β를 최소화되도록 하는 방법을 택한다. 틀린 귀무가설을 채택할 확률이 β이므로 틀린 귀무가설을 기각할 확률 $1-\beta$를 크게 하면 옳은 결정을 내릴 가능성이 커진다. 통계학에서는 $1-\beta$를 통계적 검정력(統計的檢定力, power of test)이라고 한다.

10.6 P값과 유의 수준

가설검정은 앞에서 설명한 바와 같이 기본적으로 어느 유의수준하에서 검정통계량이 채택구간에 속하는지 또는 기각구간에 속하는지를 판단하여 귀무가설을 채택 또는 기각한다. 여기서 귀무가설을 채택하거나 기각한다는 것은 그러한 기준이 되는 검정통계량의 값이 통계적으로 흔히 나타날 수 있느냐의 문제와 같다. 즉 검정통계량의 값이 통계적으로 흔히 나타날 확률이 크다면 귀무가설을 채택하고 그 반대이면 기각하게 된다. 여기서 흔히 나타난다고 하는 것의 기준은 유의수준의 값 α와 비교하는 것이다.

즉, 검정통계량의 확률(즉 P값)이 α보다 크면 귀무가설은 채택되고 검정통계량의 확률값(즉 P값)이 α보다 작으면 귀무가설은 기각된다.

가령 $H_O: \mu = \mu_o$, $H_A: \mu \neq \mu_o$ 인 가설검정에서 검정통계량 Z값이 Z=2.25이면

$$\begin{aligned} P(-2.25 < Z < 2.25) &= 2 \times 0.4878 \\ &= 0.9756 \\ &= 1 - 0.0244 \\ &= 1 - 0.0122 \times 2 \end{aligned}$$

또는

$$\begin{aligned} P(Z > 2.25 \text{ 또는 } Z < -2.25) &= 0.0122 \times 2 \\ &= 0.0244 \end{aligned}$$

따라서 이 때 P값은

$$P \text{ value} = P(|Z| > 2.25) = 0.0244$$

로 정의된다. 이 관계를 그래프로 나타내면 다음과 같다.

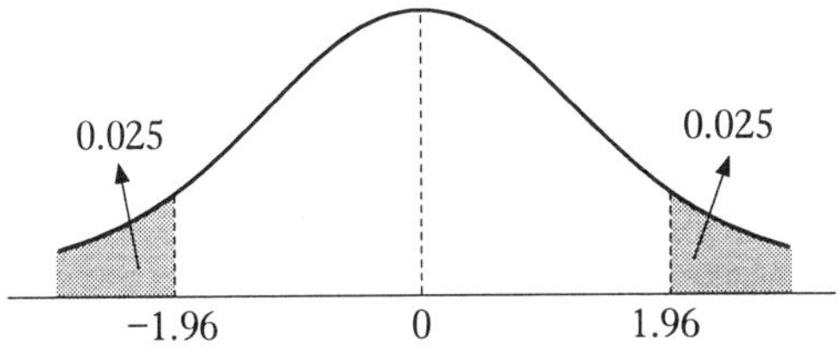

(a)

$$P \text{ value} = P(|Z| > 1.96) = 0.05 \ (= 0.025 \times 2)$$

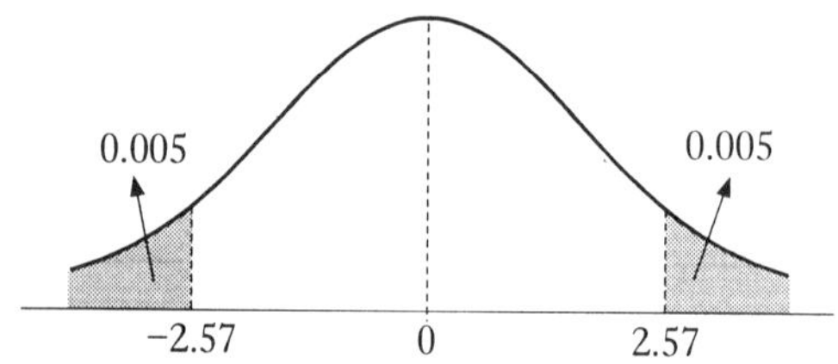

(b)

P value = P(| Z | > 2.57) = 0.01 (= 0.005 × 2)

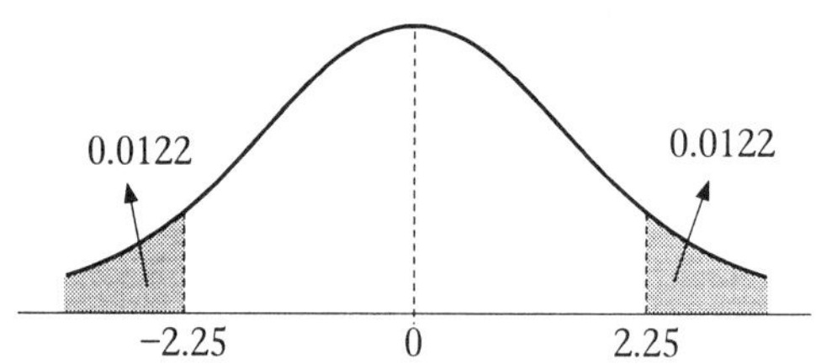

(c)

P value = P(| Z | > 2.25) = 0.0244 (= 0.0122 × 2)

그림 10.9 Z분포와 P value

즉 P value (= P값)이란 귀무가설이 옳다고 가정했을 때 검정통계량의 값이 나타날 가능성을 표시하는 확률값을 의미하는 것으로써 이 값을 유의수준 α와 비교했을 때 P값이 α보다 크면 귀무가설이 옳다는 전제하에 검정통계량의 값이 나타날 가능성이 크다는 것을 의미하므로 귀무가설은 채택되고 반대로 P값이 α보다 작으면 귀무가설이 옳다는 전제하에 검정통계량의 값이 나타날 가능성이 작다는 것을 의미하므로 귀무가설은 기각된다. 따라서 위의 그래프에서 P값이 0.0244인 경우 α=0.01 일 때는 H_0를 채택하고 α=0.05 일 때는 기각하게 된다. P값과 유의수준의 관계를 정리하면 다음과 같다.

P값 $\geq \alpha$ 이면 H_0를 채택
P값 $< \alpha$ 이면 H_0를 기각

단측검정의 경우에는 대립가설에 따라 P값을 구한다. 즉

① $H_0: \mu = \mu_o$, $H_A: \mu < \mu_o$ 인 경우

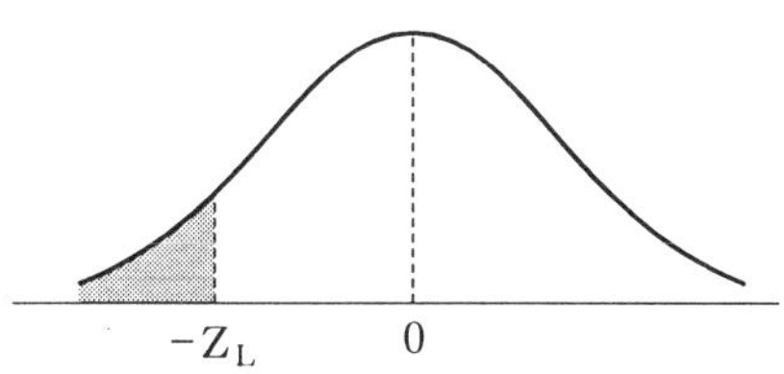

P value =P(Z<-Z_L)

② $H_0: \mu = \mu_o$, $H_A: \mu > \mu_o$ 인 경우

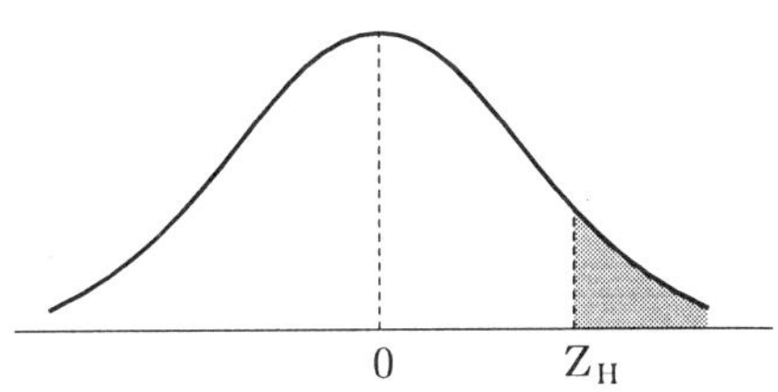

P value =P(Z>Z_H)

그림 10.10 Z 분포와 P Value(단측검정)

이다.

또 검정통계량이 표준정규분포 (Z)를 따르지 않고 t분포를 따를 경우에도 귀무가설을 채택하거나 기각하는 기준은 Z분포의 경우와 같다. 즉

P값 $\geq \alpha$이면 H_0를 채택
P값 $< \alpha$이면 H_0를 기각
한다.

연습문제

10.1 통계적 추정과 가설결정을 비교하여라.

10.2 단측검정과 양측검정의 차이점을 분석하라.

10.3 가설검정의 기본원리를 설명하라.

10.4 다음 용어를 설명하라.

① 임계치

② 유의수준

③ 검정통계량

④ 제1종 오류(α오류)

⑤ 제 2종 오류(β오류)

⑥ P값

제11장

단일 모집단의 평균과 비율에 관한 가설검정추정 이론

11.1 모집단의 분산을 알고 있을경우
11.2 모집단의 분산을 모를경우
11.3 단일 모비율에 관한 가설 검정

단일모집단의 평균에 관한 가설검정에는 다음의 두 가지 경우로 나누어 볼 수 있다. 첫째, 모집단의 분산을 아는 경우와 둘째, 모집단의 분산을 모르는 경우이다. 첫째의 경우처럼 모집단의 분산을 아는 경우에는 모집단의 평균도 아는 경우가 보통이다. 왜냐하면 평균을 모르고 분산을 알 수는 없기 때문이다. 그러나 평균을 모르는 상태에서 평균에 관한 가설검정을 하려는 마당에 분산을 안다는 것은 다소 비현실적인 가정일 수 있으나 과거의 경험으로 미루어 평균은 모르나 분산은 알고 있는 경우도 있을 수 있다. 둘째의 경우가 보다 더 일반적인 경우인데 이 경우 모집단의 분산 대신 표본의 분산(또는 표준편차)을 이용하여 평균에 관한 가설검정을 할 수 있다. 각각의 경우에 대하여 구체적인 예제로써 공부하기로 한다.

11.1 모집단의 분산을 알고 있을 경우 (평균에 관한 가설검정)

모집단의 분산을 알고 있는 경우의 가설검정을 공부하기 위하여 다음의 예제를 분석해보자.

[예제 1] 어떤 자동차 회사에서 자기 회사의 자동차의 연비가 리터당 18km라고 주장하며 또한 연비의 분포는 정규분포라고 한다. 그러나 한편으로는 리터당 연비가 18km가 아니라는 일부 소비자들의 주장이 있어 25대의 자동차를 임의로 추출하여 리터당 연비를 조사해본 결과 $\overline{X} = 16.8$km 이었다. 모집단의 연비의 표준편차가 1.54km라는 것을 과거의 통계로부터 알고 있다고 한다. 유의 수준 α를 5%라고 하면 이 회사의 자동차의 리터당 연비가 18km라고 할 수 있겠는지 검정하여라.

풀 이 위의 예제에 대하여 양측검정과 단측검정을 해보기로 한다.

① 양측검정

i) $H_0: \mu = 18$

$H_A: \mu \neq 18$

ii) $\alpha = 0.05$

iii) $-1.96 \le Z \le 1.96$ 이면 H_0를 채택

$Z > 1.96$ 또는 $Z < -1.96$ 이면 H_0를 기각

iv) Z = 16.8이므로 표준화된 Z통계량을 구하면

$$Z = -3.90 \qquad Z = \frac{\overline{X} - \mu_0}{\frac{\sigma}{\sqrt{n}}} = \frac{16.8 - 18}{\frac{1.54}{\sqrt{25}}} = -3.90$$

Z = −3.90 은 H_0를 기각하는 영역에 속하므로 H_0는 기각된다.

v) 따라서 이 회사 자동차의 연비가 18㎞라는 주장은 채택될 수 없으며 일부 소비자들의 주장은 옳다고 할 수 있다.

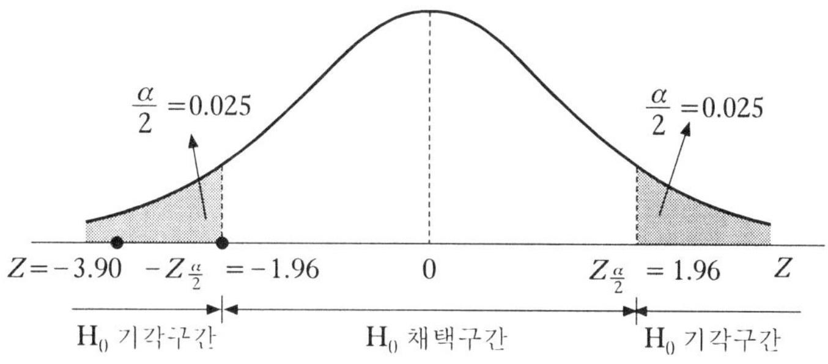

그림 11.1 양측검정과 기각역

② 단측검정

i) $H_0: \mu = 18$

$H_A: \mu < 18$

ii) $\alpha = 0.05$

iii) $Z \ge -1.64$ 이면 H_0를 채택

$Z < -1.64$ 이면 H_0를 기각

iv) $\overline{X} = 16.8$이므로 표준화된 Z통계량을 구하면

$$Z = \frac{\overline{X} - \mu_0}{\frac{\sigma}{\sqrt{n}}} = \frac{16.8 - 18}{\frac{1.54}{\sqrt{25}}} = -3.90$$

Z=−3.90은 H_0를 기각하는 영역에 속하므로 H_0를 기각한다.

v) 따라서 이 회사 자동차의 연비가 18㎞라는 주장은 채택되지 않으며 일부고객의 주장은 타당하다고 할 수 있다.

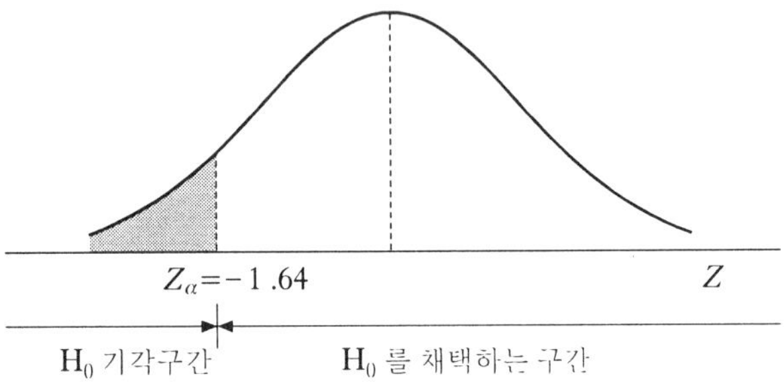

그림 11.2 단측검정과 기각역

11.2 모집단의 분산을 모를 경우 (평균에 관한가설검정)

(1) t 통계량, t분포 및 임계치

평균에 관한 가설 검정은 모집단의 평균에 관한 가설을 표본통계량으로 검정하는 것이다. 따라서 이런 경우 모집단의 분산을 알고 있는 경우는 흔하지 않다. 왜냐하면 모집단의 평균을 알지 못하는 상태에서 분산을 알 수 없기 때문이다. 따라서 이런 경우에는 표본에서 구한 표본의 분산 S^2을 모분산 σ^2대신 이용한다 (또는 표본의 표준편차 S를 모집단의 표준편차 σ 대신 이용). 모집단의 분산이 알려져 있지 않을 경우 Z 통계량 대신 t 통계량을 사용한다. t 통계량은 추정에서 공부한 바와 같이 다음 식으로 표시된다.

$$t=\frac{\overline{X}-\mu_0}{\frac{S}{\sqrt{n}}}$$

여기서

$$S = \sqrt{\frac{1}{n-1}\sum_{i=1}^{n}(X_i - \overline{X})^2}$$

모집단의 분산 대신 표본의 분산을 사용할 경우 t 분포를 이용하여 임계치를 설정한다. t 통계량은 자유도 (n-1)의 t 분포를 이루게 된다.

t분포를 이용하여 임계치를 구할 때에는 우선 유의수준 α와 자유도 (n-1 ; 관찰치의 값 n에서 1을 뺀 숫자)를 이용한다. t분포표에서 $\alpha = 0.05$일 때, 표본관찰치 n이 16이라면 자유도 15가 된다. 이때 양측 검정이

면 $\pm t_{\frac{\alpha}{2},\ 15}$ 즉 $\pm t_{0.025,15}$의 값, ± 2.131이 임계치의 값이 되며 단측검정일 경우 $t_{\alpha,15}$(즉 $t_{0.05,15}$, $H_A : \mu > q$인 경우)의 값 1.753 또는 $-t_{\alpha,\ 15}$(즉, $-t_{0.05,\ 15}$, $H_A : \mu < q$인 경우)의 값 -1.7530이 임계치의 값이 된다.

(2) t 통계량을 이용한 가설검정

t분포를 이용한 가설검정의 예는 다음과 같다.

[예제 2] 어떤 학과 학생들의 통계학 성적이 평균 70점이라고 한다. 이러한 주장을 검정하기 위하여 8명을 뽑아 성적을 알아보았더니 다음과 같았다. 학생들의 평균성적이 70점이라는 주장이 타당한지 그렇지 않은지 유의수준 1%에서 양측 및 단측 검정을 하여라.

75　68　61　72　80　56　62　70

풀 이

$$\overline{X} = \frac{\sum X_i}{n} = 68$$

$$S^2 = \frac{1}{n-1}\sum(X_i - \overline{X})^2$$

$$= \frac{1}{7}[(75-68)^2 + (68-68)^2 + (61-68)^2 + (72-68)^2 + (80-68)^2 + (56-68)^2 + (62-68)^2 + (70-68)^2]$$

$$= 63.14$$

$$S = \sqrt{S^2} = \sqrt{63.14} = 7.946$$

$$S_{\overline{X}} = \frac{S}{\sqrt{n}} = \frac{7.946}{\sqrt{8}} = 2.81$$

① 양측검정

i) $H_O: \mu = 70$

$H_A: \mu \neq 70$

ii) $\alpha = 0.01$

iii) 양측검정이므로 $\frac{\alpha}{2} = 0.005$이며 자유도 $(n-1) = 7$일 때 t 분포표에서 채택 및 기각의 영역을 구하면

$-3.499 \leq t \leq 3.499$이면 H_O를 채택

$t > 3.499$ 또는 $t < -3.499$ 이면 H_O를 기각

iv) $\overline{X} = 68$에 대응되는 t값을 구하면

$$t = \frac{\overline{X} - \mu_O}{\frac{S}{\sqrt{n}}} = \frac{68-70}{2.81} = -0.712$$

$t = -0.712$는 H_O를 채택하는 구간내에 있으므로 H_O를 채택한다.

v) 즉 이 학과 학생들의 통계학 성적의 평균이 70점이 아니라고 할 수 없다.

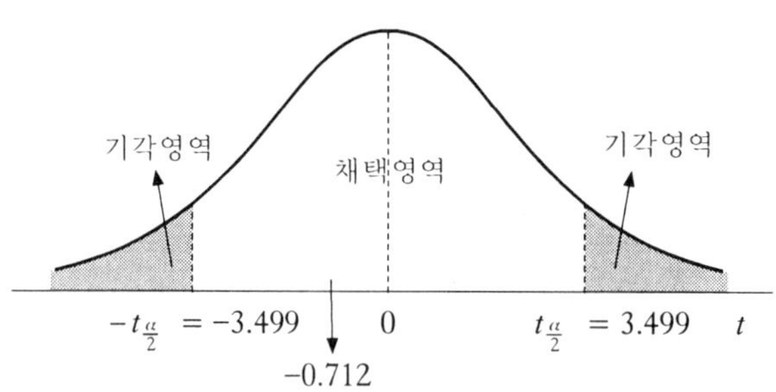

그림 11.3 양측검정과 기각역

② 단측검정

i) $H_O: \mu = 70$

$H_A: \mu < 70$

ii) $\alpha = 0.01$

iii) 단측검정이므로 $t_\alpha = 0.01$이며 자유도 $(n-1)=7$일 때 t분포표에서 채택 및 기각영역을 구하면

$t \geq -2.998$이면 H_O를 채택

$t < -2.998$이면 H_O를 기각

iv) $\overline{X}=68$에 대응되는 t값을 구하면

$$t=\frac{\overline{X}-\mu_O}{\frac{S}{\sqrt{n}}}=\frac{68-70}{2.81}=-0.712$$

$t=-0.712$는 H_O를 채택하는 구간내에 있으므로 H_O를 채택

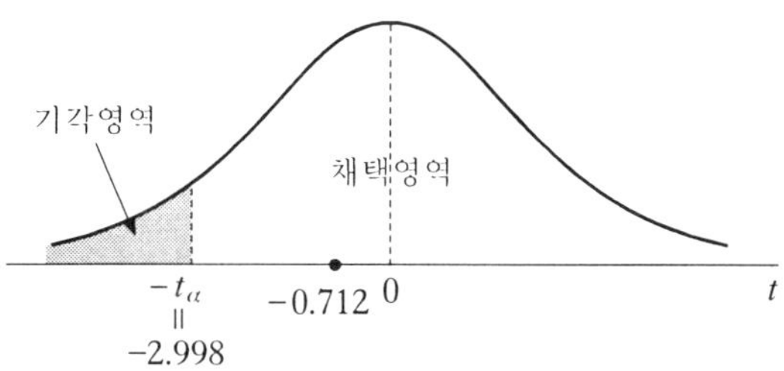

그림 11.4 단측검정과 기각역

v) 이 학과 학생들의 통계학 성적의 평균이 70점 보다 작다고 할 수 없다.

여기서 한가지 특기할 것은 모집단의 분산을 모를 경우 t분포를 사용하지만 이것은 분포의 크기가 작을 경우 $(n \leq 30)$에 해당되고 만약 표본의 크기가 큰 경우 $(n > 30)$에는 비록 모집단의 분산을 모른다고 할지라도 이 때에는 Z분포를 사용하며 또 그때의 Z 통계량은

$$Z=\frac{\overline{X}-\mu}{\frac{S}{\sqrt{n}}} \quad \text{이며} \quad S=\sqrt{\frac{1}{n}\sum(X_i-\overline{X})^2}$$

여기서 $n-1$ 대신 n을 사용하는 이유는 n이 크기 때문이다.

즉 n이 클 경우 $\frac{1}{n-1} \cong \frac{1}{n}$임.

11.3 단일 모 비율에 관한 가설검정

우리는 앞에서 단일 모집단의 평균에 관한 가설검정에 대하여 공부하였다. 이 절에서는 단일 모집단의 비율에 관한 가설검정을 소개한다. 단일 모집단의 비율에 관한 가설의 예로는 다음과 같은 것이 있다. 가령 총 유권자의 60%가 A후보를 지지한다라든가, 또는 졸업생중 취업자의 비율이 70%이다라든가, 소비자들 중 40%가 우리 회사의 제품을 택한다 등등의 주장에 대한 가설을 검정할 때 사용된다. 즉 모집단의 비율에 관한 가설검정은 주어진 유의수준에서 표본의 비율이 모집단의 비율과 상이한가 아닌가를 검정하는 것이다.

앞장에서 공부한 바와 같이 모비율은 π, 표본비율을 p 라고 하면

$$p=\frac{X}{n}$$

n : 표본의 크기

X : 표본에서 기대하는 사건의 발생회수

이다.

모집단에서 n개의 가능한 표본을 뽑아 기대하는 사건이 발생할 비율 p를 계산하면 이때의 표본비율이 이루는 표본분포의 평균과 오차는 아래와 같다.

$$\mathrm{E(p)} = \pi$$

$$\sigma_p = \sqrt{\frac{\pi(1-\pi)}{n}}$$

표본비율의 표본분포는 n이 충분히 커서 $np \geq 5$ 또는 $n(1-p) \geq 5$의 조건을 만족하면 정규분포에 접근하며 이때 Z 통계량을 사용할 수 있다.

$$Z = \frac{p-\pi}{\sigma_p} = \frac{p-\pi}{\sqrt{\frac{\pi(1-\pi)}{n}}}$$

모비율에 관한 가설검정은 기본적으로는 모평균에 관한 가설검정과

유사하다. 아래의 예제를 살펴보자.

[예제 3] 어떤 회사에서 자사제품의 불량률이 3%라고 주장하였다. 이러한 주장이 타당한지 확인하기 위하여 그 회사제품 200개를 조사해본 결과 7개가 불량품임을 발견하였다. 이 회사의 주장이 타당한지 유의수준 5%에서 검정하여라.

풀이 ① 양측검정

i) $H_O: \pi = 0.03$

$H_A: \pi \neq 0.03$

ii) $\alpha = 0.05$

iii) $-1.96 \leq Z \leq 1.96$ 이면 H_O를 채택

$Z > 1.96$ 또는 $Z < -1.96$ 이면 H_O를 기각

iv) $$Z = \frac{p-\pi}{\sigma_p} = \frac{\frac{7}{200} - 0.03}{\sqrt{\frac{0.03 \times 0.97}{200}}} = \frac{0.035 - 0.03}{\sqrt{0.0001455}}$$
$$= \frac{0.005}{0.121} = 0.413$$

v) $Z = 0.413$ 은 H_O를 채택하는 구간에 포함되므로 H_O를 채택.

∴ 이 회사의 주장은 타당하다.

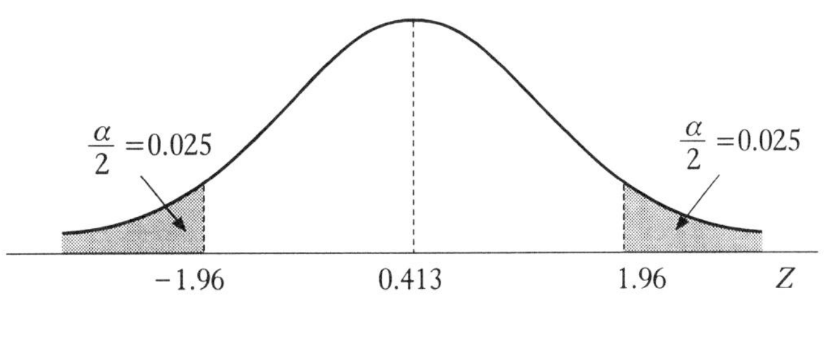

그림 11.5 Z분포와 기각역

② 단측검정

i) H_0: $\pi \le 0.03$

H_A: $\pi > 0.03$

ii) $\alpha = 0.05$

iii) 단측검정이므로

$Z \le 1.645$이면 H_0를 채택

$Z > 1.645$이면 H_0를 기각

iv) $Z = \dfrac{p-\pi}{\sigma_p}$에서 앞의 경우와 같이

$Z = 0.413$ 이므로 H_0를 채택

v) H_0를 채택, 즉 이 회사제품의 불량품은 3% 이하라고 할 수 있다.

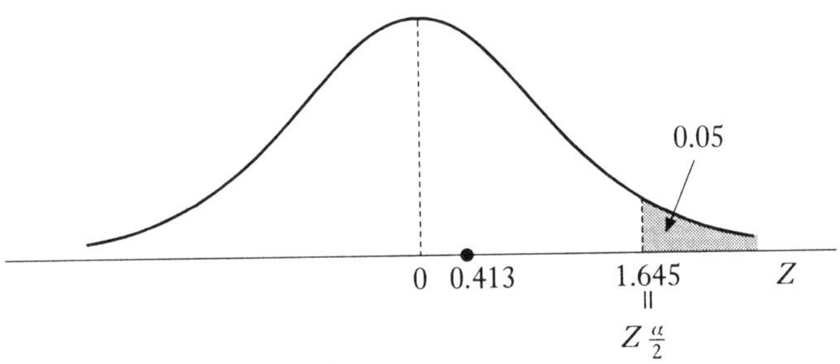

그림 11.6 Z분포와 기각역

연습문제

11.1 어느 회사에서 생산되는 전구의 평균수명은 2,500 시간보다 길다고 주장한다. 이 주장의 타당성을 검정하기 위하여 이 회사의 전구중 36개를 임의로 추출하여 조사한 결과 평균수명이 2,600 시간이고 표준편차는 280시간이었다. 이 회사의 주장이 타당한지 유의수준 5%에서 검정하라.

11.2 어느 고등학교 3학년 학생들의 수학성적의 평균이 80점이라고 한다. 이러한 주장이 타당한지 알아보기 위하여 10명의 학생을 무작위 추출하여 성적을 조사하였더니 다음과 같았다. $\alpha = 0.05$에서 이 주장을 검정하여라.(단, 전체 학생들의 성적은 정규분포를 이루는 것으로 가정)

95 79 81 78 91 85 96 69 74 89

11.3 타이어를 제조하는 회사에서 20개를 뽑아 평균수명을 조사하였더니 50,000km이고 표준편차는 22,000km이었다 타이어의 모집단의 평균수명이 58,000km인지를 $\alpha = 0.05$에서 양측 검정하여라. 타이어의 수명은 정규분포를 이룬다고 가정한다.

11.4 어느 중학교 학부형들의 월 평균수입을 알아보기 위하여 임의로 50명을 추출하여 조사한 결과 평균수입은 115만원, 표준편차는 20만원이었다. 이 학교 학부형들의 월평균수입이 120만원 미만이라는 주장을 $\alpha = 0.05$에서 검정하여라.

11.5 4년 전의 선거에서 A정당에 대한 지지도가 30%로 나타났다. 이 정당에 대한 현재의 지지도를 조사하기 위하여 400명을 임의로 추출하여 조사해 본 결과 95명이 A정당을 지지하는 것으로 나타났다. 위의 자료로부터 A정당에 대한 지지도가 4년 전보다 낮아졌다고 할 수

있는지를 유의수준 5%에서 검정하라.

11.6 어느 고등학교에 우수반이 편성되어 있는데 평균 IQ가 130이라고 한다. 실제로 그러한 지를 조사하기 위하여 10명을 뽑아 IQ를 측정하였더니 다음과 같았다. 위의 조사결과로부터 학급의 평균 IQ가 130이라고 할 수 있는지 $\alpha = 0.05$에서 양측검정을 하여라. 단, IQ의 분포는 정규분포를 이룬다고 가정한다.

140 135 125 145 142 138 128 126 132 146

11.7 어떤 컴퓨터 디스켓 제조회사에서 생산되는 제품중 불량률은 3%미만이라고 주장한다. 이 주장을 검정하기 위하여 300개의 공 디스켓을 임의 추출하여 조사한 결과 8개가 불량품이었다면 이 회사의 주장이 옳은지 $\alpha = 0.01$의 유의수준에서 검정하여라.

11.8 어떤 사이다 제조회사에서 페트병에 1,500m*l*(=1.5*l*)의 사이다를 주입하며 표준편차는 30m*l*가 되게 품질관리를 한다고 주장한다. 이 주장의 타당성을 검정하기 위하여 50개의 사이다병을 표본추출하여 제품의 무게를 조사하였더니 평균 1,485m*l*이었다. 이 회사의 주장이 타당한지 유의수준 5%에서 검정하여라.

11.9 거봉포도 4kg 한 box로 소매판매하는 어느 포도농장이 있다. 최근 소비자들로부터 1 box의 무게가 4kg에 미달된다는 불평이 있어 10개의 표본을 조사해본 결과 다음과 같았다. 소비자들의 불평이 타당한지 $\alpha = 0.05$에서 검정하여라. (단위 kg)

3.80	4.10	4.25	3.76	3.92
4.15	3.72	3.98	4.05	3.85

11.10 어떤 오렌지 쥬스 회사는 50% 농도의 오렌지 쥬스를 제조하여 판매하고 있다. 그러나 100%의 원액을 묽게 하는 과정에서 제품별 농도가 50%가 되지 않는다는 소비자들의 불평이 있어 소비자 단체가 16개를 표본추출하여 농도를 측정해본 결과 $\overline{X} = 48\%$, $S = 4.5\%$이었다. 유의수준 1%에서 소비자들의 주장이 타당한지 검정하여라.

제12장

두 모집단의 평균과 비율에 대한 가설검정

12.1 두 모집단간 평균에 관한 가설검정(총론)

12.2 두 모집단간 평균의 차에 관한 가설검정

12.3 두 표본이 짝을 이룬 경우 표본의 차에 관한 검정

12.4 두모집단의 비율의 차에 관한 가설검정

이 장에서 우리가 공부할 내용은 두 모집단의 평균의 차이나 합에 관한 가설검정을 먼저 공부하고 이어서 두 모집단간의 비율의 차에 관한 가설검정을 살펴보기로 한다.

12.1 두 모집단간 평균에 관한 가설검정(총론)

두 모집단간 평균의 차(差)나 합(合)에 관한 가설검정은 대단히 유용하다. 실제에 있어서 두 모집단간의 평균의 합에 관한 가설검정보다 차에 관한 가설검정이 많이 쓰인다.

예를 들면 서로 다른 두 지역간 소득의 차이가 있는지 알아보기 위하여 서로 다른 지역에서 각각 표본 가구를 추출하여 두 지역간 가구의 월 평균소득에 차이가 있는지 알아보는 경우도 있겠고 또 서로 다른 두 학교 학생들의 학과목 평균성적에 있어 차이가 있는지 알아보는 경우에도 평균의 차에 관한 검정은 유용하다.

12.2 두 모집단간 평균의 차에 관한 가설검정

두 모집단간 평균의 차이에 관한 가설검정에 있어서는 두 모집단 각각의 분산(σ_1^2, σ_2^2)을 알고 있을 경우와 모를 경우에 따라 달라지고 또 추출하는 표본이 크기가 소표본인가 또는 대표본인가에 따라 상이하다.

12.2.1 두 모집단의 분산 σ_1^2, σ_2^2 을 알 때

(1) 소 표본의 경우

표본의 크기가 작은 경우에는 두 가지 케이스로 나누어 생각해 볼 수 있다. 첫째는 두 모집단이 정규분포를 이룰 경우, 이때에는 표본의 크기가 작더라도 표본평균의 차에 관한 표본분포는 정규분포를 이루므로 Z분포를 이용하여 가설검정을 할 수 있다. 그러나 둘째의 케이스 즉, 두 모집단이 정규분포를 이루지 않을 경우에는 σ_1^2, σ_2^2을 알고 있다고 해도 Z분포를 이용할 수 없다. 왜냐하면 표본의 크기가 작은 경우 모집단의 분포를 모르는 상황에서 표본평균의 차에 관한 분포를 알 수 없기 때문이다. 즉, σ_1^2, σ_2^2을 아는 상태에서 표본의 크기가 작을 때 ($n \leq 30$) 에는 두 모집단이 정규분포를 이룰 때에만 Z분포를 이용하여 가설검정을 할 수 있다. 여기서 앞서 공부한 평균의 차의 표본분포의 특성을 살펴보자. 두 모집단의 평균과 분산이 각각 μ_1, μ_2 및 σ_1^2, σ_2^2이고 또한 이 모집단들로부터 추출한 표본의 크기가 각각 n_1, n_2이라면,

$$E(\overline{X_1}) = \mu_{\overline{X}_1} = \mu_1 \ , \qquad Var(\overline{X}_1) = \frac{\sigma_1^2}{n_1}$$

$$E(\overline{X_2}) = \mu_{\overline{X}_2} = \mu_2 \ , \qquad Var(\overline{X}_2) = \frac{\sigma_1^2}{n_2} \text{ 이므로}$$

$$E(\overline{X}_1 - \overline{X}_2) = E(\overline{X}_1) - E(\overline{X}_2) = \mu_1 - \mu_1$$

$$\begin{aligned} Var(\overline{X}_1 - \overline{X}_2) &= Var(\overline{X}_1) + Var(\overline{X}_2) - 2Cov(\overline{X}_1, \overline{X}_2) \\ &= \frac{\sigma_1^2}{n_1} + \frac{\sigma_2^2}{n_2} \end{aligned}$$

($\overline{X}_1$, $\overline{X}_2$ 는 상호 독립적이므로 $Cov(\overline{X}_1, \overline{X}_2) = 0$)

즉 표본평균의 차의 표본분포는

평균	$\mu_{\overline{X}_1 - \overline{X}_2} = E(\overline{X}_1 - \overline{X}_2) = \mu_1 - \mu_2$
분산	$\sigma^2_{\overline{X}_1 - \overline{X}_2} = Var(\overline{X}_1 - \overline{X}_2) = \dfrac{\sigma_1{}^2}{n_1} + \dfrac{\sigma_2{}^2}{n_2}$

이다.

따라서 $(\overline{X}_1 - \overline{X}_2)$의 분포는 평균이 $(\mu_1 - \mu_2)$이고 분산이

$(\frac{\sigma_1^2}{n_1}+\frac{\sigma_1^2}{n_2})$이므로 $(\overline{X}_1-\overline{X}_2)$의 분포를 표준정규분포인 Z분포로 바꾸면

$$Z=\frac{(\overline{X}_1-\overline{X}_2)-(\mu_1-\mu_2)}{\sqrt{\frac{\sigma_1^2}{n_1}+\frac{\sigma_2^2}{n_2}}}$$ 이다.

[예제 1] 어떤 회사에서 영업사원 10명에게 판매기법을 교육한 결과 판매량이 일인당 월평균 15개였으며 또다른 영업원 8명에게 판매기법에 대한 교육 없이 일인당 월 평균 판매량을 측정하였더니 12개였다. 이런 경우 교육훈련의 효과가 있다고 할 수 있을 것인지 검정하여라. 각 집단의 표준편차는 5개로 같다고 하고 $\alpha=0.01$ 이고 두 집단 모두 정규분포를 이룬다고 한다.

풀 이 두 집단간 교육훈련의 차이가 없다는 것을 귀무가설로 했을 때 대립가설은 교육훈련 후의 판매량이 더 크다는 것이 된다(즉, 단측검정). 이 경우는 Z분포를 이용하여 가설검정을 한다. 왜냐하면 소표본이지만 각 집단의 모 표준편차를 알며 또한 두 집단 모두 정규분포를 이루기 때문이다.

i) H_O: $\mu_1 = \mu_2$

H_A: $\mu_1 > \mu_2$

ii) $\alpha=0.01$

iii) $Z \le 2.33$ H_O를 채택

$Z > 2.33$ H_O를 기각

iv) Z통계량을 구하기 위하여

$\sigma_C=\sqrt{\frac{\sigma_1^2}{n_1}+\frac{\sigma_2^2}{n_2}}$ 을 구하면

$\sigma_C=\sqrt{\frac{25}{10}+\frac{25}{8}}=2.372$ 따라서

$$Z = \frac{(\overline{X}_1 - \overline{X}_2) - (\mu_1 - \mu_2)}{\sigma_C} = \frac{(15-12)-0}{2.372} = 1.265$$

1.265는 H_O를 채택하는 영역에 속하므로 귀무가설을 채택한다.

v) 판매기법에 관한 교육훈련은 효과가 있다고 할 수 없다. (즉 대립가설을 기각)

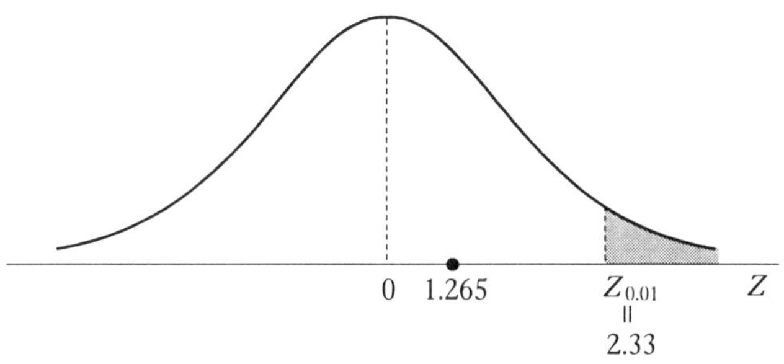

그림 12.1 Z분포와 기각역

(2) 대 표본의 경우

모집단의 분산을 알면서 표본이 큰 경우는 중심극한정리에 의하여 모집단의 분포가 꼭 정규분포일 필요가 없다. 즉 모집단의 분포가 어떤 분포이던지 표본평균이 이루는 분포는 표본의 크기가 커 질수록 정규분포에 접근하기 때문이다. 이 때에는 Z분포를 사용하여 검정을 하며 Z통계량은

$$Z = \frac{(\overline{X}_1 - \overline{X}_2) - (\mu_1 - \mu_2)}{\sqrt{\frac{\sigma_1^2}{n_1} + \frac{\sigma_2^2}{n_2}}}$$

이다.

[예제 2] 어떤 지역에 있는 A,B 두 학교 학생들의 영어 성적에 있어 차이가 있는지 알아보기 위하여 A학교 학생 40명을 뽑아 평균성적을 조사했더니 75점이었으며 B학교 학생 50명을 뽑아 평균성적을 조사했더니 70점이었다. A,B학교 학생들의 성적의 분산이 각각 30점 및 40점이라고 할 때 두 학교 학생들의 성적에 차이가 있는지 $\alpha=0.05$에서 검정하라.

풀 이

i) $H_O: \mu_1 = \mu_2$

$H_A: \mu_1 \neq \mu_2$

ii) $\alpha = 0.05$

iii) $-1.96 \leq Z \leq 1.96$ 이면 H_O를 채택

$Z > 1.96$ 또는 $Z < -1.96$이면 H_O를 기각

iv) $$Z = \frac{(\overline{X_1}-\overline{X_2})-(\mu_1-\mu_2)}{\sqrt{\frac{\sigma_1^2}{n_1}+\frac{\sigma_2^2}{n_2}}} = \frac{(75-70)-(0)}{\sqrt{\frac{30}{40}+\frac{40}{50}}}$$

$$= \frac{5}{1.245} = 4.01$$

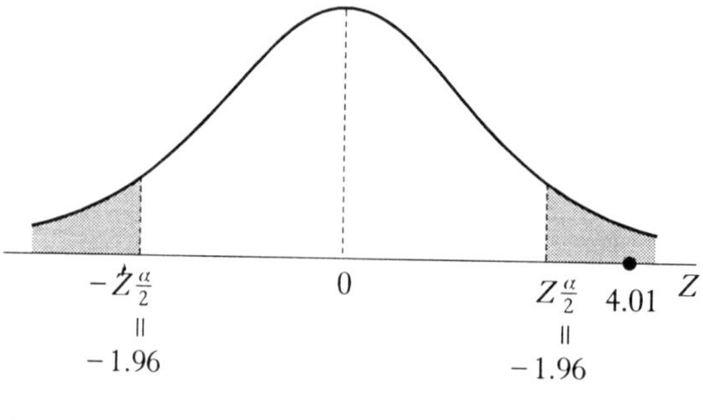

그림 12.2 Z분포와 기각역

v) 이 Z값은 H_O를 기각하는 영역이므로 H_O 를 기각함. 즉 A, B 두 학교 학생들의 영어 성적에 차이가 없다고 할 수 없다.

12.2.2 두 모집단의 분산 σ_1^2, σ_2^2 를 모를 때

앞에서는 두 모집단의 분산 σ_1^2 과 σ_2^2 을 알고 있다고 가정하고 또한 소표본의 경우 두 모집단이 정규분포를 이루고 있다고 가정하였다. (앞에서 설명한 바와 같이 대표본에서는 중심극한정리를 이용하므로 모집단이 정규분포를 이룬다는 가정이 불필요) 그러나 실제에 있어서는 모집단의 평균을 모르는 상황에서 모집단의 분산을 모르는 경우가 보통이므로 두 모집단의 분산 σ_1^2 , σ_2^2을 알지 못하는 경우 σ_1^2 , σ_2^2의 불편추정치인 표본의 분산 S_1^2 , S_2^2을 구하고 난 후 t통계량을 이용하여 가설검정을 한다. 이 경우에도 앞서의 경우와 마찬가지로 소표본과 대표본의 두가지 경우로 나눌 수 있다.

(1) 소 표본의 경우

두 모집단의 분산을 모르는 경우에는 두 가지 가정이 필요하다. 첫째, 두 모집단 모두 정규분포를 이루며 둘째, 두 모집단의 분산 σ_1^2 과 σ_2^2은 동일하다라는 것이다. 여기서 두 모집단의 분산이 동일하다라는 것은 만약 귀무가설 (H_O: $\mu_1 = \mu_2$)이 옳다면 두 표본은 동일 모집단 (왜냐하면 $\mu_1 = \mu_2$, $\sigma_1^2 = \sigma_2^2$이므로)에서 추출한 것이 된다. 따라서 두 표본에서 구한 표본분산 S_1^2, S_2^2을 각각의 자유도로 가중평균한 통합분산(pooled variance)을 모집단 분산의 불편추정량으로 사용한다. 통합분산을 S_p^2라고 하면

$$S_p^2 = \frac{(n_1-1)S_1^2 + (n_2-1)S_2^2}{(n_1-1)+(n_2-1)}$$

이다.

여기서 S_1^2, S_2^2, (n_1-1), (n_2-1)을 각각 첫 번째와 두 번째 표본의 표본분산 및 자유도이다.

이때 총자유도는 $(n_1-1)+(n_2-1)=n_1+n_2-2$가 된다. S_1^2 및 S_2^2은 아래와 같다.

$$S_1^2=\frac{1}{n_1-1}\sum(X_1-\overline{X_1})^2$$

$$S_2^2=\frac{1}{n_2-1}\sum(X_2-\overline{X_2})^2$$

이 때 두 모집단 평균의 차이에 대한 가설검정은 자유도가 n_1+n_2-2인 t분포를 이용하게 되는데 여기에 쓰이는 t통계량은 아래와 같다.

$$t=\frac{(X_1-X_2)-(\mu_1-\mu_2)}{S_P\sqrt{\frac{1}{n_1}+\frac{1}{n_2}}}$$

단,

$$S_P=\sqrt{\frac{(n_1-1)S_1^2+(n_2-1)S_2^2}{(n_1-1)+(n_2-1)}}$$

이다.

이해를 돕기 위해 예제를 들어보자.

[예제 3] 어떤 지역에 있는 유치원의 남녀교사들의 평균재직 개월수를 알아보기 위하여 남녀 교사를 각각 7명, 6명을 추출하여 조사한 결과는 다음과 같다. 이 결과로부터 남녀교사의 평균재직 개월수가 차이가 있는지 검정하여라. 단 유의수준 α는 0.05이고 두 모집단의 평균재직 기간의 분산은 동일하다고 가정한다.

남 32, 46, 28, 31, 50, 40, 37

여 25, 35, 41, 29, 43, 36

풀 이 위의 자료로부터 평균과 분산을 구하면 아래와 같다.

$n_1=7$, $\overline{X}_1=37.7$, $S_1^2=66.244$

$n_2=6$, $\overline{X}_2=34.8$, $S_2^2=47.37$

가설검정을 두 가지 즉 양측검정과 단측검정으로 나누어 하기로 한다.

① 양측검정

i) H_O: $\mu_1 = \mu_2$

H_A: $\mu_1 \neq \mu_2$

ii) $\alpha = 0.05$

iii) 소표본으로 σ_1^2, σ_2^2이 알려져 있지 않은 경우이므로 t분포를 이용한다. 총 자유도는 $(n_1-1)+(n_2-1)$이므로 11이다.

따라서 양측검정이므로 $t_{11,\frac{\alpha}{2}}=2.201$

$-2.201 \leq t \leq 2.201$ 이면 H_O를 채택

$t > 2.201$ 또는 $t < 2.201$ 이면 H_O를 기각

iv) $$t=\frac{(X_1-X_2)-(\mu_1-\mu_2)}{S_P\sqrt{\frac{1}{n_1}+\frac{1}{n_2}}}$$

단,

$$S_P=\sqrt{\frac{(n_1-1)S_1^2+(n_2-1)S_2^2}{(n_1-1)+(n_2-1)}}$$

이므로

$$S_P=\sqrt{\frac{6\times 66.24+5\times 47.37}{6+5}}=\sqrt{\frac{634.29}{11}}=\sqrt{57.66}$$

$$\therefore\ S_P=7.59$$

$$\therefore\ t=\frac{(X_1-X_2)-(\mu_1-\mu_2)}{S_P\sqrt{\frac{1}{n_1}+\frac{1}{n_2}}}=\frac{(37.7-34.8)-0}{7.59\sqrt{\frac{1}{7}+\frac{1}{6}}}=\frac{37.7-34.8}{7.59\times 0.56}$$

$$=\frac{2.9}{4.25}=0.68$$

v) $t=0.68$은 H_O를 채택하는 구간에 포함되므로 H_O를 채택. 따라서 남, 녀 교사들의 평균재직기간은 차이가 있다고 할 수 없다.

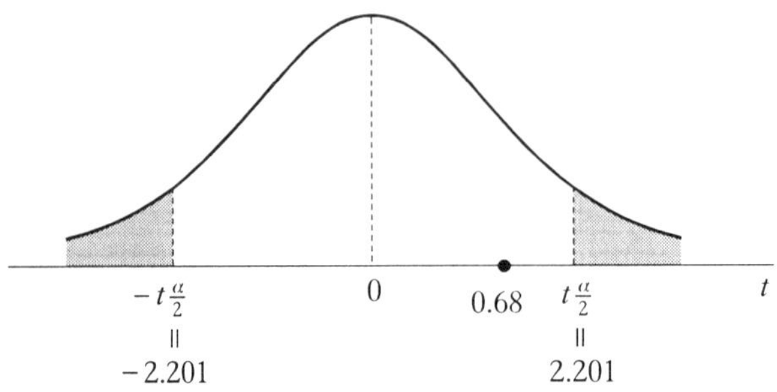

그림 12.3 t분포와 기각역

② 단측검정

i) H_O: $\mu_1 = \mu_2$

H_A: $\mu_1 > \mu_2$

ii) $\alpha = 0.05$

iii) 자유도 11의 단측검정이므로 $t_{11\ \alpha} = 1.796$

$t \leq 1.796$이면 H_O를 채택

$t > 1.796$이면 H_O를 기각

iv) t통계량은 위의 경우에서와 같이 $t=0.68$이므로 H_O를 채택하는 영역에 포함.

v) 따라서 H_O를 기각. 즉 남녀교사의 평균재직 개월수가 다르다고 할 수 없다.

(남자교사가 여자교사보다 평균재직개월수가 길다고 할 수

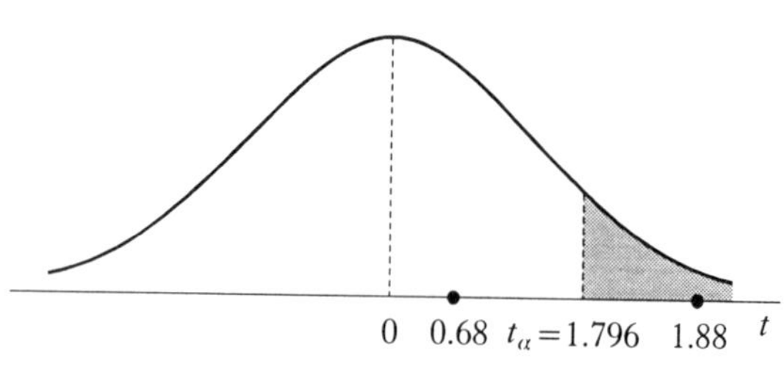

그림 12.4 t분포와 기각역

(2) 대표본의 경우

두 모집단의 분산 σ_1^2, σ_2^2을 모르지만 $\sigma_1^2=\sigma_2^2$이라고 가정할 수 있으며 표본의 크기 n_1, n_2가 큰 경우에는 중심극한정리에 의해 Z분포를 이용한다. 두 개의 모집단에서 추출한 표본의 분산을 각각 S_1^2, S_2^2이라고 하면 표본평균의 차의 표준편차 S_d는

$$S_d=\sqrt{\frac{S_1^2}{n_1}+\frac{S_2^2}{n_2}}$$

이다.

따라서 Z통계량은 아래와 같다.

$$Z=\frac{(\overline{X}_1-\overline{X}_2)-(\mu_1-\mu_2)}{\sqrt{\frac{S_1^2}{n_1}+\frac{S_2^2}{n_2}}}$$

[예제 4] A회사의 전구가 B 회사의 전구보다 평균수명이 100시간 더 길다는 주장을 검정하기 위하여 A회사 전구를 100개 추출하여 조사하였더니 평균수명은 1,500시간 이었고 분산은 22,500시간이었으며 B회사 전구를 80개 추출하여 조사하였더니 평균수명은 1,350시간이었고 분산은 16,900시간이었다.

유의수준 $\alpha=0.01$에서 위의 주장을 검정하여라.

풀 이 위의 문제를 정리해 보면

$$n_1=100,\quad \overline{X}_1=1,500,\quad S_1^2=22,500$$

$$n_2=80,\quad \overline{X}_2=1,350,\quad S_2^2=16,900$$

이다.

① 양측검정

i) H_O: $\mu_1-\mu_2=100$

H_A: $\mu_1-\mu_2\neq 100$

ii) $\alpha = 0.01$

iii) 대표본 Z분포를 이용하므로

$-2.57 \leq Z \leq 2.57$ 이면 H_0를 채택

$Z > 2.57$ 또는 $Z < -2.57$이면 H_0를 기각

iv) $$Z = \frac{(\overline{X}_1 - \overline{X}_2) - (\mu_1 - \mu_2)}{\sqrt{\frac{S_1^2}{n_1} + \frac{S_2^2}{n_2}}} = \frac{(1,500 - 1,350) - (100)}{\sqrt{\frac{22,500}{100} + \frac{16,900}{80}}}$$

$$= \frac{50}{\sqrt{436.25}} = \frac{50}{20.89} = 2.39$$

v) $Z = 2.39$는 H_0를 채택하는 영역이므로 A회사의 전구의 평균수명은 B회사전구의 평균수명보다 100시간이 더 길다고 할 수 있다.

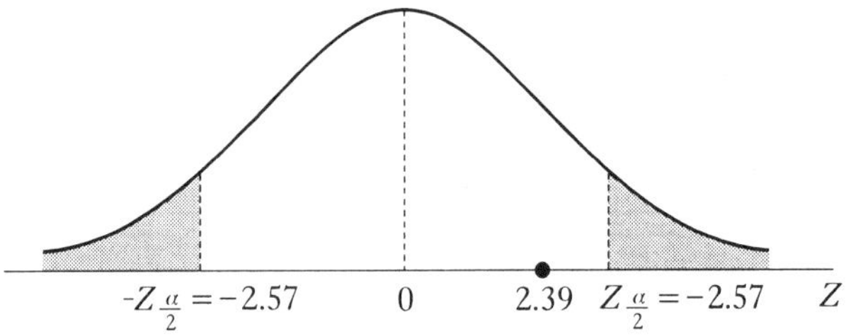

그림 12.5 Z분포와 기각역

12.3 두 표본이 짝을 이룬 경우 표본의 차에 관한 검정

이제까지 우리는 두 개의 모집단으로부터 추출된 2개의 표본평균의 차에 대한 가설검정을 살펴보았다.

이 절에서 우리가 공부할 내용은 하나의 표본에 대하여 어떤 실험의 전(前)과 후(後)를 비교하여 실험의 효과가 있는지를 검정하는데 사용한

다. 예를 들면 다이어트 프로그램의 전과 후를 체중을 측정하여 검정한다든가 또는 어떤 직업훈련의 효과를 알아보기 위하여 직업훈련의 전과 후의 생산성을 조사하여 훈련의 효과를 검정하는 데 쓰인다.

두 표본이 짝을 이루는 경우 각 표본의 관찰치들이 정규분포를 이룬다면 그 차이의 표본분포도 정규분포를 이룬다. 여기서 짝지어진 표본의 차에 대한 표본분포의 평균과 표준편차는 다음과 같다.(실험전후의 관찰치의 차이를 D_i라면 $D_i = X_1 - X_2$)

짝을 이룬 표본의 차의 표본분포

평균 $\mu_D = \mu_1 - \mu_2$

표준편차 $S_D = \sqrt{\dfrac{\sum(D-\overline{D})^2}{n-1}}$

단, $\overline{D} = \dfrac{\sum D_i}{n}$

이 때 짝을 이룬 표본평균의 차에 대한 가설검정은 자유도가 $n-1$인 t분포를 이루며 이것에 대한 t통계량은 아래와 같다.

$$t = \frac{\overline{D} - (\mu_1 - \mu_2)}{\dfrac{S_D}{\sqrt{n}}}$$

[예제 5] 어떤 헬스클럽에서 새로운 다이어트 프로그램의 효과가 있는지 알아보기 위하여 6명을 대상으로 실시전과 실시후의 체중을 조사해본 결과 다음과 같은 자료를 얻었다. 이 다이어트 프로그램의 효과가 있는지를 유의수준 5%에서 검정하여라.

사람	다이어트전 체중	다이어트후 체중
1	70	68
2	68	70
3	72	66
4	63	64
5	69	66
6	76	72

풀 이

위의 자료로부터 D_i, $D_i - \overline{D}$, $(D_i - \overline{D})^2$을 각각 구하면 다음과 같다. $(D_i = X_1 - X_2)$

사람	다이어트 전 체중 (X_1)	다이어트 후 체중 (X_2)	D_i	$D_i - \overline{D}$	$(D_i - \overline{D})^2$
1	70	68	2	0	0
2	68	70	-2	-4	16
3	72	66	6	4	16
4	63	64	-1	-3	9
5	69	66	3	1	1
6	76	72	4	2	4
			$\sum D_i = 12$		$\sum(D_i - \overline{D})^2 = 46$

$$\overline{D} = \frac{\sum D_i}{n} = \frac{12}{6} = 2$$

$$S_d = \sqrt{\frac{\sum(D_i - \overline{D})^2}{n-1}} = \sqrt{\frac{46}{5}} = \sqrt{9.2} = 3.03$$

위의 기초수치를 이용하여 다이어트 전과 다이어트 후의 체중이 같다는 귀무가설을 검정함으로써 다이어트 프로그램의 효과를 알아 볼 수 있다.

i) H_O: $\mu_D = 0$ (즉 $\mu_1 = \mu_2$) $(\mu_D = \mu_1 - \mu_2)$

H_A: $\mu_D \neq 0$ (즉 $\mu_1 \neq \mu_2$)

ii) $\alpha = 0.05$

iii) 자유도는 5(=6-1)이고 $t_{5, \frac{\alpha}{2}} = 2.571$

$-2.571 \le t \le 2.571$ 이면 H_O를 채택

$t > 2.571$ 또는 $t < -2.571$이면 H_O를 기각

iv) $t = \dfrac{\overline{D} - (\mu_1 - \mu_2)}{\frac{S_D}{\sqrt{n}}} = \dfrac{2-0}{\frac{3.03}{\sqrt{6}}} = 1.62$

$t = 1.62$는 H_O를 채택하는 구간에 속하므로 H_O를 채택

v) 따라서 다이어트 프로그램의 효과가 있다고 할 수 없다.

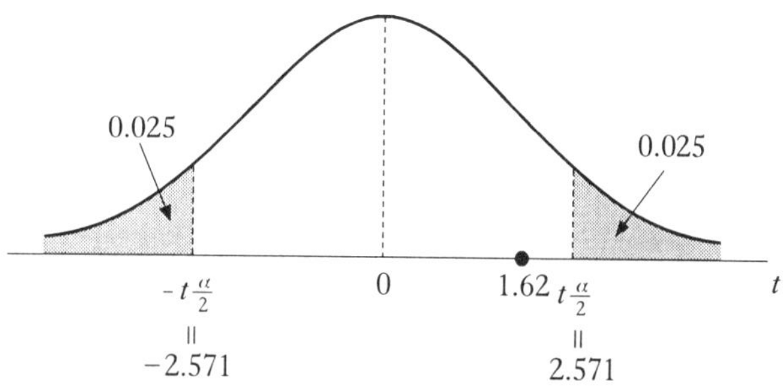

그림 12.6 t 분포와 기각역

12.4 두 모집단의 비율의 차에 관한 가설검정

두 모집단의 비율의 차에 대한 가설검정은 다음의 경우를 알아보는데 유용하다. 가령 어떤 회사에서 A, B 두 기계간에 불량률의 차이가 있는지 또는 A, B 두 지역간 실업율에 차이가 있는지 등이 비율의 차에 대한 가설검정의 대상이 된다.

모집단 비율이 각각 π_1, π_2인 두 모집단에서 표본의 크기가 각각 n_1, n_2인 모든 가능한 표본을 추출하여 표본비율 $p_1 - p_2$를 구했을 때 $p_1 - p_2$의 표본분포는 평균과 분산이 각각 다음과 같은 정규분포를 이룬다.

$$E(p_1 - p_2) = E(p_1) - E(p_2) = \pi_1 - \pi_2$$

$$\begin{aligned} Var(p_1 - p_2) &= Var(p_1) + Var(p_2) \\ &= \frac{\pi_1(1-\pi_1)}{n_1} + \frac{\pi_2(1-\pi_2)}{n_2} \end{aligned}$$

$$\sigma_{p_1 - p_2} = \sqrt{\frac{\pi_1(1-\pi_1)}{n_1} + \frac{\pi_2(1-\pi_2)}{n_2}}$$

만약 모집단의 비율 π_1, π_2가 알려지지 않았을 경우 표본비율 p_1, p_2를 사용하며 이 때의 표본비율의 분산과 표준편차는 각각 다음과 같다.

$$S^2_{p_1-p_2}=\frac{p_1(1-p_1)}{n_1}+\frac{p_2(1-p_2)}{n_2}$$

$$S_{p_1-p_2}=\sqrt{\frac{p_1(1-p_1)}{n_1}+\frac{p_2(1-p_2)}{n_2}}$$

여기서 검정하고자 하는 귀무가설이 옳다면 $\pi_1=\pi_2$가 된다. 그러나 표본의 비율 p_1과 p_2는 동일하지 않으므로 하나의 통합표본비율 $\hat{p}$으로 조정하며 $\hat{p}$은 p_1과 p_2의 가중평균치로써 다음과 같이 구한다.

$$\hat{p}=\frac{n_1p_1+n_2p_2}{n_1+n_2} \quad \left(\text{또는} \frac{X_1+X_2}{n_1+n_2}\right)$$

X_1 : 표본 1의 성공 발생횟수

X_1 : 표본 2의 성공 발생횟수

따라서

$$S_{p_1-p_2}=\sqrt{\frac{\hat{p}(1-\hat{p})}{n_1}+\frac{\hat{p}(1-\hat{p})}{n_2}}$$
$$=\sqrt{\hat{p}(1-\hat{p})\left(\frac{1}{n_1}+\frac{1}{n_2}\right)}$$
이다.

여기서 모집단 비율의 차이에 대한 Z통계량은 아래와 같다.

$$Z=\frac{(p_1-p_2)-(\pi_1-\pi_2)}{S_{p_1-p_2}}=\frac{(p_1-p_2)-(\pi_1-\pi_2)}{\sqrt{\hat{p}(1-\hat{p})\left(\frac{1}{n_1}+\frac{1}{n_2}\right)}}$$

단 $\hat{p}=\frac{n_1p_1+n_2p_2}{n_1+n_2}=\frac{X_1+X_2}{n_1+n_2}$

[예제 6] A, B 두 공장에서 동일한 제품을 생산한다. 두 회사 제품의 불량률이 차이가 있는지를 알아보기 위하여 각 회사제품을 100개씩 추출하여 불량품의 개수를 조사해 본 결과 A회사는 20개, B회사는 10개의 불량품이

발견되었다. 두 회사의 불량률에 차이가 있는지 유의수준 5%에서 검정하여라.

풀 이

$$\hat{p} = \frac{n_1 p_1 + n_2 p_2}{n_1 + n_2} = \frac{X_1 + X_2}{n_1 + n_2} \qquad \left(p_1 = \frac{X_1}{n_1},\quad p_2 = \frac{X_2}{n_2} \right)$$

$$= \frac{20+10}{100+100} = \frac{30}{200} = 0.15 \qquad \left(p_1 = \frac{20}{100} = 0.2,\quad p_2 = \frac{10}{100} = 0.1 \right)$$

양측검정을 적용하면

i) $H_O: \pi_1 = \pi_2$

$H_A: \pi_1 \neq \pi_2$

ii) $\alpha = 0.05$

iii) $-1.96 \leq Z \leq 1.96$ 이면 H_O를 채택

$Z > 1.96$ 또는 $Z < -1.96$이면 H_O를 기각

iv) $$Z = \frac{(p_1 - p_2) - (\pi_1 - \pi_2)}{\sqrt{\hat{p}(1-\hat{p})\left(\frac{1}{n_1} + \frac{1}{n_2}\right)}} = \frac{(0.2 - 0.1) - 0}{\sqrt{0.15 \times 0.85 \times \left(\frac{1}{100} + \frac{1}{100}\right)}}$$

$$= \frac{0.1}{0.05} = 2$$

v) 따라서 H_O를 기각하는 영역이므로 H_O를 기각.

즉 두 회사의 불량률은 동일하다고 할 수 없다.

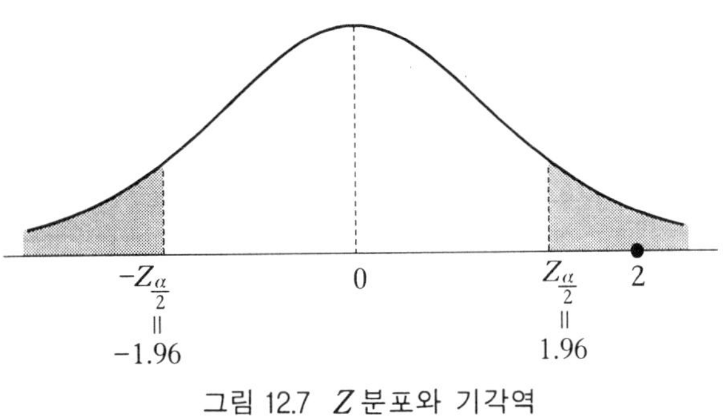

그림 12.7 Z분포와 기각역

연습문제

12.1 어떤 고등학교에서 이과반과 문과반 학생간 수학성적의 차이가 있는지 알아 보았더니 다음과 같은 시험결과가 나왔다.

이과반	76	81	95	69	85	90	79	$n_1=7$
문과반	68	75	85	77	80	64		$n_2=6$

위의 시험결과로 부터 이과반과 문과반간에 수학성적의 차이가 있는지를 $\alpha=0.05$에서 검정하라. 단 두 모집단의 표준편차는 동일하다고 가정한다.

12.2 다음은 A,B 두 회사에서 생산되는 전구에 관한 표본조사자료이다. 두 회사 전구의 평균수명에 있어 차이가 있는지 유의수준 0.05에서 검정하라.

	n	$\overline{X}$	S
A	100	1,520	130
B	90	1,490	80

12.3 어느 회사에서 남녀 종업원간에 임금격차가 있는지 알아보기 위하여 남녀종업원을 각각 36명씩 뽑아 조사하였더니 남자종업원의 평균임금과 표준편차는 각각 80만원과 44만원이었으며 여자종업원의 평균임금과 표준편차는 각각 70만원과 36만원이었다. 이 회사 남녀 종업원간에 임금격차가 있는지 유의수준 5%에서 검정하라.

12.4 A, B 두 종류의 타이어의 평균수명에 차이가 있는지 알아보기 위하여 각각 40개의 표본을 임의로 추출하여 조사한 결과가 다음과 같다.

	표본의 크기	표본평균	표본표준편차
타이어 A	40	$\overline{X_1} = 68,500$ km	$S_1 = 3,800$ km
타이어 B	40	$\overline{X_2} = 70,000$ km	$S_2 = 4,400$ km

두 타이어의 평균수명에 차이가 있는지를 유의수준 5%에서 검정하라.

12.5 두 종류의 페인트 제품에 대해 칠한 후 건조시간을 측정하였더니 다음과 같았다. 어느 페인트 제품이 건조시간이 더 빠른지를 $\alpha = 5\%$에서 검정하여라. (단, $\sigma_1 = \sigma_2$로 가정)(단위 : 분)

A	25	35	16	20	24
B	32	26	22	18	20

12.6 두 종류의 사료를 투여한 후 우유생산량에 차이가 있는지를 알아보기 위하여 각기 다른 기간동안 측정한 후 얻게 된 자료이다. 두 사료간에 우유생산량에 차이가 있는지 $\alpha = 0.01$에서 검정하여라. 단 우유생산량의 분포는 정규분포를 이룬다고 가정한다. (단 $\sigma_1 = \sigma_2$로 가정)

사료-1	사료-2
62	68
50	56
61	66
58	52
48	52
66	64

12.7 어떤 지역에서 A, B 정당간 지지율에 차이가 있는지를 조사하였더니 다음과 같은 결과를 얻었다. A, B정당의 지지율에 차이가 있는지를 $\alpha = 0.05$에서 검정하여라.

	표본의 크기	지지자의 수
A	200	84
B	200	96

12.8 다음은 어떤 회사의 영업사원에 대하여 판매기법에 관한 교육훈련의 효과를 측정한 자료이다. 교육훈련이 효과가 있는지를 유의수준 5%에서 검정하여라.

교육훈련전 판매량	교육훈련후 판매량
95	110
91	95
98	105
110	124
78	77
99	95

12.9 두 종류의 공부방법에 대하여 그 효과를 측정한 시험성적의 자료이다. A방법이 B방법보다 더 낫다고 할 수 있을지를 $\alpha=0.01$에서 검정하여라.

A	B
66	70
75	80
83	90
73	75
79	85
81	88

12.10 두 지역간의 8월 평균 강우량을 7년간 비교한 표이다. A지역의 평균강우량이 B지역의 평균 강우량보다 많다고 할 수 있는지를 검정하여라. (단 유의수준은 0.05이며 $\sigma_1=\sigma_2$로 가정)

(단위 : ㎜)

A	220	150	180	204	165	135	242
B	180	140	170	192	180	150	265

12.11 어떤 특정 시간대에 A, B 두 TV방송국의 시청률을 조사해본 결과

A방송프로는 200명중 100명이, B방송프로는 200명중 70명이 시청하였다. 두 방송프로의 시청률에 차이가 있는지 유의수준 5%에서 검정하여라.

12.12 최근에 개발된 캠코더 모델에 대하여 선호도를 조사해 본 결과 남자는 300명중 90명이, 여자는 200명중 65명이 새로운 모델을 선호하는 것으로 나타났다. 새로운 캠코더 모델의 선호도에 있어 남녀간에 차이가 있는지 유의수준 5%에서 검정하라.

제13장 모집단의 분산에 관한 가설검정

13.1 단일 모집단의 분산에 관한 가설검정
13.2 두 모집단의 분산에 관한 가설검정

모집단의 분산에 관한 가설검정에는 두가지 경우로 나눌수 있다. 첫째는 단일모집단의 분산에 관한 가설검정이고 둘째는 두 모집단의 분산에 관한 가설검정이다.

첫째의 경우로는 어떤 음료수 회사에서 용기에 주입하는 음료수의 양이 균일해야 합격품이 된다고 할 때 용기에 주입된 음료수의 양의 분산이 어떤 특정값보다 작은가의 여부를 검정할 때 쓰이고 둘째의 경우로는 가령 어떤 기간동안 청소년의 실업률의 변동과 중년남자의 실업율의 변동이 크게 차이가 나는지의 여부를 알아 보는데 쓰인다. 즉 청소년 실업율의 분산과 중년남자 실업율의 분산의 비(比)값이 1에서 크게 차이가 나는지 여부를 검정함으로써 유의한 결론에 이를 수 있다.

13.1 단일 모집단의 분산에 관한 가설검정

앞의 6장에서 우리는 분산이 σ^2인 어떤 모집단에서 표본의 크기가 n인 가능한 모든 표본을 추출하여 표본분산 $S^2\left[=\frac{1}{n-1}\sum(X_i-\overline{X})^2\right]$을 구하였을 때 $\frac{(n-1)S^2}{\sigma^2}$은 자유도가 $(n-1)$인 χ^2분포를 이룬다는 것을 공부한 바 있다.

단일 모집단의 분산에 관한 가설검정은 χ^2통계량을 이용하며 검정과정은 아래와 같다.

먼저 가설을 설정하고 다음으로 유의수준과 자유도 $(=n-1)$에 따라 귀무가설을 채택할 구간과 기각할 구간을 설정한 다음 표본으로부터 구한 표본분산으로 χ^2통계량을 구하여 H_O를 채택할 것인지 또는 기각할 것인지를 결정한다.

① 양측검정

i) H_0: $\sigma^2 = q$

H_A: $\sigma^2 \neq q$

ii) 유의수준 α

iii) $X^2_{1-\frac{\alpha}{2}} \leq \frac{(n-1)S^2}{\sigma^2} \leq X^2_{\frac{\alpha}{2}}$ 이면 H_0를 채택

$\frac{(n-1)S^2}{\sigma^2} > X^2_{\frac{\alpha}{2}}$ 또는 $\frac{(n-1)S^2}{\sigma^2} < X^2_{1-\frac{\alpha}{2}}$ 이면 H_0 기각

② 단측검정

i) H_0: $\sigma^2 = q$ H_A: $\sigma^2 < q$	i) H_0: $\sigma^2 = q$ H_A: $\sigma^2 > q$
ii) 유의수준 α	ii) 유의수준 α
iii) $\frac{(n-1)S^2}{\sigma^2} \geq \chi^2_{1-\alpha}$ 이면 H_0를 채택 $\frac{(n-1)S^2}{\sigma^2} < \chi^2_{1-\alpha}$ 이면 H_0를 기각	iii) $\frac{(n-1)S^2}{\sigma^2} \leq \chi^2_{\alpha}$ 이면 H_0를 채택 $\frac{(n-1)S^2}{\sigma^2} > \chi^2_{\alpha}$ 이면 H_0를 기각

[예제 1] 어떤 기업체 종업원의 임금의 분산이 360,000원이라고 한다. 이러한 주장이 타당한지 여부를 검정하기 위하여 25명을 무작위로 추출하여 조사해 본 결과 160,000원이었다. 종업원의 임금의 분포는 정규분포를 이룬다고 가정하고 유의수준 $\alpha = 0.05$로 했을 때 위의 주장을 검정하라.

풀 이 양측 및 단측검정을 하면 아래와 같다.

① 양측검정

i) H_0: $\sigma^2 = 360,000$

H_A: $\sigma^2 \neq 360,000$

ii) $\alpha = 0.05$이며 자유도는 24(=25-1)

iii) $12.4 \leq \frac{(n-1)S^2}{\sigma^2} \leq 39.36$ 이면 H_O 를 채택

$\frac{(n-1)S^2}{\sigma^2} > 39.36$ 또는 $\frac{(n-1)S^2}{\sigma^2} < 12.4$ 이면 H_O 를 기각

iv) χ^2 통계량 $= \frac{(n-1)S^2}{\sigma^2} = \frac{24 \times 160,000}{360,000} = 10.67$

v) 이 값은 iii)의 기각 영역에 속하므로 H_O를 기각, 따라서 모분산(=전체 종업원 임금의 분산)은 360,000이라고 할 수 없다.

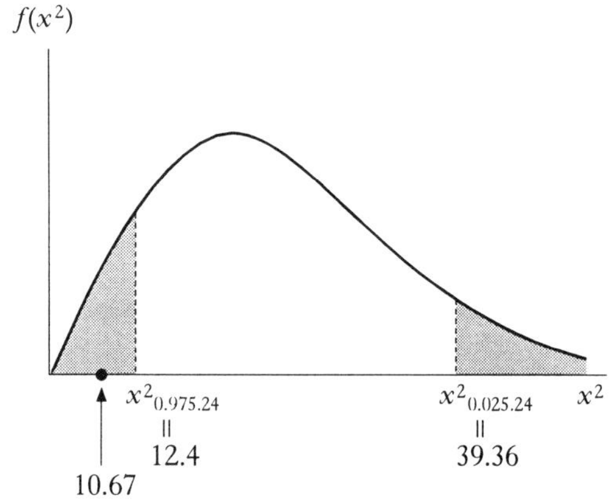

그림 13.1 χ^2 분포와 기각역

② 단측검정

i) H_O: $\sigma^2 = 360,000$

H_A: $\sigma^2 < 360,000$

ii) $\alpha = 0.05$이며 자유도는 24(=25-1)

iii) $\frac{(n-1)S^2}{\sigma^2} \geq 13.85$ 이면 H_0 를 채택

$\frac{(n-1)S^2}{\sigma^2} < 13.85$ 이면 H_0 를 기각

iv) $\chi^2 = \frac{(n-1)S^2}{\sigma^2} = 10.67$이므로 H_0를 기각하는 영역에 속함.

v) H_0를 기각, 따라서 전체 종업원의 임금의 분산은 360,000보다 크다고 할 수 없다.

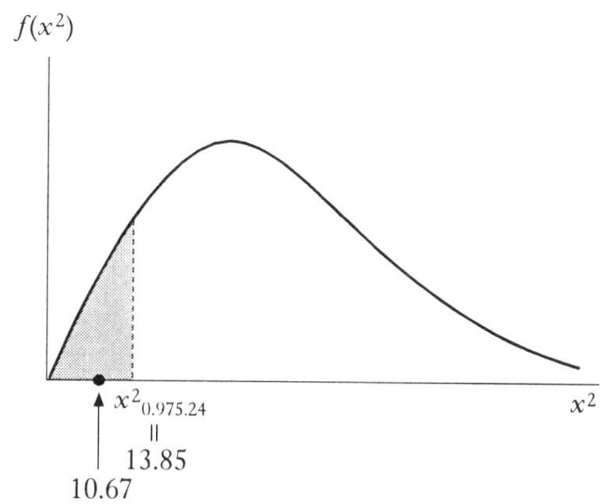

그림 13.2 χ^2 분포와 기각역

13.2 두 모집단의 분산에 관한 가설검정

두 모집단의 분산에 관한 가설검정은 두 모집단의 분산을 비교하는 가설을 검정하는 것으로써 예를 들면 두 지방간 소득의 격차가 어느쪽이 더 작은지 또는 큰지를 결정할 때 각 지방의 평균소득에 대한 분산의 값을 구하여 어느 쪽의 분산이 더 큰지를 봄으로써 지역간 소득격차를 비교 분석하는데 사용된다. 또 다른 예로는 두 제조업체가 동일상품을 제조할 때

어느 쪽이 품질관리가 균일한지 살펴볼 때에도 예컨데 각 제품의 평균수명에 대한 분산값을 비교해 봄으로써 품질관리의 균일성을 검정할 때 사용할 수 있다. 두 개의 분산을 비교하는 가설검정에는 F분포가 사용된다. F분포는 제6장에서 설명한 바와 같이 두 χ^2분포를 각각의 자유도로 나눈 것과 같으며 이것을 간략히 하면 다음의 식과 같이 표시된다는 것을 공부한 바 있다. 즉

$$F_{(n_1-1)(n_2-1)} = \frac{\dfrac{\chi_1{}^2}{(n_1-1)}}{\dfrac{\chi_2{}^2}{(n_2-1)}} = \frac{\left[\dfrac{(n_1-1)S_1{}^2}{\sigma_1{}^2}\right]/(n_1-1)}{\left[\dfrac{(n_2-1)S_2{}^2}{\sigma_2{}^2}\right]/(n_2-1)}$$

$$= \frac{\dfrac{S_1{}^2}{\sigma_1{}^2}}{\dfrac{S_2{}^2}{\sigma_2{}^2}}$$

따라서 만약 귀무가설 H_O: $\sigma_1^2 = \sigma_2^2$이 옳다면 F분포는 S_1^2 / S_2^2의 比값을 검정하는 것과 같다. 이 비(比)값이 1에 가까워진다면 우리는 두 모집단으로부터 추출한 표본의 분산은 서로 동일할 확률이 크므로 동일 모집단으로부터 추출한 것이라는 귀무가설을 받아들이는 입장이 될 것이며 그렇지 않다면 귀무가설을 기각하는 쪽이 될 것이다. 이 때 F통계량 $\left(= \dfrac{S_1^2}{S_2^2}\right)$의 값이 귀무가설을 채택하는 영역에 속할 것인가 또는 기각하는 영역에 속할 것인가는 분자와 분모의 자유도 즉 (n_1-1) 및 (n_2-1)과 유의수준에 따라 결정되는 임계치와 비교해 봄으로써 알 수 있다. 아래는 단측 및 양측검정의 순서를 예시한 것이다.

① 단측검정

i) H_O: $\sigma_1{}^2 = \sigma_2{}^2$

H_A: $\sigma_1{}^2 > \sigma_2{}^2$

ii) 유의수준 α

iii) $F \le F_{\alpha,(n_1-1)(n_2-1)}$ 이면 H_0 를 채택

$F > F_{\alpha,(n_1-1)(n_2-1)}$ 이면 H_0 를 기각

iv) F 통계치 $\left(=\dfrac{S_1^{\,2}}{S_2^{\,2}}\right)$를 구해서 iii)의 영역과 비교해 봄.

v) 결론을 내림.

② 양측검정

i) H_0: $\sigma_1^{\,2} = \sigma_2^{\,2}$

H_A: $\sigma_1^{\,2} \ne \sigma_2^{\,2}$

ii) 유의수준 α

iii) $\dfrac{1}{F_{\frac{\alpha}{2}(n_2-1)(n_1-1)}} \le F \le F_{\frac{\alpha}{2}(n_1-1)(n_2-1)}$ 이면 H_0 를 채택

$F > F_{\frac{\alpha}{2}(n_1-1)(n_2-1)}$ 또는 $F < \dfrac{1}{F_{\frac{\alpha}{2}(n_2-1)(n_1-1)}}$ 이면 H_0 를 기각

iv) F 통계치 $\left(=\dfrac{S_1^{\,2}}{S_2^{\,2}}\right)$를 구하여 iii)의 영역과 비교해 봄.

v) 결론을 내림.

① 단측 F검정

[예제 2] 다음은 어느 지역에서 청소년 및 성인남자들의 몇 년간에 걸친 년간 실업율을 나타낸 것이다. 이 자료로부터 경기변동에 따른 청소년들의 실업율의 변동이 성인남자들의 실업율의 변동보다 크다고 할 수 있을지를 $\alpha = 0.01$에서 검정하라(즉 청소년 실업율의 분산이 성인남자 실업률의

분산보다 큰지를 검정하여라.)

실업률(%)

X_1	청소년	11.5	15.6	21.5	18.7	10.5	19.3	14.5	$n_1=7$
X_2	성인남자	7.5	8.2	11.3	10.2	6.5	7.8		$n_2=6$

풀 이 자료를 이용하여 표본 통계량을 구하면

$\overline{X}_1 = 15.94,\quad \overline{X}_2 = 8.58$

$S_1^2 = 16.89,\quad S_2^2 = 3.25$

i) $H_O:\ \sigma_1{}^2 = \sigma_2{}^2$

$H_A:\ \sigma_1{}^2 > \sigma_2{}^2$

ii) $\alpha=0.01$

iii) $\alpha=0.01$에서 $F_{(6,5)}$에 해당되는 임계치는 10.67이므로

$F \leq 10.67$이면 H_O 를 채택

$F > 10.67$이면 H_O 를 기각

iv) $F=\dfrac{S_1{}^2}{S_2{}^2}=\dfrac{16.89}{3.25}=5.2$, $F=5.2$ 는 H_O를 채택하는 영역에 속하므로 H_O를 채택

v) 따라서 청소년들의 실업율의 변동이 성인남자들의 실업율의 변동보다 크다고 할 수 없다.

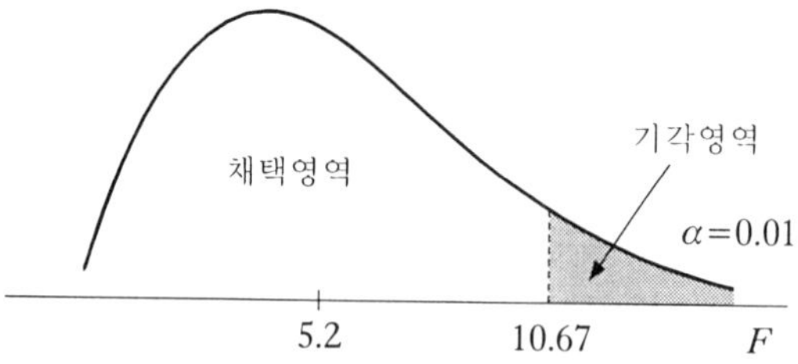

그림 13.3 F분포와 기각역

② 양측 F검정

[예제 3] A,B 두 회사에서 각각 전체 종업원들의 임금격차를 알아 보기 위하여 A회사에서 사원 8명을 무작위로 추출하여 평균임금과 분산을 조사해 본 결과 각각 $\overline{X}_1 = 820,000$, $S_1{}^2 = 320,000$이었으며 B회사 종업원 7명을 추출하여 조사해 보았더니 평균임금과 분산은 각각 $\overline{X}_2 = 760,000$원, $S_2{}^2 = 270,000$원이었다. 이 자료들로 부터 A회사 전체 종업원들의 임금격차가 B회사 전체 종업원들의 임금격차와 같다고 할 수 있는지를 $\alpha = 0.1$에서 검정하라.

풀 이

i) H_O: $\sigma_1{}^2 = \sigma_2{}^2$

H_A: $\sigma_1{}^2 \neq \sigma_2{}^2$

ii) $\alpha = 0.1$(양측검정이므로 $\frac{\alpha}{2} = 0.05$)

iii) 유의수준이 0.05일 때 우측 F임계치는 $F_{(7,6)} = 4.21$이며 좌측 임계치는 $\frac{1}{F_{(6,7)}} = \frac{1}{3.87} = 0.26$

따라서

$0.26 \leq F \leq 4.21$ 이면 H_O 를 채택

$F > 4.21$ 또는 $F < 0.26$ 이면 H_O 를 기각

iv) $F = \frac{S_1{}^2}{S_2{}^2} = \frac{320,000}{270,000} = 1.19$, F통계치는 H_O를 채택하는 영역에 속하므로 H_O를 채택

v) 따라서 A회사 전체 종업원들의 임금격차(평균임금의 분산)는 B회사 전체 종업원들의 임금격차 보다 크다고 할 수 없다.

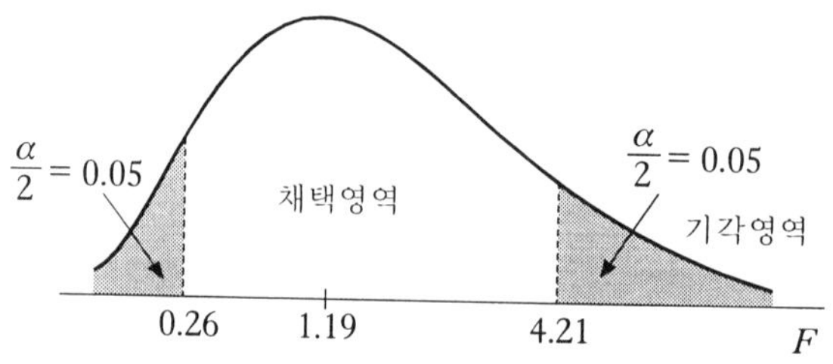

그림 13.4　F분포와 기각역

연습문제

13.1 F분포표를 이용하여 다음의 경우에 해당되는 임계치를 구하라.

① $\alpha=0.05$일 때 자유도가 (8, 5)인 우측임계치(단측검정)

② $\alpha=0.1$일 때 자유도가 (7, 6)인 좌측 및 우측임계치(양측검정)

13.2 어느 학급학생 10명의 체중을 측정한 자료가 다음과 같을 때 이 학급 학생들의 체중의 분산이 $\sigma^2=80$이라고 할 수 있는지 유의수준 10%에서 검정하라.

65 78 49 53 72 64 58 46 62 50

13.3 어떤 용기의 마개의 지름은 분산이 0.25㎜이하이어야 용기에 적합하게 사용할 수 있다. 10개의 마개를 임의로 추출하여 분산을 측정해 본 결과 0.35㎜이었다. 이 자료로부터 다음의 가설을 $\sigma=5\%$에서 검정하여라.

$$H_O: \sigma^2=0.25, \quad H_A: \sigma^2>0.25$$

13.4 정규분포를 이루는 모집단에서 15개의 표본을 추출하여 평균과 분산을 측정하였더니 각각 $\overline{X}=45$, $S^2=26.5$이었다. 이 모집단의 분산이 30인지 아닌지를 $\alpha=0.05$에서 양측검정하여라.

13.5 어느 두 생수공장에서 어느쪽이 품질관리를 잘하는지 알아보기 위하여 A, B 두 제품을 각각 10병씩 추출하여 용량의 분산을 조사하였더니 각각 16cc 및 18cc이었다. 두 공장에서 생산되는 생수의 용량은 정규분포를 이룬다고 할 때 A공장이 B공장보다 품질관리를 잘 한다고 할 수 있을지를 $\alpha=0.05$에서 검정하여라.

13.6 A, B 두 지역의 소득격차를 조사한 결과가 다음과 같다고 할 때 A 지역의 소득격차와 B지역의 소득격차가 같다고 할 수 있는지를 유의수준 10%에서 검정하여라. (양측검정) 단 두 지역의 소득은 정규분포를 이룬다고 가정한다.

	표본의 크기	월 평균소득	표준편차
A	20	80만원	30만원
B	15	100만원	20만원

13.7 어느 고등학교에 이과반과 문과반의 두 그룹간에 영어성적의 분산에 차이가 있는지 알아보기 위하여 조사한 결과는 다음과 같았다.

이과	80	75	65	90	58	73
문과	70	92	87	78	65	80

이과반 성적의 분산이 문과반 성적의 분산보다 크다고 할 수 있는지 $\alpha = 0.01$에서 검정하여라.

13.8 어느 남녀고등학교 학생들의 체중에 관한 표본조사 결과는 다음과 같다.

	표본의 크기	평균체중	표준편차
남	18	65	18.5
녀	14	50	8.3

남학생 체중의 분산이 여학생 체중의 분산보다 크다고 할 수 있는지 유의수준 $\alpha = 0.05$에서 검정하여라.

13.9 동일한 전구를 생산하는 A,B 두 회사가 있는데 B회사는 자기회사에서 생산되는 전구가 A회사에서 생산되는 전구보다 품질이 보다 더 균일하다고 주장한다. 이러한 주장이 타당한지를 검정하기 위하여 소비자 단체에서 각기 10개씩의 전구를 무작위로 추출하여 평균수명과 표준편차를 측정한 결과 다음과 같았다. (유의수준은 0.05)

(단위 : 시간)

	평균	표준편차
A	1,400	285
B	1,350	120

위의 자료로부터 B회사 전구의 품질이 A회사 전구의 품질보다 균일하다고 할 수 있을지를 검정하여라.

13.10 A,B 두 집단으로부터 얻은 아래의 자료로부터 $\sigma_1{}^2 = \sigma_2{}^2$이라고 할 수 있는지 유의수준 5%에서 검정하여라.

A	65	72	58	82	75	61	55
B	45	48	53	55	62	47	57

제14장

회귀분석

14.1 회귀분석과 상관분석

14.2 산포도

14.3 단순 회귀모형

14.4 표본회귀식의 추정방법

14.5 최소자승법

14.6 회귀선의 적합도

14.7 상관분석

14.1 회귀분석과 상관분석

이제까지 우리는 한 개의 확률변수의 분포와 관련하여 표본에서 구한 통계량으로부터 모수를 추정하거나 또는 모집단의 모수에 대한 가설을 설정하여 검정하는 통계적 추론의 과정에 대하여 공부하였다.

그러나 일상에서 당면하게 되는 경제, 경영에 관한 연구나 기타 사회과학 연구에서 한 개의 변수만에 대하여 분석하기 보다는 둘이상의 변수가 관계된 현상에 대한 분석에 직면하는 수가 많다. 예를 들면 소득의 변화에 따른 소비의 변화를 분석하거나, 광고비 지출에 따른 매출액의 변화라던가 혹은 강우량과 수확량과의 관계 등에 대하여 분석해 볼 필요가 있다. 이러한 경우의 분석에 사용되는 통계적 기법이 회귀분석(回歸分析, regression analysis)이다.

이러한 회귀분석은 서로 관계가 있다고 간주되는 두 변수간에 있어 한 변수가 변화할 때 이 변화가 다른 변수에 어떠한 영향을 미치는가를 함수의 형태로 규명하고 이러한 함수의 형태를 바탕으로 하여 한 변수의 다른 변수에 대한 영향을 예측하고자 하는 데 그 목적이 있다고 할 수 있다. 여기서 두 변수간의 관계에 있어 영향을 미치는 변수를 독립변수(independent variable) 또는 설명변수(explanatory variable)라고 한다. 예컨대 앞의 예에서 소득이 소비에 미치는 영향을 분석한다고 할 때 소득이 독립변수이고 소비가 소득의 변화에 따라 변하는 변수이므로 종속변수가 된다. 마찬가지로 두 번째 예에서 광고비가 독립변수가 되고 매출액이 종속변수가 된다. 이와같이 회귀분석은 한 변수가 또 다른 변수에 미치는 영향을 분석하려는 것임에 반하여 상관분석(相關分析, correlation analysis)은 변수들간의 상호관련의 정도를 분석하는 것을 말한다. 회귀분석과 상관분석은 모두 변수들간의 영향 또는 관계를 분석한다는 점은 공통된다고 할 수 있으나 차이점은 회귀분석에서는 한 변수가 다른 변수에 미치는 영향을 분석한다는 점에서 변수들간의 인과관계를 전제로 하고 있으나 상관분석에서는 인과관계를 전제로 하지 않고 단지 변수들간의 관계의 강도 또는 정도를 분석하는 것이라는 것이다. 따라서 상관관계의 척도인 상관도가 높다고 하는 것이 반드시 한 변수가 다른 변수에 인과론적인 영향을 심히 미친다는 것을 의미하는 것은 아니고 단지 변수들간의 관계의 긴밀성이 높다는 것을 의미할 뿐이다. 그러나 그렇다고 해도 회귀분석에서는 상관분석도 수반되는 것이 보통이다. 왜냐하면 상관도가 높은 변수들 간에는 인과관계가 수반되는 경우가 있으므로 회귀분석에서는 상관분석도 병행되고 있다.

하나의 종속변수를 설명하는 데에는 하나 이상의 설명변수 또는 독립변수가 필요한 경우가 많다. 예를 들면 산출량을 설명하는 변수로 앞에서 예로든 강우량 외에 기온등도 해당될 수 있다. 즉 강우량의 변화뿐 아니라 기온의 변화등도 산출량에 영향을 미칠 수 있다. 이와같이 하나의 종속변수에 둘이상의 설명변수가 영향을 미칠 때 이러한 경우의 회귀분석을 **다중회귀분석**(多重回歸分析, multiple regression analysis)이라고 하고 앞서의 경우처럼 한 개의 설명변수가 종속변수에 영향을 미칠 때의 분석을 단순회귀분석(單純回歸分析, simple regression analysis)이라고 한다. 다중회귀분석은 단순회귀분석을 확장한 것이므로 이하의 설명에서는 단순회귀분석을 중심으로 하기로 한다.

14.2 산포도(散布度, scatter diagram)

산포도란 두 변수의 쌍을 좌표평면상에 표시한 그림을 나타내는 데 이러한 그래프를 통하여 두 변수간의 관계를 시각적으로 용이하게 파악하므로써 회귀분석이나 상관분석에 앞서 두 변수들 간의 긴밀성의 정도를 파악할 수 있다. 예를 들어 보기로 하자. 가령 다음과 같이 어느 상품에 대한 광고비와 매출액간의 관계를 나타내는 통계자료가 있다고 하자.

표 14.1 광고비와 매출액

(단위 : 백만원)

광고비	매출액
1	30
2	35
3	40
4	55
5	60
6	64
7	80

이때 광고비 지출액을 X축에, 또 매출액을 Y축에 표시하기로 한다면 다음과 같은 산포도를 구할 수 있다.

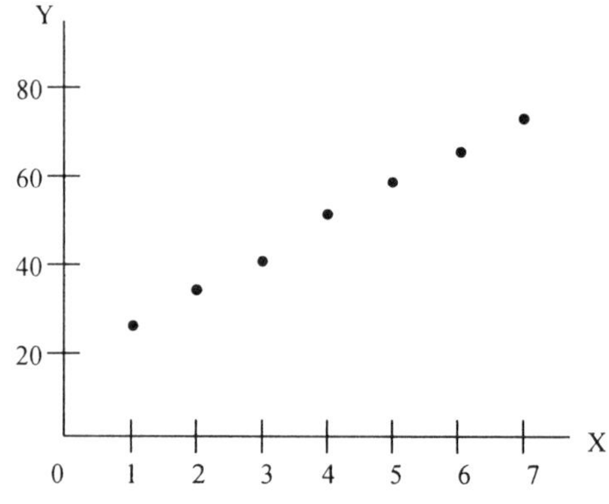

그림 14.1 광고비와 매출액의 산포도

이와 같이 산포도는 두 변수간의 관계를 개략적으로 나타내주기는 하지만 한 변수(즉 설명변수)가 또 다른 변수(즉 종속변수)에 미치는 영향을 정확히 파악하기 어렵다. 따라서 두 변수간의 함수관계를 나타내 주는 모형을 만들어 그 영향력의 정도를 파악하기 위해서는 회귀분석을 시행해 보아야 한다.

14.3 단순회귀모형

독립변수 X와 종속변수 Y의 관계를 수식으로 나타낸 식을 회귀식이라고 하고 이러한 수식을 일반적으로 나타낸 것을 회귀모형이라고 한다. 앞에서의 예와 같이 가령 광고비의 비례적 증가가 매출액의 비례적 증가를 가져온다는 가정을 한다면 광고비 X와 매출액 Y간의 선형의 관계, 즉 직선의 식(i.e, 1차식)의 관계를 상정해 볼 수 있다. 이러한 선형회귀모형을 단순회귀모형이라고 한다.

<표 14.1>에 예시된 광고비와 매출액간의 자료는 광고비 전체와 매출액 전체의 자료중 일부분에 불과하므로 표본집단이라고 할 수 있다. 여기서 우리가 갖게 되는 관심사는 광고비 전체의 변화가 매출액 전체에 미치는 영향에 관한 것이다. 그러나 실제적으로 광고비를 매단위마다 증가시켜 무한히 많은 단위까지 매출액의 변화를 측정하는 실험을 할 수는 없으므로(즉 광고비 X와 매출액 Y의 모집단을 알기 위하여) 결국 그 중 일부의 자료, 즉 광고비 일부분의 변화가 매출액 일부분의 변화에 미치는 영향을 조사해야 하므로 X와 Y의 표본을 상대로 분석을 할 수 밖에 없다. 그러므로 회귀식도 X와 Y의 모집단을 대상으로 하는 모집단 회귀식을 구할 수 없고 결국 X와 Y의 표본집단을 대상으로 할 수 밖에 없으므로 우리가 추정하는 회귀식은 모두 표본회귀식을 의미한다. 다음은 회귀분석에서 공부하게 될 새로운 개념에 대하여 소개하기로 한다.

① 모집단 회귀식

$$E(Y_i) = \beta_1 + \beta_2 X_i \qquad (14\text{-}1)$$

여기서 β_1는 모집단 회귀식(또는 모회귀선, 母集團回歸式, population, regression line)의 절편에 해당되며 β_2은 기울기로써 X의 변화가 Y의 기대값(즉 Y의 평균치)에 미치는 영향의 정도를 나타낸다. 이 관계를 그래프로 표현하면 다음과 같다.

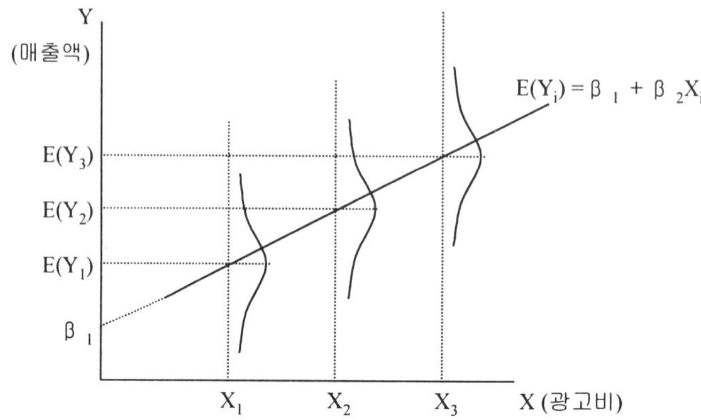

그림 14.2 모집단 회귀식

<그림 14.2>에서 X_1의 값에 대응되는 Y_1의 값은 일정한 것이 아니고 Y_1의 평균 $E(Y_1)$을 중심으로 하는 확률분포의 모양을 가지고 있음을 나타낸다. 마찬가지로 X_2, X_3의 경우에 대응되는 Y의 값도 각각 $E(Y_2)$, $E(Y_3)$를 중심으로 하는 확률분포의 모양을 띄게 된다. 이것이 시사하는 바는 가령 광고비가 X_1일 때 매출액은 회사의 여건에 따라 어떤 때는 $E(Y_1)$보다 많게도 또는 적게도 나타날 수 있음을 나타낸다. 즉 X_1에 대응되는 Y_1의 값은 Y_1의 평균인 $E(Y_1)$과는 확률적 오차항(또는 확률적 교란항, random disturbance) 즉 $u_1 = Y_1 - E(Y_1)$만큼 차이가 난다.

② 확률적 오차 $u_i = Y_i - E(Y_i)$

각 X_i에 대응되는 Y_i의 분포는 $E(Y_i)$를 중심으로 하는 확률적 분포를 나타낸다. 따라서 Y의 관찰치 Y_i와 $E(Y_i)$는 확률적 오차만큼 차이가 난다. 즉

$$u_i = Y_i - E(Y_i)$$

따라서 이러한 확률적 오차를 고려하여 모회귀모형(또는 모집단회귀모형, population regression function)을 상정할 수 있다.

③ 모회귀모형

$$Y_i = \beta_1 + \beta_2 X_i + u_i \quad (14\text{-}2)$$

$$= E(Y_i) + u_i$$

모 회귀모형이 의미하는 바는 X_i의 값에 따라 Y_i의 값이 확정적(deterministic)인 값인 것이 아니라 확률적(stochastic)인 값이 된다는 것이다. 앞의 광고비와 매출액간의 관계를 예로 들면, 광고비를 X_i만큼 들인다고 하여 매출액이 광고비에 비례하여 일정한 값이 되는 것이 아니라 시장여건, 소비자의 기호, 경제사정등의 여러 변수들에 의하여 그때마다 다른 값이 될 수 있음을 의미한다고 할 수 있다. 즉 회귀모형은 수리적모형과 달리 설명변수와 종속변수간에는 확정적(non-stochastic)인 관계가 아니라 확률적(stochastic)인 관계를 가진다는 것을 나타낸다. 따라서 X_i의 값에 대응되는 Y_i의 값들은 확률적으로 서로 독립된 관계에 있다. 모집단회귀식, 모집단 확률오차, 모집단 회귀모형에 대응되는 표본회귀식, 표본확률오차(또는 잔차), 표본회귀모형을 생각해 볼 수 있다. 즉

④ 표본회귀식

$$\widehat{Y}_i = \widehat{\beta}_1 + \widehat{\beta}_2 X_i \quad (14\text{-}3)$$

여기서 $\widehat{Y}_i$(i.e, Y_i hat이라고 읽음)은 모집단 종속변수 Y_i의 기대치인 $E(Y_i)$에 대한 추정치를 나타내며 표본관찰치의 예측치이기도 하다. 마찬가지로 $\widehat{\beta}_1$과 $\widehat{\beta}_2$(β_1 hat과 β_2 hat)은 모회귀선의 절편 β_1와 기울기 β_2에 대한 추정치를 나타낸다.

실제로 모집단 회귀선 또는 모회귀선의 모수(parameter)인 β_1와 β_2은

관찰할 수 없는 값이므로 이것에 대한 추정치 $\widehat{\beta}_1$와 $\widehat{\beta}_2$을 구하여(구하는 방법은 후술함) X의 Y에 대한 영향의 정도를 파악한다.

⑤ 표본오차항

$$e_i = Y_i - \widehat{Y}_i \qquad (14\text{-}4)$$

표본오차항(또는 잔차항, residual) e_i는 모집단의 확률적 오차항 또는 교란항인 u_i의 추정치를 나타내며 표본관찰치 Y_i와 Y_i의 예측치 $\widehat{Y}_i$과의 차이를 나타낸다.

⑥ 표본회귀모형

$$Y_i = \widehat{\beta}_1 + \widehat{\beta}_2 X_i + e_i \qquad (14\text{-}5)$$

표본회귀모형(sample regression function)은 모회귀모형에 대응되는 개념으로써 모집단 관찰치 Y_i가 대응되는 모집단 독립변수 X_i의 변화에 따라 변화하게 되는 확률변수 이듯이 표본관찰치 Y_i도 역시 표본 독립변수 X_i의 변화에 따라 변화하게 되는 확률변수적인 성질을 가지고 있음을 나타내고 있다. 앞에서 설명한 바와 같이 $\widehat{\beta}_1$, $\widehat{\beta}_2$, e_i는 각각 β_1, β_2, u_i의 추정치임을 나타낸다.

14.4 표본회귀식의 추정방법

우리는 앞에서 광고비와 매출액간의 분석자료를 살펴보았다. 즉 매출액 Y_i와 광고비 X_i는 다음과 같은 선형관계식으로 나타낼 수 있는데 여기서 $\hat{Y}_i$(즉 Y_i hat)은 Y_i의 예측치를 나타낸다.

$$\hat{Y}_i = \hat{\beta}_1 + \hat{\beta}_2 X_i \qquad \text{<표본회귀식>}$$

<그림 14.1>에 나타난 X와 Y간의 산포도에 가장 알맞는 X와 Y의 관계식, 즉 표본회귀식은 어떻게 구할 것인가? 이 과정은 결국 표본회귀식의 절편 $\hat{\beta}_1$과 기울기 $\hat{\beta}_2$을 구하는 방법과 같다고 할 수 있을 것이다. $\hat{\beta}_1$과 $\hat{\beta}_2$은 모회귀식의 β_1와 β_2의 추정치와 같다.

이때 가장 적합한 표본회귀식은 표본관찰치 Y_i와 예측치 $\hat{Y}_i$과의 차이인 잔차 e_i를 작게 해줄 수 있도록 $\hat{\beta}_1$과 $\hat{\beta}_2$을 정하는 것이다.

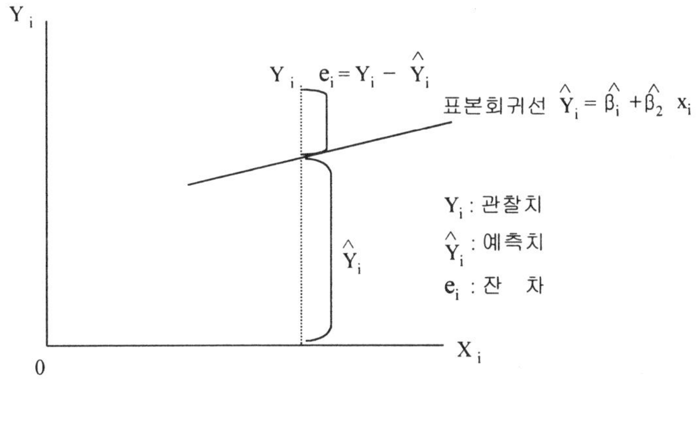

그림 14.3 잔차 e_i

모든 X_i 의 관찰치에 대응되는 Y_i의 관찰치와 $\hat{Y}_i$의 差인 잔차 e_i를 작게 만드는 표본회귀식을 구하는 방법은

① 잔차의 합이 최소인 경우

(즉 minimize Σe_i인 경우)

② 잔차의 절대값의 합이 최소인 경우

(즉 minimize $\Sigma|e_i|$인 경우)

③ 잔차의 제곱의 합이 최소인 경우

(즉 minimize Σe_i^2인 경우)

의 세가지가 있다. ①의 방법은 e_i가 (+)인 경우와 (-)인 경우가 상쇄되어 Σe_i는 최소가 될 수 있으나 실제의 편차는 부호만 달리할 뿐 여전히 크게 되는 경우가 있을 수 있어 적합치 못하고 ②의 방법은 ①의 문제점은 개선할 수 있으나 아래와 같은 문제점이 있을 수 있다. 즉, 그림 <14-4>의 경우처럼 (b)가 $\Sigma|e_i|$는 최소가 될 수 있으나 실제로는 (a)가 세 점의 분포상태를 보다 더 낫게 반영한다고 할 수 있다.

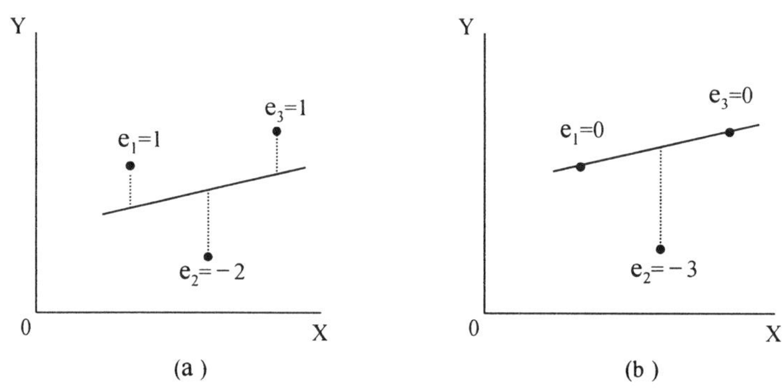

$\Sigma|e_i| = |+1| + |-2| + |+1| = 4$ $\Sigma|e_i| = 0 + |-3| + 0 = 3$

그림 14.4 잔차의 절대값의 합($= \Sigma|e_i|$)이 최소인 경우

이러한 관점에서 본다면 ②의 방법도 적합치 못하고 ③의 방법, 즉 잔차의 제곱의 합이 최소가 되게 하는 것이 제일 알맞는 방법이라고 할 수 있다. 이것을 최소자승법(ordinary least square estimation method)이라고 하며 회귀분석에서 모수의 추정치를 구하는 보편적인 방법이다.

14.5 최소자승법(最小自乘法, ordinary least square estimation method ; OLSQ)

최소자승법에 의한 표본회귀식의 추정방법은 다음과 같다. 즉 표본관찰치 Y_i와, Y_i의 예측치 $\widehat{Y}_i$의 차(差)인 잔차(殘差)의 제곱의 합이 최소가 되도록 $\widehat{\beta}_1$과 $\widehat{\beta}_2$을 구한다면 주어진 자료의 산포도에 가장 적합한 X와 Y의 관계를 나타내는 회귀식을 구할 수 있다.

여기서 잔차의 제곱합인 $\sum e_i^2$은 $\sum(Y_i-\widehat{Y}_i)^2$과 같고 $\widehat{Y}_i=\widehat{\beta}_1+\widehat{\beta}_2X_i$이므로 최소자승법은 목적함수 $\sum e_i^2=\sum(Y_i-\widehat{\beta}_1-\widehat{\beta}_2X_i)^2$을 $\widehat{\beta}_1$과 $\widehat{\beta}_2$에 대하여 최소가 되도록 하는 것을 의미한다.

> 최소자승법
>
> $$\text{minimize } \sum e_i^2=\sum(Y_i-\widehat{Y}_i)^2 = \sum(Y_i-\widehat{\beta}_1-\widehat{\beta}_2X_i)^2$$

$Q=\sum e_i^2=\sum(Y_i-\widehat{\beta}_1-\widehat{\beta}_2X_i)^2$이라고 하면 Q를 최소화하기 위한 1계필요조건(一階必要條件)은 Q를 $\widehat{\beta}_1$, $\widehat{\beta}_2$에 대하여 편미분하여 그값을 0으로 하는 것과 같다. 그러므로

$$\frac{\partial Q}{\partial \widehat{\beta}_1}=2\sum(Y_i-\widehat{\beta}_1-\widehat{\beta}_2X_i)(-1)=0 \quad (14\text{-}6)$$

$$\frac{\partial Q}{\partial \widehat{\beta}_2}=2\sum(Y_i-\widehat{\beta}_1-\widehat{\beta}_2X_i)(-X_i)=0 \quad (14\text{-}7)$$

식 (14-6), (14-7)을 각각 정리하면 아래와 같다.

$$\sum Y_i=n\widehat{\beta}_1+\widehat{\beta}_2\sum X_i \quad (14\text{-}8)$$

$$\Sigma X_i Y_i = \widehat{\beta_1}\Sigma X_i + \widehat{\beta_2}\Sigma X_i^2 \tag{14-9}$$

위의 두 식으로부터 $\widehat{\beta_2}$, $\widehat{\beta_1}$을 구하면

$$\widehat{\beta_2} = \frac{n\Sigma X_i Y_i - \Sigma X_i \Sigma Y_i}{n\sum X_i^2 - (\Sigma X_i)^2} \tag{14-10}$$

$$= \frac{\Sigma X_i Y_i - n\overline{X}\,\overline{Y}}{\Sigma X_i^2 - n\overline{X}^2} \tag{14-11}$$

$\widehat{\beta_1} = \overline{Y} - \widehat{\beta_2}\,\overline{X}$ (14-12) (식(14-8)로부터 구함)

이며 $x_i = X_i - \overline{X}$, $y_i = Y_i - \overline{Y}$라고 하면

$$\widehat{\beta_2} = \frac{\Sigma x_i y_i}{\Sigma x_i^2} \tag{14-13}$$

로 나타낼 수 있다.

최소자승법으로 구한 표본회귀선 $\widehat{Y_i} = \widehat{\beta_1} + \widehat{\beta_2}X_i$의 기울기 $\widehat{\beta_2}$과 절편 $\widehat{\beta_1}$을 구하는 식을 정리하면

$$\widehat{\beta_2} = \frac{\Sigma X_i Y_i - n\overline{X}\,\overline{Y}}{\Sigma X_i^2 - n\overline{X}^2} = \frac{\Sigma x_i y_i}{\Sigma x_i^2}$$

$$\widehat{\beta_1} = \overline{Y} - \widehat{\beta_2}\,\overline{X}$$

여기서 $\overline{X}$, $\overline{Y}$는 X_i와 Y_i의 평균이고

$x_i = X_i - \overline{X}$, $y_i = Y_i - \overline{Y}$임

이다.

[예제 1] 앞의 광고비 X_i와 매출액 Y_i간의 관계에 관한 표본 회귀식을 $\widehat{Y_i} = \widehat{\beta_1} + \widehat{\beta_2}X_i$라고 하면 $\widehat{\beta_1}$과 $\widehat{\beta_2}$을 최소자승법에 의해 구하라.

광고비 X (100만원)	매출액 Y (100만원)
1	30
2	35
3	40
4	55
5	60
6	64
7	80

풀 이 $\widehat{\beta_2}$과 $\widehat{\beta_1}$을 구하기위하여 공식의 해당항목을 구하면 아래 표와 같다.

표 14.2 회귀식의 계산

	X_i	Y_i	X_i^2	X_iY_i	$x_i(=X_i-\overline{X})$	$y_i(=Y_i-\overline{Y})$	x_i^2	x_iy_i
	1	30	1	30	-3 (=1-4)	-22(=30-52)	9	66
	2	35	4	70	-2 (=2-4)	-17(=35-52)	4	34
	3	40	9	120	-1 (=3-4)	-12(=40-52)	1	12
	4	55	16	220	0 (=4-4)	3(=55-52)	0	0
	5	60	25	300	1 (=5-4)	8(=60-52)	1	8
	6	64	36	384	2 (=6-4)	12(=64-52)	4	24
	7	80	49	560	3 (=7-4)	28(=80-52)	9	84
합계	28	364	140	1,684			28	228
평균	4	52						

따라서

$$\widehat{\beta_2} = \frac{1,684 - 7\times 4\times 52}{140 - 7\times 16} \qquad [\text{식}(14\text{-}11)\text{을 이용}]$$

$$= \frac{1,684 - 1,456}{140 - 112} = \frac{228}{28} = 8.1429$$

또는

$$\widehat{\beta_2} = \frac{228}{28} \qquad [\text{식}(14\text{-}13)\text{이용}]$$

$$= 8.1429$$

$$\beta_1 = 52 - 8.1429 \times 4 \qquad [\text{식(14-12)이용}]$$

$$= 19.4284$$

그러므로 구하는 표본 회귀식은

$$\hat{Y}_i = 19.4284 + 8.1429 X_i$$

이다. 이 표본 회귀식이 시사하는 바는

① 광고비를 100만원 늘릴 때마다 매출액은 814.29만원 증가되며

② 광고비를 투입하지 않더라도 매출액은 1,942.84만원이 됨을 나타내고 있다.

만약 광고비를 800만원 투입한다면 매출액은 얼마나 될까? 위의 회귀식에 X=8을 대입하면

$$\hat{Y}_i = 19.4284 + 8.1429 \times 8 = 84.5716$$

즉 매출액이 평균적으로 8,457.16만원(=단위가 100만원이므로)이 될 것이라는 것을 예측하고 있다. 다음으로는 회귀식의 잔차와 잔차의 제곱의 합을 구해보기로 한다.

표 14.3 회귀식의 예측치, 잔차, 잔차의 제곱합

	X_i	Y_i	$\hat{Y}_i$	e_i	e_i^2
	1	30	27.5713	2.4287	5.8986
	2	35	35.7142	-0.7142	0.5101
	3	40	43.8571	-3.8577	14.8772
	4	55	52.0000	3.0000	9.0000
	5	60	60.1429	-0.1429	0.0204
	6	64	68.2858	-4.2858	18.3681
	7	80	76.4287	3.5713	12.7542
합계				0	61.4286

$$\widehat{Y}_i = 19.4284 + 8.1429X_i$$

$$e_i = Y_i - \widehat{Y}_i$$

$$e_i^2 = (Y_i - \widehat{Y}_i)^2$$

<표 14.3>은 표본회귀식으로부터 구한 예측치, 실제 Y값과 예측 Y값과의 잔차, 잔차의 제곱을 계산한 것이다. 이 표를 보면 잔차의 합 $\Sigma e_i = \Sigma(Y_i - \widehat{Y}_i) = 0$임을 알 수 있고, 또 잔차의 제곱의 합 $\Sigma e_i^2 = \Sigma(Y_i - \widehat{Y}_i)^2$은 61.4286이다. 이것이 시사하는 바는 잔차의 제곱의 합은 61.4286인데 이것보다 잔차의 제곱의 합을 더 적게하는 표본회귀식은 구할 수 없음을 나타낸다. 즉 잔차의 제곱의 합이 61.4286으로 최소화 되었을 때 그때의 표본회귀식의 절편은 19.4284로, 또 기울기는 8.149로 추정되었음을 표시하고 있다.

14.6 회귀선의 적합도 (回歸線의 適合度, goodness of fit, R^2)

우리는 앞에서 X와 Y의 산포도에 대응되는 표본회귀선을 구하였다. 그러나 실제에 있어서 표본회귀선은 동일하나 산포도가 각기 다른 경우도 있을 수 있다. 아래 그림은 두 표본의 산포도와 회귀식을 표시한 것이다.

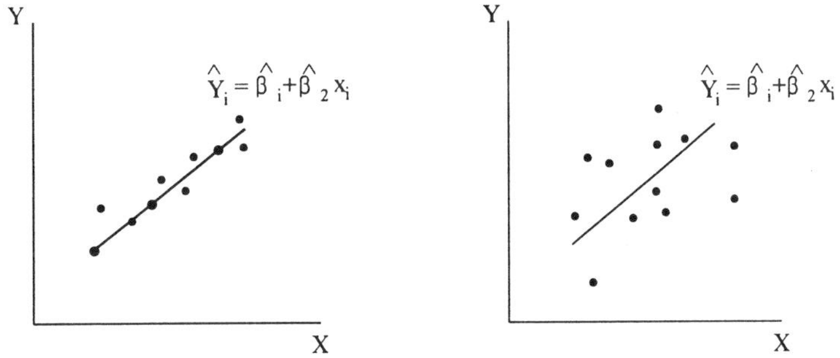

(a) $\widehat{Y}_i = \widehat{\beta}_1 + \widehat{\beta}_2 X_i$

(b) $\widehat{Y}_i = \widehat{\beta}_1 + \widehat{\beta}_2 X_i$

그림 14.5 예측력이 상이한 두 회귀식

<그림 14.5>에서와 같이 두 회귀식이 동일하다고 할지라도 그림(a)는 관찰치가 표본회귀식에 가까이 있어서 독립변수의 값에 대응되는 종속변수의 값을 잘 예측할 수 있으나 그림(b)의 경우는 관찰치가 표본회귀식을 중심으로 넓게 흩어져 있어 독립변수의 값에 대응되는 종속변수의 값을 정확히 예측하기 어렵다. 이와같이 종속변수의 값을 얼마나 잘 예측할 수 있나를 측정하는 지표를 적합도(適合度, goodness of fit)이라 하며 보통 사용되는 적합도는 결정계수 R^2로 표시된다. <그림 14.5>에서 (a)의 경우가 (b)의 경우보다 표본회귀식의 적합도가 높다고 할 수 있다. 일반적으로 회귀선의 적합도는 두 변수간의 상관도(相關度)와 관계가 깊다. 다음으로 적합도를 측정하는 방법에 대하여 살펴보기로 한다.

14.6.1 편차(deviation)와 변동(variation)

적합도를 측정하는 지표로는 결정계수가 많이 쓰인다. 결정계수의 개념을 이해하기 위하여는 편차(deviation)의 의미를 알아야 한다. 회귀분석에서 종속변수의 관찰치 Y_i와 $\overline{Y}(=Y_i$의 평균)의 차(差)를 Y_i의 총편차 $(=Y_i-\overline{Y})$라고 하며 이것은 다음과 같이 표현할 수 있다. 즉

총편차		설명안된 편차		설명된 편차
$Y_i-\overline{Y}$	$=$	$(Y_i-\hat{Y})$	$+$	$(\hat{Y}_i-\overline{Y})$
③		①		②

(14-14)

이다. 이때 $Y_i-\overline{Y}$에 $\hat{Y}$을 빼주고 또 $\hat{Y}$을 더해주어도 $Y_i-\overline{Y}$의 값은 변함이 없을 것이다. 이처럼 식 (14-14)에서와 같이 Y_i의 총편차 $(Y_i-\overline{Y})$는 ① $(Y_i-\overline{Y})$(= 설명안된 편차)와 ② $(\hat{Y}_i-\overline{Y})$ (= 설명된 편차)로 나눌 수 있다. 이 관계를 그래프로 표시하면 <그림 14.6>과 같다.

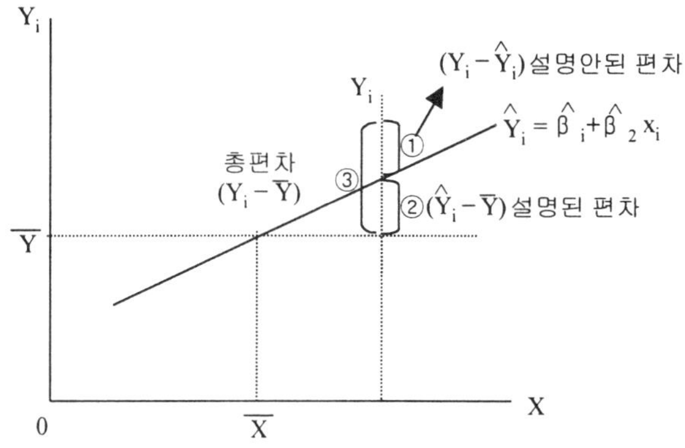

그림 14.6 총편차, 설명된 편차, 설명안된 편차

즉 이 그림에서 나타난 바와 같이 총편차 $(Y_i - \overline{Y})$는 회귀식에 의해 설명되어지는 편차, 즉 설명된 편차 $(\hat{Y}_i - \overline{Y})$와 회귀식에 의해 설명되지 아니하는 편차, 즉 설명안된 편차 $(Y_i - \hat{Y}_i)$로 나눌 수 있다. 이때 종속변수 Y_i의 모든 값에 대응되는 총편차를 구하여 그 제곱을 합하면 $\Sigma(Y_i - \overline{Y})^2$으로 표시할 수 있는데 이것을 총편차제곱의 합이라고 하며 Y_i의 총변동(total variation of Y_i)이라고 한다. 이것은 Y_i의 분산의 개념과 비슷하다. 이러한 Y_i의 총변동은 다음의 식으로 나뉘어 볼 수 있다.

$$\Sigma(Y_i - \overline{Y})^2 = \Sigma(Y_i - \hat{Y})^2 + \Sigma(\hat{Y}_i - \overline{Y})^2$$

Y_i의 변동 설명안된 변동 설명된 변동 (14-15)

식 (14-15)는 식 (14-14)를 제곱하여 모든 관찰치에 대하여 합계한 것으로서 이 증명은 생략하기로 한다(i.e. 독자들은 그 이유를 생각해 보기 바란다. Hint $\Sigma e_i = 0$, $\Sigma X_i e_i = 0$)

식 (14-15)의 좌변 $\Sigma(Y_i - \overline{Y})^2$은 총편차 제곱의 합으로써 Y_i의 총변동을 나타낸다고 함은 앞에서 설명한 바 있다. 같은 맥락에서 우변의

$\Sigma(Y_i - \hat{Y})^2$은 설명안된 편차제곱의 합으로써 설명안된 변동(unexplained variation), 즉 Y_i의 총 변동중 회귀식에 의해 설명되어지는 Y_i의 변동 부분을 제외한 변동을 나타내고, 우변의 또 다른 항 $\Sigma(\hat{Y}_i - \overline{Y})^2$은 설명된 편차제곱의 합으로써 설명된 변동(explained variation), 즉 Y_i의 총 변동 중 회귀식에 의해 설명되어지는 변동을 나타낸다. 이상의 설명을 정리하면 다음과 같다.

$$\Sigma(Y_i - \overline{Y})^2 = \Sigma(\hat{Y}_i - \overline{Y})^2 + \Sigma(Y_i - \hat{Y})^2$$

SST SSR SSE

註 SST(= sum of squares of totals)

= 총편차제곱의 합

= 총 변동(Y_i의)

SSR(=sum of squares of regression)

= 회귀제곱의 합

= 설명된 변동 (Y_i의)

SSE(=sum of squares of errors)

= 오차제곱의 합

= 설명안된 변동 (Y_i의)

SST = SSR+SSE (14-16)

위에서 표시한 바와 같이 총 편차 제곱의 합은 SST, 회귀제곱의 합은 SSR 오차제곱의 합은 SSE로 나타내며 그 의미는 전술한 바 대로 각각 Y_i의 총변동, Y_i의 회귀식에 의해 설명된 변동, Y_i의 설명안된 변동을 의미한다.

14.6.2 결정계수 (決定係數, coefficient of determination, R^2)

우리는 앞에서 편차와 변동의 개념을 공부하였다. 표본회귀식의 적합도를 나타내는 지표로써 결정계수는 Y_i의 총 변동 중 회귀식에 의해 설명되어지는 Y_i의 변동의 비율을 나타내는 것으로써 결정계수

$$R^2 = \frac{\text{설명된 변동}}{\text{총변동}} = \frac{SSR}{SST}$$

으로 표시될 수 있다.

식 (14-16)에서 SST=SSR+SSE 이므로 양변을 SST로 나누면

$$1 = \frac{SSR}{SST} + \frac{SSE}{SST}$$

이다. 정의에 의하여 $R^2 = \frac{SSR}{SST}$ 이므로

$$R^2 = \frac{SSR}{SST} = 1 - \frac{SSE}{SST}$$

가 된다. 이상의 논의를 요약하면 다음과 같다.

결정계수

$$R^2 = \frac{SSR}{SST} = 1 - \frac{SSE}{SST} = \frac{\text{설명된 변동}}{\text{총변동}} = 1 - \frac{\text{설명안된 변동}}{\text{총변동}}$$

$$0 \le R^2 \le 1 \qquad (14\text{-}17)$$

R^2의 값은 0과 1 사이이다. 결정계수 R^2의 값이 0이 된다는 것은 SSR이 0이 됨을 의미한다. 이 때에는 총변동이 회귀식에 의해 전혀

설명되지 못하는 경우로써 종속변수 Y_i의 변동이 독립변수 X_i의 변동에 의해 전혀 영향을 받지 못하는 경우를 나타낸다. 또 R^2의 값이 1이 된다는 것은 SSE가 0 또는 SSR이 SST와 같은 경우로써 총변동이 회귀변동에 의해 완전히 설명되는 경우로써 SST=SSR+SSE에서 $SSE[=\Sigma(Y_i-\hat{Y}_i)^2=\Sigma\ e_i^2]$, 즉 잔차제곱의 합(=오차제곱의 합)이 0이 되는 경우를 나타낸다. 일반적으로

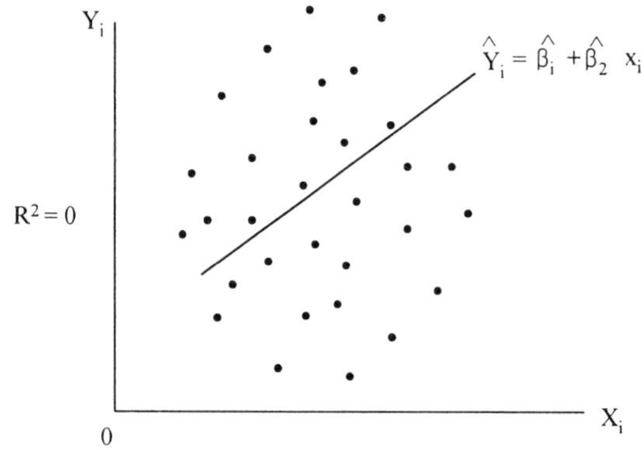

(a)

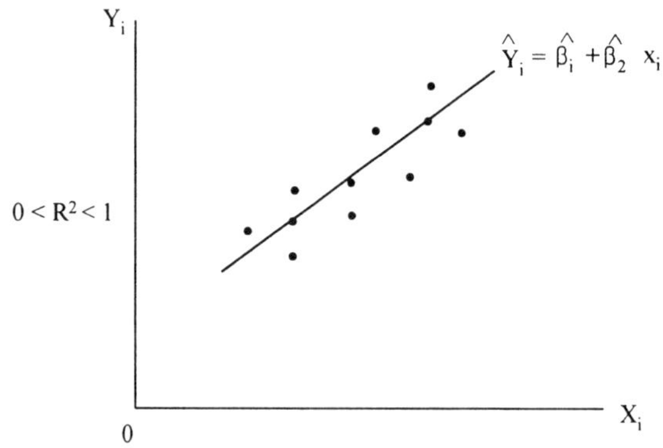

(b)

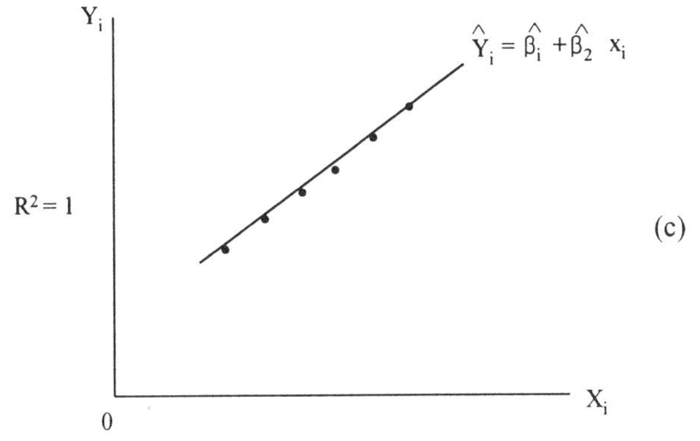

그림 14.7 회귀식과 결정계수

R^2의 값이 1에 가까울수록 예측력이 탁월하고 0에 가까울수록 예측력이 전혀 없음을 나타낸다. 이 관계를 그래프로 나타내면 그림 <14-7>과 같다.

<그림 14.7>은 결정계수가 0, 0과 1 사이, 1인 경우의 세 가지를 보여주고 있다.

(a)의 경우 회귀식은 종속변수 Y_i의 변화를 전혀 설명하지 못하는 경우로써 설명변수 X_i가 종속변수 Y_i와 무관한 경우로써 Y_i를 설명하기 위하여는 또 다른 설명변수가 바람직한 경우이고 (b)는 R^2의 값이 0과 1사이로써 설명변수가 종속변수의 변화에 관계가 있는 경우로써 관계가 깊을수록 1에 가깝게, 또 관계가 적을수록 0에 가깝게 나타난다. 일반적으로 결정계수 R^2의 값이 작다고 하는 것은 Y_i가 X_i 외의 다른 요인에 의해 설명되는 부분이 크다는 것을 나타낸다. (c)의 경우는 Y_i의 변화가 전적으로 X_i의 변화에 의해 전부 설명되는 경우로써 실제로는 R^2의 값이 1이라기 보다는 1에 거의 가까운 경우가 이에 해당된다. X_i 값으로 구해지는 Y_i의 예측치가 실제 Y_i값과 거의 일치하는 경우이다. 이상에서 산포도에 따른 회귀식과 결정계수의 관계를 살펴보았다. 실제 R^2의 계산을 위해서 식 (14-17)을 변형시켜 보면

$$R^2 = \frac{SSR}{SST} = \frac{\Sigma(\widehat{Y}_i - \overline{Y})^2}{\Sigma(Y_i - \overline{Y})^2} \text{ 이므로}$$

여기서 $\Sigma(Y_i - \overline{Y})^2 = \Sigma\, y_i^2 (\because y_i = Y_i - \overline{Y})$이고

$$\Sigma(\widehat{Y}_i - \overline{Y})^2 = \Sigma(\widehat{\beta}_1 + \widehat{\beta}_2 X_i - \widehat{\beta}_1 - \widehat{\beta}_2\, \overline{X})^2 \text{이므로}$$

$$(\because\ \widehat{Y}_i = \widehat{\beta}_1 + \widehat{\beta}_2 X_{i,}\quad \overline{Y} = \widehat{\beta}_1 + \widehat{\beta}_2\, \overline{X})$$

$$\Sigma(\widehat{Yi} - \overline{Y})^2 = \Sigma(\widehat{\beta}_1 + \widehat{\beta}_2 X_i - \widehat{\beta}_1 - \widehat{\beta}_2\, \overline{X})^2$$

$$= \Sigma(\widehat{\beta}_2 X_i - \widehat{\beta}_2\, \overline{X})^2$$

$$= \Sigma\, \widehat{\beta}_2^2 (X_i - \overline{X})^2$$

$$= \widehat{\beta}_2^2 \Sigma(X_i - \overline{X})^2 \text{이고,}\ (X_i - \overline{X}) = x_i \text{이므로}$$

$\Sigma(\widehat{Y}_i - \overline{Y})^2 = \widehat{\beta}_2^2 \Sigma\, x_i^2$이다.

따라서

$$R^2 = \frac{SSR}{SST} = \frac{\Sigma(\widehat{Y}_i - \overline{Y})^2}{\Sigma(Y_i - \overline{Y})^2} = \frac{\widehat{\beta}_2^2 \Sigma\, x_i^2}{\Sigma\, y_i^2} \qquad (14\text{-}18)$$

이다.

[예제 2] 앞의 (예제 1)에서 결정계수의 값은 얼마이며 그 의미는 어떻게 해석할 수 있나?

풀 이 예제 1)에서 $\widehat{Y}_i = 19.4284 + 8.1429 X_i$이고

$$\Sigma\, y_i^2 = (-22)^2 + (-17)^2 + (-12)^2 + 3^2 + 8^2 + 12^2 + 28^2 = 1,918$$

또

$$\hat{\beta}_2^{\ 2}\sum x_i^{\ 2} = (8.1429)^2 \times 28 = 1,856.59$$이다.

따라서 $R^2 = \frac{SSR}{SST} = \frac{1,856.59}{1,918} = 0.9680$이므로 매출액은 광고비의 변화에 의해 96.8%까지 설명되고 매출액의 변화중 광고비에 의해 설명되지 않는 부분은 3.2%에 불과하다는 것을 나타낸다.

14.7 상관분석 (相關分析, correlation analysis)

두 변수 X와 Y의 상대적인 긴밀도 또는 적합도를 판별하는 기준으로 결정계수를 공부한 바 있다. 그러나 회귀분석을 통한 결정계수에 대한 분석을 거치지 않아도 X와 Y의 상관관계를 측정할 수 있는 개념이 바로 상관분석이다. 회귀분석과 상관분석의 유사한 점은 두 변수 X와 Y의 상대적인 긴밀도 또는 상관관계를 분석할 수 있다는 점이다.

그러나 두 분석의 차이점은 회귀분석은 항상 한 변수 X로부터 또 다른 변수 Y로의 인과관계를 가정하고 있으나 상관분석에서는 회귀분석에서와 같이 독립변수에서 종속변수로의 인과관계를 가정하지는 않는다는 점이다. 상관분석에서는 단순히 두 변수간의 상대적인 긴밀도를 측정할 뿐이다.

14.7.1 모 상관 계수(母相關係數)

우리는 두 변수 X와 Y간의 상호관계를 나타내는 지표가 공분산(共分散, covariance)임을 공부한 바 있다.

$$\mathrm{Cov}(X,Y) = E[X - E(X)][Y - E(Y)]$$

그러나 공분산의 값은 X와 Y의 측정단위에 따라 큰 차이를 나타내기 때문에(예컨대 kg과 g, 또는 m와 ㎝ 등) 두 변수간의 상호관계를 나타내는 적당한 척도가 되지 못한다. 이러한 문제점을 보완한 것이 상관계수(correlation coefficient)이다. 즉 두 확률변수 X와 Y의 공분산 Cov(X, Y)를 X와 Y의 표준편차로 나누어 줌으로써 공분산의 값을 표준화시켜 두 변수 X와 Y간의 선형관계의 긴밀성을 나타낸 것이 모상관계수(population correlation coefficient)이다. 모 상관계수는 $\rho(=rho)$로 나타낸다.

상관계수

$$\rho=\frac{\mathrm{Cov(X,Y)}}{\sigma_X\sigma_Y},\quad -1\le\rho\le 1$$

σ_x : X의 표준편차

σ_y : Y의 표준편차

(14-19)

상관계수 ρ의 값은 -1과 1사이의 값을 가지는데 $\rho=1$인 경우 X와 Y는 완전히 양의 선형관계를 가지고 $\rho=-1$일 때 같은 맥락에서 완전히 음의 선형관계를 가지며 $\rho=0$일 때 X와 Y는 아무런 상관관계도 가지지 않는다.

또 $0<\rho<1$인 경우 X와 Y는 양의 관계를 가지나 선형성은 1에서 멀어질수록 약해지고 $-1<\rho<0$인 경우 X와 Y는 음의 관계를 가지나 선형성은 -1에서 멀어질수록 약해진다. 그림 (14.8)은 여러 가지 ρ 값에 대한 X와 Y의 산포도를 나타내고 있다.

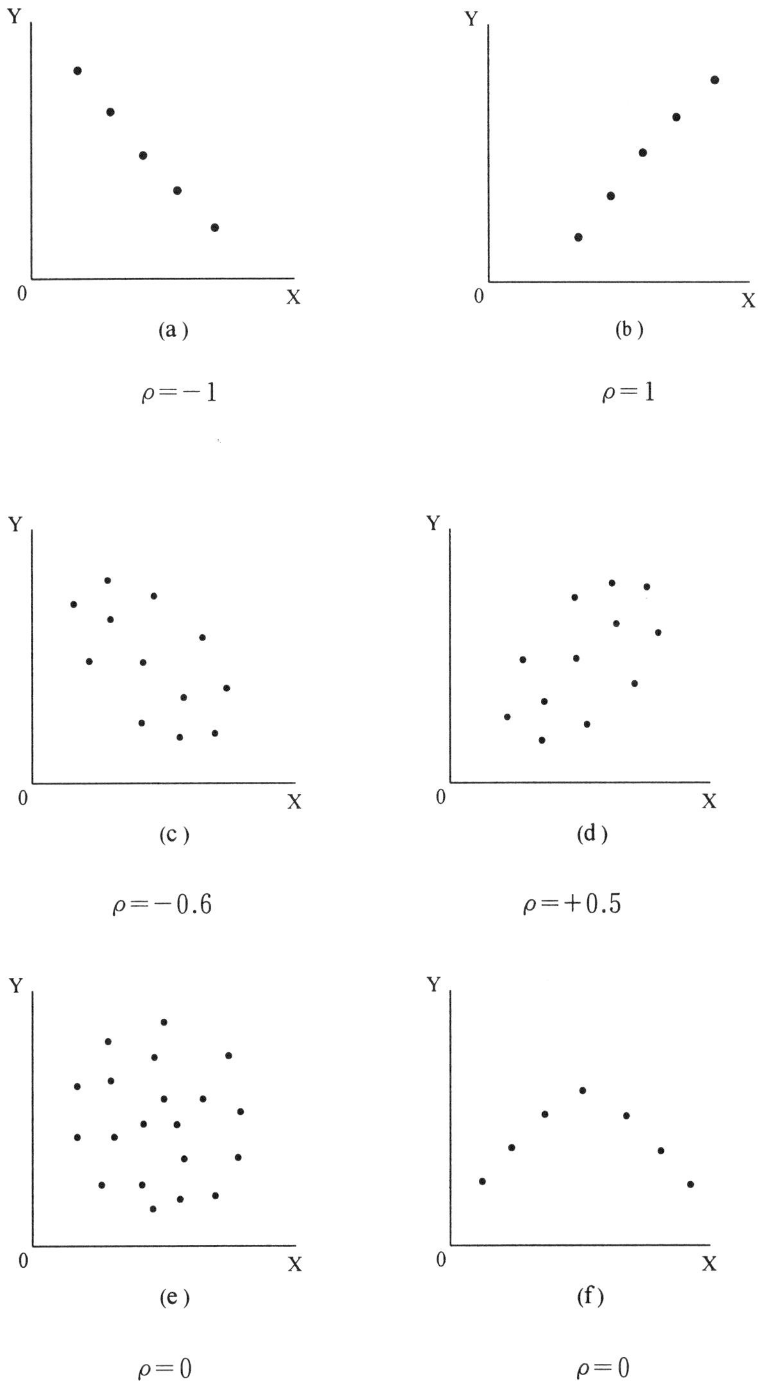

그림 14.8 모상관계수 ρ와 산포도

<그림 14.8>에서 (a), (b)는 X와 Y 간의 강한 음 및 양의 선형관계를 보여주고 있으나 (c) 및 (d)에서는 각각 음 및 양의 약한 선형성을 보여주고 있다. 즉 관찰치들이 직선의 식으로부터 다소 흩어진 상태를 보여주고 있으며 (e)는 X와 Y가 아무런 상관관계가 없음을 나타내고 있으며 (f)의 경우, X와 Y는 선형은 아니나 어떤 관계가 있음을 보여주고 있으나 ρ값은 0이다. 왜냐하면 ρ는 선형의 상관관계를 나타내는 척도이기 때문이다.

14.7.2 표본상관계수 (標本相關係數, sample correlation coefficient)

모집단으로부터 모상관계수 ρ를 구할 수 있는 것과 같이 표본으로부터 표본상관계수 r˘(sample correlation coefficient)을 구할 수 있다. 모집단의 X와 Y의 공분산 $Cov(X, Y)$대신에 표본의 X와 Y의 공분산을 S_{xy}, 모 표준편차 σ_x, σ_y대신 표본 표준편차를 S_x, S_y라고 하면

$$S_{xy}=\frac{1}{n-1}\Sigma(X_i-\overline{X})(Y_i-\overline{Y})$$

$$S_x{}^2=\frac{1}{n-1}\Sigma(X_i-\overline{X})^2 \quad (=X\text{의 표본분산})$$

$$S_x{}^2=\frac{1}{n-1}\Sigma(Y_i-\overline{Y})^2 \quad (=Y\text{의 표본분산}) \qquad (14\text{-}20)$$

이므로 표본상관계수 r은 다음의 식으로 나타낼 수 있다.

표본상관계수

$$r=\frac{S_{xy}}{S_x . S_y}=\frac{\frac{1}{n-1}\Sigma(X_i-\overline{X})(Y_i-\overline{Y})}{\sqrt{\frac{1}{n-1}\Sigma(X_i-\overline{X})^2}\sqrt{\frac{1}{n-1}\Sigma(Y_i-\overline{Y})^2}}$$

$$-1\leq r\leq 1 \qquad (14\text{-}21)$$

표본상관계수 r이 모상관계수 ρ와 차이점은 r은 표본의 선형관계를 측정하는 지표라는 점이다. 그외에는 표본집단 X와 Y의 선형관계를 측정한다는 점에서는 모상관계수와 같은 성질을 가지고 있다. 가령 $r=0$일 때 X와 Y의 표본자료는 상호 상관관계가 존재하지 않음을 나타내고 $r=+1$과 $r=-1$일때는 각각 X와 Y간에 양과 음의 선형관계를 가짐을 의미한다.

이제 표본상관계수 r과 앞서 공부한 결정계수 R^2간에 어떠한 관계가 있는지 살펴보도록 하자. 앞에서 결정계수 R^2은 다음식으로 나타낼 수 있음을 보았다.

식 (14-18)에서

$$R^2 = \frac{SSR}{SST} = \frac{\widehat{\beta_2}^2 \Sigma x_i^2}{\Sigma y_i^2}$$

또 식 (14-13)에서

$$\widehat{\beta_2} = \frac{\Sigma x_i y_i}{\Sigma x_i^2}$$

이므로

$$R^2 = \frac{SSR}{SST} = \frac{\widehat{\beta_2}^2 \Sigma x_i^2}{\Sigma y_i^2} = \left(\frac{\Sigma x_i y_i}{\Sigma x_i^2}\right)^2 \cdot \frac{\Sigma x_i^2}{\Sigma y_i^2} = \frac{(\Sigma x_i y_i)^2}{\Sigma x_i^2 \Sigma y_i^2}$$

이다.

따라서

$$\sqrt{R^2} = \sqrt{\frac{(\Sigma x_i y_i)^2}{\Sigma x_i^2 \Sigma y_i^2}} = \frac{\Sigma x_i y_i}{\sqrt{\Sigma x_i^2}\sqrt{\Sigma y_i^2}}$$

윗식의 분자, 분모를 $n-1$로 나누면

$$\sqrt{R^2} = \frac{\frac{1}{n-1}\Sigma x_i y_i}{\sqrt{\frac{1}{n-1}\Sigma x_i^2}\sqrt{\frac{1}{n-1}\Sigma y_i^2}}$$

이제 $x_i = (X_i - \overline{X}), y_i = (Y_i - \overline{Y})$이므로

윗식은

$$\sqrt{R^2} = \frac{\frac{1}{n-1}\Sigma(X_i - \overline{X})(Y_i - \overline{Y})}{\sqrt{\frac{1}{n-1}\Sigma(X_i - \overline{X})^2}\sqrt{\frac{1}{n-1}\Sigma(Y_i - \overline{Y})^2}} \quad \cdots (14\text{-}22)$$

이 되고 이 식은 식(14-21)과 같으므로

$$r = \sqrt{R^2} \quad \cdots\cdots\cdots\cdots (14\text{-}23)$$

이 됨을 알 수 있다.

즉 단순회귀모형에서 결정계수 R^2의 값에 $\sqrt{\ }$를 취하면 그 값이 바로 X와 Y의 표본상관계수 r이 됨을 나타낸다. 이 r의 값은 단순상관계수 (simple correlation coefficient)라고도 한다.

[예제 3] (예제 1)에서 X와 Y의 표본상관계수의 값은 얼마인가?

풀 이 예제 2에서 R^2의 값이 0.9680이므로 X와 Y의 표본상관계수

$r = \sqrt{R^2} = \sqrt{0.9680} = 0.9839$ 임을 알 수 있다. 즉 표본자료 X와 Y는 거의 양의 완전선형관계에 가까운 상관관계를 나타냄을 알 수 있다.

연습문제

14.1 회귀분석의 목적에 대하여 기술하라.

14.1 최소자승법의 기본원리를 설명하라.

14.3 회귀분석과 상관분석의 異同에 대하여 설명하라.

14.4 결정계수 R^2은 어떻게 정의되며 그 의미는 어떠한지 설명하라.

14.5 결정계수 R^2과 표본상관계수 r의 관계를 설명하고 표본상관계수 r의 의미를 분석하라.

14.6 다음의 자료는 어느 지역 가구들의 월소득과 월소비지출액에 관한 자료이다. 이 자료를 보고 물음에 답하라.

단위 : 만원

Y(소비)	X(소득)
70	80
64	100
90	120
96	140
110	160
125	180

① X와 Y간의 산포도를 그려라.

② 월소득과 월소비와의 관계를 나타내는 회귀식을 최소자승법으로 구하라.

③ ②에서 구한 표본회귀식의 의미를 설명하라.

④ 결정계수 R^2의 값은 얼마인가? 또 그 의미를 설명하라.

⑤ 표본상관계수 r의 값은?

⑥ 소득이 200만원이 된다면 소비는 얼마가 될지 예측하라.

14.7 다음은 어느 고등학교 학생들의 일일평균 공부시간과 기말성적과의 관계를 나타내는 표본자료이다.

Y(점수)	X(공부시간)
25	1
40	2
48	3
55	4
65	5
72	6
80	7

① X와 Y간의 산포도를 구하라.

② 공부시간과 점수간의 관계를 나타내는 회귀식을 최소자승법으로 구하라.

③ ②에서 구한 표본회귀식의 의미를 설명하라.

④ 결정계수 R^2의 값은 얼마인가? 또 그 의미를 설명하라.

⑤ 공부시간과 점수간의 표본상관계수는 얼마인가? 이것으로부터 어떤 결론에 이를 수 있나?

⑥ 가령 공부시간을 7시간에서 8시간으로 늘린다면 예상점수는 몇 점이나 될까?

14.8 X와 Y에 관한 $n=20$인 표본을 관찰하여 다음과 같은 자료를 구했다.

$\Sigma Y_i=400$, $\Sigma\ Y_i^2=12,250$,

$\Sigma X_i=120$, $\Sigma X_i^2=750$, $\Sigma X_iY_i=2,800$

① $\widehat{Y}_i = \widehat{\beta}_1 + \widehat{\beta}_2 X_i$의 $\widehat{\beta}_1$과 $\widehat{\beta}_2$을 구하라.

② $x_i = X_i - \overline{X}$, $y_i - \overline{Y}$라 할 때 Σx_i^2, Σy_i^2, 및 $\Sigma x_i y_i$를 구하라.

③ R^2의 값은?

④ X와 Y의 표본상관계수 r은?

14.9. 다음은 어느회사의 지난 8년간의 매출액에 관한 자료이다.

년도	91	92	93	94	95	96	97	98
매출액 (단위 억원)	90	95	99	108	112	120	125	132

① 위의 자료를 바탕으로 하여 산포도를 구하라.
② 최소자승법에 의하여 연도별 매출액에 관한 회귀식을 구하여라.
③ 1999년도의 매출액을 예측해 봐라.
④ ②에서 구한 표본회귀식의 의미를 설명하라.
⑤ 결정계수 R^2의 값은 얼마인가? 또 그 의미를 설명하라.
⑥ 년간 매출액의 평균증가율은 어떻게 구할 수 있나?

14.10 다음은 어느 경작지의 강우량에 따른 벼의 수확량을 조사한 자료이다.

X	강우량(cm)	22	35	31	12	28	10	40	17	20
Y	수확량(말)	29	63	87	30	58	22	92	26	30

① 이 자료의 산포도를 그려라.
② 강우량과 수확량간의 관계를 최소자승법에 의한 회귀식으로 나타내고 그 의미를 설명하라. ($i.e.$ $\widehat{Y}_i = \widehat{\beta}_1 + \widehat{\beta}_2 X_i$)
③ 결정계수 R^2을 구하고 그 의미를 설명하라. 또 강우량과 수확량간의 표본상관계수는 얼마인가?
④ 강우량이 45일때의 예상수확량은 얼마인가?

14.11 다음은 어떤 기계의 사용년수에 따른 잔존가치를 측정한 자료이다.

(단위 : 만원)

X(사용년수)	1	2	3	4	5	6	7
Y(잔존가치)	220	180	170	120	110	90	65

① X와 Y의 산포도를 나타내어라.

② 사용년수에 따른 잔존가치를 회귀식의 형태로 추정하여라. 또 그의미도 설명하여라.

③ 결정계수 R^2의 값을 구하고 또 사용년수와 잔존가치간의 표본상관계수를 구하라.

14.12 다음은 어떤 상품의 광고비와 매출액간의 자료이다.

(단위 : 백만원)

X(광고비)	4	4.5	5.5	6.5	8	8.5	9
Y(매출액)	850	920	980	1,200	1,350	1,500	1,650

① X와 Y의 산포도를 나타내어라.

② 최소자승법을 이용하여 표본회귀식을 구하여라.
($\widehat{Y}_i = \widehat{\beta}_1 + \widehat{\beta}_2 X_i$)

③ ②에서 회귀분석의 결과를 설명하여라.

④ 결정계수 R^2을 구하고 광고비와 매출액간의 표본상관계수 r을 구하라.

회귀분석의 통계적 추론

제15장

15.1 회귀분석의 기본 가정

15.2 모수에 대한 가설 검정

15.3 모수에 대한 신뢰구간 추정

15.4 예측치 ($\widehat{Y}_i$)의 모수 $E(Y_i)$에 대한 구간추정

15.5 분산분석

우리는 앞 장에서 두 변수 사이의 관계를 표시하는 표본회귀식을 구하는 방법과 이 회귀식의 적합도를 나타내는 결정계수 및 표본상관계수를 계산하는 방법 및 그 의미에 대하여 공부하였다. 이와같은 분석을 기초로 本章에서는 회귀분석과 연관된 통계적 추론에 대하여 공부하기로 한다. 이 장에서 다루게 될 통계적 추론은 모집단의 회귀식의 모수, 즉 기울기와 절편의 값에 대한 가설검정과 예측치의 모수에 대한 추정을 그 내용으로 한다. 우선 통계적 추론에 앞서 회귀분석의 기본가정을 살펴볼 필요가 있다.

15.1 회귀분석의 기본 가정

회귀분석과 관련된 통계적 추론을 위해서는 회귀분석에 있어서 기본가정에 대한 이해가 필요하다. 일반적으로 고전적 선형회귀모형이

$$Y_i = \beta_1 + \beta_2 X_i + u_i$$

라 정의될 때 이와같은 선형회귀모형은 다음과 같은 기본가정을 내포하고 있다.

가정 ① 확률적 오차항 u_i의 평균값 $E(u_i)$는 0이며 u_i는 정규분포를 이룬다.

이 가정의 의미는 고전적 선형회귀모형 $Y_i = \beta_1 + \beta_2 X_i + u_i$에서 Y_i의 변화는 X_i에 의해서도 설명되나 X_i에 의해 설명되지 않는 부분은 확률적 오차항에 의해 설명되며 그러한 확률적 오차항의 기대값은 0이며 정규분포를 이룬다고 가정한다.

$Y_i = \beta_1 + \beta_2 X_i + u_i$ 식 (15-1)에서 양변에 기대치의 E를 취하면

$$E(Y_i) = E(\beta_1 + \beta_2 X_i + u_i)$$

$$= \beta_1 + \beta_2 X_i + \mathrm{E}(\mathrm{u_i})$$

왜냐하면 β_1, β_2, X_i는 사전적으로 정해지는 값이므로 Y_i의 기대치 $E(Y_i)$는 $\widehat{\beta}_1 + \beta_2 X_i$와 같다.(왜냐하면 $\mathrm{E}(u_i) = 0$이라고 가정하므로). 또 u_i가 정규분포를 이룬다고 가정하므로 Y_i도 또한 평균 $\mathrm{E}(Y_i)$를 중심으로 정규분포를 이룬다고 가정한다. 예를들면 식 (15-1)에서 X가 소득, Y가 소비를 나타낸다면 가령 소득이 80만원일 때 소비수준은 평균소비(예컨대 50만원이라면)를 중심으로 그보다 많게 또는 적게 소비할 수도 있어 결국 소비액의 분포는 평균 50만원을 중심으로 정규분포를 하는 모양이 된다는 것이다. 이와같이 각각의 X_i값에 대응되는 Y_i의 분포는 정규분포를 이룬다는 것이 가정 ①이 시사하는 바이다.

> 가정② 확률적 오차항의 분산은 X값에 관계없이 동일하다. 즉
>
> $\mathrm{Var}(u_i) = \mathrm{Var}(Y_i) = \sigma^2$ (일정)

이다.

가정 ②의 의미는 X값이 커갈수록 각 X값에 대응되는 Y_i의 분산은 동일하다는 것이다. 예를들면 소득-소비의 관계에서 어떤 소득수준에서도 소비 Y_i의 분포는 동일한 형태(즉 분산이 동일)라는 것이다. 즉 소득이 많다고 하여 소득이 적을 때 보다 소비의 분포가 다양한 것이 아니고 소득이 어느 경우이거나 소비의 분포는 동일하다는 것이다.

> 가정③ 확률적 오차항의 자기상관은 0이다. 즉
>
> $\mathrm{Cov}(u_i, u_j) = 0$
>
> $i \neq j$

가정 ③이 시사하는 바는 서로 다른 X값에 따라 얻어지는 Y의 값들은 서로 상관관계가 없다는 것을 나타낸다(왜냐하면 서로 다른 오차항끼리는 공분산이 0이라고 가정하였으므로) 예를 들면 전술한 소득-소비 모형에서 가령 이달의 소득 (X_i)에 비하여 소비 (Y_i)가 많다고 하여 다음 달의 소득 (X_j)에 비하여 소비 (Y_j)가 또다시 많다고 할 수 없다는 것이다.

> 가정④ 설명변수 X는 확률변수가 아닌 사전(事前)에 정해지는 값이며 유한 확정(有限確定)의 분산 값을 가진다.

이 가정의 의미는 회귀모형 $Y_i = \beta_1 + \beta_2 X_i + u_i$에서 X_i는 확정변수(non-stochastic variable)이며 Y_i는 확률변수(random variable)라는 의미이다.

이상과 같은 가정을 전제로 다음에서 회귀모형의 모수값에 대한 통계적 추론을 하기로 한다.

15.2 모수에 대한 가설검정

회귀모형 $Y_i = \beta_1 + \beta_2 X_i + u_i$에서 모수에 대한 가설검정을 주로 기울기를 나타내는 β_2에 대한 검정이 보편적이다. β_2에 대한 가설검정에 앞서 알아두어야 할 몇가지 개념을 소개한다. 위의 회귀모형에 따라 최소자승법으로 구한 표본회귀식을 $\widehat{Y}_i = \widehat{\beta}_1 + \widehat{\beta}_2 X_i$라고 하면

$$\begin{aligned} &\mathrm{E}(\widehat{\beta}_2) = \beta_2 \\ &\mathrm{Var}(\widehat{\beta}_2) = \frac{S_e^{\,2}}{\sum x_i^{\,2}} \end{aligned} \qquad (15\text{-}2)$$

이다. 여기서 $x_i = X_i - \overline{X}$이며 S_e^2은 u_i의 분산 σ^2의 불편추정량으로 써 그 값은 표본으로부터 계산된 잔차제곱의 합 $\sum e_i^2$을 자유도 $n-2$로 나눈값과 같다. 즉

$$S_e^2 = \frac{SSE}{n-2} = \frac{\sum e_i^2}{n-2} = \frac{\sum(Y_i - \widehat{Y}_i)^2}{n-2} \tag{15-3}$$

이다. S_e^2은 평균자승오차(mean square errors)라고도 한다. 일반적으로 모수가 k개이면

$$S_e^2 = \frac{SSE}{n-k} \tag{15-4}$$

가 된다

따라서 $SE(\widehat{\beta}_2)$ [즉 $\widehat{\beta}_2$의 표준오차]는 $\sqrt{Var(\widehat{\beta}_2)}$과 같으므로

$$SE(\widehat{\beta}_2) = \frac{S_e}{\sqrt{\sum x_i^2}} \tag{15-5}$$

과 같다.

일반적으로 가설검정(특히 평균에 대한 가설검정)은 앞의 장에서 이미 공부한 바 있으므로 양측 및 단측검정 모두에 대한 例示는 피하기로 한다.

<양측검정의 例>	<단측검정의 例>
$H_o: \beta_2 = 0$	$H_o: \beta_2 = 0$
$H_A: \beta_2 \neq 0$	$H_A: \beta_2 > 0$

이때의 t 통계량은

$$t = \frac{\widehat{\beta}_2 - \beta_2}{SE(\widehat{\beta}_2)} \tag{15-6}$$

이며 자유도는 $n-2$(단순모형의 경우)이다.

[예제 1] 제14장의 (예제 1)에서 광고비는 매출액을 결정하는데 중요한 요인이 되는지 검정하여라

풀 이

(i) H_o : $\beta_2 = 0$

H_A : $\beta_2 \neq 0$

(ii) $\alpha = 0.05$

(iii) 양측검정이므로

$-t_{n-2,\frac{\alpha}{2}} \leq t \leq t_{n-2,\frac{\alpha}{2}}$ 이면 H_o를 채택

$t > t_{n-2,\frac{\alpha}{2}}$ 또는 $t < -t_{n-2,\frac{\alpha}{2}}$ 이면 H_o를 기각

여기서 $n = 7$, $\therefore df(=$자유도$= 7-2) = 5$, $\alpha = 0.05$이므로

$\frac{\alpha}{2} = 0.025$, $\therefore t_{n-2,\frac{\alpha}{2}} = t_{5,\,0.025} = 2.571$

따라서

$-2.571 \leq t \leq 2.571$이면 H_o를 채택

$t > 2.571$ 또는 $t < -2.571$이면 H_o를 기각

(iv) $t = \dfrac{\widehat{\beta}_2 - \beta_2}{SE(\widehat{\beta}_2)}$이므로 $SE(\widehat{\beta}_2)$를 구해야 한다. $S_e^{\,2} = \dfrac{\sum e_i^{\,2}}{n-2}$이므로 표<14-3>에서 $S_e^{\,2} = \dfrac{61.4286}{5} = 12.29$, 또 표<14-2>에서 $\sum x_i^{\,2} = 28$이므로

$$SE(\widehat{\beta}_2) = \sqrt{\mathrm{Var}(\widehat{\beta}_2)} = \sqrt{\frac{Se^2}{\sum x_i^{\,2}}}$$

따라서 $SE(\widehat{\beta}_2) = \sqrt{\dfrac{Se^2}{\sum x_i^{\,2}}} = \sqrt{\dfrac{12.29}{28}} = \sqrt{0.4389} = 0.6625$

$$\therefore t = \frac{8.1429 - 0}{0.6825} = 12.29$$

이 값은 H_o를 기각하는 영역이므로 H_o를 기각

(V) β_2는 통계적으로 유의함, 그러므로 광고비는 매출액의 변화에 통계적으로 중요한 요인이라고 결론지을 수 있다.

15.3 모수에 대한 신뢰구간 추정

모수 β_2에 대한 신뢰구간의 추정은 다음과 같이 구할 수 있다.

모수에의 β_2신뢰구간

$$\widehat{\beta}_2 - t_{(n-2),\frac{\alpha}{2}} \cdot SE(\widehat{\beta}_2) \le \beta_2 \le \widehat{\beta}_2 + t_{(n-2),\frac{\alpha}{2}} \cdot SE(\widehat{\beta}_2) \qquad (15\text{-}7)$$

위의 구간은 신뢰도 $100(1-\alpha)\%$의 신뢰구간을 나타낸다.

[예제 2] 제14장의 (예제 1)에서 구한 β_2의 95% 신뢰구간을 설정하여라.

풀 이 $t_{(n-2),\frac{\alpha}{2}} = t_{5,0.025} = 2.571$

$SE(\widehat{\beta}_2) = 0.6625$, $\widehat{\beta}_2 = 8.1429$이므로

β_2의 95% 신뢰구간은 식(15-7)에 따라

$$8.1429 - 2.571 \times 0.6625 \le \beta_2 \le 8.1429 + 2.571 \times 0.6625$$

$$\therefore\ 6.4396 \le \beta_2 \le 9.8462$$

15.4 예측치 ($\widehat{Y}_i$) 의 모수 [$E(Y_i)$]에 대한 구간추정

표본회귀선에서 구한 Y_i의 예측치 $\widehat{Y}_i$은 모회귀선에서의 모수 $E(Y_i)$와 항상 차이가 날 수 밖에 없다. 왜냐하면

$$\widehat{Y}_i = \widehat{\beta}_1 + \widehat{\beta}_2 X_i \qquad (\text{표본회귀선})$$

$$E(Y_i) = \beta_1 + \beta_2 X_i \qquad (\text{모회귀선})$$

에서 표본회귀선의 $\hat{\beta}_1$, $\hat{\beta}_2$은 모회귀선의 β_1, β_2와 항상 차이가 날 수 밖에 없기 때문에(∴ 표본이 항상 상이하므로 그때마다 $\hat{\beta}_1$, $\hat{\beta}_2$의 값은 달라지므로) 종속변수 Y_i의 평균인 $E(Y_i)$를 예측하는 데에는 항상 오차가 수반된다. 이것을 평균예측 오차라고 한다. 이와같이 어떤 특정한 X값(예컨대 X_0)에서 모수 $E(Y_0)$를 추정하고자 할 때에는 표본회귀선의 절편과 기울기의 추정에서 수반되는 두가지 오차를 고려하여야 한다.

주어진 X_0에서의 예측치 $\hat{Y}_0$의 표본표준오차를 S_0라고 하면

$$S_0 = S_e \cdot \sqrt{\frac{1}{n} + \frac{(X_0 - \overline{X})^2}{\sum x_i^{\ 2}}} \qquad (15\text{-}8)$$

이다.

여기서 S_e는 모표준편차 σ의 추정치로써 평균자승오차 MSE의 √값이며 $x_i = X_i - \overline{X}$를 나타낸다. 이때 식(15-8)을 이용하면 $E(Y_0)$의 신뢰구간상의 두 끝점은 다음과 같다.

$$Y_0 = \hat{Y}_0 \pm t_{\frac{\alpha}{2}} \cdot S_0 \qquad (15\text{-}9)$$

식 (15-9)에서 모수가 절편과 기울기 등의 2개일때의 자유도는 n-2이다. 다음은 $E(Y)$의 신뢰구간의 범위를 나타내는 그래프이다.

그림 (15-2)이 시사하는 바는 같은 신뢰도일지라도 X_0가 $\overline{X}$에서 멀리 떨어져 있을수록 $E(Y)$의 신뢰구간은 더 큰 폭으로 늘어나게 된다는 점이다. 즉 X_0가 $\overline{X}$로부터 멀리 떨어질수록 $E(Y)$에 대한 예측력은 현저히 저하된다고 할 수 있다. 왜냐하면 예측치 $\hat{Y}$의 표본표준오차가 증가하기 때문이다.

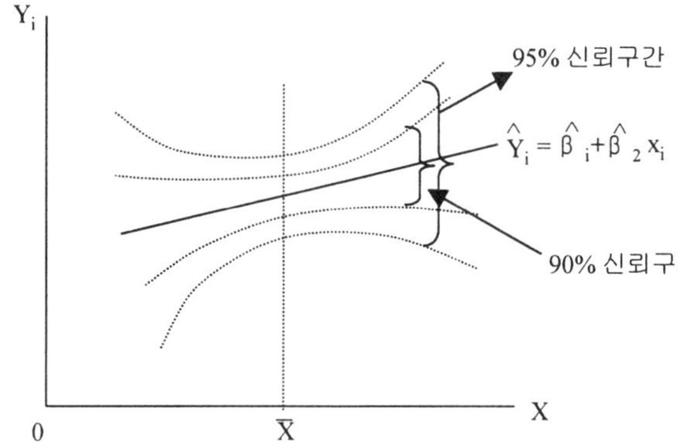

그림 15.2 E(Y)의 신뢰구간

[예제 3] 제14장(예제 1)에서 광고비가 450만원일 때 실제 매출액의 평균은 얼마가 될 것인가? 95%신뢰구간을 설정하라.

풀 이

$$n=7,\ S_e=\sqrt{\frac{\Sigma e_i^2}{n-2}}=\sqrt{\frac{61.4286}{5}}=\sqrt{12.29}=3.51$$

$\Sigma x_i^2=28,\ X_0=4.5$ (∵ 단위가 100만원이므로),

$\overline{X}=4,\ \widehat{\beta_1}=19.4284,\ \widehat{\beta_2}=8.1429$

$\widehat{Y_i}=19.4284+8.1429X_i$에서 $X_0=4.5$이므로

$\widehat{Y_0}=19.4284+8.1429\times 4.5=56.0715$

$$\begin{aligned} S_0 &= S_e\sqrt{\frac{1}{n}+\frac{(X_0-\overline{X})^2}{\Sigma x_i^2}} \\ &=3.51\sqrt{\frac{1}{7}+\frac{(4.5-4)^2}{28}} \\ &=3.51\times\sqrt{0.1518}=3.51\times 0.3896 \\ &=1.3674 \end{aligned}$$

$n=7$이므로 자유도는 5이며 95% 신뢰구간에 t 임계치는 $t_{5,0.025}$이므로 ± 2.571이다. 신뢰구간은

$\widehat{Y_0}-t_{(n-2),\frac{\alpha}{2}}\cdot S_0\le E(Y_0)\le\widehat{Y_0}+t_{(n-2),\frac{\alpha}{2}}\cdot S_0$이므로

$\therefore\ 56.0715-2.571\times 1.3674\le E(Y_0)\le 56.0715+2.571\times 1.3674$

$\therefore\ 52.556\le E(Y_0)\le 59.587$

15.5 분산분석(分散分析)

우리는 앞에서 회귀분석에서 구한 표본회귀식의 모수 β_2에 대한 가설을 t test로 검정하였다. 단순회귀분석 뿐 아니라 다중회귀분석에서도 기울기를 나타내는 모수에 대하여 t검정뿐 아니라 F 검정도 할 수 있는데 이러한 분석방법을 분산분석(分散分析, analysis of variance, ANOVA)이라고 한다.

분산분석의 기본원리는 종속변수 Y_i의 변동중 설명변수에 의해 설명되어 지는 변동부분과 설명변수에 의해 설명되지 않는 변동부분으로 나누어 설명변수의 종속변수에 대한 유의성을 검정하는 것이다. 이와같은 F검정을 이용한 분산분석의 유용한 점은 다중회귀분석에서 처럼 회귀모형의 모수가 여러개 이상일때도 전체설명변수의 종속변수에 대한 유의성을 한꺼번에 검정할 수 있다는 데에 있다.

F검정에 의한 분산분석을 하기 위해서는 결정계수에서 공부한 SST, SSR, SSE의 개념을 상기할 필요가 있다.

SST : 총편차제곱의 합 $[=\Sigma(Y_i-\overline{Y})^2]$

SSR : 회귀제곱의 합 $[=\Sigma(\hat{Y}_i-\overline{Y})^2]$

SSE : 오차제곱의 합 $[=\Sigma(Y_i-\hat{Y})^2]$

분산분석에서 이러한 SST, SSR, SSE의 자유도(自由度, degree of freedom, df)를 살펴보면 다음과 같다.

표 15.1 SST, SSR, SSE의 자유도

	자 유 도	
	단순회귀모형	다중회귀모형
SST	n-1	n-1
SSR	1	k-1
SSE	n-2	n-k

※ k는 회귀모형의 총모수(절편 및 기울기 모두)의 개수

SST의 자유도 = SSR의 자유도 + SSE의 자유도

이제 이와같은 분석을 바탕으로 회귀평균제곱(回歸平均제곱, mean square regression, MSR)과 오차평균제곱(誤差平均제곱, mean square error, MSE, 평균자승오차라고도 함)을 소개한다.

(i) 회귀평균제곱(MSR)

$$MSR = \frac{SSR}{df_1} = \frac{SSR}{1} = \Sigma(\hat{Y}_i - \overline{\mathrm{Y}})^2$$

(ii) 오차평균제곱(MSE)

$$MSE = \frac{SSE}{df_2} = \frac{SSE}{n-2} = \frac{\Sigma(Y_i - \hat{Y}_i)^2}{n-2} = S_e^{\ 2}$$

df_1 : SSR의 자유도

df_2 : SSE의 자유도

즉 회귀평균제곱 MSR는 SSR을 1로 나누어 준 값이고 오차평균제곱 MSE는 SSE를 $(n-2)$로 나누어준 값이다. [주 : SSR과 SSE를 각각의 자유도로 나누어 줌으로써 각각을 χ^2(chi-자승)분포로 만든것이고 F분포는 이러한 카이(분산분포)자승분포의 比값이기 때문이다]

이제 이러한 회귀제곱의 합 SSR과 오차제곱의 합 SSE가 모수 β_2의 유의성을 검정하는 기준이 될 수 있는 이유를 살펴보자. 만약 $\beta_2 = 0$이라는 가설이 받아들여 진다면 이것은 총편차제곱중 회귀제곱의 합 SSR에 의해 설명될 수 있는 부분이 0에 가깝다는 의미이고 이럴 경우 Y_i의 변동은 모두 확률오차 u_i에 의해 설명되는 경우가 대부분일 것이므로 SSE의 값이 커질 것이다. 반대로 $\beta_2 \neq 0$이라는 가설이 채택된다면 이것은 거꾸로 Y_i의 모든 변동은 회귀식에 의해 설명되어지는 부분이 클것이므로

SSR의 값이 커질 것이고 상대적으로 SSE의 값이 작아질 것이다. 그러므로 선형회귀모형 $Y_i = \beta_1 + \beta_2 + u_i$에서 β_2가 0이냐 아니냐의 문제는 결국 X_i가 Y_i의 변동을 잘 설명할 수 있느냐 아니냐의 문제로 귀결되고 이것은 결국 SSR과 SSE의 상대적 크기를 비교해 봄으로써 검정할 수 있다. 이것이 바로 분산분석을 이용한 F검정이다. 이때 F검정의 임계치 (i.e 귀무가설을 채택하는가 또는 기각하는가의 기준이 되는 F값)는 $F_{df_1,\ df_2,\ \alpha}$이다. 여기서 df_1, df_2, α는 각각 분자와 분모의 자유도 및 유의수준을 의미한다.

$$F_{df_1,\ df_2,\ \alpha}(=F_{1,\ n-2,\ \alpha}) = \frac{SSR/1}{SSE/(n-2)} \tag{15-10}$$

$$= \frac{MSR}{MSE} \tag{15-11}$$

일반적인 F값(즉 다중회귀모형에서의)은 다음과 같다.

$$F_{df_1,\ df_2,\ \alpha} = \frac{SSR/(k-1)}{SSE/(n-k)} = F_{(k-1),\ (n-k),\ \alpha} \tag{15-12}$$

여기서 분자와 분모의 자유도는 각각 $(k-1)$, $(n-k)$이며 k는 다중회귀모형에서 절편과 기울기를 포함한 총모수의 개수와 같다. 식(15-10)을 다음과 같이 변형시키면 컴퓨터의 회귀분석으로 결정계수 R^2를 이용해서 F값을 손쉽게 구할 수 있다.

$$F_{1,\ (n-2),\ \alpha} = \frac{SSR/1}{SSE/(n-2)} = \frac{(\frac{SSR}{SST})/1}{(\frac{SSE}{SST})/(n-2)}$$

(주 : 분자, 분모를 SST로 나누어 줌)

따라서

$$F_{1,\ (n-2),\ \alpha} = \frac{R^2/1}{(1-R^2)/(n-2)} \qquad (15\text{-}13)$$

이다.

지금까지 설명한 분산분석방법을 표(表)로 나타낼 수 있는데 이것을 분산분석표(ANOVA table)이라고 한다.

표 15.2 분산분석표

제곱의 합	자 유 도	평균제곱	F값
SSR	1	SSR/1 = MSR	$\frac{MSR}{MSE}$
SSE	n-2	SSE/(n-2) = MSE	
SST	n-1		

[예제 4] 제14장 (예제 1)에서 H_0 : $\beta_2 = 0$, H_A : $\beta_2 \neq 0$ 이라는 가설을 검정하기 위한 분산분석표를 작성하여라.(Hint : 제14장(예제2)도 참고할 것.

풀 이 제14장(예제1)을 확장하여 분산분석표를 작성하면 다음의 표 (15-4)와 같다.

표 15.3 SST, SSR, SSE의 계산

	X_i	Y_i	$\hat{Y}_i$	y_i	y_i^2	e_i	e_i^2	$\hat{y}_i$	$\hat{y}_i^2$
	1	30	27.5713	−22	484	2.4287	5.8986	−24.4287	596.7614
	2	35	35.7142	−17	289	−0.7142	0.5101	−16.2858	265.2273
	3	40	43.8571	−12	144	−3.8571	14.8772	−8.1429	66.3068
	4	55	52.0000	3	9	3.0000	9.0000	0.0000	0.0000
	5	60	60.1429	8	64	−0.1429	0.0204	8.1429	66.3068
	6	64	68.2858	12	144	−4.2858	18.3681	16.2858	265.2273
	7	80	76.4287	28	784	3.5713	12.7542	24.4287	596.7614
합계					1,918		61.4286		1,856.571
평균					(SST)		(SSE)		(SSR)

(주) $y_i^2 = Y_i - \overline{Y}$, $\sum y_i^2 = \sum(Y_i - \overline{Y}_i)^2 = SST$

$e_i = Y_i - \widehat{Y}_i$, $\sum e_i^2 = \sum(Y_i - \widehat{Y}_i)^2 = SSE$

$\widehat{y}_i = \widehat{Y}_i - \overline{Y}$, $\sum \widehat{y}_i^2 = \sum(\widehat{Y}_i - \overline{Y})^2 = SSR$

표 15.4 분산분석표

제곱 합	자 유 도	평균제곱	F값
SSR(=1,856.57)	1	1,856.57	151.1163 $(=\frac{1856.57}{12.2857})$
SSE(=61.4286)	5(=7-2)	$12.2857(=\frac{61.4286}{5})$	
SST(=1,918)	6(=7-1)		

(주) 위의 분산분석표의 계산에 SST와 SSE를 먼저 구하면 SSR은 별도로 계산할 필요가 없이 SST-SSE=SSR의 공식에 의해 SSR이 자동계산된다.

[예제 5] 앞에서 작성한(예제 1)의 표(15-4) 분산분석표에 의해 $H_0 : \beta_2 = 0$, $H_A : \beta_2 \neq 0$ 이라는 가설을 F test로 검정하라.

풀 이 ① $H_0 : \beta_2 = 0$

$H_A : \beta_2 \neq 0$

② $\alpha = 0.05$

③ 분자의 자유도 $df_1 = 1$, 분모의 자유도 $df_2 = 5$이므로 임계치 $F_{1,5,0.05} = 6.61$이다.

F값 ≤ 6.61, H_0 채택

F값 > 6.61, H_0 기각

④ F값 $= \frac{SSR/1}{SSE/(n-2)} = \frac{MSR}{MSE} = 151.1163$

⑤ 따라서 F값은 H_0를 기각하는 구간에 속하므로 H_0를 기각, 즉 설명변수(광고비)가 Y_i의 변화(=매출액의 변화)에 영향을 미치지 않는다고 할 수 없다.

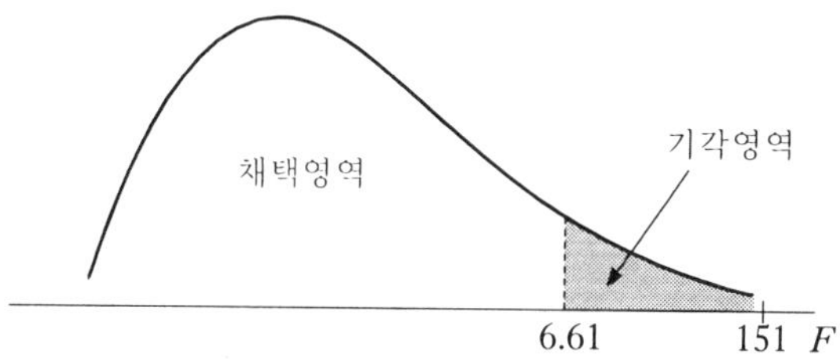

그림 15.3 임계치와 기각역

위(예제2의) F값은 결정계수 R^2의 값을 이용하여 풀 수도 있다. 즉 이 경우 R^2의 값은 제14장 (예제2)에서 0.9680이므로

$$F\text{값} = \frac{SSR/1}{SSE/(n-2)} = \frac{(\frac{SSR}{SST})/1}{(\frac{SSE}{SST})/(n-2)} = \frac{R^2}{(1-R^2)/(n-2)}$$

에서

$$F = \frac{0.9680/1}{(1-0.9680)/5}$$

$$= \frac{0.9680}{0.032} \times 5$$

$= 151.25$ 을 구할 수 있다.

(주) F값의 소수점이하의 차이는 계산과정상의 차이임.

제15-A장

보론 다중회귀 분석

15A.1 모 형

15A.2 표본귀식의 추정

15A.3 추가되는 가정

15A.4 결정계수

15A.5 분산분석

15A.1 모 형

다중회귀분석은 단순회귀분석의 연장으로써 기본원리는 회귀분석과 유사하다. 단지 종속변수에 영향을 미치는 독립변수의 개수가 2개 이상으로써 예컨대 광고비와 매출액의 예에서 매출액을 설명하는 변수로서 가령 종업원의 교육훈련비등을 추가하는 경우이다.

다중회귀모형의 일반식

$$Y_i = \beta_1 + \beta_2 X_{2i} + \beta_3 X_{3i} + \cdots + \beta_k X_{ki} + u_i \tag{15A-1}$$

논의를 간편히 하기 위해 설명변수가 두 개인 경우를 고려하면 다음과 같다.

모회귀모형 $Y_i = \beta_1 + \beta_2 X_{2i} + \beta_3 X_{3i} + u_i$

표본회귀모형 $Y_i = \widehat{\beta_1} + \widehat{\beta_2} X_{2i} + \widehat{\beta_3} X_{3i} + e_i$

모회귀식 $E(Y_i) = \beta_1 + \beta_2 X_{2i} + \beta_3 X_{3i}$

표본회귀식 $\widehat{Y_i} = \widehat{\beta_1} + \widehat{\beta_2} X_{2i} + \widehat{\beta_3} X_{3i}$ (15A-2)

모회귀모형이 2개의 설명변수로 이루어진 모형, $Y_i = \beta_1 + \beta_2 X_{2i} + \beta_3 X_{3i} + u_i$에서 X_{2i}가 광고비, X_{3i}가 종업원 교육 훈련비이고 Y_i가 매출액이라면 β_2의 의미는 종업원의 교육훈련비 (X_{3i})가 매출액에 미치는 영향이 불변이라면 광고비가 매출액에 미치는 영향을 나타낸다고 해석할 수 있고 마찬가지로 β_3는 광고비 (X_{2i})가 매출액에 미치는 영향이 불변이라면 종업원의 교육 훈련비가 매출액에 미치는 영향을 나타낸다.

15A.2 표본회귀식의 추정

표본회귀식의 추정은 단순회귀분석에서와 같이 통상최소자승방법에 의하여 구하나 모수에 대한 추정치는 컴퓨터 계산에 의해 쉽게 구할 수 있다.

$$minimize(\text{최소화})\sum e_i^2 = \sum(Y_i - \hat{\beta}_1 - \hat{\beta}_2 X_{2i} - \hat{\beta}_3 X_{3i})^2 \qquad (15A\text{-}3)$$

위의 목적함수를 $\hat{\beta}_1$, $\hat{\beta}_2$, $\hat{\beta}_3$에 대하여 최소화 되게 하려면 1계조건이 0이 되게 하는 것이다.

식 (15A-3)을 Q라고 하면

$$\frac{\partial Q}{\partial \hat{\beta}_1} = 2\sum(Y_i - \hat{\beta}_1 - \hat{\beta}_2 X_{2i} - \hat{\beta}_3 X_{3i})(-1) = 0$$
$$\frac{\partial Q}{\partial \hat{\beta}_2} = 2\sum(Y_i - \hat{\beta}_1 - \hat{\beta}_2 X_{2i} - \hat{\beta}_3 X_{3i})(-X_{2i}) = 0 \qquad (15A\text{-}4)$$
$$\frac{\partial Q}{\partial \beta_3} = 2\sum(Y_i - \hat{\beta}_1 - \hat{\beta}_2 X_{2i} - \hat{\beta}_3 X_{3i})(-X_{3i}) = 0$$

위의 1계조건을 정리하면 다음과 같이 $\hat{\beta}_1$, $\hat{\beta}_2$, $\hat{\beta}_3$의 값을 구할 수 있다.

$$\hat{\beta}_1 = \overline{Y} - \hat{\beta}_2 \overline{X_2} - \hat{\beta}_3 \overline{X_3}$$
$$\hat{\beta}_2 = \frac{(\sum y_i x_{2i})(\sum x_{3i}^2) - (\sum y_i x_{3i})(\sum x_{2i} x_{3i})}{(\sum x_{2i}^2)(\sum x_{3i}^2) - (\sum x_{2i} x_{3i})^2}$$
$$\hat{\beta}_3 = \frac{(\sum y_i x_{3i})(\sum x_{2i}^2) - (\sum y_i x_{2i})(\sum x_{2i} x_{3i})}{(\sum x_{2i}^2)(\sum x_{3i}^2) - (\sum x_{2i} x_{3i})^2} \qquad (15A\text{-}5)$$

여기서 $x_{2i} = X_{2i} - \overline{X}_2$, $x_{3i} = X_{3i} - \overline{X}_3$, $y_i = Y_i - \overline{Y}$를 나타낸다.

15A.3 추가되는 가정

다중회귀모형의 가정은 단순회귀모형의 가정 외에 다음의 가정이 필요하다. 즉

> 다중공선성(多重共線性, multicollinearity)
> 독립변수들간에는 선형관계가 존재해서는 안된다.

만약 이러한 가정이 충족되지 않으면 각각의 설명변수 X_{ki}가 종속변수 Y_i에 얼마만큼의 영향을 미치는 가를 분리할 수 없기 때문이다.

15A.4 결정계수

결정계수 R^2은 단순회귀모형에서와 같이 $R^2 = \frac{SSR}{SST}$로 정의되며 $0 < R^2 < 1$이고 그 의미도 단순회귀분석에서와 비슷하다. 관찰치가 n, 모수(기울기+절편모두의 모수)가 k개 일 때

SST의 자유도 : $n-1$

SSR의 자유도 : $k-1$

SSE의 자유도 : $n-k$

이다. 가령 식 (15A-1)의 모형에서는 모수가 β_1, β_2, β_3이므로 $k=3$이다.

15A.5 가설검정

15A.5.1 t 검정

개별모수에 대한 t검정을 행할 때 기본적인 방법은 단순회귀분석의 경우와 같다. 단지 임계치를 구할 때 자유도가 $(n-2)$(단순회귀분석에서 처럼)가 아니라 $(n-k)$가 된다. 여기서 k값은 모형에서 절편을 포함한 총모수의 개수이다.

(i) H_0 : $\beta_k = 0$

H_A : $\beta_k \neq 0$

(ii) t 통계량 $= \dfrac{\widehat{\beta_k} - 0}{SE(\hat{\beta}_k)}$,

(iii) 임계치 $t_{(n-k), \frac{\alpha}{2}}$

(iv) 임계치와 통계량을 비교

(v) 결론

15A.5.2 F검정

설명변수전체가 종속변수에 유의한지 아닌지를 검정할 때 사용된다.

(i) H_0 : $\beta_2 = \beta_3 = \cdots = \beta_k = 0$

H_A : $\beta_2 = \beta_3 = \cdots = \beta_k \neq 0$

(ii) F통계량 $= \dfrac{SSR/(k-1)}{SSE/(n-k)}$ 이고

(iii) F임계치는 $F_{(k-1), (n-k), \alpha}$이다.

(iv) 임계치와 통계량을 비교

(v) 결론

모수에 관한 기타 검정방법은 단순회귀분석의 경우와 유사하다. 좀 더 자세한 논의는 이 책의 범위를 벗어나므로 생략한다.

연습문제

15.1 다음의 자료를 이용하여 물음에 답하라.

X	190	260	350	460	620	780	910	1,150
Y	18	22	42	36	50	72	62	80

① 회귀식을 구하라. ($\hat{Y}_i = \hat{\beta}_1 + \hat{\beta}_2 X_i$)

② 결정계수와 상관계수를 구하라.

③ 모수 $\beta_2 = 0$이라는 가설을 $\alpha = 0.05$에서 검정하라.

④ 모수 β_2에 대한 99% 신뢰구간을 구하라.

⑤ $X = 400$일 때 모수 $E(Y_0)$에 대한 95% 신뢰구간을 구하라.

15.2 다음은 6주동안 어느 회사 주식가격과 종합주가지수를 조사한 표이다. 아래 물음에 답하라.

주가(Y)	600	680	740	820	960	1,080
종합주가지수(X)	268	280	320	450	530	550

① 회귀식을 구하라. ($\hat{Y}_i = \hat{\beta}_1 + \hat{\beta}_2 X_i$)

② 위의 회귀식에 타당한 가설을 설명하라.

③ SST, SSE, 및 SSR을 구하고 결정계수를 유도하라. 또 그의미를 분석하라.

④ 주가와 종합주가지수간의 표본상관계수를 구하라.

⑤ 모수 β_2의 유의성을 t검정하라. ($\alpha=0.05$)

⑥ 모수 β_2의 유의성을 분산분석표를 이용해서 F검정하라. ($\alpha=0.05$)

15.3 다음 가상의 자료를 보고 물음에 답하라.

X	10	15	8	21	28	17
Y	20	24	16	9	14	25

① 회귀식 $\widehat{Y}_i=\widehat{\beta}_1+\widehat{\beta}_2X_i$를 구하라.

② SSE와 S_e^2 은 얼마인가?

③ 결정계수와 표본상관계수는?

④ 분산분석표를 작성하여 β_2의 유의성을 검정하라.(F검정, $\alpha=0.05$)

15.4 제14장 연습문제 14-5의 모수 β_2에 대한 유의성을 t및 F *test*로 검정하라 ($\alpha=0.05$), 또 β_2에 관한 99% 신뢰구간을 구하라.

15.5 연습문제 14-6에서 구한 회귀식 $\widehat{Y}_i=\widehat{\beta}_1+\widehat{\beta}_2X_i$의 모수 β_2의 유의성을 t및 F *test*로 검정하라. ($\alpha=0.01$) 또 β_2에 관한 95% 신뢰구간을 구하라.

15.6 어느 고등학교 학생 7명을 뽑아 IQ와 시험성적의 평균을 조사하였다. 다음 표를 보고 물음에 답하라.

IQ(X)	120	135	115	132	105	140	138
성적(Y)	90	95	75	82	65	92	74

① 회귀식 $\widehat{Y}_i=\widehat{\beta}_1+\widehat{\beta}_2X_i$를 구하고 그 의미를 설명하라.

② 결정계수와 표본상관계수를 구하라.

③ 회귀식의 모수 β_2에 대한 유의성을 검정하여라.(t및 F검정, $\alpha=0.05$)

15.7 27개의 표본을 추출하여 단순회귀분석과 상관분석을 한 결과 표본상관계수 $r=0.92$, 표준오차 $S_e=15$를 구하였다.

① SST, SSR, SSE를 구하여라.

② 결정계수 R^2를 구하여라.

15.8 다음의 자료를 보고 아래물음에 답하라.

($n=11$)

X	2.75	2.50	2.35	2.30	2.25	2.20	2.11	1.94	1.97	2.06	2.02
Y	0.77	0.74	0.72	0.73	0.76	0.75	1.08	1.81	1.39	1.20	1.17

① $\overline{Y}$, $\overline{X}$, $\Sigma(Y_i-\overline{Y})^2$, $\Sigma(X_i-\overline{X})^2$,

$\Sigma(X_i-\overline{X})(Y_i-\overline{Y})$, $\Sigma(Y_i-\widehat{Y}_i)^2$을 구하라.

② 회귀식 $\widehat{Y}_i=\widehat{\beta}_1+\widehat{\beta}_2X_i$를 구하라.

③ 모수 $\beta_2=0$이라는 가설을 t검정하라. ($\alpha=0.05$)

④ 모수 $\beta_2=0$이라는 가설을 F검정하라. ($\alpha=0.05$)

⑤ 결정계수와 표본상관계수를 구하라.

15.9 다음은 어느 산업의 이직율과 실업율간의 관계를 나타낸 자료이다.

이직률(Y)	1.3	1.4	1.5	2.6	2.5	2.1	1.8
실업률(X)	6.2	5.8	5.0	3.2	3.3	5.6	6.8

① 자료를 산포도로 나타내어라.

② 회귀식 $\widehat{Y}_i = \widehat{\beta}_1 + \widehat{\beta}_2 X_i$를 추정하고 그 의미를 설명하여라.

③ 결정계수와 상관계수를 구하고 그 의미를 설명하라.

④ 모수 $\beta_2 = 0$이라는 가설을 각각 $\alpha = 0.05$의 수준에서 t 및 F점정하여라.

⑤ β_2의 95% 신뢰구간을 구하라.

제16장

분산분석

16.1 분산분석의 기본 개념

16.2 분산분석의 기본 원리

16.3 분산분석의 검정

16.1 분산분석의 기본 개념

분산분석이란 실험대상에 대하여 서로 다른 처리(處理 : treatment)를 가한 후에 그 결과를 관찰하여 서로 다른 처리들 사이에 차이가 있는 지를 분석하는 통계적 방법이라고 할 수 있다. 예를 들면 A, B, C 세 종류의 소형차의 연비(리터당 주행거리)에 차이가 있는지를 알아보기 위하여 각각의 차량마다 연비를 측정하여 비교한다 든지 또는 서로 다른 비료의 평균수확량에 차이가 있는 지 알아 보기 위하여 논에 뿌려 수확량을 살펴본다든지 혹은 어떤 음료수를 색상을 달리하여 판매량을 살펴본다 든지 하는 것이 모두가 다음과 같은 가설을 검정하기 위한 목적이며 이러한 가설의 검정에 사용되는 통계적 기법이 분산분석이다. 즉

귀무가설 H_0 : $\mu_1 = \mu_2 = \mu_3 = \cdots\cdots$

대립가설 H_A : 모평균에 차이가 있다.

등과 같은 가설의 검정에 쓰이는 것이다. 먼저 분산분석의 원리에 대한 설명에 앞서 몇 가지 원리에 대한 기본개념을 소개한다. 가령 첫 번째 예에서 A, B, C라는 자동차의 종류는 연비라고 하는 관찰치에 영향을 주는 속성이며, 또한 관찰치에 영향을 주는 속성을 요인(要因, factor)이라고 한다.

또 요인의 여러 가지 조건을 처리(處理, treatment)라고 하며 각 자동차 A, B, C는 각각 하나의 처리가 된다.

분산분석에서는 각각의 처리를 가한 표본의 관찰결과, 즉 반응(위의 예에서는 연비)에 의하여 모평균의 동일성을 검정한다. 여기에서 나타나는 반응(즉 관찰치)은 처리효과(treatment effect)와 오차효과(error effect)가 합쳐져 있는 상태라고 할 수 있는데 처리효과란 각각의 처리에서 나타난 효과를 말하며(즉 A, B, C 세종류의 자동차의 연비의 차이가 나는 효과), 오차효과란 반응중에서 처리에 의하여 설명되지 않는 효과(즉 한 종류의 자동차를 각각 연비측정하면서 나타나는 측정치의 차이로

인한 효과)를 말한다.

분산분석에서는 각 처리집단의 오차효과가 동일하여야만 한다. 그렇지 않으면 관찰치의 차이가 처리집단간의 차이에 의한 것인지 아닌지를 판별하기 어렵다. 이러한 원칙을 확률화(randomization)의 원칙이라고 한다.

16.2 분산분석의 기본원리

확률화의 원칙에 따라 요인이 하나인 실험에 대한 분산분석법을 일원(一元)분산분석이라고 한다. 본서(本書)에서는 일원분산분석만을 소개하기로 한다.

다음은 앞의 예에서와 같이 A, B, C 세종류의 소형차의 연비를 측정한 표이다.

표 16.1 각 자동차의 연비(km/ℓ)

	A	B	C
	22.0	21.0	18.2
	18.0	16.4	15.3
	24.2	19.2	17.5
	20.6	15.4	15.0
평 균	21.2	18.0	16.5

<표 16.1>에서 A, B, C 세 종류의 차는 처리를 나타내며 표 <16-1>에서와 같이 각 처리에서 관찰치의 평균은 21.2, 18.0, 16.5 등으로 각기 다르다. 또한 각 처리 A, B, C 내에서 관찰치의 값들은 각각 다른 데 이것은 처리의 속성과는 무관하게 오차로 인한 것이다. 즉 전술한 바와 같이 위 표상(表上)의 관찰치들은 처리효과와 오차효과가 결합되어 있으므로 단순히 각 처리의 평균치(즉 A, B, C 세 종류의 차들의 평균연비)만을 비교하여 연비의 차이가 있다고 말할 수는 없을 것이다. 이와 같은 처리의 평균치의 차이에 대하여 두가지 해석이 가능하다. 첫째는 그림

<16-1>의 (a)에서와 같이 관찰된 연비의 평균치 21.2, 18.0, 16.5는 세 개의 서로 다른 모집단에서 나온 경우로 해석할 수 있고 둘째는 그림 <16-1>의 (b)에서와 같이 각 관찰치들은 분산이 큰 하나의 모집단으로부터 나온 경우를 상정할 수 있다. (a)와 같은 경우 각 자동차의 연비는 상이하다고 할 수 있는 반면에 (b)의 경우라면 연비에 차이가 있다고 할 수 없을 것이다.

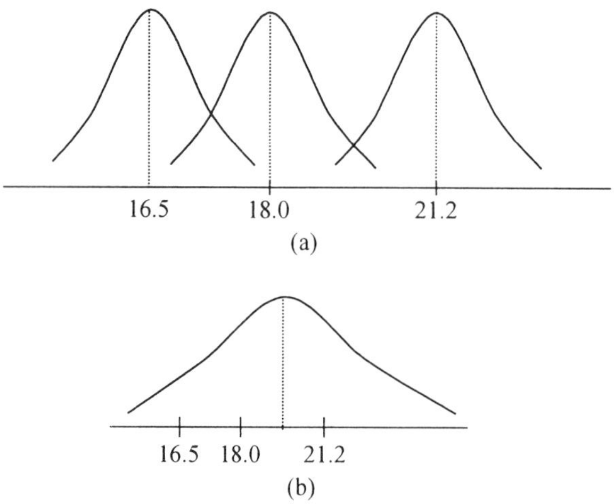

그림 16.1 모집단에 대한 상이한 가정

그렇다면 이 두가지 해석 중 어떤 해석이 타당한가를 살펴보자면 어떤 방법이 좋을 것인가? 이러한 목적을 위해서는 각 처리간(處理間, 또는 그룹間) 관찰치의 변동(즉 편차제곱의 합)을 계산해 보는 것이 중요하다. 즉 각 처리내(處理內)의 변동이 작다면 각 관찰치의 오차항이 작음을 의미하므로 <그림 16.1> (a)의 해석이 가능하고 그 반대의 경우라면 <그림 16.1> (b)의 해석이 가능하다. 따라서 유의한 결론을 위해서는 각 처리내(處理內 또는 그룹內)에서의 관찰치의 변동과 각 처리간(處理間 또는 그룹間)의 변동을 비교해 보는 것이 중요하다. 표<16-1>의 자료로부터 위의 변동을 구해보면 다음과 같다.

(ⅰ) 처리내(또는 그룹내)의 변동

자동차 A

$$(22-21.2)^2+(18-21.2)^2+(24.2-21.2)^2+(20.6-21.2)^2=20.24$$

자동차 B

$$(21.0-18)^2+(16.4-18)^2+(19.2-18)^2+(15.4-18)^2=19.74$$

자동차 C

$$(18.2-16.5)^2+(15.3-16.5)^2+(17.5-16.5)^2+(15-16.5)^2=7.6$$

계 47.58

(ⅱ) 처리간(또는 그룹간)의 변동 ; 전체평균이 18.57이므로

$$4(21.2-18.57)^2+4(18-18.57)^2+4(16.5-18.57)^2=46.11$$

(ⅰ)과 (ⅱ)에서 구한 47.58과 46.11은 각각 처리내에서의 변동과 처리간의 변동을 의미하며 이것을 각각 오차제곱의 합(sums of squares of errors, SSE)과 처리제곱의 합(處理제곱의 合, sums of squares of treatment, SS_T)이라고 한다. 오차제곱의 합, SSE는 처리내 변동(또는 그룹내 변동)이라고도 하며 처리제곱의 합, SS_T는 처리간 변동(또는 그룹간 변동)이라고도 한다. 표<16-1>에서 총제곱의 합(총변동, sum of squares of totals, SST)을 구하면

$$\begin{aligned}\text{총제곱합} = \ & (22-18.57)^2+(18-18.57)^2+(24.2-18.57)^2 \\ & +(20.6-18.57)^2+(21-18.57)^2+(16.4-18.57)^2 \\ & +(19.2-18.57)^2+(15.4-18.57)^2+(18.2-18.57)^2 \\ & +(15.3-18.57)^2+(17.5-18.57)^2+(15-18.57)^2 \\ & =93.69\end{aligned}$$

로써 일원(一元) 분산분석에서 총제곱합은 처리제곱의 합과 오차제곱의 합을 더한 것과 같다. 즉

$$SST = SS_T + SSE$$

이다.

이상의 논의를 정리하면 다음과 같다.

표 16.2 일원분산분석에서의 자료

처리1	처리2	처리3		처리4
X_{11}	X_{21}	X_{31}	…	X_{k1}
X_{12}	X_{22}	X_{32}	…	X_{k2}
⋮	⋮	⋮		⋮
X_{1n_1}	X_{2n_2}	X_{3n_3}		X_{kn_k}

처리제곱의 합 $SS_T = \sum_i n_i(\overline{X}_i - \overline{\overline{X}})^2$

잔차제곱의 합 $SSE = \sum_i \sum_j (X_{ij} - \overline{X}_i)^2$

총제곱의 합 $SST = \sum_i \sum_j (\overline{X}_{ij} - \overline{X})^2$ (16-1)

단, $\overline{X}_i = \frac{1}{n_i} \sum_j X_{ij}$, $\overline{\overline{X}} = \frac{1}{N} \sum_i \sum_j X_{ij}$

$N = n_1 + n_2 + \cdots + n_k =$ 총 관찰치의 개수

16.3 분산분석의 검정

앞에서 처리제곱의 합 SS_T와 오차제곱의 합 SSE에 대하여 공부하였다. 여기서 오차 제곱의 합은 한 처리내에서 확률적 오차항에 의하여 발생한 변동이지만 이러한 오차에 의한 변동이 처리간에도 발생할 수 있다. 다만 어떤 기준을 벗어나지 않는다면 처리간의 기대값(모평균)의 차이가

있다고 할 수는 없다. 이러한 판단의 기준이 되는 점이 검정의 F임계치이다. 아래는 분산분석에서 F임계치와 비교할 F통계량이다.

F통계량

$$F = \frac{SS_T/(k-1)}{SSE/(N-k)} = \frac{MS_T}{MSE} \qquad (16\text{-}2)$$

k : 처리의 개수

N : 총관찰치의 개수

MS_T : 처리평균제곱

MSE : 오차 평균제곱

위의 F통계량은 분자와 분모의 자유도 $(k-1)$과 $(N-k)$의 값에 따라 정해지는 F분포를 따르며 이 때의 임계치는 유의수준에 따라 정해진다.

일반적으로 분산분석에서 검정순서는 다음과 같다.

① 가설의 설정

H_0 : $\mu_1 = \mu_2 = \mu_3 = \cdots = \mu_k$

H_A : 모평균의 값이 각기 다름

② 유의수준 α를 설정

③ F통계량 $\leq F_{(k-1),\ (n-k),\ \alpha}$이면 H_0채택

F통계량 $> F_{(k-1),\ (n-k),\ \alpha}$이면 H_0기각

④ F통계량 $= \frac{SS_T/(k-1)}{SSE/(N-k)} = \frac{MS_T}{MSE}$를 구하여 ③과 비교한다.

⑤, ④를 기준으로 결론을 내린다.

<표 16.3>은 가설검정의 분산분석표이다.

표 16.3 분산분석표

변동	제곱의 합	자유도	평균제곱	F
처리	$SS_T = \sum_i n_i(\overline{X}_i - \overline{\overline{X}})^2$	$k-1$	$MS_T = SS_T/(k-1)$	$F = \dfrac{MS_T}{MSE}$
오차	$SSE = \sum_i \sum_j (\overline{X}_{ij} - \overline{X}_i)^2$	$N-k$	$MSE = SSE/(N-k)$	
계	$SST = \sum_i \sum_j (\overline{X}_{ij} - \overline{\overline{X}})^2$	$N-1$		

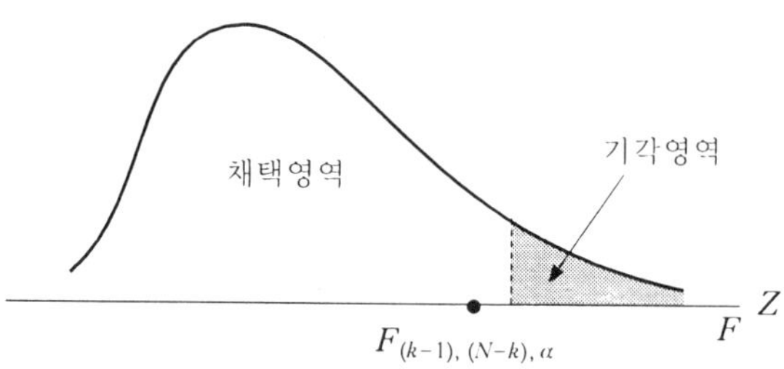

그림 16.2 임계치와 기각역

[예제 1] <표 16.1>의 자동차의 종류별 연비의 차이가 있는지 유의수준 $\alpha = 0.05$에서 검정하라.

풀 이 ① $H_0 : \mu_A = \mu_B = \mu_C$

H_A : 자동차 종류별 연비가 상이함

② $\alpha = 0.05$

③ $k = 3, \quad \therefore k-1 = 2$

$N = 12, \quad \therefore N-k = 9$

그러므로 F통계량 $\le F_{2,9,0.05} = 4.26$이면 H_0채택

$$F\text{통계량} > F_{2,9,0.05} = 4.26 \text{이면 } H_0 \text{기각}$$

④ $F\text{통계량} = \dfrac{SS_T/(k-1)}{SSE/(N-k)} = \dfrac{MS_T}{MSE}$

앞에서 $SS_T = 47.58$

$SSE = 46.11$

$\therefore \quad MS_T = \dfrac{47.58}{2} = 23.79$

$MSE = \dfrac{46.11}{9} = 5.12$

따라서

$$F\text{통계량} = \frac{23.79}{5.12} = 4.64 > 4.26$$

이므로 H_0를 기각한다. 그러므로 A, B, C 세 종류의 자동차의 연비가 같다고 할 수 없다.

표 16.4 (예제 1)의 분산분석표

변동	제곱의 합	자유도	평균제곱	F
처리	$SS_T = 47.58$	2	$MS_T = \dfrac{47.58}{2} = 23.79$	$F = \dfrac{MS_T}{MSE}$
오차	$SSE = 46.11$	9	$MSE = \dfrac{46.11}{9} = 5.12$	$= 4.64$
계	$SST = 93.69$	11		

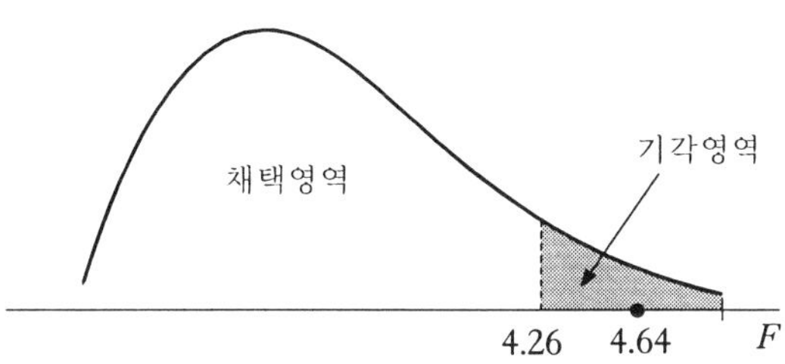

그림 16.3 임계치와 기각역

[예제 2] 다음은 각 비료의 수확량에 관한 자료이다. 각 비료의 수확량에 차이가 있는지 검정하여라. ($\alpha = 0.05$)

(단위 : kg/㎡)

A	B	C
16	23	20
18	25	22
20	27	24
14		18

풀 이 주어진 자료로부터 각 처리 A, B, C의 평균을 구하면

$$\overline{X}_1 = \frac{16+18+20+14}{4} = \frac{68}{4} = 17$$

$$\overline{X}_2 = \frac{23+25+27}{3} = \frac{75}{3} = 25$$

$$\overline{X}_3 = \frac{20+22+24+28}{4} = \frac{84}{4} = 21$$

① 처리내의 변동

비료 A

$$\sum_{j=1}(X_{1j} - \overline{X}_1)^2 = (16-17)^2 + (18-17)^2 + (20-17)^2 + (14-17)^2 = 20$$

비료 B

$$\sum_{j=1}(X_{2j} - \overline{X}_2)^2 = (23-25)^2 + (25-25)^2 + (27-25)^2 = 8.0$$

비료 C

$$\sum_{j=1}(X_{3j} - \overline{X}_3)^2 = (20-21)^2 + (22-21)^2 + (24-21)^2 + (18-21)^2 = 20$$

따라서

$$SSE = \sum_i \sum_j (X_{ij} - \overline{X}\mathrm{i}) = 20 + 8 + 20 = 48$$

② 처리간의 변동

또

$$\overline{\overline{X}} = \frac{(16+18+20+14+23+25+27+20+22+24+28)}{11} = 20.64$$

이므로

$$SS_T = \sum_i n_i(\overline{X}_i - \overline{\overline{X}})^2$$

$$= 4(17-20.64)^2 + 3(25-20.64)^2 + 4(21-20.64)^2 = 129.56$$

이고 $SST = SS_T + SSE = 129.56 + 48 = 177.56$

한편 SS_T의 자유도 $= 3-1 = 2$,

SSE의 자유도 $= 11-3 = 8$

SST의 자유도 $= 11-1 = 10$이므로

평균제곱을 구하면

$$MS_T = SS_T/(k-1) = \frac{129.56}{2} = 64.78$$

$$MSE = SSE/(N-k) = \frac{48}{8} = 6.00$$

이므로 분산분석표는 <표 16.5>와 같다.

표 16.5 (예제 2)의 분산분석표

변 동	제곱의 합	자유도	평균제곱	F
처 리	$SS_T = 129.56$	2	$64.78(= MS_T)$	$F = \frac{MS_T}{MSE}$
오 차	$SSE = 48$	8	$6.00(= MSE)$	$= 10.80$
계	$SST = 177.56$	10		

이상의 논의를 종합하여 가설검정을 하면 아래와 같다.

① H_0 : $\mu_1 = \mu_2 = \mu_3$

H_A : 모평균이 상이하다.(즉 비료의 수확량이 상이하다.)

② $\alpha = 0.05$

③ $F \leq F_{2,\ 8, 0.05}(=4.46)$이면 H_0채택

$F > F_{2,\ 8,\ 0.05}(=4.46)$이면 H_0기각

④ F통계량 $= \dfrac{MS_T}{MSE} = 10.80$

⑤ F통계량이 F임계치보다 크므로 H_0기각, 따라서 각 비료의 수확량이 동일하다고 할 수 없다.

연습문제

16.1 다음의 분산분석표를 완성하여라.

변 동	제곱의 합	자유도	평균제곱	F
처 리	120			
오 차		10		
계	180	14		

16.2 다음은 서로 다른 사료를 일정기간동안 돼지에게 먹이고 성능을 측정한 자료이다. 각사료의 성능은 동일한지 $\alpha=0.01$에서 검정하라.

A	B	C
20	15	30
20	30	20
30	15	15
25	25	30

16.3 다음은 서로 다른 이유식을 아기에게 먹이고 체중을 측정한 결과가 다음과 같았다. 이유식의 성능에 차이가 있는지 $\alpha=0.05$에서 검정하라. 단 실험전 아기들의 몸무게는 동일하였으며 확률화원칙을 따랐다고 가정한다.

A	B	C	D
6.0	4.5	5.0	5.5
5.5	3.0	5.5	5.0
4.5	4.0	4.0	3.5
5.0	4.0	3.5	4.5

16.4 다음은 4개의 처리(그룹)들의 평균을 비교하기위하여 분산분석표를

작성하였다. 빈칸을 채우고 각 집단들의 평균이 동일한지 $\alpha=0.05$ 에서 검정하라.

변 동	제곱의 합	자유도	평균제곱	F
처 리	( )	( )	25.6	( )
오 차	( )	15	( )	
계	260	( )		

16.5 다음의 자료를 보고 물음에 답하라.

관찰수 \ 처리	A	B	C
1	18	14	15
2	12	17	12
3	15	10	16
4	19	13	19

① 분산분석표를 작성하여라.

② 각 처리의 모평균이 동일하다는 가설을 $\alpha=0.05$에서 검정하라.

16.6 세 지역에서 판매하는 어느제품의 가격을 조사한 표이다.

(단위 : 100원)

A	B	C
60	59	55
64	62	62
66	65	57
62	64	60

① 분산분석표를 작성하여라.

② 세지역에서의 가격이 동일하다는 가설을 $\alpha=0.01$에서 검정하라.

16.7 다음 분산분석표를 완성하고 다음 물음에 답하라.

변 동	제곱의 합	자유도	평균제곱	F
처 리	27	4	(　　)	(　　)
오 차	(　　)	(　　)	(　　)	
계	162	24		

① 각 처리집단의 모평균이 같다는 가설을 $\alpha=0.05$에서 검정하라.

제17장

시계열분석

17.1 시계열 자료분석
17.2 지 수
17.3 시계열의 평활법

17.1 시계열 자료분석(時系列資料分析)

시계열자료라함은 GNP, 물가지수, 주가지수, 등과 같이 시간의 경과에 따라 관찰되는 관찰치의 계열, 또는 시간의 순서에 따라 측정되는 변량의 크기의 계열을 말하며 이러한 자료에 대한 분석을 시계열분석이라고 한다.

흔히 시계열 자료는 측정시점이 시간적으로 근접할수록 서로 상관관계를 갖는 경향이 강하며 이러한 이유로 해서 통계적 추론을 다소 어렵고 복잡하게 한다. 왜냐하면 흔히 통계적 추론에서는 시계열 오차항의 자기상관이 0이라고 가정하기 때문이다.

시계열은 흔히 다음의 네가지 요소로 구성되어 있는 경우가 보통이다. 즉

(i) 불규칙 변동(irregular variation)

(ii) 계절 변동(seasonal variation)

(iii) 순환 변동(cyclical variation)

(iv) 추세 변동(trend variation)

불규칙 변동은 가뭄, 홍수 등 불규칙한 요인에 의해 야기되는 변동으로써 확률적 요소를 띄고 있고 계절 변동은 계절적 요인에 의한 변동으로써 반복적으로 변동이 되풀이 되는 성격을 띄고 있다. 가령 설이나 추석때 소비(또는 매출)액이 증가한다든가 하는 것 등이다. 순환변동은 변동이 어떤 일정한 주기를 가지고 규칙적으로 변하는 성격을 띄지만 흔히 추세선을 따라 반복되는 형태를 나타낸다. 원인은 여러 가지가 있을 수 있지만 경기적 요소가 이러한 순환변동의 대표적 원인이다.

다음으로 추세변동은 시계열의 변화가 장기적으로 상승 또는 하강의 모습을 띄는 경향(또는 변동)을 말한다. 흔히 경제성장률이나 인구증가율 등은 장기적으로 상승하는 경향의 추세를 보이고 있다. 그림17.2는 각 변동을 그림으로 나타낸 것이다.

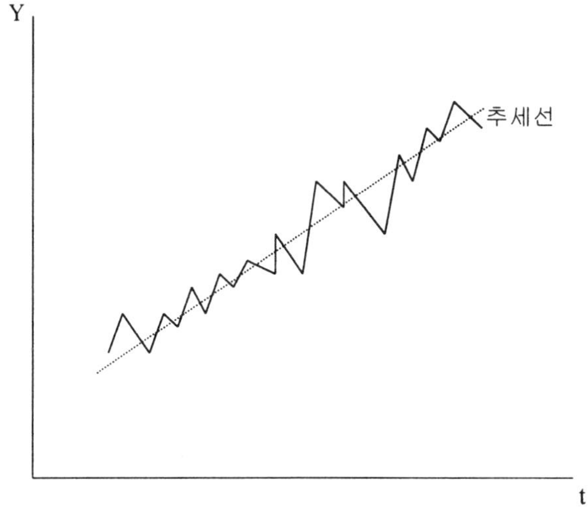

그림 17.1 시계열과 추세선

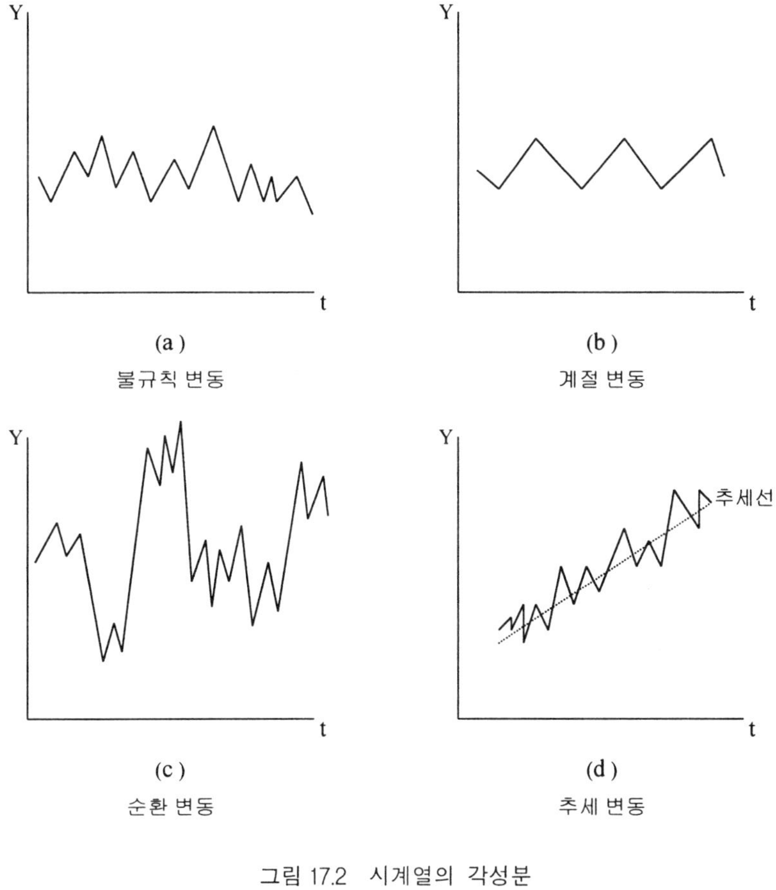

그림 17.2 시계열의 각성분

시계열에서 불규칙 변동과 계절변동을 제거하고 순수히 순환변동치와 추세변동치를 추출하기 위한 여러 가지 방법이 있으나 뒤에 설명하기로 한다.

17.2 지수(指數, index)

경제나 경영활동과 관련하여 흔히 당면하게 되는 자료가 지수이다. 물가지수 등이 대표적인 예이다.

지수란 기준시점의 크기를 100으로 했을 때 비교시점의 크기가 얼마인가를 계산함으로써 비교시점의 크기를 절대값으로 보지 않고 기준시점의 크기에 대한 상대값으로 파악하기 위한 수치를 말한다. 가령 1995년을 기준년도로 했을 때 1998년의 물가는 얼마나 상승하였는가는 물가지수의 일종인 GDP 디플레이터(deflator)로 다음과 같이 계산한다.

$$GDP\ Deflator_{1998} = \frac{\text{명목}GDP_{1998}}{\text{명목}GDP_{1995}} \times 100$$

이와같이 한 개의 시계열 변량을 지수화 한 것을 단순지수(simple index)라 하고 두 개이상 변량의 가중평균치를 지수화한 것을 복합지수(composite index)라 한다.

단순지수의 예로는 물가지수가 있고 복합지수의 예로는 경기지수가 있다. 일반적으로 단순지수의 계산방법은 다음과 같다.

$$t\ \text{시점의지수} = \left(\frac{\text{비교시점의 시계열의 크기}}{\text{기준시점의 시계열의 크기}}\right) \times 100 \qquad (17\text{-}1)$$

[예제 1] 다음의 가상자료를 보고 지수를 작성하여라.

년도	명목GDP	지수(물가지수)
94	2,210	(　　)
95	2,520	100
96	2,860	(　　)
97	3,050	(　　)
98	3,300	(　　)

풀 이　95년이 100으로 기준시점이므로 94, 96, 97, 98년의 지수는 순차적으로 $\frac{2,210}{2,520}\times 100$, $\frac{2,860}{2,520}\times 100$, $\frac{3,050}{2,520}\times 100$, $\frac{3,300}{2,520}\times 100$이 된다. 이것을 풀면

년도	명목 GDP	지수(물가지수)
94	2,210	87.70
95	2,520	100.00
96	2,860	113.49
97	3,050	121.03
98	3,300	130.95

이다.

17.3 시계열의 평활법(smoothing techniques of time series data)

우리가 관찰하는 일반적인 시계열은 네가지 성분 즉 불규칙 변동, 계절변동, 순환변동, 및 추세변동을 포함하여 그래프상의 값이 스무딩(smoothing)한 모습이 아니라 지극히 불규칙한 모습을 띄게 된다. 실제로 시계열의 분석에 있어서도 불규칙 변동이나 계절적 요인에 의한 변동을 제외한 순수한 순환변동이나 추세변동만을 파악하고자 할 경우가 많다. 이런 경우에 사용되는 방법이 평활법(smoothing 법)이다. 평활된 자료를

관찰함으로써 추세도 용이하게 파악할 수 있고 시계열의 미래값을 예측하는 데에도 도움이 된다. 다음은 대표적인 평활법 두가지를 소개한다. 이 이외에도 ARIMA 방법등 진전된 방법등이 있으나 본서의 범위를 이탈하므로 생략하기로 한다.

(1) 이동평균법(移動平均法, moving average method)

대표적인 평활방법으로 이해가 쉽고 사용이 간편한 장점이 있다. 이동평균법은 t 기를 중심으로 이동평균의 함수인 N 항을 더하여 이것을 N으로 나눈값을 t 기의 새로운 값으로 하는 것이다. 다음의 가상자료에서 가령 $N=3$항의 이동평균을 구하는 방법을 소개하면 다음과 같다.

표 17.1 원 자료와 이동평균자료

년도	원시계열(Y)	평활된(N=3) 시계열(M)
1980	20	-
1981	35	36.7
1982	55	43.3
1983	40	53.3
1984	65	51.7
1985	50	65.0
1986	80	58.3
1987	45	71.7
1988	90	78.3
1989	100	83.3
1990	75	-

이 시계열을 3항 이동평균하므로 1980 및 1990년의 이동평균 자료는 구할 수가 없다. 왜냐하면 1980년은 1979년자료가 없고 1990년은 1991년 자료가 없기 때문이다. 일반적으로 이동평균의 항수가 커질수록 이동 평균된 자료의 결항수가 커진다. 또 이동평균항수가 홀수일때에는 문제가 없으나 짝수일 때에는 이동평균을 어느 시점에 표기할 것인가가 명확하지 못하여 시점과 시점사이의 값을 다시 평균을 해야

하는 문제가 따른다. 일반적으로 이동평균의 항수가 클수록 평활도는 커지나 원시계열이 가지고 있는 정보를 잃게 될 위험도 있다.

표 <17-1>의 이동평균된 자료를 M이라 하면

$$M_{81} = \frac{Y_{80} + Y_{81} + Y_{82}}{3} = \frac{20+35+55}{3} = \frac{110}{3} = 36.7$$

$$M_{82} = \frac{Y_{81} + Y_{82} + Y_{83}}{3} = \frac{35+55+40}{3} = \frac{130}{3} = 43.3$$

$$\vdots$$

$$M_{89} = \frac{Y_{88} + Y_{89} + Y_{90}}{3} = \frac{90+100+75}{3} = \frac{265}{3} = 83.3$$

다음의 그림<17-3>은 표<17-1>의 자료를 나타낸 것이다. 원자료에 비하여 이동평균된 자료는 상당히 평활되어 있다. 전술한 바와 같이 이동평균의 항수가 크게 될수록 이동평균된 자료에서 결항되는 자료는 늘어나나 평활도는 증가된다.

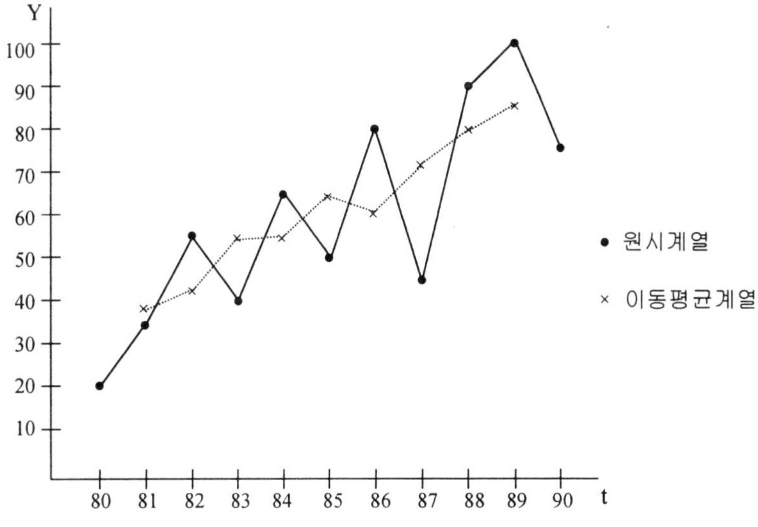

그림 17.2 원시계열과 이동평균계열

일반적으로 이동평균항수는 평활의 목적에 따라 달라진다. 가령 불규칙 변동을 제거하고자 한다면 이동평균항수를 작게 하고 계절변동을 없애고자 한다면 이동평균항수를 계절변동의 주기와 같게 한다. 통상 년간자료는 계절변동이 문제가 되지 않지만 (왜냐하면 계절변동은 1년을 주기로 하는 경우가 많으므로) 분기별 또는 월별자료는 계절조정이 필요하다.

(2) 지수 평활법 (指數平滑法, exponential smoothing technique)

이동평균에 의한 평활법은 첫째, 결항이 생긴다는 점, 또 둘째, 모든 관찰치의 가중치가 동일하다는 점 때문에 불편한 방법이 될 수 있다. 이러한 문제점을 개선하기 위한 방법이 지수평활법이다.

다음은 지수평활법에 의한 평활방법이다. 지수평활법에서는 0과 1 사이의 가중치 α를 두어 t기의 값과 $t-1$기의 값의 가중평균을 구하는 방법이다. 즉

$$S_1 = Y_1, \quad 0 < \alpha < 1$$

$$S_2 = \alpha Y_2 + (1-\alpha) S_1$$

$$S_3 = \alpha Y_3 + (1-\alpha) S_2$$

$$\vdots$$

$$S_t = \alpha Y_t + (1-\alpha) S_{t-1}$$

이다. 앞의 표 <17-1>의 자료를 가중치 $\alpha = 0.3$으로 계산하여 지수평활된 값을 구하면 다음과 같다.

$$S_{80} = Y_{80} = 20$$

$$S_{81} = 0.3\,Y_{81} + 0.7\,S_{80} = 0.3 \times 35 + 0.7 \times 20 = 24.5$$

$$S_{82} = 0.3Y_{82} + 0.7S_{81} = 0.3 \times 55 + 0.7 \times 24.5 = 33.65$$

$$\vdots$$

<표 17.2>는 원시계열과 지수평활된 값을 보여준다.

표 17.2

년도	원 시계열(Y)	평활된(N=3) 시계열(M)
1980	20	20.00
1981	35	24.50
1982	55	33.65
1983	40	35.56
1984	65	44.39
1985	50	46.07
1986	80	56.25
1987	45	52.86
1988	90	64.00
1989	100	74.80
1990	75	74.86

<그림 17-4>는 원시계열과 지수평활계열 ($\alpha = 0.3$)을 보여준다.

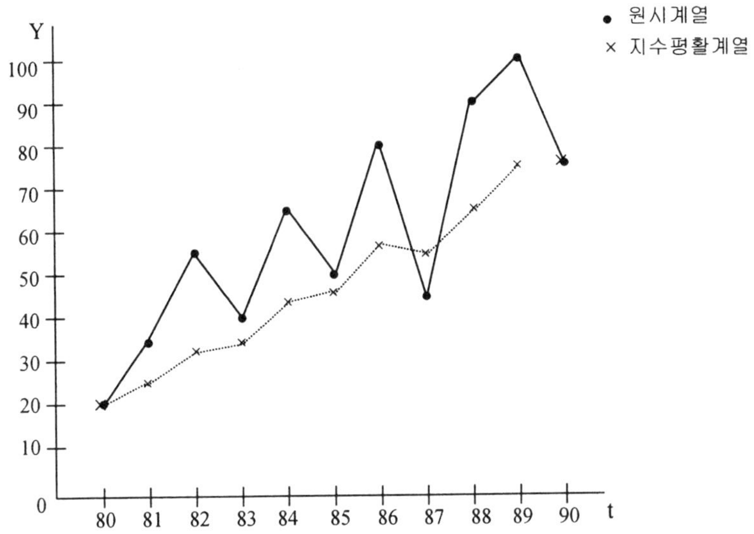

그림 17.4 원시계열과 지수평활계열 ($\alpha = 0.3$)

그림<17-4>의 지수평활치는 원시계열자료 보다 많이 스무딩(smoothing)된 모습을 보여주고 있다. 가중치 α를 크게 해주면 원시계열과 근접된 모습을 보이게 된다.

연습문제

17.1 다음 개념을 설명하라.

① 시계열 자료

② 지수

③ 이동 평균법

④ 지수 평활법

17.2 다음의 가상 GNP 자료를 보고 1995년을 기준으로 한 물가지수를 작성하라.

년도	GNP	물가지수	년도	GNP	물가지수
1991	3,000		1995	4,260	100
1992	3,210		1996	4,780	
1993	3,510		1997	5,240	
1994	3,940		1998	5,580	

17.3 다음의 자료를 이용하여 N=3과 N=5로 하는 이동평균을 구하고 시계열 그래프를 그려라.

년도	X_t	년도	X_t
1985	252	1992	560
1986	320	1993	650
1987	415	1994	720
1998	350	1995	520
1989	430	1996	630
1990	520	1997	810
1991	465	1998	740

17.4 <문제 17.3>의 자료를 평활계수 $\alpha=0.3$ 및 0.7인 지수평활도니 시계열을 구하고 원자료 및 이동 평균된 자료와 비교하여 보아라.

17.5 다음 자료를 보고 물음에 답하라.

분기	자료(Y_t)	분기	자료(Y_t)
90.1	67	92.1	150
90.2	96	92.2	146
90.2	105	92.3	174
90.4	82	92.4	122
91.1	110	93.1	204
91.2	127	93.2	225
91.3	132	93.3	262
91.4	70	93.4	210

① N=3 및 N=5인 이동평균된 시계열 자료를 구하고 차이점을 설명하라.

② 지수평활계수가 각각 0.3.및 0.7인 지수평활시계열을 작성하고 차이점을 설명하라.

③ 원시계열, 이동평균시계열 및 지수평활시계열을 그래프에 나타내고 차이점을 비교하여 보아라.

제18장

비모수 검정

18.1 비모수 통계학

18.2 x^2 − 검정

18.3 윌콕스 순위합 검정

18.4 윌콕스 부호순위 검정

18.1 비모수 통계학

우리가 이제까지 분석한 통계적 추론에서 기본적인 가정은 모집단이 정규분포를 이룬다는 것이었다. 따라서 이러한 가정하에서 모집단의 모수를 추정하거나 가설검정을 할 수 있었다. 실제로 표본의 크기가 큰 경우에는 중심극한 정리에 의하여 모집단의 분포에 대한 어떠한 가정도 필요하지 아니하였으나 표본의 크기가 작은 경우에는 추정이나 가설 검정에서 모집단의 분포에 대한 가정은 필수적이었다. 그러나 모집단의 분포와 특성에 대하여 사전적인 정보가 주어지는 경우는 흔하지 않다. 이와같은 경우 모집단의 분포가 정규분포일 것이라고 단정한다는 것은 통계적 추론에 있어서 오류를 범할 가능성이 크다.

모집단에 대한 가정이 필요하지 않는 통계적 분석방법이 바로 비모수 통계학(non-parametric statistics)이다. 물론 비모수 통계학에서도 모집단에서 추출된 표본의 통계량을 이용하는 것이지만 모집단에 대한 가정이 필요하지 않다는 점에서 모수통계학과 구분이 된다.

이 장에서는 비모수 통계학의 범위중 비 모수적 검정에만 분석의 초점을 맞추고자 한다. 모수적 검정에 비하여 비 모수적 검정은 검정방법이 간단하다는 점이 특징이며 주로 부호(sign)와 순위(rank)를 많이 사용한다. 다음에서 몇가지 비모수 검정방법을 소개한다.

18.2 χ^2-검정

χ^2-검정은 관찰도수와 기대도수의 차이를 분석해 봄으로써 어떤 질적(質的)인 자료에 관한 가설을 검정하는 방법이다.

여기서 관찰도수라 함은 실제로 관찰된 값을 말하며 기대도수란 귀무가설 H_0가 옳을 경우 기대되는 값을 의미한다. 이때 검정의 기준은 χ^2 통계량에 의해 결정된다. χ^2 통계량은 다음과 같이 정의된다.

χ^2 통계량

$$\chi^2 = \sum \frac{(A_i - B_i)^2}{B_i}$$

A_i : 관찰도수(observed frequency)

B_i : 기대도수(expected frequency) (18-1)

<식 18.1>에서 알 수 있는 바와 같이 관찰도수와 기대도수가 비슷한 값이면 χ^2 통계량의 값은 0에 가까워질 것이며 이와 반대로 관찰도수와 기대도수의 값이 서로 차이가 크면 χ^2 통계량의 값은 커질 것이다. 여기서 기대도수의 값은 귀무가설이 옳다는 가정하에서 구한 값이므로 두 도수(즉 관찰도수와 기대도수)간에 차이가 클 때에는 χ^2 통계량의 값이 크게 나타날 것이고 이것은 귀무가설이 기각될 가능성이 크다는 것을 의미한다. 이때 귀무가설을 채택할 것인가 기각할 것인가는 자유도에 입각한 유의수준에 의하여 결정한다.

χ^2 검정에서 자유도는 분할표(分割表)의 행(行, row)과 열(列, column)의 수에 의하여 결정된다. 분할표라 함은 연구하고자 하는 내용을 두 개의 요인에 의하여 분할하여 작성한 표이다. 예를 들자면 어떤 지역의 여론조사에서 A, B, C 세 개의 정당에 대한 남녀간의 지지도를 조사하기 위하여 유권자를 무작위로 50명을 추출하여 특정정당에 대한 지지도와 성별 유권자간의 관계에 관한 가설을 검정한다고 할 때 다음과 같은 분할표를 얻었다고 하자.

표 18.1 정당별 남녀 유권자의 지지도에 관한 분할표

성별 \ 정당	A	B	C	합계
남	12	14	9	35
여	3	5	7	15
합계	15	19	16	50

이때 열(列)의 A, B, C는 정당별 지지자의 수를 나타내고 행(行)은 남녀별 지지자의 수를 표시한다. 일반적으로 분할표에서 자유도는 행의 수에서 1을 뺀 값과 열의 수에서 1을 뺀 값을 곱해서 얻는다. 즉,

χ^2 검정에서 자유도
$$\text{df} = (\text{r}-1) \times (\text{c}-1)$$ r: 분할표상의 행의 수 c: 분할표상의 열의 수

따라서 <표 18.1>의 경우 χ^2 검정에서 자유도는 행이 A, B, C 세 개, 열이 남녀 두 개이므로

$$\text{df} = (3-1) \cdot (2-1) = 2$$

이다. 만약 행이 한 개일 때에는 열의 수에서 1을 뺀 숫자가 자유도가 된다. 마찬가지로 열이 한 개일 때에도 행의 수에서 1을 뺀 숫자가 자유도가 된다. 다음에는 χ^2 통계량을 이용하는 검정으로써 (1) 독립성 검정과 (2) 적합도 검정을 소개한다.

(1) 독립성 검정

이 검정은 두 변수간의 독립성을 검정하기 위한 것이다. 이해를 쉽게 하기 위하여 다음의 예제를 살펴보자.

[예제 1] 어느 대학교 특정학부에 A, B, C 3개의 학과가 있다. 학과 선택에 있어 남녀 학생별로 차이가 있는지 알아보기 위하여 무작위로 3개 학과 학생 100명을 추출하여 남녀 학생들의 숫자를 조사해 본 결과 다음의 표와 같았다. 남녀학생들간에 학과 선택에 있어 차이가 있는지 유의 수준 5%에서 검정하여라.

표 18.2 학과별 남녀학생수

성별 \ 학과	A	B	C	합계
남	24	16	20	60
여	12	18	10	40
합계	36	34	30	100

풀 이 가설을 설정하면 다음과 같다.

H_O : 남녀 학생들의 학과선택은 차이가 없다.

H_A : 남녀 학생들의 학과선택은 차이가 있다.

이것은 결국 학과라는 변수와 성이라는 변수가 상호독립이냐(즉, 귀무가설채택), 상호종속이냐(즉, 귀무가설 기각 또는 대립가설채택) 의 검정과 같다고 할 수 있으며 이러한 예의 검정을 독립성 검정이라고 한다.

가설 검정을 위하여 제일 먼저 모집단의 비율을 추정할 필요가 있다. 세 개의 표본 A, B, C가 동일 모집단에서 추출되었다면 세 개의 표본을 합하였을 때 남녀 성별 비율이 모집단인 특정학부 전체의 성비(性比)에 대한 추정치로 간주될 수 있을 것이다.

따라서 전체 학생중 남학생의 비율은

$$\frac{24+16+20}{36+34+30} = \frac{60}{100} = 0.6$$

이고 여학생의 비율은 0.4로 간주된다. 그러므로 A학과 남학생의 기대도수는 $36 \times 0.6 = 21.6$이 된다. 같은 방법으로 A학과 여학생의 기대도수는 $36 \times 0.4 = 14.4$이다. 이와 같은 방법으로 학과별 남녀 학생들의 관찰도수와 기대도수를 나타내면 <표 18.3>과 같다. 괄호안의 숫자는 기대도수를 나타낸다.

표 18.3 학과별 남녀학생의 관찰도수와 기대도수(괄호안의 숫자)

성별 \ 학과	A	B	C	합계
남	24(21.6)	16(20.4)	20(18)	60
여	12(14.4)	18(13.6)	10(12)	40
합계	36	34	30	100

<표 18.3>에서 χ^2 통계량을 구하면 아래와 같다.

$$\chi^2 = \sum \frac{(A_i - B_i)^2}{B_i} = \sum \frac{(\text{관찰도수} - \text{기대도수})^2}{(\text{기대도수})}$$

$$= \frac{(24-21.6)^2}{21.6} + \frac{(16-20.4)^2}{20.4} + \frac{(20-18)^2}{18}$$

$$+ \frac{(12-14.4)^2}{14.4} + \frac{(18-13.6)^2}{13.6} + \frac{(10-12)^2}{12}$$

$$= 3.59$$

다음으로 χ^2 검정에서 자유도에 대하여 살펴보자. 본 예제에서 자유도는 2×1 즉, 2이다. [∵ df=(r-1)(c-1)]

$\alpha = 0.05$에서 임계치 $\chi^2_{2,\,0.05} = 5.9915$이므로 Ho를 채택하거나 기각하는 구간은

χ^2 통계량 $\leq \chi^2_{2,\,0.05}$ 이면 Ho 채택

χ^2 통계량 $\leq \chi^2_{2,\,0.05}$ 이면 Ho 기각

이다.

따라서 χ^2 통계량은 3.59이고 임계치는 5.9915이므로 Ho를 채택한다. 즉, 학과별 성비(性比)는 차이가 있다고 할 수 없다.(즉 남녀 학생간에 학과 선호도에 있어 차이가 있다고 할 수 없다.)

주) χ^2-검정에서는 분할표 상의 각각의 기대도수가 5 이상일 경우가 적합하다. 5보다 작을 때에는 5 이상이 되도록 분할표 상의 분류를 조절하는 것이 좋다.

또 다른 예제를 고찰해 보자.

[예제 2] 다음은 연령별 TV 프로그램에 대한 선호도를 알아 보기 위하여 무작위로 200명의 시청자들을 조사하여 분할표를 작성하였다.
연령과 TV 선호프로와는 관계가 있는지 여부를 $\alpha = 0.05$에서 검정하여라.

표 18.4 연령별 TV 프로그램 선호도

프로 \ 연령	10대	20-30대	40-50대	60대	합계
드라마	24	12	18	16	66
영 화	16	32	12	6	38
뉴 스	10	18	26	10	96
합 계	50	62	56	32	200

풀 이 <표 8.14>는 연령별 TV 프로그램에 대한 선호도를 조사한 표이다. 각 칸에는 관찰도수가 표시되어 있다. χ^2 검정을 위하여는 모집단의 비율을 추정하여 기대도수를 구하야 한다. 총 조사자 200명 중 드라마를 선호하는 사람은 66명이므로 선호 비율은 $\frac{66}{200}$ (=0.33) 이다. 10대중 드라마를 선호하는 사람의 기대도수는 50×0.33이므로 16.5가 된다. 같은 방법으로 총 조사자 200명 중 영화를 선호하는 사람의 비율은 $\frac{38}{200}$ (=0.19)이므로 10대중 영화를 선호하는 사람의 기대도수는 50×0.19이므로 9.5가 된다 이와 같이 각 관찰도수에 대응되는 기대도수를 구성하면 <표 18.5>와 같다. 괄호 안은 기대도수를 나타낸다.

표 18.5 연령별 TV 프로그램 선호도에 관한 관찰도수와 기대도수(괄호안)

프로 \ 연령	10대	20-30대	40-50대	60대	합계	비율
드라마	24(16.5)	12(20.46)	18(18.48)	16(10.56)	66	0.33
영 화	16(9.5)	32(11.78)	12(10.64)	6(6.08)	38	0.19
뉴 스	10(24)	18(29.76)	26(26.88)	10(15.36)	96	0.48
합 계	50	62	56	32	200	1.00

<표 18.5>에서 χ^2-통계량을 구하면 다음과 같다.

$$\chi^2 = \sum \frac{(\text{관찰도수} - \text{기대도수})^2}{(\text{기대도수})}$$

$$= \frac{(24-16.5)^2}{16.5} + \frac{(16-9.5)^2}{9.5} + \frac{(10-24)^2}{24}$$

$$+ \frac{(12-20.46)^2}{20.46} + \frac{(32-11.78)^2}{11.78} + \frac{(18-29.76)^2}{29.76}$$

$$+ \frac{(18-18.48)^2}{18.48} + \frac{(12-10.64)^2}{10.64} + \frac{(26-26.88)^2}{26.88}$$

$$+ \frac{(16-10.56)^2}{10.56} + \frac{(6-6.08)^2}{6.08} + \frac{(10-15.36)^2}{15.36}$$

$$= 3.41 + 4.45 + 8.17 + 3.50 + 34.71 + 4.65 + 0.01$$

$$+ 0.17 + 0.03 + 2.8 + 0.0 + 1.87$$

$$= 63.8$$

한편 분할표에서 행의 수는 3, 열의 수는 4이므로 총 자유도는

$$df = (3-1) \cdot (4-1) = 6$$

이므로 임계치 $\chi^2_{6,\ 0.05} = 12.5916$이다. χ^2-통계량 63.8이 임계치 12.5916보다 크므로 H_0(=연령과 TV선호프로그램은 독립이다. 또는 관계가 없다라는 귀무가설)을 기각하게 된다. 따라서 연령에 따라 TV 선호프로그램은 차이가 없다고 할 수 없다.

(2) 접합성 검정

실험에서 관찰된 결과가 이론에서 예측되는 기대값과 잘 부합되는지의 여부를 판단하는 것이 적합도 검정이다.

예를 들면 항아리에 빨강, 파랑, 노랑, 검정의 4가지 색의 공이 들어있을 때 한 번에 1개씩 끄집어 내고 끄집어 낸 공은 다시 항아리에 다시 집어 넣는 시행 (즉, 복원추출)을 n회 반복한 경우 색상별 관찰된 도수가 이론과 잘 일치하는지 여부를 검정한다든지 또는 주사위를 던지

는 시행을 n회 반복했을 때 나온 눈금의 관찰도수가 이론적인 기대값과 부합되는지 여부를 검정하는 것이다. 다음 예제를 고찰해 보자.

[예제 3] 항아리에 빨강, 노랑, 파랑, 초록의 네 가지 색상의 공이 있다. 끄집어 낸 공은 다시 항아리에 집어 넣는다고 하면(복원추출) 100회 시행했을 때 관찰치가 아래와 같을 경우 이론의 기대치와 부합되는지 $\alpha = 0.05$에서 검정하라.

표 18.6 공을 100회 추출한 경우

색상	관찰도수	기대도수
빨강	28	25
노랑	20	25
파랑	22	25
초록	30	25
합계	100	100

풀 이 공이 네 개 모두 색상만 다를 뿐 모양이 똑같은 공이라면 복원추출의 경우 확률은 네 가지 중 하나이므로 $\frac{1}{4}$이고 100회 추출에서 기대도수는 각각 25이다.

이제 χ^2-통계량을 구하면

$$\begin{aligned}\chi^2 &= \sum \frac{(\text{관찰도수} - \text{기대도수})^2}{\text{기대도수}} \\ &= \frac{(28-25)^2}{25} + \frac{(20-25)^2}{25} + \frac{(22-25)^2}{25} + \frac{(30-25)^2}{25} \\ &= 0.36 + 1.0 + 0.36 + 1.0 \\ &= 2.72\end{aligned}$$

자유도는 모비율의 개수보다 1 작으므로 4-1=3이다. 임계치 $\chi^2_{3,\ 0.05} = 7.8147$이다. χ^2 통계량 2.72는 임계치 7.8147보다 작으므로 귀무가설 H_0(즉, 항아리의 공은 각기 공정한 공이며 이론이 실험과 잘 부합된다라는 가설)을 기각할 수 없다.

18.3 윌콕슨(Wilcoxon) 순위합(順位合)검정

윌콕슨 순위합 검정(Wilcoxon rank sum test)은 두 모평균의 차(差)에 관한 대표적인 비모수검정이다. 순위합 검정은 두 모집단 A, B로부터 표본의 크기가 각각 n_1, n_2인 표본을 추출하여 전체의 표본을 통합하여 크기순으로 나열했을 때 A, B 두 표본의 순위합을 구한다. 만일 A, B 두 모집단의 분포가 동일하다면 표본 n_1, n_2 의 순위합도 거의 동일할 것이다. 그러나 두 모집단의 분포가 상이하다면 두 표본의 순위합도 상이할 것이므로 두 모집단의 평균이 같다는 가설을 기각하게 될 것이다(왜냐하면 가령 B의 모평균이 A의 모평균보다 크다면 당연히 B의 표본 n_2 의 순위합이 A의 표본 n_1 의 순위합보다 클 것이기 때문이다.

다음 예제를 통하여 이해해 보기로 한다.

[예제 4] A, B 두 회사의 페인트의 건조시간을 알아보기 위하여 n_1=4, n_2=5인 표본을 추출하여 건조시간을 측정한 결과 다음과 같은 자료를 얻었다. 두 회사제품의 건조시간이 동일한지의 여부를 윌콕슨 순위합 검정으로 $\alpha = 0.05$에서 양측검정을 하여라.

표 18.7 두 회사 페인트의 건조시간 (단위 분)

A 회사	B 회사
28	34
34	26
22	38
27	23
	27

풀 이 두 회사 제품을 관찰치의 크기 순으로 나열하면 다음과 같다.

표 18.8 A, B 두 회사 관찰치의 순위표

관찰치	㉒	23	26	㉗	27	㉘	㉞	34	38
순 위	1	2	3	4.5	4.5	6	7.5	7.5	9

주) 위의 표에서 ○표는 A회사의 관찰치임, 또 동점의 순위가 있을 때에는 평균순위를 사용함. 따라서 27은 A, B 모두의 관찰치가 같은 경우이므로 4와 5의 평균인 4.5를 순위로 하고 34의 경우 7과 8의 평균인 7.5를 순위로 함

A, B 회사 관찰치의 순위합을 각각 R_A, R_B라고 하면

$$R_A = 1 + 4.5 + 6 + 7.5 = 19$$

$$R_B = 2 + 3 + 4.5 + 7.5 + 9 = 26$$

이며 총 순위의 합은 45이다(총 순위의 합 $= \frac{n(n+1)}{2}$, 여기서 $n = n_1 + n_2$이다.).

여기서 검정하고자 하는 가설은

H_O : 두 회사 페인트 제품의 건조시간은 동일하다.

H_A : 두 회사 페인트 제품의 건조 시간은 다르다.

이다. 윌콕슨 순위합 검정표에서 $n_1 = 4$, $n_2 = 5$일 때 표본의 수가 작은 A회사의 순위합 19는 임계치 12와 28의 사이에 있으므로 귀무가설을 기각하지 못한다. 따라서 두 회사 제품의 건조시간은 다르다고 할 수 없다. 윌콕슨 순위합 검정에서 통계량은 표본의 크기가 작은 집단의 순위합이며 윌콕슨 순위합 검정표에서 n_1, n_2가 정하여질 때 그 때의 값이 임계치이다. 두 임계치내 일 때는 귀무가설을 채택하고 그 외의 구간에서는 기각한다(양측검정).

단측검정은 표본의 수가 작은 집단의 순위합 R_A가 큰 임계치보다 크다면 $\mu_A > \mu_B$ 이고 R_A가 작은 임계치보다 작다면 $\mu_A < \mu_B$를 의미한다.

대표본에서 윌콕슨 순위합 검정방법은 다음과 같다.

① H_O : $\mu_1 = \mu_2$

H_A : $\mu_1 \neq \mu_2$

② 검정통계량 $Z = \frac{R - E(R)}{\sqrt{Var(R)}}$

여기서 R = 표본의 크기가 작은 표본 n_1의 순위합

$E(R) = \frac{1}{2} n_2 (n_1 + n_2 + 1)$

$Var(R) = \frac{1}{12} n_1 n_2 (n_1 + n_2 + 1)$

③ 검정통계량을 유의 수준에 따른 임계치와 비교하여 H_0를 채택 또는 기각

18.4 윌콕슨 부호순위검정 (Wilcoxon 符號順位檢定)

윌콕슨 부호순위검정(Wilcoxon signed rank test)은 모평균에 관한 비모수 검정법이다. 검정방법은 다음과 같다. 관찰치를 표본의 크기가 작은 값으로부터 큰 값의 순으로 나열하고 귀무가설에서 주장된 모평균의 값을 중심으로 관찰치와 모평균의 차이를 구하여 차이의 절대값을 기준으로 하여 크기순으로 순위를 매기되 그 차이가 음인 경우 순위에도 "-"값을 붙인다. 물론 앞에서와 같이 순위가 같을 경우 중간 순위를 매긴다. 검정통계량 R은 양의 절대순위의 합이며 임계치는 윌콕슨 부호순위 검정표에서 구한다. 검정통계량이 임계치보다 크면 귀무가설을 기각한다. 다음의 예제를 살펴보자.

[예제 5] 어느 고등학교 학급의 수학성적을 알아보기 위하여 9명의 표본을 조사하였더니 다음과 같았다. 이 학급의 평균성적이 60점이상인지 아닌지를 윌콕슨 순위부호법으로 검정하여라.(유의수준 0.05)

53 58 64 72 45 52 68 80 76

풀 이 관찰치를 크기순으로 나열하여 부호순위를 매기면 다음과 같다.

표 18.9 관찰치와 부호순위

관찰치	45	52	53	58	64	68	72	76	80
차이	-15	-8	-7	-2	4	8	12	16	20
부호	-7	-4.5	-3	-1	2	4.5	6	8	9

위의 <표 18.9>에서 양의 절대순위의 합인 검정통계량 R은

$R = 2 + 4.5 + 6 + 8 + 9 = 29.5$

이다. 그러므로 윌콕슨 부호순위 검정을 행하면 다음과 같다.

① H_O : $\mu = 60$

H_A : $\mu > 60$

② 유의수준 $\alpha = 0.05$

③ 검정통계량 $R = 29.5$

④ 기각역 $R \geq 37$이므로 검정통계량 29.5는 채택역에 속하므로 H_O를 채택한다.

따라서 모평균이 60점 이상이라고 할 수 없다.

대표본에서 윌콕슨 부호순위 검정방법은 다음과 같다.

① H_O : $\mu = \mu_0$

H_A : $\mu \neq \mu_0$

② 검정통계량 : $Z = \dfrac{R - E(R)}{\sqrt{Var(R)}}$

여기서 R = 양의 절대 순위의 합

$$E(R) = \frac{n(n+1)}{4}$$

$$Var(R) = \frac{n(n+1)(2n+1)}{24}$$

③ 검정통계량을 유의 수준에 따른 임계치와 비교하여 H_O를 채택 또는 기각

연습문제

18.1 교통사고와 운전자의 연령간의 관계가 있는지 알아보기 위하여 100명의 운전자를 무작위 추출하여 다음의 분할표를 작성하였다. 유의수준 5%에서 검정하여라.

사고건수 \ 나이	20대	30-40대	50대 이상
0	8	12	25
1	15	8	7
1이상	9	8	8

18.2 어느 지역 주민들을 대상으로 교육수준과 소득과의 관련성을 조사하기 위하여 주민 200명을 무작위 추출하여 다음과 같은 자료를 얻었다. 유의수준 5%에서 검정하여라.

교육수준 \ 소득	상	중	하
대학이상	16	52	24
고졸	15	28	17
중졸	12	26	10

18.3 다음은 주사위를 90회 던졌을 때 나온 눈금의 관찰치를 나타낸 것이다. 이 주사위의 각 면이 공정한가를 검정하여라. (유의수준은 0.05)

눈금	관찰도수
1	13
2	20
3	18
4	12
5	10
6	15

18.4 다음은 어느 선거에서 지역별 정당에 대한 지지도를 나타낸 것이다. 이 자료로 보아 정당에 대한 지지도는 지역과 관계가 있는지 유의수준 5%에서 검정하라.

정당 \ 지역	甲	乙	丙
A	102	86	112
B	98	78	184
C	82	48	130

18.5 A, B 두 방법으로 생산된 전구의 수명에 차이가 있는지 알아보기 위해 다음의 자료를 얻었다. 두 전구의 수명이 다르다고 할 수 있는지 유의수준 5%에서 윌콕슨 순위합 검정을 하라.

(단위 : 시간)

A	270	320	220	360	400
B	286	356	294	245	410

18.6 5년동안 7, 8월 두 달 동안의 강우량을 측정한 결과가 다음과 같았다. 7월과 8월의 강우량에 차이가 있는지 윌콕슨 순위합 검정을 유의수준 5%에서 하라.

(단위 : ㎜)

7월	120	150	240	180	200
8월	320	220	190	276	350

18.7 어떤 고등학교 학급의 학생 11명의 체중을 측정한 결과 다음과 같은 자료를 얻었다. 이 학생들의 평균체중이 60kg보다 작다고 할 수 있는지 유의수준 5%에서 월콕슨 부호순위검정을 하라.

(단위 : kg)

53	68	56	82	48	59
64	72	77	52	57	

18.8 어느 타이어 회사 제품의 평균수명을 조사하기 위하여 8개의 표본을 추출하여 평균수명을 조사한 결과 다음과 같은 자료를 얻었다. 타이어의 평균수명이 45,000km보다 크다고 할 수 있는지 월콕슨부호순위검정법으로 검정하라.(유의수준 10%)

(단위 : km)

43,500	38,700	54,600	42,800
64,200	42,200	44,800	58,700

부 록

- 누적이항분포
- 누적 포아송분포표
- 표준정규분포표
- χ^2 – 분포표
- t – 분포표
- F – 분포표
- Wilcoxon 순위합검정표 통계량
- Wilcoxon 부호순위통계량의 누적확률분포표

누적이항분포표

$$P(X \leq c) = \sum_{x=0}^{c} \binom{n}{x} p^x (1-p)^{n-x}$$

	c \ p	0.05	0.10	0.20	0.30	0.40	0.50	0.60	0.70	0.80	0.90	0.95
$n=1$	0	0.950	0.900	0.800	0.700	0.600	0.500	0.400	0.300	0.200	0.100	0.050
	1	1.000	1.000	1.000	1.000	1.000	1.000	1.000	1.000	1.000	1.000	1.000
$n=2$	0	0.902	0.810	0.640	0.490	0.360	0.250	0.160	0.090	0.040	0.010	0.002
	1	0.997	0.990	0.960	0.910	0.840	0.750	0.640	0.510	0.360	0.190	0.097
	2	1.000	1.000	1.000	1.000	1.000	1.000	1.000	1.000	1.000	1.000	1.000
$n=3$	0	0.857	0.729	0.512	0.343	0.216	0.125	0.064	0.027	0.008	0.001	0.000
	1	0.993	0.972	0.896	0.784	0.648	0.500	0.352	0.216	0.104	0.028	0.007
	2	1.000	0.999	0.992	0.973	0.936	0.875	0.784	0.657	0.488	0.271	0.143
	3	1.000	1.000	1.000	1.000	1.000	1.000	1.000	1.000	1.000	1.000	1.000
$n=4$	0	0.815	0.656	0.410	0.240	0.130	0.063	0.026	0.008	0.002	0.000	0.000
	1	0.986	0.948	0.819	0.652	0.475	0.313	0.179	0.084	0.027	0.004	0.000
	2	1.000	0.996	0.973	0.916	0.821	0.688	0.525	0.348	0.181	0.052	0.014
	3	1.000	1.000	0.998	0.992	0.974	0.938	0.870	0.760	0.590	0.344	0.185
	4	1.000	1.000	1.000	1.000	1.000	1.000	1.000	1.000	1.000	1.000	1.000
$n=5$	0	0.774	0.590	0.328	0.168	0.078	0.031	0.010	0.002	0.000	0.000	0.000
	1	0.977	0.919	0.737	0.528	0.337	0.188	0.087	0.031	0.007	0.000	0.000
	2	0.999	0.991	0.942	0.837	0.683	0.500	0.317	0.163	0.058	0.009	0.001
	3	1.000	1.000	0.993	0.969	0.913	0.813	0.663	0.472	0.263	0.081	0.023
	4	1.000	1.000	1.000	0.998	0.990	0.969	0.922	0.832	0.672	0.410	0.226
	5	1.000	1.000	1.000	1.000	1.000	1.000	1.000	1.000	1.000	1.000	1.000
$n=6$	0	0.735	0.531	0.262	0.118	0.047	0.016	0.004	0.001	0.000	0.000	0.000
	1	0.967	0.886	0.655	0.420	0.233	0.109	0.041	0.011	0.002	0.000	0.000
	2	0.998	0.984	0.901	0.744	0.544	0.344	0.179	0.070	0.017	0.001	0.000
	3	1.000	0.999	0.983	0.930	0.821	0.656	0.456	0.256	0.099	0.016	0.002
	4	1.000	1.000	0.998	0.989	0.959	0.791	0.767	0.580	0.345	0.114	0.033
	5	1.000	1.000	1.000	0.999	0.996	0.984	0.953	0.882	0.738	0.469	0.265
	6	1.000	1.000	1.000	1.000	1.000	1.000	1.000	1.000	1.000	1.000	1.000
$n=7$	0	0.693	0.478	0.210	0.082	0.028	0.008	0.002	0.000	0.000	0.000	0.000
	1	0.956	0.850	0.577	0.329	0.159	0.063	0.019	0.004	0.000	0.000	0.000
	2	0.996	0.974	0.852	0.641	0.420	0.227	0.096	0.029	0.005	0.000	0.000
	3	1.000	0.997	0.967	0.874	0.710	0.500	0.290	0.126	0.033	0.003	0.000
	4	1.000	1.000	0.995	0.971	0.904	0.773	0.580	0.353	0.148	0.026	0.004
	5	1.000	1.000	1.000	0.996	0.981	0.938	0.841	0.671	0.423	0.150	0.044
	6	1.000	1.000	1.000	1.000	0.998	0.992	0.972	0.918	0.790	0.522	0.302
	7	1.000	1.000	1.000	1.000	1.000	1.000	1.000	1.000	1.000	1.000	1.000

누적이항분포표(계속)

	p c	0.05	0.10	0.20	0.30	0.40	0.50	0.60	0.70	0.80	0.90	0.95
$n=8$	0	0.663	0.430	0.168	0.058	0.017	0.004	0.001	0.000	0.000	0.000	0.000
	1	0.943	0.813	0.503	0.255	0.106	0.035	0.009	0.001	0.000	0.000	0.000
	2	0.994	0.962	0.797	0.552	0.315	0.145	0.050	0.011	0.001	0.000	0.000
	3	1.000	0.995	0.944	0.806	0.594	0.363	0.174	0.058	0.010	0.000	0.000
	4	1.000	0.995	0.990	0.942	0.826	0.637	0.406	0.194	0.056	0.005	0.000
	5	1.000	1.000	0.999	0.989	0.950	0.855	0.685	0.448	0.203	0.038	0.006
	6	1.000	1.000	1.000	0.999	0.991	0.965	0.894	0.745	0.497	0.187	0.057
	7	1.000	1.000	1.000	1.000	0.999	0.996	0.983	0.942	0.832	0.570	0.337
	8	1.000	1.000	1.000	1.000	1.000	1.000	1.000	1.000	1.000	1.000	1.000
$n=9$	0	0.630	0.387	0.134	0.040	0.010	0.002	0.000	0.000	0.000	0.000	0.000
	1	0.929	0.775	0.436	0.196	0.071	0.020	0.004	0.000	0.000	0.000	0.000
	2	0.992	0.947	0.738	0.463	0.232	0.090	0.025	0.004	0.000	0.000	0.000
	3	0.999	0.992	0.914	0.730	0.483	0.254	0.099	0.025	0.003	0.000	0.000
	4	1.000	0.999	0.980	0.901	0.733	0.500	0.267	0.099	0.020	0.001	0.000
	5	1.000	1.000	0.997	0.975	0.901	0.746	0.517	0.270	0.086	0.005	0.001
	6	1.000	1.000	1.000	0.996	0.975	0.910	0.768	0.537	0.262	0.053	0.008
	7	1.000	1.000	1.000	1.000	0.996	0.980	0.929	0.804	0.564	0.225	0.071
	8	1.000	1.000	1.000	1.000	1.000	0.998	0.990	0.960	0.866	0.613	0.370
	9	1.000	1.000	1.000	1.000	1.000	1.000	1.000	1.000	1.000	1.000	1.000
$n=10$	0	0.599	0.349	0.107	0.028	0.006	0.001	0.000	0.000	0.000	0.000	0.000
	1	0.914	0.736	0.376	0.149	0.046	0.011	0.002	0.000	0.000	0.000	0.000
	2	0.988	0.930	0.678	0.383	0.167	0.055	0.012	0.002	0.000	0.000	0.000
	3	0.999	0.987	0.879	0.650	0.382	0.172	0.055	0.011	0.001	0.000	0.000
	4	1.000	0.998	0.967	0.850	0.633	0.377	0.166	0.047	0.006	0.000	0.000
	5	1.000	1.000	0.994	0.953	0.834	0.623	0.367	0.150	0.033	0.002	0.000
	6	1.000	1.000	0.999	0.989	0.945	0.828	0.613	0.350	0.121	0.013	0.001
	7	1.000	1.000	1.000	0.998	0.988	0.945	0.833	0.617	0.322	0.070	0.012
	8	1.000	1.000	1.000	1.000	0.998	0.989	0.954	0.851	0.624	0.264	0.086
	9	1.000	1.000	1.000	1.000	1.000	0.999	0.994	0.972	0.893	0.651	0.401
	10	1.000	1.000	1.000	1.000	1.000	1.000	1.000	1.000	1.000	1.000	1.000
$n=11$	0	0.569	0.314	0.086	0.020	0.004	0.000	0.000	0.000	0.000	0.000	0.000
	1	0.898	0.697	0.322	0.113	0.030	0.006	0.001	0.000	0.000	0.000	0.000
	2	0.985	0.910	0.617	0.313	0.119	0.033	0.006	0.001	0.000	0.000	0.000
	3	0.998	0.981	0.839	0.570	0.296	0.113	0.029	0.004	0.000	0.000	0.000
	4	1.000	0.997	0.950	0.790	0.533	0.274	0.099	0.022	0.002	0.000	0.000
	5	1.000	1.000	0.988	0.922	0.753	0.500	0.247	0.078	0.012	0.000	0.000
	6	1.000	1.000	0.998	0.978	0.901	0.726	0.467	0.210	0.050	0.003	0.000
	7	1.000	1.000	1.000	0.996	0.971	0.887	0.704	0.430	0.161	0.019	0.002
	8	1.000	1.000	1.000	0.999	0.994	0.967	0.881	0.687	0.383	0.090	0.015
	9	1.000	1.000	1.000	1.000	0.999	0.994	0.970	0.887	0.678	0.303	0.102
	10	1.000	1.000	1.000	1.000	1.000	1.000	0.996	0.980	0.914	0.686	0.431
	11	1.000	1.000	1.000	1.000	1.000	1.000	1.000	1.000	1.000	1.000	1.000

누적이항분포표(계속)

	c \ p	0.05	0.10	0.20	0.30	0.40	0.50	0.60	0.70	0.80	0.90	0.95
$n=12$	0	0.540	0.282	0.069	0.014	0.002	0.000	0.000	0.000	0.000	0.000	0.000
	1	0.882	0.659	0.275	0.085	0.020	0.003	0.000	0.000	0.000	0.000	0.000
	2	0.980	0.889	0.558	0.253	0.083	0.019	0.003	0.000	0.000	0.000	0.000
	3	0.998	0.974	0.795	0.493	0.225	0.073	0.015	0.002	0.000	0.000	0.000
	4	1.000	0.996	0.927	0.724	0.438	0.194	0.057	0.009	0.001	0.000	0.000
	5	1.000	0.999	0.981	0.882	0.665	0.387	0.158	0.039	0.004	0.000	0.000
	6	1.000	1.000	0.996	0.961	0.842	0.613	0.335	0.118	0.019	0.001	0.000
	7	1.000	1.000	0.999	0.991	0.943	0.806	0.562	0.276	0.073	0.004	0.000
	8	1.000	1.000	1.000	0.998	0.985	0.927	0.775	0.507	0.205	0.026	0.002
	9	1.000	1.000	1.000	1.000	0.997	0.981	0.917	0.747	0.442	0.000	0.020
	10	1.000	1.000	1.000	1.000	1.000	0.997	0.980	0.915	0.725	0.341	0.118
	11	1.000	1.000	1.000	1.000	1.000	1.000	0.998	0.986	0.931	0.718	0.460
	12	1.000	1.000	1.000	1.000	1.000	1.000	1.000	1.000	1.000	1.000	1.000
$n=13$	0	0.513	0.254	0.055	0.010	0.001	0.000	0.000	0.000	0.000	0.000	0.000
	1	0.865	0.621	0.234	0.064	0.013	0.002	0.000	0.000	0.000	0.000	0.000
	2	0.975	0.866	0.502	0.202	0.058	0.011	0.001	0.000	0.000	0.000	0.000
	3	0.998	0.966	0.747	0.421	0.169	0.046	0.008	0.001	0.000	0.000	0.000
	4	1.000	0.994	0.901	0.654	0.353	0.133	0.032	0.004	0.000	0.000	0.000
	5	1.000	0.999	0.970	0.835	0.574	0.291	0.098	0.018	0.001	0.000	0.000
	6	1.000	1.000	0.993	0.938	0.771	0.500	0.229	0.062	0.007	0.000	0.000
	7	1.000	1.000	0.999	0.982	0.902	0.709	0.426	0.165	0.030	0.001	0.000
	8	1.000	1.000	1.000	0.996	0.968	0.867	0.647	0.346	0.099	0.006	0.000
	9	1.000	1.000	1.000	0.999	0.992	0.954	0.831	0.579	0.253	0.034	0.003
	10	1.000	1.000	1.000	1.000	0.999	0.989	0.942	0.798	0.498	0.134	0.025
	11	1.000	1.000	1.000	1.000	1.000	0.998	0.987	0.936	0.776	0.379	0.135
	12	1.000	1.000	1.000	1.000	1.000	1.000	0.999	0.990	0.945	0.746	0.487
	13	1.000	1.000	1.000	1.000	1.000	1.000	1.000	1.000	1.000	1.000	1.000
$n=14$	0	0.488	0.229	0.044	0.007	0.001	0.000	0.000	0.000	0.000	0.000	0.000
	1	0.847	0.585	0.198	0.047	0.008	0.001	0.000	0.000	0.000	0.000	0.000
	2	0.970	0.843	0.448	0.161	0.040	0.006	0.001	0.000	0.000	0.000	0.000
	3	0.996	0.956	0.698	0.355	0.124	0.029	0.004	0.000	0.000	0.000	0.000
	4	1.000	0.991	0.870	0.584	0.279	0.090	0.018	0.002	0.000	0.000	0.000
	5	1.000	0.999	0.956	0.781	0.486	0.212	0.058	0.008	0.000	0.000	0.000
	6	1.000	1.000	0.988	0.907	0.692	0.395	0.150	0.031	0.002	0.000	0.000
	7	1.000	1.000	0.998	0.969	0.850	0.605	0.308	0.093	0.012	0.000	0.000
	8	1.000	1.000	1.000	0.992	0.942	0.788	0.514	0.219	0.044	0.001	0.000
	9	1.000	1.000	1.000	0.998	0.982	0.910	0.721	0.416	0.130	0.009	0.000
	10	1.000	1.000	1.000	1.000	0.996	0.971	0.876	0.645	0.302	0.044	0.004
	11	1.000	1.000	1.000	1.000	0.999	0.994	0.960	0.839	0.552	0.158	0.030
	12	1.000	1.000	1.000	1.000	1.000	0.999	0.992	0.953	0.802	0.415	0.153
	13	1.000	1.000	1.000	1.000	1.000	1.000	0.999	0.993	0.956	0.771	0.512
	14	1.000	1.000	1.000	1.000	1.000	1.000	1.000	1.000	1.000	1.000	1.000

누적이항분포표(계속)

	c \ p	0.05	0.10	0.20	0.30	0.40	0.50	0.60	0.70	0.80	0.90	0.95
$n=15$	0	0.463	0.206	0.035	0.005	0.000	0.000	0.000	0.000	0.000	0.000	0.000
	1	0.829	0.549	0.167	0.035	0.005	0.000	0.000	0.000	0.000	0.000	0.000
	2	0.964	0.810	0.398	0.127	0.027	0.004	0.000	0.000	0.000	0.000	0.000
	3	0.955	0.944	0.648	0.297	0.091	0.018	0.002	0.000	0.000	0.000	0.000
	4	0.999	0.987	0.836	0.515	0.217	0.059	0.009	0.001	0.000	0.000	0.000
	5	1.000	0.998	0.939	0.722	0.403	0.151	0.034	0.004	0.000	0.000	0.000
	6	1.000	1.000	0.982	0.869	0.610	0.304	0.095	0.015	0.001	0.000	0.000
	7	1.000	1.000	0.996	0.850	0.787	0.500	0.213	0.050	0.004	0.000	0.000
	8	1.000	1.000	0.999	0.985	0.905	0.696	0.390	0.131	0.018	0.000	0.000
	9	1.000	1.000	1.000	0.996	0.966	0.849	0.597	0.278	0.061	0.002	0.000
	10	1.000	1.000	1.000	0.999	0.991	0.941	0.783	0.485	0.164	0.013	0.001
	11	1.000	1.000	1.000	1.000	0.998	0.982	0.909	0.703	0.352	0.056	0.005
	12	1.000	1.000	1.000	1.000	1.000	0.996	0.973	0.873	0.602	0.184	0.036
	13	1.000	1.000	1.000	1.000	1.000	1.000	0.995	0.965	0.833	0.451	0.171
	14	1.000	1.000	1.000	1.000	1.000	1.000	1.000	0.995	0.965	0.794	0.517
	15	1.000	1.000	1.000	1.000	1.000	1.000	1.000	1.000	1.000	1.000	1.000
$n=16$	0	0.440	0.185	0.028	0.003	0.000	0.000	0.000	0.000	0.000	0.000	0.000
	1	0.811	0.515	0.141	0.026	0.003	0.000	0.000	0.000	0.000	0.000	0.000
	2	0.957	0.789	0.352	0.099	0.018	0.002	0.000	0.000	0.000	0.000	0.000
	3	0.993	0.932	0.598	0.246	0.065	0.011	0.001	0.000	0.000	0.000	0.000
	4	0.999	0.983	0.798	0.450	0.617	0.038	0.005	0.000	0.000	0.000	0.000
	5	1.000	0.997	0.918	0.660	0.329	0.105	0.019	0.002	0.000	0.000	0.000
	6	1.000	0.999	0.973	0.825	0.527	0.227	0.058	0.007	0.000	0.000	0.000
	7	1.000	1.000	0.993	0.926	0.716	0.402	0.142	0.026	0.001	0.000	0.000
	8	1.000	1.000	0.999	0.974	0.858	0.598	0.284	0.074	0.007	0.000	0.000
	9	1.000	1.000	1.000	0.993	0.942	0.778	0.473	0.175	0.027	0.001	0.000
	10	1.000	1.000	1.000	0.998	0.981	0.895	0.671	0.340	0.082	0.003	0.000
	11	1.000	1.000	1.000	1.000	0.995	0.962	0.833	0.550	0.202	0.017	0.001
	12	1.000	1.000	1.000	1.000	0.999	0.989	0.935	0.754	0.402	0.068	0.007
	13	1.000	1.000	1.000	1.000	1.000	0.998	0.982	0.901	0.648	0.211	0.043
	14	1.000	1.000	1.000	1.000	1.000	1.000	0.997	0.974	0.859	0.485	0.189
	15	1.000	1.000	1.000	1.000	1.000	1.000	1.000	0.997	0.972	0.815	0.560
	16	1.000	1.000	1.000	1.000	1.000	1.000	1.000	1.000	1.000	1.000	1.000
$n=17$	0	0.418	0.167	0.023	0.002	0.000	0.000	0.000	0.000	0.000	0.000	0.000
	1	0.792	0.482	0.118	0.019	0.002	0.000	0.000	0.000	0.000	0.000	0.000
	2	0.950	0.762	0.310	0.077	0.012	0.001	0.000	0.000	0.000	0.000	0.000
	3	0.991	0.917	0.549	0.202	0.046	0.006	0.000	0.000	0.000	0.000	0.000
	4	0.999	0.978	0.758	0.389	0.126	0.025	0.003	0.000	0.000	0.000	0.000
	5	1.000	0.995	0.894	0.597	0.264	0.072	0.011	0.001	0.000	0.000	0.000
	6	1.000	0.999	0.962	0.775	0.448	0.166	0.035	0.003	0.000	0.000	0.000
	7	1.000	1.000	0.989	0.895	0.641	0.315	0.002	0.013	0.000	0.000	0.000
	8	1.000	1.000	0.997	0.960	0.801	0.500	0.199	0.040	0.003	0.000	0.000

누적이항분포표(계속)

	p c	0.05	0.10	0.20	0.30	0.40	0.50	0.60	0.70	0.80	0.90	0.95
$n=17$	9	1.000	1.000	1.000	0.987	0.908	0.685	0.359	0.105	0.011	0.000	0.000
	10	1.000	1.000	1.000	0.997	0.965	0.834	0.552	0.225	0.038	0.001	0.000
	11	1.000	1.000	1.000	0.999	0.980	0.928	0.736	0.403	0.106	0.005	0.000
	12	1.000	1.000	1.000	1.000	0.997	0.975	0.874	0.661	0.242	0.022	0.001
	13	1.000	1.000	1.000	1.000	1.000	0.994	0.954	0.798	0.451	0.083	0.009
	14	1.000	1.000	1.000	1.000	1.000	0.999	0.988	0.923	0.690	0.128	0.050
	15	1.000	1.000	1.000	1.000	1.000	1.000	0.998	0.981	0.882	0.518	0.208
	16	1.000	1.000	1.000	1.000	1.000	1.000	1.000	0.998	0.977	0.833	0.582
	17	1.000	1.000	1.000	1.000	1.000	1.000	1.000	1.000	1.000	1.000	1.000
$n=18$	0	0.397	0.150	0.018	0.002	0.000	0.000	0.000	0.000	0.000	0.000	0.000
	1	0.774	0.450	0.099	0.014	0.001	0.000	0.000	0.000	0.000	0.000	0.000
	2	0.942	0.734	0.271	0.060	0.008	0.001	0.000	0.000	0.000	0.000	0.000
	3	0.989	0.902	0.501	0.165	0.033	0.004	0.000	0.000	0.000	0.000	0.000
	4	0.998	0.972	0.716	0.333	0.094	0.015	0.001	0.000	0.000	0.000	0.000
	5	1.000	0.994	0.867	0.534	0.209	0.048	0.006	0.000	0.000	0.000	0.000
	6	1.000	0.999	0.949	0.722	0.374	0.119	0.020	0.001	0.000	0.000	0.000
	7	1.000	1.000	0.984	0.859	0.563	0.240	0.058	0.006	0.000	0.000	0.000
	8	1.000	1.000	0.996	0.940	0.737	0.407	0.135	0.021	0.001	0.000	0.000
	9	1.000	1.000	0.999	0.979	0.865	0.593	0.263	0.060	0.004	0.000	0.000
	10	1.000	1.000	1.000	0.994	0.942	0.760	0.437	0.141	0.016	0.000	0.000
	11	1.000	1.000	1.000	0.999	0.980	0.881	0.626	0.278	0.051	0.001	0.000
	12	1.000	1.000	1.000	1.000	0.994	0.952	0.791	0.466	0.133	0.006	0.000
	13	1.000	1.000	1.000	1.000	0.999	0.985	0.903	0.667	0.284	0.027	0.002
	14	1.000	1.000	1.000	1.000	1.000	0.996	0.967	0.835	0.499	0.098	0.011
	15	1.000	1.000	1.000	1.000	1.000	0.999	0.992	0.940	0.729	0.266	0.058
	16	1.000	1.000	1.000	1.000	1.000	1.000	0.999	0.986	0.901	0.550	0.226
	17	1.000	1.000	1.000	1.000	1.000	1.000	1.000	0.998	0.982	0.850	0.603
	18	1.000	1.000	1.000	1.000	1.000	1.000	1.000	1.000	1.000	1.000	1.000
	0	0.377	0.135	0.014	0.001	0.000	0.000	0.000	0.000	0.000	0.000	0.000
	1	0.755	0.420	0.083	0.010	0.001	0.000	0.000	0.000	0.000	0.000	0.000
	2	0.933	0.705	0.237	0.046	0.005	0.000	0.000	0.000	0.000	0.000	0.000
	3	0.987	0.885	0.455	0.133	0.023	0.002	0.000	0.000	0.000	0.000	0.000
$n=19$	4	0.998	0.965	0.673	0.282	0.070	0.010	0.001	0.000	0.000	0.000	0.000
	5	1.000	0.991	0.837	0.474	0.163	0.032	0.003	0.000	0.000	0.000	0.000
	6	1.000	0.998	0.932	0.666	0.308	0.084	0.012	0.001	0.000	0.000	0.000
	7	1.000	1.000	0.977	0.818	0.488	0.180	0.035	0.003	0.000	0.000	0.000
	8	1.000	1.000	0.993	0.916	0.667	0.324	0.088	0.011	0.000	0.000	0.000
	9	1.000	1.000	0.998	0.967	0.814	0.500	0.186	0.033	0.002	0.000	0.000
	10	1.000	1.000	1.000	0.989	0.912	0.676	0.333	0.084	0.007	0.000	0.000
	11	1.000	1.000	1.000	0.997	0.965	0.820	0.512	0.182	0.023	0.000	0.000
	12	1.000	1.000	1.000	0.999	0.988	0.916	0.602	0.334	0.068	0.002	0.000
	13	1.000	1.000	1.000	1.000	0.997	0.968	0.837	0.526	0.163	0.009	0.000

누적이항분포표(계속)

	c \ p	0.05	0.10	0.20	0.30	0.40	0.50	0.60	0.70	0.80	0.90	0.95
$n=19$	14	1.000	1.000	1.000	1.000	0.999	0.990	0.930	0.718	0.327	0.035	0.002
	15	1.000	1.000	1.000	1.000	1.000	0.998	0.977	0.867	0.545	0.115	0.013
	16	1.000	1.000	1.000	1.000	1.000	1.000	0.995	0.954	0.763	0.295	0.067
	17	1.000	1.000	1.000	1.000	1.000	1.000	0.999	0.990	0.917	0.580	0.245
	18	1.000	1.000	1.000	1.000	1.000	1.000	1.000	0.999	0.986	0.865	0.623
	19	1.000	1.000	1.000	1.000	1.000	1.000	1.000	1.000	1.000	1.000	1.000
$n=20$	0	0.358	0.122	0.012	0.001	0.000	0.000	0.000	0.000	0.000	0.000	0.000
	1	0.736	0.392	0.069	0.008	0.001	0.000	0.000	0.000	0.000	0.000	0.000
	2	0.925	0.677	0.206	0.035	0.004	0.000	0.000	0.000	0.000	0.000	0.000
	3	0.984	0.867	0.411	0.107	0.016	0.001	0.000	0.000	0.000	0.000	0.000
	4	0.997	0.957	0.630	0.238	0.051	0.006	0.000	0.000	0.000	0.000	0.000
	5	1.000	0.989	0.804	0.416	0.126	0.021	0.002	0.000	0.000	0.000	0.000
	6	1.000	0.998	0.913	0.608	0.250	0.058	0.006	0.000	0.000	0.000	0.000
	7	1.000	1.000	0.968	0.772	0.416	0.132	0.021	0.001	0.000	0.000	0.000
	8	1.000	1.000	0.990	0.887	0.596	0.252	0.057	0.005	0.000	0.000	0.000
	9	1.000	1.000	0.997	0.852	0.755	0.412	0.128	0.017	0.001	0.000	0.000
	10	1.000	1.000	0.999	0.983	0.872	0.588	0.245	0.048	0.003	0.000	0.000
	11	1.0001	1.000	1.000	0.995	0.943	0.748	0.404	0.113	0.010	0.000	0.000
	12	1.000	1.000	1.000	0.999	0.979	0.868	0.584	0.228	0.032	0.000	0.000
	13	1.000	1.000	1.000	1.000	0.994	0.942	0.750	0.392	0.087	0.002	0.000
	14	1.000	1.000	1.000	1.000	0.998	0.979	0.874	0.584	0.196	0.011	0.000
	15	1.000	1.000	1.000	1.000	1.000	0.994	0.949	0.762	0.370	0.043	0.003
	16	1.000	1.000	1.000	1.000	1.000	0.999	0.981	0.893	0.589	0.133	0.016
	17	1.000	1.000	1.000	1.000	1.000	1.000	0.996	0.965	0.794	0.323	0.075
	18	1.000	1.000	1.000	1.000	1.000	1.000	0.999	0.992	0.931	0.608	0.264
	19	1.000	1.000	1.000	1.000	1.000	1.000	1.000	0.999	0.988	0.878	0.642
	20	1.000	1.000	1.000	1.000	1.000	1.000	1.000	1.000	1.000	1.000	1.000
$n=25$	0	0.277	0.072	0.004	0.000	0.000	0.000	0.000	0.000	0.000	0.000	0.000
	1	0.642	0.271	0.027	0.002	0.000	0.000	0.000	0.000	0.000	0.000	0.000
	2	0.873	0.537	0.098	0.009	0.000	0.000	0.000	0.000	0.000	0.000	0.000
	3	0.966	0.764	0.234	0.033	0.002	0.000	0.000	0.000	0.000	0.000	0.000
	4	0.993	0.902	0.421	0.090	0.009	0.000	0.000	0.000	0.000	0.000	0.000
	5	0.999	0.967	0.617	0.193	0.029	0.002	0.000	0.000	0.000	0.000	0.000
	6	1.000	0.991	0.780	0.341	0.074	0.007	0.000	0.000	0.000	0.000	0.000
	7	1.000	0.998	0.891	0.512	0.154	0.022	0.001	0.000	0.000	0.000	0.000
	8	1.000	1.000	0.953	0.677	0.274	0.054	0.004	0.000	0.000	0.000	0.000
	9	1.000	1.000	0.983	0.881	0.425	0.115	0.013	0.000	0.000	0.000	0.000
	10	1.000	1.000	0.994	0.902	0.586	0.212	0.034	0.002	0.000	0.000	0.000
	11	1.000	1.000	0.998	0.956	0.732	0.345	0.078	0.006	0.000	0.000	0.000
	12	1.000	1.000	1.000	0.983	0.846	0.500	0.154	0.017	0.000	0.000	0.000
	13	1.000	1.000	1.000	0.994	0.922	0.655	0.268	0.044	0.002	0.000	0.000
	14	1.000	1.000	1.000	0.998	0.966	0.788	0.414	0.098	0.006	0.000	0.000

누적이항분포표(계속)

	p	0.05	0.10	0.20	0.30	0.40	0.50	0.60	0.70	0.80	0.90	0.95
	c											
$n=25$	15	1.000	1.000	1.000	1.000	0.987	0.885	0.575	0.189	0.017	0.000	0.000
	16	1.000	1.000	1.000	1.000	0.996	0.946	0.726	0.323	0.047	0.000	0.000
	17	1.000	1.000	1.000	1.000	0.999	0.978	0.846	0.488	0.109	0.002	0.000
	18	1.000	1.000	1.000	1.000	1.000	0.993	0.926	0.659	0.220	0.009	0.000
	19	1.000	1.000	1.000	1.000	1.000	0.998	0.971	0.807	0.383	0.033	0.001
	20	1.000	1.000	1.000	1.000	1.000	1.000	0.991	0.910	0.579	0.098	0.007
	21	1.000	1.000	1.000	1.000	1.000	1.000	0.998	0.967	0.966	0.236	0.034
	22	1.000	1.000	1.000	1.000	1.000	1.000	1.000	0.991	0.902	0.463	0.127
	23	1.000	1.000	1.000	1.000	1.000	1.000	1.000	0.998	0.973	0.729	0.358
	24	1.000	1.000	1.000	1.000	1.000	1.000	1.000	1.000	0.996	0.928	0.723
	25	1.000	1.000	1.000	1.000	1.000	1.000	1.000	1.000	1.000	1.000	1.000

누적 포아송분포표

$$P(X \leq c) = \sum_{x=0}^{c} \frac{e^{-\lambda}\lambda^{x}}{x!}$$

c \ λ	0.10	0.20	0.30	0.40	0.50	0.60	0.70	0.80	0.90	1.00
0	0.905	0.819	0.741	0.670	0.607	0.549	0.497	0.449	0.407	0.268
1	0.995	0.982	0.963	0.938	0.910	0.878	0.844	0.909	0.772	0.736
2	1.000	0.999	0.996	0.992	0.986	0.977	0.966	0.953	0.937	0.920
3	1.000	1.000	1.000	0.999	0.998	0.997	0.994	0.991	0.987	0.981
4	1.000	1.000	1.000	1.000	1.000	1.000	0.999	0.999	0.998	0.996
5	1.000	1.000	1.000	1.000	1.000	1.000	1.000	1.000	1.000	0.999
6	1.000	1000	1.000	1.000	1.000	1.000	1.000	1.000	1.000	1.000
7	1.000	1.000	1.000	1.000	1.000	1.000	1.000	1.000	1.000	1.000
c \ λ	1.10	1.20	1.30	1.40	1.50	1.60	1.70	1.80	1.90	2.00
0	0.333	0.301	0.273	0.247	0.223	0.202	0.183	0.165	0.150	0.135
1	0.699	0.663	0.627	0.592	0.558	0.525	0.493	0.463	0.434	0.406
2	0.900	0.879	0.857	0.833	0.809	0.783	0.757	0.731	0.704	0.677
3	0.974	0.966	0.957	0.946	0.934	0.921	0.907	0.891	0.875	0.857
4	0.995	0.992	0.989	0.986	0.981	0.976	0.970	0.964	0.956	0.947
5	0.999	0.998	0.998	0.997	0.996	0.994	0.992	0.990	0.987	0.983
6	1.000	1.000	1.000	0.999	0.999	0.999	0.998	0.997	0.997	0.995
7	1.000	1.000	1.000	1.000	1.000	1.000	1.000	0.999	0.999	0.999
8	1.000	1.000	1.000	1.000	1.000	1.000	1.000	1.000	1.000	1.000
9	1.000	1.000	1.000	1.000	1.000	1.000	1.000	1.000	1.000	1.000
c \ λ	2.10	2.20	2.30	2.40	2.50	2.60	2.70	2.80	2.90	3.00
0	0.122	0.111	0.100	0.091	0.082	0.074	0.067	0.055	0.055	0.050
1	0.380	0.355	0.331	0.308	0.287	0.267	0.249	0.215	0.215	0.199
2	0.650	0.623	0.596	0.570	0.544	0.518	0.494	0.446	0.446	0.423
3	0.839	0.819	0.799	0.779	0.758	0.736	0.714	0.670	0.670	0.647
4	0.938	0.928	0.916	0.904	0.891	0.877	0.863	0.832	0.832	0.815
5	0.980	0.975	0.970	0.964	0.958	0.951	0.943	0.926	0.926	0.916
6	0.994	0.993	0.991	0.988	0.986	0.983	0.979	0.971	0.971	0.966
7	0.999	0.998	0.997	0.997	0.996	0.995	0.993	0.990	0.990	0.988
8	1.000	1.000	0.999	0.999	0.999	0.999	0.998	0.997	0.997	0.996
9	1.000	1.000	1.000	1.000	1.000	1.000	0.999	0.999	0.999	0.999
10	1.000	1.000	1.000	1.000	1.000	1.000	1.000	1.000	1.000	1.000
11	1.000	1.000	1.000	1.000	1.000	1.000	1.000	1.000	1.000	1.000
12	1.000	1.000	1.000	1.000	1.000	1.000	1.000	1.000	1.000	1.000

누적 포아송분포(계속)

c \ λ	3.10	3.20	3.30	3.40	3.50	3.60	3.70	3.80	3.90	4.00
0	0.045	0.041	0.037	0.033	0.030	0.027	0.025	0.022	0.020	0.018
1	0.185	0.171	0.159	0.147	0.136	0.126	0.116	0.107	0.099	0.092
2	0.401	0.380	0.359	0.340	0.321	0.303	0.285	0.269	0.253	0.238
3	0.625	0.603	0.580	0.558	0.537	0.515	0.494	0.473	0.453	0.433
4	0.798	0.781	0.763	0.744	0.725	0.706	0.687	0.668	0.648	0.629
5	0.906	0.895	0.883	0.871	0.858	0.844	0.830	0.816	0.801	0.785
6	0.961	0.955	0.949	0.942	0.935	0.927	0.918	0.909	0.899	0.889
7	0.986	0.983	0.980	0.977	0.973	0.969	0.965	0.960	0.955	0.944
8	0.995	0.994	0.993	0.992	0.990	0.988	0.986	0.984	0.981	0.979
9	0.999	0.998	0.998	0.997	0.997	0.996	0.995	0.994	0.993	0.992
10	1.000	1.000	0.999	0.999	0.999	0.999	0.998	0.998	0.998	0.997
11	1.000	1.000	1.000	1.000	1.000	1.000	1.000	0.999	0.999	0.999
12	1.000	1.000	1.000	1.000	1.000	1.000	1.000	1.000	1.000	1.000
13	1.000	1.000	1.000	1.000	1.000	1.000	1.000	1.000	1.000	1.000
14	1.000	1.000	1.000	1.000	1.000	1.000	1.000	1.000	1.000	1.000

c \ λ	4.50	5.00	5.50	6.00	6.50	7.00	7.50	8.00	8.50	9.00
0	0.011	0.007	0.004	0.002	0.002	0.001	0.001	0.000	0.000	0.000
1	0.061	0.040	0.027	0.017	0.011	0.007	0.005	0.003	0.002	0.001
2	0.174	0.125	0.088	0.062	0.043	0.030	0.020	0.014	0.009	0.006
3	0.342	0.265	0.202	0.151	0.112	0.082	0.059	0.042	0.030	0.021
4	0.532	0.440	0.358	0.285	0.224	0.173	0.132	0.100	0.074	0.055
5	0.703	0.616	0.529	0.446	0.369	0.301	0.241	0.191	0.150	0.116
6	0.831	0.762	0.686	0.606	0.527	0.450	0.378	0.313	0.256	0.207
7	0.913	0.867	0.809	0.744	0.673	0.599	0.525	0.453	0.386	0.324
8	0.960	0.932	0.894	0.847	0.792	0.729	0.662	0.593	0.523	0.456
9	0.983	0.968	0.946	0.916	0.877	0.830	0.776	0.717	0.653	0.587
10	0.993	0.986	0.975	0.957	0.933	0.901	0.962	0.816	0.763	0.706
11	0.998	0.995	0.989	0.980	0.966	0.947	0.921	0.888	0.849	0.803
12	0.999	0.998	0.996	0.991	0.981	0.973	0.957	0.936	0.909	0.876
13	1.000	0.999	0.998	0.996	0.993	0.937	0.978	0.966	0.949	0.926
14	1.000	1.000	0.999	0.999	0.997	0.994	0.990	0.983	0.973	0.959
15	1.000	1.000	1.000	0.999	0.999	0.998	0.995	0.992	0.986	0.978
16	1.000	1.000	1.000	1.000	1.000	0.999	0.998	0.996	0.993	0.989
17	1.000	1.000	1.000	1.000	1.000	1.000	0.999	0.998	0.997	0.995
18	1.000	1.000	1.000	1.000	1.000	1.000	1.000	0.999	0.999	0.998
19	1.000	1.000	1.000	1.000	1.000	1.000	1.000	1.000	0.999	0.999
20	1.000	1.000	1.000	1.000	1.000	1.000	1.000	1.000	1.000	1.000
21	1.000	1.000	1.000	1.000	1.000	1.000	1.000	1.000	1.000	1.000
22	1.000	1.000	1.000	1.000	1.000	1.000	1.000	1.000	1.000	1.000

표준정규분포표

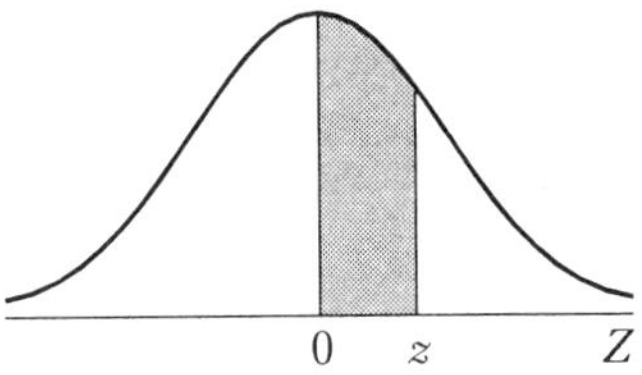

$$P_r(0 \leq X \leq z) = \int_0^z \frac{1}{\sqrt{2\pi}} e^{-\frac{1}{2}x^2} dx$$

z	0.00	0.01	0.02	0.03	0.04	0.05	0.06	0.07	0.08	0.09
0.0	.0000	.0040	.0080	.0120	.0160	.0199	.0239	.0279	.0319	.0359
0.1	.0398	.0438	.0479	.0517	.0557	.0596	.0636	.0675	.0714	.0753
0.2	.0793	.0832	.0871	.0910	.0948	.0987	.1026	.1064	.1103	.1141
0.3	.1179	.1217	.1255	.1293	.1331	.1368	.1406	.1443	.1480	.1517
0.4	.1554	.1591	.1628	.1664	.1700	.1736	.1772	.1808	.1844	.1879
0.5	.1915	.1950	.1985	.2019	.2054	.2088	.2123	.2157	.2190	.2224
0.6	.2257	.2291	.2324	.2357	.2389	.2422	.2454	.2486	.2517	.2549
0.7	.2580	.2611	.2642	.2673	.2704	.2734	.2764	.2794	.2823	.2852
0.8	.2881	.2910	.2939	.2967	.2995	.3023	.3051	.3078	.3106	.3133
0.9	.3159	.3186	.3212	.3238	.3264	.3289	.3315	.3340	.3365	.3389
1.0	.3413	.3438	.3461	.3485	.3508	.3531	.3554	.3577	.3599	.3621
1.1	.3643	.3665	.3686	.3708	.3729	.3749	.3770	.3790	.3810	.3830
1.2	.3849	.3869	.3888	.3907	.3925	.3944	.3962	.3980	.3997	.4015
1.3	.4032	.4049	.4066	.4082	.4099	.4115	.4131	.4147	.4162	.4177
1.4	.4192	.4207	.4222	.4236	.4251	.4265	.4279	.4292	.4306	.4319
1.5	.4332	.4345	.4357	.4370	.4382	.4394	.4406	.4418	.4429	.4441
1.6	.4452	.4463	.4474	.4484	.4495	.4505	.4515	.4525	.4535	.4545
1.7	.4554	.4564	.4573	.4582	.4591	.4599	.4608	.4616	.4625	.4633
1.8	.4641	.4649	.4656	.4664	.4671	.4678	.4686	.4693	.4699	.4706
1.9	.4713	.4719	.4726	.4732	.4738	.4744	.4750	.4756	.4761	.4767
2.0	.4772	.4778	.4783	.4788	.4793	.4798	.4803	.4808	.4812	.4817
2.1	.4821	.4826	.4830	.4834	.4838	.4842	.4846	.4850	.4854	.4857
2.2	.4861	.4864	.4868	.4871	.4875	.4878	.4881	.4884	.4887	.4890
2.3	.4893	.4896	.4898	.4901	.4904	.4906	.4909	.4911	.4913	.4916
2.4	.4918	.4920	.4922	.4925	.4927	.4929	.4931	.4932	.4934	.4936
2.5	.4938	.4940	.4941	.4943	.4945	.4946	.4948	.4949	.4951	.4952
2.6	.4953	.4955	.4956	.4957	.4959	.4960	.4961	.4962	.4963	.4964
2.7	.4965	.4966	.4967	.4968	.4969	.4970	.4971	.4972	.4973	.4974
2.8	.4974	.4975	.4976	.4977	.4977	.4978	.4979	.4979	.4980	.4981
2.9	.4981	.4982	.4982	.4983	.4984	.4984	.4985	.4985	.4986	.4986
3.0	.4987	.4987	.4987	.4988	.4988	.4989	.4989	.4989	.4990	.4990

χ^2 분포표

$$P(x^2 \geq x^2_{df,\alpha}) = \alpha$$

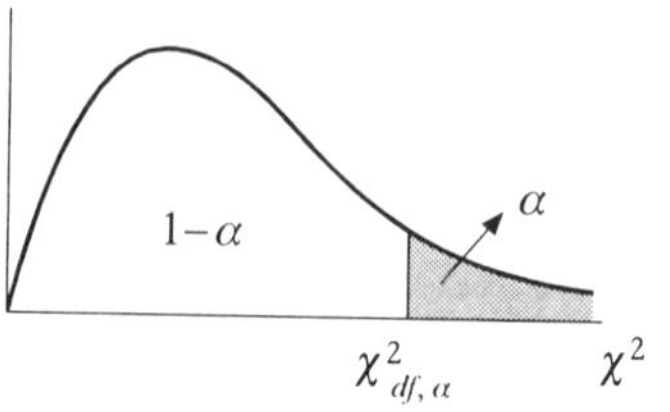

df \ α	0.995	0.990	0.975	0.950	0.050	0.025	0.010	0.005
1	392704×10^{-10}	157088×10^{-9}	982569×10^{-9}	393214×10^{-8}	3.84146	5.02389	6.63490	7.87944
2	0.0100251	0.0201007	0.0506356	0.102587	5.99147	7.37776	9.21034	10.5966
3	0.0717212	0.114832	0.215795	0.351846	7.81473	9.34840	11.3449	12.8381
4	0.206990	0.297110	0.484419	0.710721	9.48773	11.1433	13.2767	14.8620
5	0.411740	0.554300	0.831211	1.145476	11.0705	12.8325	15.0863	16.7496
6	0.675727	0.872085	1.237347	1.63539	12.5916	14.4494	16.8119	18.5476
7	0.989265	1.239043	1.68987	2.16735	14.0671	16.0128	18.4753	20.2777
8	1.344419	1.646482	2.17973	2.73264	15.5073	17.5346	20.0902	21.9550
9	1.734926	2.087912	2.70039	3.32511	16.9190	19.0228	21.6660	23.5893
10	2.15585	2.55821	3.24697	3.94030	18.3070	20.4831	23.2093	25.1882
11	2.60321	3.05347	3.81575	4.57481	19.6751	21.9200	24.7250	26.7569
12	3.07382	3.57056	4.40379	5.22603	21.0261	23.3367	26.2170	28.2995
13	3.56503	4.10691	5.00874	5.89186	22.3621	24.7356	27.6883	29.8194
14	4.07498	4.66043	5.62872	6.57063	23.6848	26.1190	29.1413	31.3193
15	4.60094	5.22935	6.26214	7.26094	24.9958	27.4884	30.5779	32.8013
16	5.14224	5.81221	6.90766	7.96164	26.2962	28.8454	31.9999	34.2672
17	5.69724	6.40776	7.56418	8.67176	27.5871	30.1910	33.4087	35.7185
18	6.26481	7.01491	8.23075	9.39046	28.8693	31.5264	34.8053	37.1564
19	6.84398	7.63273	8.90655	10.1170	30.1435	32.8523	36.1908	38.5822
20	7.43386	8.26040	9.59083	10.8508	31.4104	34.1696	37.5662	39.9968
21	8.03366	8.89720	10.28293	11.5913	32.6705	35.4789	38.9321	41.4010
22	8.64272	9.54249	10.9823	12.3380	33.9244	36.7807	40.2894	42.7956
23	9.26042	10.19567	11.6885	13.0905	35.1725	38.0757	41.6384	44.1813
24	9.88623	10.8564	12.4011	13.8484	36.4151	39.3641	42.9798	45.5585
25	10.5197	11.5240	13.1197	14.6114	37.6525	40.6465	44.3141	46.9278
26	11.1603	12.1618	13.8439	15.3791	38.8852	41.9232	45.6417	48.2899
27	11.8076	12.8786	14.5733	16.1513	40.1133	43.1944	46.9630	49.6449
28	12.4613	13.5648	15.3079	16.9279	41.3372	44.4607	48.2782	50.9933
29	13.1211	14.2565	16.0471	17.7083	42.5569	45.7222	49.587	52.3356
30	13.7867	14.9535	16.7908	18.4926	43.7729	46.9792	50.8922	53.6720
40	20.7065	22.1643	24.4331	26.5093	55.7585	59.3417	63.6907	66.7659
50	27.9907	29.7067	32.3574	34.7642	67.5048	71.4202	76.1539	79.4900
60	35.5346	37.4848	40.4817	43.1879	79.0819	83.2976	88.3794	91.9517
70	43.2752	45.4418	48.7576	51.7393	90.5312	95.0231	100.425	104.215
80	51.1720	53.5400	57.1532	60.3915	101.879	106.629	112.329	116.321
90	59.1963	61.7541	65.6466	69.1260	113.145	118.136	124.116	128.299
100	67.3276	70.0648	74.2219	77.9295	124.342	129.561	135.807	140.169

t 분포표

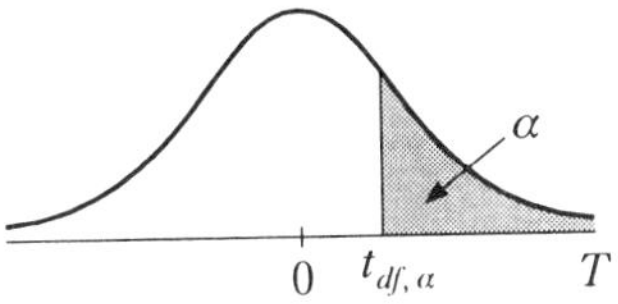

df \ α	0.25	0.1	0.05	0.025	0.01	0.005
1	1.000	3.087	6.314	12.706	31.821	63.657
2	0.816	0.886	2.920	4.303	6.965	9.925
3	0.765	1.638	2.353	3.182	4.541	5.841
4	0.741	1.533	2.132	2.776	3.747	4.604
5	0.727	1.476	2.015	2.571	3.365	4.032
6	0.718	1.440	1.943	2.447	3.134	3.707
7	0.711	1.415	1.895	2.365	2.998	3.499
8	0.706	1.397	1.860	2.306	2.896	3.355
9	0.703	1.383	1.833	2.262	2.821	3.250
10	0.700	1.372	1.812	2.228	2.764	3.169
11	0.697	1.363	1.796	2.201	2.718	3.106
12	0.695	1.356	1.782	2.179	2.681	3.055
13	0.694	1.350	1.771	2.160	2.650	3.012
14	0.692	1.345	1.761	2.145	2.624	2.977
15	0.691	1.341	1.753	2.131	2.602	2.947
16	0.690	1.337	1.746	2.120	2.583	2.921
17	0.689	1.333	1.740	2.110	2.567	2.898
18	0.688	1.330	1.734	2.101	2.552	2.878
19	0.688	1.328	1.729	2.093	2.539	2.861
20	0.687	1.325	1.725	2.086	2.528	2.845
21	0.686	1.323	1.721	2.080	2.518	2.831
22	0.686	1.321	1.717	2.074	2.508	2.819
23	0.685	1.319	1.714	2.069	2.500	2.807
24	0.685	1.318	1.711	2.064	2.492	2.797
25	0.684	1.316	1.708	2.060	2.485	2.787
26	0.684	1.315	1.706	2.056	2.479	2.779
27	0.684	1.314	1.703	2.052	2.473	2.771
28	0.683	1.313	1.701	2.048	2.467	2.763
29	0.683	1.311	1.699	2.045	2.462	2.756
30	0.683	1.310	1.697	2.042	2.457	2.750
40	0.681	1.303	1.684	2.021	2.423	2.704
60	0.679	1.296	1.671	2.000	2.390	2.660
120	0.677	1.289	1.658	1.980	2.358	2.617
∞	0.674	1.282	1.645	1.960	2.326	2.576

F 분포표

$$P(F \geq F^{2}_{df1,\, df2,\, df3}) = \alpha$$

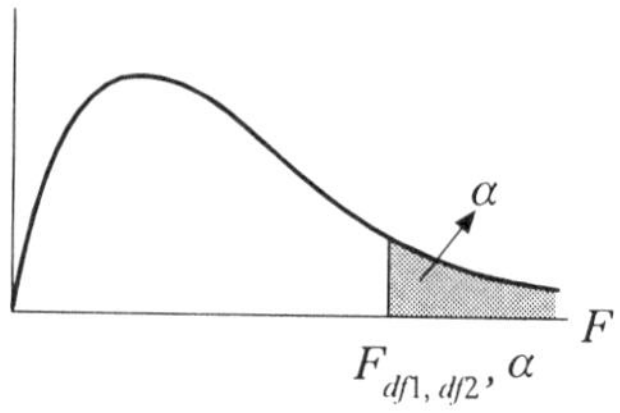

$\alpha = 0.10$

df_2 \ df_1	1	2	3	4	5	6	7	8	9
1	39.864	49.500	53.593	55.833	57.241	59.204	58.906	59.439	59.858
2	8.2563	9.0000	9.1618	9.2434	9.2926	9.3255	9.3491	9.3668	9.3805
3	5.5383	5.4624	5.3908	5.3427	5.3092	5.2847	5.2662	5.2517	5.2400
4	4.5448	4.3246	4.1908	4.1073	4.0506	4.0098	3.9790	3.9549	3.9357
5	4.0604	3.7797	3.6195	3.5202	3.4530	3.4045	3.3679	3.3393	3.3163
6	3.7760	3.4633	3.2888	3.1808	3.1075	3.0546	3.0145	2.9830	2.9577
7	3.5894	3.2574	3.0741	2.9605	2.8833	2.8274	2.7849	2.7516	2.7247
8	3.4579	3.1131	2.9238	2.8064	2.7265	2.6683	2.6241	2.5893	2.5612
9	3.3603	3.0065	2.8129	2.6927	2.6106	2.5509	2.5053	2.4694	2.4403
10	3.2850	2.9245	2.7277	2.6053	2.5216	2.4606	2.4140	2.3772	2.3473
11	3.2252	2.8595	2.6602	2.5362	2.4512	2.3891	2.3416	2.3040	2.2735
12	3.1765	2.8068	2.6055	2.4801	2.3940	2.3310	2.2828	2.2446	2.2135
13	3.1362	2.7632	2.5603	2.4337	2.3467	2.2830	2.2341	2.1953	2.1638
14	3.1022	2.7265	2.5222	2.3947	2.3069	2.2426	2.1931	2.1539	2.1220
15	3.0732	2.6952	2.4898	2.3614	2.2730	2.2081	2.1582	2.1185	2.0862
16	3.0481	2.6682	2.4618	2.3327	2.2438	2.1783	2.1280	2.0880	2.0553
17	3.0262	2.6446	2.4374	2.3077	2.2183	2.1524	2.1017	2.0613	2.0284
18	3.0070	2.6239	2.4160	2.2858	2.1958	2.1296	2.0785	2.0379	2.0047
19	2.9899	2.6056	2.3970	2.2663	2.1760	2.1094	2.0580	2.0171	1.9836
20	2.9747	2.5893	2.3801	2.2489	2.1582	2.0913	2.0397	1.9985	1.9649
21	2.9609	2.5746	2.3649	2.2333	2.1423	2.0751	2.0232	1.9819	1.9480
22	2.9486	2.5613	2.3512	2.2193	2.1279	2.0605	2.0084	1.9668	1.9327
23	2.9374	2.5493	2.3387	2.2065	2.1149	2.0472	1.9949	1.9531	1.9189
24	2.9271	2.5383	2.3247	2.1949	2.1030	2.0351	1.9826	1.9407	1.9063
25	2.9177	2.5283	2.3170	2.1843	2.0922	2.0241	1.9714	1.9292	1.8947
26	2.9091	2.5191	2.3075	2.1745	2.0822	2.0139	1.9610	1.9188	1.8841
27	2.9012	2.5106	2.2987	2.1655	2.0730	2.0045	1.9515	1.9091	1.8743
28	2.8939	2.5028	2.2906	2.1571	2.0645	1.9959	1.9427	1.9001	1.8652
29	2.8871	2.4955	2.2831	2.1494	2.0566	1.9878	1.9345	1.8918	1.8560
30	2.8807	2.4887	2.2761	2.1422	2.0492	1.9803	1.9269	1.8841	1.8498
40	2.8354	2.4404	2.2261	2.0099	1.9968	1.9269	1.8725	1.8289	1.7929
60	2.7914	2.3932	2.1774	2.0410	1.9457	1.8747	1.8194	1.7748	1.7380
120	2.7478	2.3473	2.1300	1.9923	1.8959	1.8238	1.7675	1.7220	1.6843
∞	2.7055	2.3026	2.0838	1.9449	1.8473	1.7741	1.7167	1.6702	1.6315

F 분포표(계속)

$\alpha = 0.10$

df_2 \ df_1	10	12	15	20	24	30	40	60	120	∞
1	60.195	60.705	61.220	61.740	62.002	62.265	62.529	62.794	63.061	63.328
2	9.3916	9.4081	9.4247	9.4413	9.4496	9.4579	9.4663	9.4746	9.4829	9.4913
3	5.2304	5.2156	5.2003	5.1875	5.1764	5.1681	5.1597	5.1512	5.1425	5.1337
4	3.9199	3.8955	3.8689	3.8443	3.8310	3.8174	3.8036	3.7896	3.7753	3.7607
5	3.2974	3.2682	3.2380	3.2067	3.1905	3.1741	3.1573	3.1402	3.1228	3.1050
6	2.9369	2.9047	2.8712	2.8363	2.8183	2.8000	2.7812	2.7620	2.7423	2.7222
7	2.9025	2.6681	2.6322	2.5947	2.5753	2.5555	2.5351	2.5142	2.4928	2.4808
8	3.5380	2.5020	2.4642	2.4246	2.4041	2.3830	2.3614	2.3391	2.3162	2.2926
9	2.4163	2.3789	2.3396	2.2983	2.2768	2.2547	2.2320	2.2085	2.1843	2.1592
10	2.3226	2.2841	2.2435	2.2007	2.1784	2.1554	2.1317	2.1072	2.0818	2.0554
11	2.2482	2.2087	2.1671	2.1230	2.1000	2.0762	2.0516	2.0261	1.9997	1.9721
12	2.1878	2.1474	2.1049	2.0597	2.0360	2.0115	1.9861	1.9597	1.9323	1.9036
13	2.1376	2.0966	2.0532	2.0070	1.9827	1.9576	1.9315	1.9043	1.8759	1.8462
14	2.0954	2.0537	2.0095	1.9625	1.9377	1.9119	1.8852	1.8572	1.8280	1.7973
15	2.0593	2.0171	1.9722	1.9243	1.8990	1.8728	1.8454	1.8168	1.7867	1.7551
16	2.0281	1.9854	1.9399	1.8913	1.8656	1.8388	1.8108	1.7816	1.9507	1.7182
17	2.0009	1.9577	1.9117	1.8624	1.8362	1.8090	1.7805	1.7506	1.7191	1.6856
18	1.9770	1.9333	1.8868	1.8368	1.8103	1.7827	1.7537	1.7232	1.6910	1.6567
19	1.9557	1.9117	1.8647	1.8142	1.7873	1.7592	1.7298	1.6988	1.6659	1.6308
20	1.9367	1.8924	1.8449	1.7938	1.7667	1.7382	1.7083	1.6768	1.6433	1.6074
21	1.9197	1.8750	1.8272	1.7756	1.7481	1.7193	1.6890	1.6569	1.6228	1.5862
22	1.9043	1.8593	1.8111	1.7590	1.7312	1.7021	1.6714	1.6389	1.6042	1.5668
23	1.8903	1.8450	1.7964	1.7439	1.7159	1.6864	1.6554	1.6224	1.5871	1.5490
24	1.8775	1.8319	1.7831	1.7302	1.7019	1.6721	1.6407	1.6073	1.5715	1.5327
25	1.8658	1.8200	1.7708	1.7175	1.6890	1.6589	1.6272	1.5934	1.5570	1.5176
26	1.8550	1.8090	1.7596	1.7059	1.6771	1.6468	1.6147	1.5805	1.5437	1.5036
27	1.8451	1.7989	1.7492	1.6951	1.6662	1.6356	1.6032	1.5686	1.5313	1.4906
28	1.8359	1.7895	1.7395	1.6852	1.6560	1.6252	1.5925	1.5575	1.5198	1.4784
29	1.8274	1.7808	1.7306	1.6759	1.6465	1.6155	1.5825	1.5472	1.5090	1.4670
30	1.8195	1.7727	1.7223	1.6673	1.6377	1.6065	1.5732	1.5376	1.4989	1.4564
40	1.7627	1.7146	1.6624	1.6052	1.5741	1.5411	1.5056	1.4672	1.4248	1.3769
60	1.7070	1.6574	1.6034	1.5435	1.5107	1.4755	1.4373	1.3952	1.3476	1.2915
120	1.6524	1.6012	1.5450	1.4821	1.4472	1.4094	1.3676	1.3203	1.2646	1.1926
∞	1.5987	1.5458	1.4871	1.4206	1.3832	1.3419	1.2951	1.2400	1.1686	1.0000

F 분포표(계속)

$\alpha = 0.05$

df_2 \ df_1	1	2	3	4	5	6	7	8	9
1	161.45	199.50	215.71	224.58	230.16	233.99	236.77	238.88	240.54
2	18.513	19.000	19.164	19.247	19.296	19.330	19.353	19.371	19.385
3	10.128	9.5521	9.2966	9.1172	9.0135	8.9406	8.8868	8.8452	8.8123
4	7.7086	6.9443	6.5914	6.3883	6.2560	6.1631	6.0942	6.0410	5.9988
5	6.6079	5.7861	5.4095	5.1922	5.0503	4.9503	4.8759	4.8183	4.7725
6	5.9874	5.1433	4.7571	4.5337	4.3874	4.2839	4.2066	4.1468	4.0990
7	5.5714	4.7374	4.3468	4.1203	3.9715	3.8660	3.7870	3.7257	3.6767
8	5.3177	4.4590	4.0662	3.8378	3.8375	3.5806	3.5005	3.4381	3.3881
9	5.1174	4.2565	3.8626	3.6331	3.4817	3.3738	3.2927	3.2296	3.1789
10	4.9646	4.1028	3.7083	3.4780	3.3258	2.2172	3.1355	3.0717	3.0204
11	4.8443	3.9823	3.5874	3.3567	3.2039	3.0946	3.0123	2.9480	2.8962
12	4.7472	3.8853	3.4903	3.2592	3.1059	2.9961	2.9134	2.8486	2.7964
13	4.6672	3.8056	3.4105	3.1791	3.0254	2.9153	2.8321	2.7669	2.7144
14	4.6001	3.7389	3.3439	3.1122	2.9582	2.8477	2.7642	2.6987	2.6458
15	4.5431	3.6823	3.2874	3.0556	2.9013	2.7905	2.7066	2.6408	2.5876
16	4.4940	3.6337	3.2389	3.0069	2.8524	2.7413	2.6572	2.5911	2.5377
17	4.4513	3.5915	3.1968	2.9647	2.8100	2.6987	2.6143	2.5480	2.4943
18	4.4139	3.5546	3.1599	2.9277	3.7729	2.6613	2.5767	2.5102	2.4563
19	4.3808	3.5219	3.1274	2.8951	2.7401	2.6283	2.5435	2.4768	2.4227
20	4.3513	3.4928	3.0984	2.8661	2.7109	2.5990	2.5140	2.4471	2.3628
21	4.3248	3.4668	3.0725	2.8401	2.6848	2.5727	2.4876	2.4205	2.3661
22	4.3009	3.4434	3.0491	2.8167	2.6613	2.5491	2.4638	2.3965	2.3419
23	4.2793	3.4221	3.0280	2.7955	2.6400	2.5277	2.4422	2.3748	2.3201
24	4.2597	3.4028	3.0088	2.7763	2.6207	2.5082	2.4226	2.3551	2.3002
25	4.2417	.3.3852	2.9912	2.7587	2.6030	2.4904	2.4047	2.3371	2.2821
26	4.2252	3.3690	2.9751	2.7426	2.5868	2.4741	2.3883	2.3205	2.2655
27	4.2100	3.3541	2.9604	2.7278	2.5719	2.4591	2.3732	2.3053	2.2051
28	4.1960	3.3404	2.9467	2.7141	2.5581	2.4453	2.3593	2.2913	2.2360
29	4.1830	3.3277	2.9340	2.7014	2.5454	2.4324	2.3463	2.2782	2.2229
30	4.1709	3.3158	2.9223	2.6896	2.5336	2.2405	2.3343	2.2662	2.2107
40	4.0848	3.2317	2.8387	2.6060	2.4495	2.3359	2.2490	2.1802	2.1240
60	4.0012	3.1504	2.7581	2.5252	2.3683	2.2540	2.1665	2.0970	2.0401
120	3.9201	3.0718	2.6802	2.4472	2.2900	2.1750	2.0867	2.0164	1.9588
∞	3.8415	2.9957	2.6049	2.3719	2.2141	2.0086	2.0096	1.9384	1.8799

F 분포표(계속)

$\alpha = 0.05$

df_2 \ df_1	10	12	15	20	24	30	40	60	120	∞
1	241.88	243.91	245.95	248.01	249.05	150.09	251.14	252.20	253.25	254.32
2	19.397	19.413	19.429	19.446	19.454	19.462	19.471	19.479	19.487	19.496
3	8.7855	8.7446	8.7029	8.6602	8.6385	8.6166	8.5944	8.5720	8.5494	8.5265
4	5.9644	5.9117	5.8578	5.8025	5.7744	5.7459	5.7170	5.6878	5.6581	5.6281
5	4.7351	4.6777	4.6188	4.5581	4.5272	4.4957	4.4638	4.4314	4.3984	4.3650
6	4.0600	3.9999	3.9381	3.8742	3.8415	3.8082	3.7743	3.7398	3.7047	3.6688
7	3.6365	3.5747	3.5108	3.4445	3.4105	3.3758	3.3404	3.3043	3.2674	3.2298
8	3.3472	3.2840	3.2184	3.1503	3.1152	3.0794	3.0428	3.0053	2.9669	2.9276
9	3.1373	3.0792	3.0061	2.9365	2.9005	2.8637	2.8259	2.7872	2.7475	2.7067
10	2.9782	2.9130	2.8450	2.7740	2.7372	2.6996	2.6609	2.6211	2.5801	2.5379
11	2.8536	2.7876	2.7185	2.6464	2.6090	2.5705	2.5309	2.4901	2.4480	2.4045
12	2.7534	2.6866	2.6169	2.5436	2.5055	2.4663	2.4259	2.3842	2.3410	2.2962
13	2.6710	2.6037	2.5331	2.4589	2.4202	2.3803	2.3392	2.2966	2.2524	2.2064
14	2.6021	2.5342	2.4630	2.3879	2.3487	2.3082	2.2664	2.2230	2.1778	2.1307
15	2.5437	2.4753	2.4035	2.3275	2.2878	2.2468	2.2043	2.1601	2.1141	2.0658
16	2.4935	2.4247	2.3522	2.2756	2.2354	2.1938	2.1507	2.1058	2.0589	2.0096
17	2.4499	2.3807	8.3077	2.2304	2.1898	2.1477	2.1040	2.0584	2.0107	1.9604
18	2.4117	2.3421	2.2686	2.1906	2.1497	2.1071	2.0626	2.0166	1.9681	1.9168
19	2.3779	2.3080	2.2341	2.1555	2.1141	2.0712	2.0263	1.9796	1.9302	1.8780
20	2.3479	2.2776	2.2033	2.1242	2.0825	2.0391	1.9938	1.9464	1.8963	1.8432
21	2.3210	2.2504	2.1757	2.0960	2.0540	2.0102	1.9645	1.9165	1.8657	1.8117
22	2.2967	2.2258	2.1508	2.0707	2.0283	1.9842	1.9380	1.8895	1.8380	1.7831
23	2.2747	2.2036	2.1282	2.0476	2.0050	1.9605	1.9139	1.8649	1.8128	1.7570
24	2.2547	2.1834	2.1077	2.0267	1.9838	1.9390	1.8920	1.8424	1.7897	1.7331
25	2.2365	2.1649	2.0889	2.0075	1.9643	1.9192	1.8718	1.8217	1.7684	1.7110
26	2.2197	2.1479	2.0716	1.9898	1.9664	1.9010	1.8533	1.8027	1.7488	1.6906
27	2.2043	1.1323	2.0558	1.9736	1.9229	1.8842	1.8361	1.7851	1.7307	1.6717
28	2.1900	2.1179	2.0441	1.9586	1.9147	1.8687	1.8203	1.7689	1.7138	1.6541
29	2.1768	2.1045	2.0275	1.9446	1.9005	1.8543	1.8055	1.7537	1.6981	1.6377
30	2.1646	2.0921	2.0148	1.9317	1.8874	1.8409	1.7918	1.7396	1.6835	1.6223
40	2.0772	2.0035	1.9245	1.8389	1.7929	1.7444	1.6928	1.6373	1.5766	1.5089
60	1.9926	1.9174	1.8364	1.7480	1.7001	1.6491	1.5943	1.5343	1.4673	1.3893
120	1.9105	1.8337	1.7505	1.6587	1.6084	1.5543	1.4952	1.4290	1.3519	1.2539
∞	1.8307	1.7522	1.6664	1.5705	1.5173	1.4591	1.3940	1.3180	1.2214	1.0000

F 분포표(계속)

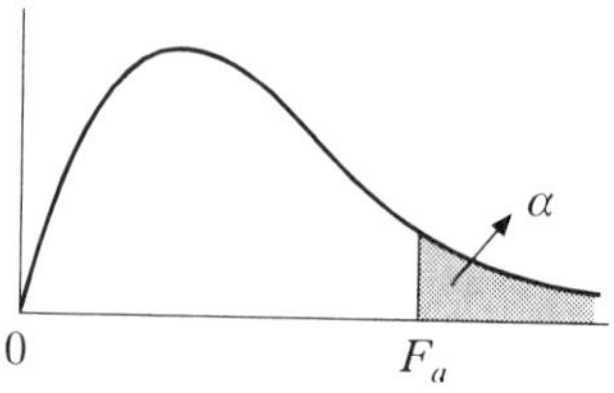

$P_r\{F \geq F_a\} = \alpha$

$(\alpha = 0.01)$

분자의 자유도

분모의 자유도

df_2 \ df_1	1	2	3	4	5	6	7	8	9
1	4052	4999.5	5403	5625	5764	5859	5928	5892	3022
2	98.50	99.00	99.17	99.25	99.30	99.33	99.36	99.37	99.39
3	34.12	30.82	29.46	28.71	28.24	27.91	27.67	27.49	27.35
4	21.20	18.00	16.69	15.98	15.52	15.21	14.98	14.80	14.66
5	16.26	13.27	12.06	11.39	10.97	10.67	10.46	10.29	10.16
6	13.75	10.92	9.78	9.15	8.75	8.47	8.26	8.10	7.98
7	12.25	9.55	8.45	7.85	7.46	7.19	6.99	6.84	6.72
8	11.26	8.65	7.59	7.01	6.63	6.37	6.18	6.03	5.91
9	10.56	8.02	6.99	6.42	6.06	5.80	5.61	5.47	5.35
10	10.04	7.56	6.55	5.99	5.64	5.39	5.20	5.06	4.94
11	9.65	7.21	6.22	5.67	5.32	5.07	4.89	4.74	4.63
12	9.33	6.93	5.95	5.41	5.06	4.82	4.64	4.50	4.39
13	9.07	6.70	5.74	5.21	4.86	4.62	4.44	4.30	4.19
14	8.86	6.51	5.56	5.04	4.69	4.46	4.28	4.14	4.03
15	8.68	6.36	5.42	4.89	4.56	4.32	4.14	4.00	3.89
16	8.53	6.23	5.29	4.77	4.44	4.20	4.03	3.89	3.78
17	8.40	6.11	5.18	4.67	4.34	4.10	3.93	3.79	3.68
18	8.29	6.01	5.09	4.58	4.25	4.01	3.84	3.71	3.60
19	8.18	5.93	5.01	4.50	4.17	3.94	3.77	3.63	3.52
20	8.10	5.85	4.94	4.43	4.10	3.87	3.70	3.56	3.46
21	8.02	5.78	4.87	4.37	4.04	3.81	3.64	3.51	3.40
22	7.95	5.72	4.82	4.31	3.99	3.76	3.59	3.45	3.35
23	7.88	5.66	4.76	4.26	3.94	3.71	3.54	3.41	3.30
24	7.82	5.61	4.72	4.22	3.90	3.67	3.50	3.36	3.26
25	7.77	5.57	4.68	4.18	3.85	3.63	3.46	3.32	3.22
26	7.72	5.53	4.64	4.14	3.82	3.59	3.42	3.29	3.18
27	7.68	5.49	4.60	4.11	3.78	3.56	3.39	3.26	3.15
28	7.64	5.45	4.57	4.07	3.75	3.53	3.36	3.23	3.12
29	7.60	5.42	4.54	4.04	3.73	3.50	3.33	3.20	3.09
30	7.56	5.39	4.51	4.02	3.70	3.47	3.30	3.17	3.07
40	7.31	5.18	4.31	3.83	3.51	3.29	3.12	2.99	2.89
60	7.08	4.98	4.13	3.65	3.34	3.12	2.95	2.82	2.72
120	6.85	4.79	3.95	3.48	3.17	2.96	2.79	2.66	2.56
∞	6.63	4.61	3.78	3.32	3.02	2.80	2.64	2.51	2.41

F 분포표(계속)

df_2 \ df_1	10	12	15	20	24	30	40	60	120	∞
1	6056	6106	6157	6209	6235	6261	6287	6313	6339	6366
2	99.40	99.42	99.43	99.45	99.46	99.47	99.47	99.48	99.49	99.50
3	27.23	27.05	26.87	26.69	26.60	26.50	26.41	26.32	26.22	26.13
4	14.55	14.37	14.20	14.02	13.90	13.84	13.75	13.65	13.56	13.46
5	10.05	9.89	9.72	9.55	9.47	9.38	9.29	9.20	9.11	9.02
6	7.87	7.72	7.56	7.40	7.31	7.23	7.14	7.06	6.97	6.88
7	6.62	6.47	6.31	6.16	6.07	5.99	5.91	5.82	5.74	5.65
8	5.81	5.67	5.52	5.36	5.28	5.20	5.12	5.03	4.95	4.86
9	5.26	5.11	4.96	4.81	4.73	4.65	4.57	4.48	4.40	4.31
10	4.85	4.71	4.56	4.41	4.33	4.25	4.17	4.08	4.00	3.91
11	4.54	4.40	4.25	4.10	4.02	3.94	3.86	3.78	3.69	3.60
12	4.30	4.16	4.01	3.86	3.78	3.70	3.62	3.54	3.45	3.36
13	4.10	3.96	3.82	3.66	3.59	3.51	3.43	3.34	3.25	3.17
14	3.94	3.80	3.66	3.51	3.43	3.35	3.27	3.18	3.09	3.00
15	3.80	3.67	3.52	3.37	3.29	3.21	3.13	3.05	2.96	2.87
16	3.69	3.55	3.41	3.26	3.18	3.10	3.02	2.93	2.84	2.75
17	3.59	3.46	3.31	3.16	3.08	3.00	2.92	2.83	2.75	2.65
18	3.51	3.37	3.23	3.08	3.00	2.92	2.84	2.75	2.66	2.57
19	3.43	3.30	3.15	3.00	2.92	2.84	2.76	2.67	2.58	2.49
20	3.37	3.23	3.09	2.94	2.86	2.78	2.69	2.61	2.52	2.42
21	3.31	3.17	3.03	2.88	2.80	2.72	2.64	2.55	2.46	2.36
22	3.26	3.12	2.98	2.83	2.75	2.67	2.58	2.50	2.40	2.31
23	3.21	3.07	2.93	2.78	2.70	2.62	2.54	2.45	2.35	2.26
24	3.17	3.03	2.89	2.74	2.66	2.58	2.49	2.40	2.31	2.21
25	3.13	2.99	2.85	2.70	2.62	2.54	2.45	2.36	2.27	2.17
26	3.09	2.96	2.81	2.66	2.58	2.50	2.42	2.33	2.23	2.13
27	3.06	2.93	2.78	2.63	2.55	2.47	2.38	2.29	2.20	2.10
28	3.03	2.90	2.75	2.60	2.52	2.44	2.35	2.26	2.17	2.06
29	3.00	2.87	2.73	2.57	2.49	2.41	2.33	2.23	2.14	2.03
30	2.98	2.84	2.70	2.55	2.47	2.39	2.30	2.21	2.11	2.01
40	2.80	2.66	2.52	2.37	2.29	2.20	2.11	2.02	1.92	1.80
60	2.63	2.50	2.35	2.20	2.12	2.03	1.94	1.84	1.73	1.60
120	2.47	2.34	2.19	2.03	1.95	1.86	1.76	1.66	1.53	1.38
∞	2.32	2.18	2.04	1.88	1.79	1.70	1.59	1.47	1.32	1.00

wilcoxon 순위합검정표 통계량

(관측값의 수가 적은 표본의 수위합)

a. $\alpha = .025$(단측검정) ; $\alpha = .05$(양측검정)

df_2 \ df_1	3		4		5		6		7		8		9		10	
	T_L	T_U	T_L	T_U	T_L	T_U	T_L	T_U	T_L	T_U	T_L	T_U	T_L	T_U	T_L	T_U
3	5	16	6	18	6	21	7	23	7	26	8	28	8	31	9	33
4	6	18	11	25	12	28	12	32	13	35	14	38	15	41	16	44
5	6	21	12	28	18	37	19	41	20	45	21	49	22	53	24	56
6	7	23	12	32	19	41	26	52	28	56	29	61	31	65	32	70
7	7	26	13	35	20	45	28	56	37	68	39	73	41	78	43	83
8	8	28	14	38	21	49	29	61	39	73	49	87	51	93	54	98
9	8	31	15	41	22	53	31	65	41	78	51	93	63	108	66	114
10	9	33	16	44	24	56	32	70	43	83	54	98	66	114	79	131

b. $\alpha = .05$(단측검정) ; $\alpha = .10$(양측검정)

df_2 \ df_1	3		4		5		6		7		8		9		10	
	T_L	T_U	T_L	T_U	T_L	T_U	T_L	T_U	T_L	T_U	T_L	T_U	T_L	T_U	T_L	T_U
3	6	15	7	17	7	20	8	22	9	24	9	27	10	29	11	31
4	7	17	12	24	13	27	14	30	15	33	16	36	17	39	18	42
5	7	20	13	27	19	36	20	40	22	43	24	46	25	50	26	54
6	8	22	14	30	20	40	28	50	30	54	32	58	33	63	35	67
7	9	24	15	33	22	43	30	54	39	66	41	71	43	76	46	80
8	9	27	16	36	24	46	32	58	41	71	52	84	54	90	57	95
9	10	29	17	39	25	50	33	63	43	76	54	90	66	105	69	111
10	11	31	18	42	26	54	35	67	46	80	57	95	69	111	83	127

wilcoxon 부호순위통계량의 누적확률분포표

$P = P\{R \geq A\} = P\{R \leq B\}$

$n=3$			$n=4$			$n=5$			$n=6$		
A	P	B	A	P	B	A	P	B	A	P	B
5	.250	1	8	.188	2	12	.156	3	17	.109	4
6	.125	0	9	.125	1	13	.094	2	18	.078	3
7	0		10	.062	0	14	.062	1	19	.047	2
			11	0		15	.031	0	20	.031	1
						16	0		21	.016	0
									22	0	

$n=7$			$n=8$			$n=9$			$n=10$		
A	P	B	A	P	B	A	P	B	A	P	B
22	.109	6	27	.125	9	34	.102	11	40	.116	15
23	.078	5	28	.098	8	35	.082	10	41	.097	14
24	.055	4	29	.074	7	36	.064	9	42	.080	13
25	.039	3	30	.055	6	37	.049	8	43	.065	12
26	.023	2	31	.039	5	38	.037	7	44	.053	11
27	.016	1	32	.027	4	39	.027	6	45	.042	10
28	.008	0	33	.020	3	40	.020	5	46	.032	9
			34	.012	2	41	.014	4	47	.024	8
			35	.008	1	42	.010	3	48	.019	7
									49	.014	6
									50	.010	5

wilcoxon 부호순위통계량의 누적확률분포표(계속)

$n=11$			$n=12$			$n=13$			$n=14$			$n=15$		
A	P	B	A	P	B	A	P	B	A	P	B	A	P	B
48	.103	18	56	.102	22	64	.108	27	73	.108	32	83	.104	37
48	.087	17	57	.088	21	65	.095	26	74	.097	31	84	.094	36
50	.074	16	58	.076	20	66	.084	25	75	.086	30	85	.084	35
51	.062	15	59	0.65	19	67	.073	24	76	.077	29	86	.076	34
52	.051	14	60	.055	18	68	.064	23	77	.068	28	87	.068	33
53	.042	13	61	.046	17	69	.055	22	78	.059	27	88	.060	32
54	.034	12	62	.039	16	70	.047	21	79	.052	26	89	.053	31
55	.027	11	63	.032	15	71	.040	20	80	.045	25	90	.047	30
56	.021	10	64	.026	14	72	.034	19	81	.039	24	91	.042	29
57	.016	9	65	.021	13	73	.029	18	82	.034	23	92	.036	28
58	.012	8	66	.017	12	74	.024	17	83	.029	22	93	.032	27
59	.009	7	67	.016	11	75	.020	16	84	.025	21	94	.028	26
			68	.010	10	76	.016	15	85	.021	20	95	.024	25
						77	.013	14	86	.018	19	96	.021	24
						78	.011	13	87	.015	18	97	.018	23
						79	.009	12	88	.012	17	98	.015	22
									89	.010	16	99	.013	21
												100	.011	20
												101	.009	19

연습문제 해답

[제1장]

1.1 생략

1.3 생략

[제2장]

2.1 ① 연속 ② 연속 ③ 연속
④ 이산 ⑤ 이산 ⑥ 이산

2.3

자녀수 (X)	도수 (f_i)	상대도수	누적도수	누적상대도수
0	2	0.10	2	0.10
1	5	0.25	7	0.35
2	8	0.40	15	0.75
3	3	0.15	18	0.90
4	2	0.10	20	1.00

[제3장]

3.1 생략

3.2 문제의 자료를 각 구간의 중간점을 구하여 다시 정리하면 다음과 같다.

키(X)	중간점	도수(f_i)	상대도수	누적도수
140-144	142	2	$\frac{2}{39}$	2
145-149	147	3	$\frac{3}{39}$	5
150-154	152	6	$\frac{6}{39}$	11
155-159	157	7	$\frac{7}{39}$	18
160-164	162	12	$\frac{12}{39}$	30
165-169	167	3	$\frac{3}{39}$	33
170-174	172	2	$\frac{4}{39}$	35
175-179	177	4	$\frac{2}{39}$	39

① 최빈값은 가장 도수가 높은 구간의 값이므로 도수가 12인 160-164 구간이다. 따라서 최빈값은 이 구간의 중간점인 162이다.

② n=39 이므로 중앙값은 $\frac{n+1}{2} = \frac{39+1}{2} = 20$번째의 값이다. 155-159까지의 누적도수가 18이므로 20번째의 값은 160-164구간(즉 159.5-164.5 구간)의 2번째 값이다. 따라서

$$4 : 12 = x : 2$$

$$\therefore x = \frac{8}{12} = \frac{2}{3} = 0.67$$

그러므로 중앙값은

$$159.5 + 0.67 = 160.17$$

③ 평균값

$$\overline{\mathrm{X}} = \frac{\sum X_i f_i}{n}$$

$$= \frac{1}{39}\ [142\times2+147\times3+152\times6+157\times7+162\times12$$
$$+167\times3+172\times4+177\times2]$$

$= 159.6$

④ 분산

$$S^2 = \frac{\sum(X_i - \overline{X})^2 f_i}{\sum f_i}$$

$$= \frac{1}{39}\ [(142-159.6)^2\times 2+(147-159.6)^2\times 3+(152-159.6)^2\times 6$$

$$+(157-159.6)^2\times 7+(162-159.6)^2\times 120$$

$$+(167-159.6)^2\times 3+(172-159.6)^2\times 4+(177-159.6)^2\times 2]$$

$$= 75.5$$

3.5 문제의 자료에서 $n = 15$

평균

$$\overline{X} = \frac{\sum X_i f_i}{n}$$

$$= \frac{1\times 3+3\times 2+4\times 1+9\times 4+8\times 2+6\times 3}{15}$$

$$\fallingdotseq 5.53$$

분산

$$S^2 = \frac{1}{15-1}[(1-5.53)^2\times 3+(3-5.53)^2\times 2+(4-5.53)^2\times 1$$

$$+(9-5.53)^2\times 4+(8-5.53)^2\times 2+(6-5.53)^2\times 3]$$

$$= \frac{1}{14}\times 137.8$$

$$\fallingdotseq 9.84$$

표준편차 $S = \sqrt{S^2} = \sqrt{9.84} = 3.137$

[제4장]

4.1 생략

4.3 90점 이상일 학생의 사상을 A라 하면,

$$P(A) = 0.3,\ P(A \cap 1학년) = 0.2$$

$$P(1학년 \mid A) = \frac{P(A \cap 1학년)}{P(A)} = \frac{0.2}{0.3} = \frac{2}{3}$$

4.5 뽑힌 사람이 여성일 사상을 A라 하고 공인 회계사일 사상을 B라고 하자. 위원중 40%가 여성이므로 $P(A) = 0.4$이고 여성중 20%가 공인회계사이므로 $P(B \mid A) = 0.2$이다. 따라서

$$P(A \cap B) = P(A) \cdot P(B \mid A) = 0.4 \times 0.2$$

$$= 0.08$$

4.7 ① $\frac{1}{6}$ ② $\frac{1}{6} \times \frac{1}{6} = \frac{1}{36}$

③ $\frac{1}{6} \times \frac{5}{6} \times \frac{5}{6} + \frac{5}{6} \times \frac{1}{6} \times \frac{5}{6} + \frac{5}{6} \times \frac{5}{6} \times \frac{1}{6}$

$$= \frac{5 \times 5 \times 3}{6 \times 6 \times 6} = \frac{25}{72}$$

④ $\frac{10}{36} = \frac{5}{18}$ ⑤ $\frac{10}{36}$

⑥ $\frac{1}{18}$

4.9

① $\frac{5}{120} = \frac{1}{24}$ ② $\frac{40}{120} = \frac{1}{3}$

③ $\frac{60}{120} = \frac{1}{2}$ ④ $\frac{80}{120} = \frac{2}{3}$

4.11 ① $A \cup B = \{1, 2, 3, 4\}$

② $A \cap C = \varnothing$

③ $B \cup C = \{2, 3, 4, 5, 6\}$

④ $B \cap C = \{4\}$

⑤ $\overline{A} = \{3, 4, 5, 6\}$

⑥ $\overline{B} = \{1, 5, 6\}$, $\overline{C} = \{1, 2, 3\}$ 따라서 $\overline{B} \cap \overline{C} = \{1\}$

4.13 ① $\frac{3}{10} \times \frac{2}{9} \times \frac{7}{8} = \frac{7}{120}$

② $\frac{7}{10} \times \frac{3}{10} \times \frac{3}{10} + \frac{3}{10} \times \frac{7}{10} \times \frac{3}{10} + \frac{3}{10} \times \frac{3}{10} \times \frac{7}{10}$

$= \frac{7 \times 3 \times 3 \times 3}{10 \times 10 \times 10} = \frac{189}{1,000}$

[제5장]

5.1 생략

5.3

X	f(x)	F(x)
10	0.10	0.10
20	0.20	0.30
30	0.30	0.60
40	0.25	0.85
50	0.15	1.00

① 기대값

$$E(X) = 10\times0.1+20\times0.2+30\times0.3 +40\times0.25+50\times0.15 = 31.5$$

② 표준편차 $\sigma_x = \sqrt{Var(X)}$

③

$$\begin{aligned}Var(X) &= E[X-E(X)]^2 = \sum(X_i - E(X_i))^2 f(x_i)\\ &= (10-31.5)^2\times0.1+(20-31.5)^2\times0.2\\ &\quad +(30-31.5)^2\times0.3+(40-31.5)^2\times0.25\\ &\quad +(50-31.5)^2\times0.15\\ &= 142.75\end{aligned}$$

∴ 표준편차 $\sigma_x = \sqrt{142.75} \fallingdotseq 11.95$

④ 누적확률분포함수 -도표

5.5 $E(X+5)=10$, $E(X+5)^2=125$이므로

$E(X)+E(5) = E(X)+5 = 10$ ∴ $E(X)=5$

$$\begin{aligned}E(X+5)^2 &= E(X^2+10X+25) = E(X^2)+10E(X)+25\\ &= E(X^2)+10\times5+25 = 125\end{aligned}$$

∴ $E(X^2)=50$

① $E(X)=5$

② $Var(X) = E(X^2)-[E(X)]^2 = 50-5^2 = 25$

③ $Var(X+5) = Var(X) = 25$

5.7

Y \ X	1	2	$f(x)$
0	0.04	0.30	0.34
1	0.20	0.25	0.45
2	0.16	0.05	0.21
$f(y)$	0.40	0.60	1.00

X의 주별확률분포표

X	0	1	2	계
$f(x)$	0.34	0.45	0.21	1.00

Y의 주별확률분포표

Y	1	2	계
$f(y)$	0.40	0.60	1.00

통계적 독립은

$f(x \mid y) = f(x)$일 때 성립

X=1, Y=2일 때

$$f(x \mid y) = \frac{f(x \cap y)}{f(y)} = \frac{f(1 \cap 2)}{f(2)} = \frac{0.25}{0.60} = \frac{5}{12}$$

X=1일 때

$f(x) = f(1) = 0.45$

$\therefore\ f(x \mid y) \neq f(x)$

그러므로 x와 y는 통계적 독립이 아니다.

5.9 ① $\int_0^1 g(y)dy = \int_0^1 \frac{k}{y^3}\, dy = k\left(-\frac{1}{2}\right)\left[\frac{1}{y^2}\right]_1^{\infty} = 1$

$$\therefore \left(-\frac{k}{2}\right)[0-1]=1$$

$$\therefore\ k=2$$

② $E(Y)=\int_1^{\infty} yg(y)\,dy=\int_1^{\infty} y\left(\frac{-2}{y^3}\right)dy$

$$=\int_1^{\infty}\left(\frac{2}{y^2}\right)dy=(-2)\cdot\left[\frac{y^{-2+1}}{-2+1}\right]_1^{\infty}$$

$$=2\left[\frac{1}{y}\right]_1^{\infty}=2[0-1]=2$$

③ $Var(Y)=\int_1^{\infty} y^2 g(y)dy-[\,E(Y)]^2$

$$=\int_1^{\infty} y^2\cdot\left(\frac{2}{y^3}\right)dy-4$$

$$=\int_1^{\infty}\left(\frac{2}{y}\right)dy-4$$

위의 적분값은 존재하지 않음.

5.11

(단위 : 만원)

X	$f(x)$
1,000	0.6
700	0.25
-500	0.15

$E(X)=1,000\times0.6+700\times0.25-500\times0.15$

$$=600+175-75$$

$$=700$$

∴ 투자의 기대이익은 700만원

5.13

X \ Y	1	2	$f(x)$
1	$\frac{3}{18}$	$\frac{5}{18}$	$\frac{8}{18}$
2	$\frac{4}{18}$	$\frac{6}{18}$	$\frac{10}{18}$
$f(y)$	$\frac{7}{18}$	$\frac{11}{18}$	1

① X의 확률분포

X	1	2	계
$f(x)$	$\frac{8}{18}$	$\frac{10}{18}$	1.0

② Y의 확률분포표

Y	1	2	계
$f(y)$	$\frac{7}{18}$	$\frac{11}{18}$	1.0

③ $E(X) = 1\times\frac{8}{18} + 2\times\frac{10}{18} = \frac{8+20}{18} = \frac{28}{18} = \frac{14}{9}$

④ $E(Y) = 1\times\frac{7}{18} + 2\times\frac{11}{18} = \frac{7+22}{18} = \frac{29}{18}$

⑤ $Var(X) = E(X^2) - [E(X)]^2$

$$= 1^2\times\frac{8}{18} + 2^2\times\frac{10}{18} - \left(\frac{14}{9}\right)^2$$

$$= \frac{8+40}{18} - \frac{196}{81} = \frac{48}{18} - \frac{196}{81}$$

$$= \frac{8}{3} - \frac{196}{81} = \frac{20}{81}$$

⑥ $Var(Y) = E(Y^2) - [E(Y)]^2$

$$= 1^2\times\frac{7}{18} + 2^2\times\frac{11}{18} - \left(\frac{29}{18}\right)^2$$

$$= \frac{51}{18} - \frac{841}{324} = \frac{918-841}{324} = \frac{77}{324}$$

⑦ $\mathrm{Cov}(X, Y) = E(X - E(X))[Y - E(Y)]$

$$= E(XY) - E(X)E(Y)$$

$$E(XY) = 1\times1\times\frac{3}{18} + 1\times2\times\frac{5}{18} + 2\times1\times\frac{4}{18} + 2\times2\times\frac{6}{18}$$

$$= \frac{3+10+8+24}{18} = \frac{45}{18} = \frac{5}{2}$$

$$\therefore \mathrm{Cov}(X, Y) = E(XY) - E(X)E(Y)$$

$$= \frac{5}{2} - \frac{14}{9}\times\frac{29}{18} = \frac{5}{2} - \frac{203}{81}$$

$$= \frac{405-406}{162} = \frac{-1}{162} = -\frac{1}{162}$$

⑧ 상관계수 $\rho_{(rho)} = \dfrac{\mathrm{Cov}(X, Y)}{\rho_x \rho_y}$

$$\rho_x = \sqrt{\mathrm{Var}(X)} = \sqrt{\frac{20}{81}}$$

$$\rho_y = \sqrt{\mathrm{Var}(Y)} = \sqrt{\frac{77}{324}}$$

$$\therefore \rho_{xy} = \frac{-\frac{1}{162}}{\sqrt{\frac{20}{81}}\sqrt{\frac{77}{324}}} = \frac{-0.00617}{0.242} \doteqdot -0.025$$

[제6장]

여자 위원의 수를 X라 하면 X의 확률분포표는 다음과 같다.

①

X	f(X)
0	$\dfrac{{}_5C_0 \times {}_{10}C_4}{{}_{15}C_4}\left(=\dfrac{42}{273}\right)$
1	$\dfrac{{}_5C_1 \times {}_{10}C_3}{{}_{15}C_4}\left(=\dfrac{120}{273}\right)$
2	$\dfrac{{}_5C_2 \times {}_{10}C_2}{{}_{15}C_4}\left(=\dfrac{90}{273}\right)$
3	$\dfrac{{}_5C_3 \times {}_{10}C_1}{{}_{15}C_4}\left(=\dfrac{20}{273}\right)$
4	$\dfrac{{}_5C_4 \times {}_{10}C_0}{{}_{15}C_4}\left(=\dfrac{1}{273}\right)$
계	1.0

② $$E(X) = 0\times\frac{42}{273}+1\times\frac{120}{273}+2\times\frac{90}{273}$$

$$+3\times\frac{20}{273}+4\times\frac{1}{273} = \frac{364}{273}$$

$$Var(X) = 0^2\times\frac{42}{273}+1^2\times\frac{120}{273}+2^2\times\frac{90}{273}$$

$$+3^3\times\frac{20}{273}+4^2\times\frac{1}{273}-\left(\frac{364}{273}\right)^2$$

$$= \frac{52,052}{74,529} \doteqdot 0.699$$

③ $Y = 3X+2$이므로

$$E(X) = E(3X+2) = 3E(X)+2$$

$$= 3\times\frac{364}{273}+2 = \frac{1,638}{273}$$

$$= 6$$

$$Var(X) = Var(3X+2) = 9\cdot Var(X)$$

$$= 9\times 0.699 = 6.291$$

6.3 ① 0.942 ② 0.006

③ 0.783 ④ 0.233

6.5 ① 0.007 ② 0.875

③ 0.176 ④ 0.125

6.7 ① 0.041 ② 0.355 ③ 0.000013

6.9 ① $\frac{7}{8}$ ② $\frac{1}{8}$

[제7장]

7.1 생 략

7.2 ① $P(X\leq 45) = P\left(\frac{X-50}{5}\leq\frac{45-50}{5}\right)$

$$= P(Z \le -1) = 0.5 - 0.3413$$

$$= 0.1587$$

② $P(47.5 \le X \le 55) = P\left(-\frac{1}{2} \le Z \le 1\right)$

$$= 0.1915 + 0.3413 = 0.5328$$

③ $P(43 \le X \le 48) = P\left(-\frac{7}{5} \le Z \le -\frac{2}{5}\right)$

$$= P(-1.4 \le Z \le -0.4)$$

$$= 0.4192 - 0.1554$$

$$= 0.2638$$

④ $P(X \ge 58) = P\left(Z \ge \frac{8}{5}\right) = P(Z \ge 1.6)$

$$= 0.5 - 0.4452 = 0.0548$$

⑤ $P(52 \le X \le 56) = P\left(\frac{2}{5} \le X \le \frac{6}{5}\right)$

$$= P(0.4 \le Z \le 1.2)$$

$$= 0.3849 - 0.1554$$

$$= 0.2295$$

⑥ $P(38 \le X \le 64) = P\left(-\frac{12}{5} \le X \le \frac{14}{5}\right)$

$$= P(-2.4 \le X \le 2.8)$$

$$= 0.4918 + 0.4974$$

$$= 0.9892$$

7.5 ① 0.4332 ② 0.4332+0.4893=0.9225

③ 0.5-0.3997=0.1003 ④ 0.5+0.4625=0.9625

7.7 ① ${}_{100}C_{10}(0.05)^{10}(0.95)^{90}$

② $E(X) = np = 100 \times 0.05 = 5$

$Var(X) = npq = 100 \times 0.05 \times 0.95 = 4.75$

$$\sigma_x = \sqrt{Var(X)} = \sqrt{4.75} = 2.18$$

$$P(9 < X \leq 10) = P\left[\frac{(9-0.5)-5}{2.18} < Z \leq \frac{(10+0.5)-5}{2.18}\right] = P(1.61 \leq Z \leq 2.52) = 0.4941 - 0.4463 = 0.0478$$

7.9 $E(X) = \mu, \quad Var(X) = \sigma^2$

$$E\left[\frac{X-\mu}{\sigma}\right] = \frac{1}{\sigma}E[X-\mu] = \frac{1}{\sigma}[E(X)-\mu] = 0$$

$$Var\left[\frac{X-\mu}{\sigma}\right] = \frac{1}{\sigma^2}[Var(X-\mu)] = \frac{1}{\sigma^2}Var(X) = \frac{1}{\sigma^2} \times \sigma^2 = 1$$

$$\therefore \frac{X-\mu}{\sigma} \sim N[0,\ 1]$$

[제8장]

8.1 $E(X) = 15, \quad Var(X) = 9$

$E(\overline{X}) = E(X) = 15$

$$\mathrm{Var}(\overline{\mathrm{X}}) = \frac{\mathrm{Var}(\mathrm{X})}{n} = \frac{9}{25}, \qquad \hat{\sigma}_{\bar{\mathrm{x}}} = \frac{\sigma}{\sqrt{\mathrm{n}}} = \frac{3}{5}$$

8.3 $\mathrm{E}(\mathrm{X}) = \mu_x = 15{,}000$

$\sigma_x = 2{,}500$ 이므로 $E(\overline{X}) = E(X) = 15{,}000$

$$\sigma_{\bar{x}} = \frac{\sigma_x}{\sqrt{n}}$$

① $$\mathrm{P}(\overline{\mathrm{X}} \le 14{,}500) = \mathrm{P}\left(\frac{\overline{\mathrm{X}} - \mu_{\bar{\mathrm{x}}}}{\sigma_{\bar{\mathrm{x}}}} \le \frac{14{,}500 - 15{,}000}{\frac{2{,}500}{10}}\right)$$

$$= \mathrm{P}(\mathrm{Z} \le -2.0) = 0.5 - 0.4772 = 0.0228$$

② $$\mathrm{P}(\overline{\mathrm{X}} \ge 15{,}600) = \mathrm{P}\left(\frac{\overline{\mathrm{X}} - \mu_{\bar{\mathrm{x}}}}{\sigma_{\bar{\mathrm{x}}}} \ge \frac{15{,}600 - 15{,}000}{\frac{2{,}500}{8}}\right)$$

$$= \mathrm{P}(\mathrm{Z} \ge 1.92) = 0.5 - 0.4726$$

$$= 0.0274$$

8.5 $\mu = 5$

$\sigma = 1.25$

$$\mu_{\bar{\mathrm{X}}} = 5, \qquad \sigma_{\bar{x}} = \frac{1.25}{\sqrt{25}} = \frac{1.25}{5} = 0.25$$

$$\mathrm{P}(4.65 \le \mathrm{X} \le 5.45) = \mathrm{P}\left(\frac{4.65 - 5}{0.25} \le \mathrm{Z} \le \frac{5.45 - 5}{0.25}\right)$$

$$= \mathrm{P}(-1.4 \le \mathrm{Z} \le 1.8)$$

$$= 0.4192 + 0.4641$$

$$= 0.8833$$

8.7 $\mathrm{E}(\mathrm{X}_i) = \mu, \qquad \mathrm{Var}(\mathrm{X}_i) = \sigma^2$

$$\mathrm{E}(\overline{\mathrm{X}}) = \mu, \qquad \mathrm{Var}(\overline{\mathrm{X}}) = \frac{\sigma^2}{n}$$

또 X_i, X_j는 각기 독립이므로

$$\mathrm{Cov}(X_i,\ X_j) = \mathrm{E}(X_i X_j) - \mathrm{E}(\mathrm{X_i})\mathrm{E}(\mathrm{X_j}) = 0$$

여기서 $\mathrm{E}(X_i) = \mu$, $\mathrm{E}(\mathrm{X_j}) = \mu$이므로

$$\mathrm{E}(X_i X_j) - \mu^2 = 0$$

$$\therefore\ \mathrm{E}(X_i X_j) = \mu^2$$

$$\mathrm{Var}(X_i) = \mathrm{E}(X_i^2) - [E(X_i)]^2 = \mathrm{E}(X_i^2) - \mu^2 = \sigma^2$$

$$\therefore\ \mathrm{E}(X_i^2) = \mu^2 + \sigma^2$$

① $\mathrm{E}(X_i \overline{\mathrm{X}}) = \mathrm{E}\left[X_i\left(\dfrac{X_1 + X_2 + \ldots + X_i + \ldots + X_n}{n}\right)\right]$

$$= \frac{1}{n}\left[\mathrm{E}(\mathrm{X_i^2}) + \sum_{i \neq j} \mathrm{E}(X_i X_j)\right]$$

$$= \frac{1}{n}[\mathrm{E}(X_i^2) + (n-1)\mathrm{E}(X_i X_j)]$$

$$= \frac{1}{n}[\mu^2 + \sigma^2 + (n-1)\mu^2]$$

$$= \frac{1}{n}[n\mu^2 + \sigma^2] = \mu^2 + \frac{\sigma^2}{n}$$

② 위에서 $\mathrm{E}(X_i^2) = \mu^2 + \sigma^2$

③ $\mathrm{E}(\overline{\mathrm{X}}^2) = \mathrm{Var}(\overline{\mathrm{X}}^2) + [\mathrm{E}(\overline{\mathrm{X}})]^2$이므로

$(\because \mathrm{Var}(\overline{\mathrm{X}}^2) = \mathrm{E}(\overline{\mathrm{X}}^2) - [\mathrm{E}(\overline{\mathrm{X}})]^2)$

$$\mathrm{E}(\overline{\mathrm{X}}^2) = \frac{\sigma^2}{n} + \mu^2$$

④ $E[X_i(X_i - \overline{X})] = E[X_i^2 - X_i\overline{X}] = E(X_i^2) - E(X_i\overline{X})$

$$= \mu^2 + \sigma^2 - \left[\mu^2 + \frac{\sigma^2}{n}\right]$$

$$= \left(1 - \frac{1}{n}\right)\sigma^2$$

⑤ $E[\overline{X}(X_i - \overline{X})] = E(\overline{X}X_i) - E(\overline{X}^2)$

$$= \mu^2 + \frac{\sigma^2}{n} - \left(\frac{\sigma^2}{n} + \mu^2\right) = 0$$

⑥ $Cov[(X_i - \overline{X}), \overline{X}] = E[\overline{X}(X_i - \overline{X})] - E(\overline{X})E(X_i - \overline{X})$

$$= 0 - E(\overline{X})[E(X_i) - E(\overline{X})]$$

$$= [E(\overline{X})]^2 - E(\overline{X})E(X_i)$$

$$= \mu^2 - \mu^2 = 0$$

8.9 ① df = 8, $P(X > 1.86$ 또는 $X < 1.86) = 0.05 + 0.05 = 0.1$ 이므로

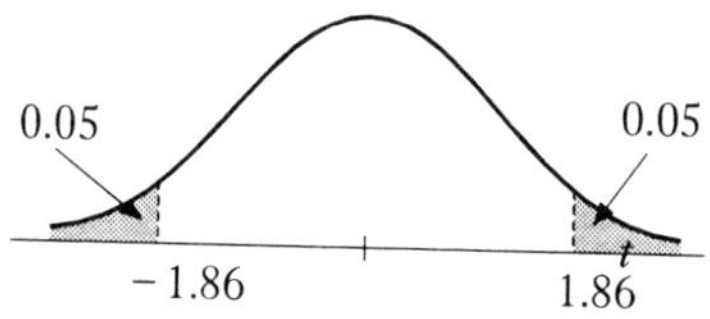

$\therefore P(-1.86 \le X \le 1.86) = 1 - 0.1 = 0.9$

② df = 7, $P(X \ge 1.415) = 0.1$

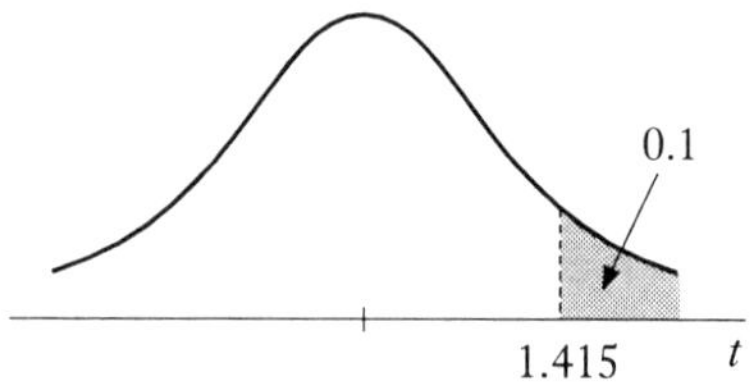

③ df = 6, $P(X \le -3.143) = 0.01$

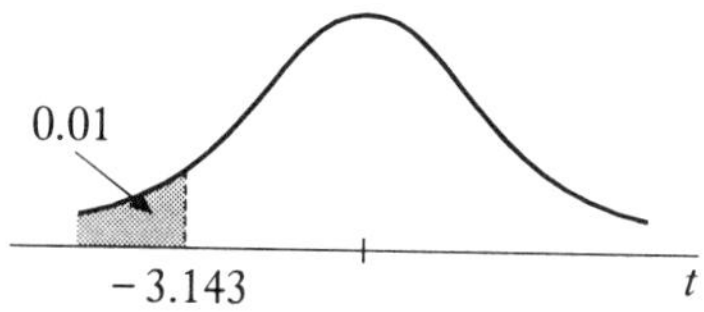

④ df = 15, $P(X < -2.947$ 또는 $X > 2.947)$

$= 0.005 + 0.005$

$= 0.01$

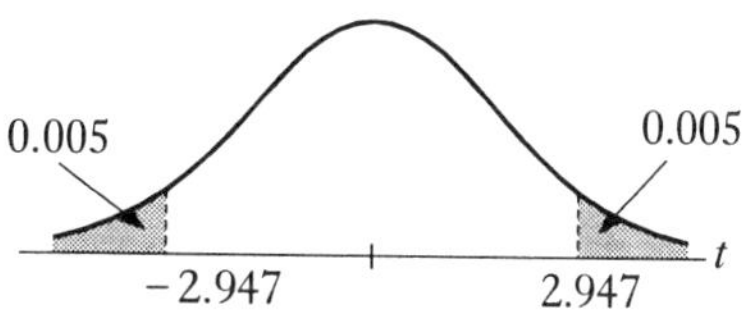

$\therefore\ P(-2.947 \le X \le 2.947)$

$= 1 - 0.01 = 0.99$

⑤ df = 18, $P(-k \le X \le k) = 0.8$ 이므로

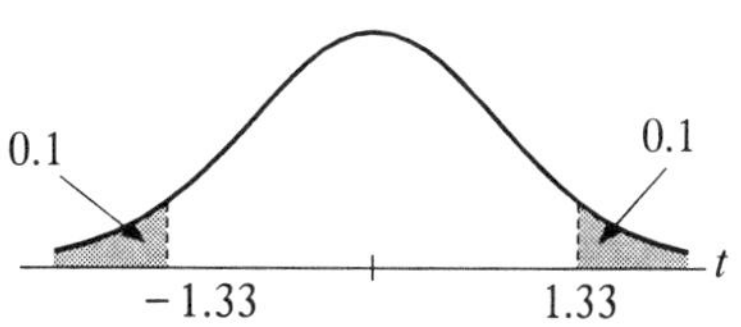

$k = 1.33$

[제9장]

9.1 생략

9.3 $\overline{X} = 167$, n=50, $\sigma = 20$

$\sigma_{\bar{x}} = \frac{\sigma}{\sqrt{n}} = \frac{10}{\sqrt{50}} = 1.414$

① μ의 95% 신뢰구간

$\overline{X} - Z_{0.025} \cdot \sigma_{\bar{x}} \leq \mu \leq \overline{X} + Z_{0.025} \cdot \sigma_{\bar{x}}$

$167 - 1.96 \times 1.414 \leq \mu \leq 167 + 1.96 \times 1.414$

$\therefore\ 167 - 2.771 \leq \mu \leq 167 + 2.771$

$\therefore\ 164.23 \leq \mu \leq 169.77$

② μ의 99% 신뢰구간

$\overline{X} - Z_{0.005} \cdot \sigma_{\bar{x}} \leq \mu \leq \overline{X} + Z_{0.005} \cdot \sigma_{\bar{x}}$

$167 - 2.575 \times 1.414 \leq \mu \leq 167 + 2.575 \times 1.414$

$167 - 3.73 \leq \mu \leq 167 + 3.73$

$\therefore\ 163.27 \leq \mu \leq 170.73$

9.5 $n = 16,\ \overline{X} = 7,\ \ S = 3$

$S_{\bar{x}} = \frac{S}{\sqrt{n}} = \frac{3}{\sqrt{16}} = \frac{3}{4} = 0.75$, 자유도 $df = n - 1 = 15$

① μ의 90% 신뢰구간

$\overline{X} - t_{15,\ 0.05} \cdot S_{\bar{x}} \leq \mu \leq \overline{X} + t_{15, 0.05} \cdot S_{\bar{x}}$

$7 - 1.753 \times 0.75 \leq \mu \leq 7 + 1.753 \times 0.75$

$7 - 1.314 \leq \mu \leq 7 + 1.314$

$\therefore\ 5.69 \leq \mu \leq 8.32$

② μ의 99% 신뢰구간

$\overline{X} - t_{15, 0.005} \cdot S_{\overline{X}} \leq \mu \leq + t_{15, 0.005} \cdot S_{\overline{X}}$

$7 - 2.947 \times 0.75 \leq \mu \leq 7 + 2.947 \times 0.75$

$\therefore\ 7 - 2.21 \leq \mu \leq 7 + 2.21$

$\therefore\ 4.79 \le \mu \le 9.21$

9.7 $\overline{X} = 17.09$, $n = 10$, $S = 0.95$

$df = 9$, $S_{\overline{X}} = \frac{S}{\sqrt{n}} = \frac{8.95}{\sqrt{10}} = 0.3$

μ의 95% 신뢰구간

$\overline{X} - t_{9,0.025} \cdot S_{\overline{X}} \le \mu \le \overline{X} + t_{9,0.025} \cdot S_{\bar{x}}$

$17.09 - 2.262 \times 0.3 \le \mu \le 17.09 + 2.262 \times 0.3$

$17.09 - 0.6786 \le \mu \le 17.09 + 0.6786$

$\therefore\ 16.41 \le \mu \le 17.77$

9.9 $\pm Z_{0.025} \cdot \frac{\sigma}{\sqrt{n}} = \pm 25$

즉 $1.96 \times \frac{80}{\sqrt{n}} = 25$

$\therefore\ n = 39.3$, $n = 40$

9.11

① $\overline{X} = 71.06$, $S^2 = 95.26$, $S = 9.76$, $n = 5$, $df = 4$

② $\overline{X} - t_{4,0.025} \cdot \frac{S}{\sqrt{n}} \le \mu \le \overline{X} + t_{4,0.025} \cdot \frac{S}{\sqrt{n}}$

$71.06 - 2.776 \times \frac{9.76}{\sqrt{5}} \le \mu \le 71.06 + 2.776 \times \frac{9.76}{\sqrt{5}}$

$71.06 - 12.12 \le \mu \le 71.06 + 12.12$

$\therefore\ 58.94 \le \mu \le 83.18$

③ $\chi^2_{0.975\ ,4} \le \dfrac{(n-1)S^2}{\sigma^2} \le \chi^2_{0.025\ ,4}$

$\therefore\ 0.4844\,4 \le \dfrac{4\times 95.26}{\sigma^2} \le 11.1433$

$\therefore\ \dfrac{4\times 95.26}{11.1433} \le \sigma^2 \le \dfrac{4\times 95.26}{0.4844}$

$\therefore\ 34.19 \le \sigma^2 \le 786.62$

9.13

$$(\overline{X}_1-\overline{X}_2)-Z_{\frac{\alpha}{2}}\sqrt{\frac{\sigma_1^2}{n_1}+\frac{\sigma_2^2}{n_2}} \le \mu_1-\mu_2 \le (\overline{X}_1-\overline{X}_2)+Z_{\frac{\alpha}{2}}\sqrt{\frac{\sigma_1^2}{n_1}+\frac{\sigma_2^2}{n_2}}$$

$$(1,500-1,300)-1.96\sqrt{\frac{150^2}{100}+\frac{90^2}{100}} \le \mu_1-\mu_2 \le (1,500-1,300)+1.96\sqrt{\frac{150^2}{100}+\frac{90^2}{100}}$$

$200-1.96\times 17.49 \le \mu_1-\mu_2 \le 200+1.96\times 17.49$

$\therefore\ 200-34.28 \le \mu_1-\mu_2 \le 200+34.28$

$\therefore\ 165.72 \le \mu_1-\mu_2 \le 234.28$

9.15

$$S_{p_1-p_2} = \sqrt{\frac{p_1(1-p_1)}{n_1}+\frac{p_2(1-p_2)}{n_2}} = \sqrt{\frac{0.18\times 0.82}{100}+\frac{0.26\times 0.74}{100}} = \sqrt{0.0034} = 0.058$$

모비율의 차 $\pi_1 - \pi_2$에 관한 99%신뢰구간은

$$(p_1 - p_2) - Z_{\frac{\alpha}{2}} \cdot S_{p_1 - p_2} \leq (\pi_1 - \pi_2) \leq (p_1 - p_2) + Z_{\frac{\alpha}{2}} \cdot S_{p_1 - p_2}$$

$$(0.18 - 0.26) - 2.57 \times 0.058 \leq \pi_1 - \pi_2 \leq (0.18 - 0.26) + 2.57 \times 0.058$$

$$-0.08 - 0.1491 \leq \pi_1 - \pi_2 \leq 0.08 + 0.1491$$

$$\therefore\ -0.229 \leq \pi_1 - \pi_2 \leq 0.069$$

10.1 생략

10.3 생략

[제11장]

11.1 ①

$H_O: \mu = 2,500$

$H_A: \mu > 2,500$

② $\alpha = 0.05$

③

$Z \leq Z_{0.05}(= 1.96)$ 이면 , H_0 채택

$Z \leq Z_{0.05}$ 이면 , H_0 기각

④

$$Z \text{ 통계량 } = \frac{\overline{X} - \mu}{\frac{S}{\sqrt{n}}} = \frac{2,600 - 2,500}{\frac{280}{\sqrt{36}}}$$

$$= \frac{100}{\frac{280}{6}} = 2.143$$

(n이 30보다 크므로 t대신 Z분포를 이용할 수 있음)

⑤ Z 통계량 $(=2.143) > Z_{0.05}(=1.96)$이므로 귀무가설 기각, 즉 전구의 평균수명은 2,500시간 보다 적다고 할 수 없다.

11.3 $n=20$, $\overline{X}=50,000$, $S=22,000$

① $H_O: \mu = 58,000$

$H_A: \mu \neq 58,000$

② $\alpha = 0.05$

③ $-t_{19,0.025} \leq t \leq t_{19,0.025}$ 이면 H_O 채택

$t > t_{19,0.025}$ 또는 $t < -t_{19,0.025}$ 이면 H_O 기각

즉 $-2.093 \leq t \leq 2.093$ 이면, H_O 채택

$t > 2.093$ 또는 $t < -2.093$ 이면 H_O 기각

④ $$t=\frac{\overline{X}-\mu}{\frac{S}{\sqrt{n}}}=\frac{50,000-58,000}{\frac{22,000}{\sqrt{20}}}=-1.63$$

t 값은 H_O를 채택하는 구간이므로 H_O를 채택

즉 타이어의 평균 수명은 58,000km가 아니라고 할 수 없다.

11.5 $n=400$, $p=\frac{95}{400}=0.2375$

①
$H_O: \pi = 0.3$

$H_A: \pi < 0.3$

② $\alpha = 0.05$

③ $Z \geq -1.64$ 이면 H_O 채택

$Z < -1.64$ 이면 H_O 기각

④ $Z = \frac{p-\pi}{\sigma_P} = \frac{0.2375-0.3}{\sqrt{\frac{0.3\times0.7}{400}}} = \frac{-0.0625}{0.023}$

$= -2.72$

⑤ 이 값은 H_O를 기각하는 구간이므로 H_O를 기각

즉 A정당에 대한 지지도가 4년전보다 낮아지지 않았다고 할 수 없다.

11.7 ① $H_O : \pi = 0.03$

$H_A : \pi < 0.03$

② $\alpha = 0.01$

③ $Z \geq -2.33$ 이면 H_O 채택

$Z < -2.33$ 이면 H_O 기각

④ $Z = \frac{p-\pi}{\sqrt{\frac{p(1-p)}{n}}} = \frac{\frac{8}{300}-0.03}{\sqrt{\frac{0.03\times0.97}{300}}} = -\frac{0.0033}{0.0098}$

$= -0.34$

⑤ H_O를 채택, 즉 이 회사의 주장이 타당하다고 할 수 없다. (즉 불량률이 3%미만이라고 할 수 없다.)

11.9 $\overline{X} = 3.96$, $S^2 = 0.03$, $S = 0.18$

① $H_O : \mu = 4.0$

$H_A : \mu < 4.0$

② $\alpha = 0.05$

③ $t_{9,0.05} = 1.833$ 이므로

$t \geq -1.833$ 이면 H_O 채택

$t < -1.833$ 이면 H_O 기각

④ t 통계량 $= \dfrac{\overline{X}-\mu}{\dfrac{S}{\sqrt{n}}} = \dfrac{3.96-4.0}{\dfrac{0.18}{\sqrt{10}}} = -0.70$

⑤ H_O를 채택하는 구간이므로 H_O채택.

즉 거봉포도 한 상자의 무게가 4.0kg보다 작다고 할 수 없다.

[제12장]

12.1

$\overline{X}_1 = 82.14,\quad S_1 = 8.73,\quad S_1^2 = 76.14.\quad n_1 = 7$

$\overline{X}_2 = 74.83,\quad S_2 = 7.73,\quad S_2^2 = 59.77.\quad n_2 = 6$

$$S_p^2 = \frac{(7-1)\times 76.14 + (6-1)\times 59.77}{(7-1)+(6-1)} = \frac{755.69}{11} = 68.70$$

$\therefore\ S_P = \sqrt{68.7} = 8.29$

① $H_O : \mu_1 = \mu_2$

$H_A : \mu_1 \neq \mu_2$

② $\alpha = 0.05$

③ $t_{(n_1+n_2-2),\ 0.025} = t_{11,0.025} = 2.201$ 이므로

$-2.201 \leq t \leq 2.201$ 이면 H_O 채택

$t \geq 2.201$ 또는 $t < -2.201$ 이면 H_O 기각

④
$$t = \frac{(\overline{X}_1 - \overline{X}_2) - (\mu_1 - \mu_2)}{S_P\sqrt{\frac{1}{n_1} + \frac{1}{n_2}}} = \frac{(82.14 - 74.83) - 0}{8.29\sqrt{\frac{1}{7} + \frac{1}{6}}}$$

$$= \frac{7.31}{4.61} = 1.59$$

⑤ H_O를 채택하는 구간이므로 H_O를 채택

즉, 이과반과 문과반의 성적의 차이가 있다고 할 수 없다.

12.3 $\overline{X}_1 = 80$, $S_1 = 44$, $n_1 = 36$

$\overline{X}_2 = 70$, $S_2 = 36$, $n_2 = 36$

n 이 30보다 크므로 Z분포를 사용.

① $H_O : \mu_1 = \mu_2$

$H_A : \mu_1 \neq \mu_2$

② $\alpha = 0.05$

③ $Z_{\frac{\alpha}{2}} = 1.96$

$-1.96 \leq Z \leq 1.96$ 이면, H_O 채택

$Z > 1.96$ 또는 $Z < -1.96$ 이면 H_O 기각

④

$$Z\text{통계량} = \frac{(\overline{X}_1 - \overline{X}_2) - (\mu_1 - \mu_2)}{\sqrt{\frac{S_1^2}{n_1} + \frac{S_2^2}{n_2}}} = \frac{(800,000 - 700,000) - 0}{\sqrt{\frac{(440,000)^2}{36} + \frac{(360,000)^2}{36}}}$$

$$= \frac{(80 - 70)}{\sqrt{\frac{(44)^2}{36} + \frac{(36)^2}{36}}} = \frac{10}{9.475} = 1.056$$

⑤ H_O를 채택하는 구간이므로 H_O를 채택

즉 남녀 종업원간에 임금격차가 있다고 할 수 없다.

12.5 $\overline{X}_1 = 24$, $S_1^2 = 50.5$, $S_1 = 7.11$. $n_1 = 5$

$\overline{X}_2 = 23.6$, $S_2 = 30.80$, $S_2^2 = 5.55$. $n_2 = 5$

$$S_P^2 = \frac{(5-1)\times 50.5 + (5-1)\times 30.80}{(5-1)+(5-1)} = \frac{202+123.2}{8} = \frac{325.2}{8} = 40.65$$

$\therefore$ $S_P = \sqrt{40.65} = 6.38$

① $H_O : \mu_1 = \mu_2$

$H_A : \mu_1 > \mu_2$

② $\alpha = 0.05$

③ $t_{8,0.05} = 1.86$ 이므로

$t < 1.86$ 이면 H_O 채택

$t > 1.86$ 이면 H_O 기각

④

$$t\text{통계량} = \frac{(\overline{X_1} - \overline{X_2}) - (\mu_1 - \mu_2)}{S_P\sqrt{\frac{1}{n_1} + \frac{1}{n_2}}} = \frac{(24-23.6)-0}{6.38\sqrt{\frac{1}{5}+\frac{1}{5}}}$$

$$= \frac{0.4}{6.38\times 0.6325} = 0.099$$

⑤ H_O를 채택하는 구간이므로 H_O를 채택, 즉 두 페인트 제품의 건조 시간에 차이가 있다고 할 수 없다.

12.7 $p_1 = \frac{84}{200} = 0.42$, $p_2 = \frac{96}{200} = 0.48$

통합표본비율

$$\hat{p} = \frac{n_1 p_1 + n_2 p_2}{n_1 + n_2} = \frac{84 + 96}{400} = 0.45$$

따라서 $$S_{P_1 - P_2} = \sqrt{\frac{0.45 \times 0.55}{200} + \frac{0.45 \times 0.55}{200}} = \sqrt{0.002475} = 0.0497$$

① $H_O : \pi_1 = \pi_2$

$H_A : \pi_1 \neq \pi_2$

② $\alpha = 0.05$

③ $-1.96 \leq Z \leq 1.96$ 이면 H_O 채택

$Z > 1.96$ 또는 $Z < -1.96$ 이면 H_O 기각

④

$$Z = \frac{(p_1 - p_2) - (\pi_1 - \pi_2)}{S_{P_1 - P_2}} = \frac{(0.42 - 0.48) - 0}{0.0497} = -1.207$$

⑤ Z통계량이 H_O를 채택하는 영역이므로 H_O 채택, 즉 A, B 두 정당간 지지율에 차이가 있다고 할 수 없다.

12.9 짝을 이룬 표본의 차에 관한 검정이다. 위의 자료로부터 D_i, $D_i - \overline{D}$, $(D_i - \overline{D})^2$을 각각 구하면 다음과 같다.

$(D_i = \overline{X_2} - \overline{X_1})$

공부방법A ($\overline{X}_1$)	공부방법B ($\overline{X}_2$)	D_i	$D_i-\overline{D}$	$(D_i-\overline{D})^2$
66	70	4	-1.17	1.37
75	80	5	-0.17	0.03
83	90	7	1.83	3.35
73	75	2	-3.17	10.05
79	85	6	0.83	0.69
81	88	7	1.83	3.35

$\sum D_i=31 \qquad \sum(D_i-\overline{D})^2=18.84$

$$\overline{D}=\frac{\sum D_i}{n}=\frac{31}{6}\fallingdotseq 5.17$$

$$S_D=\sqrt{\frac{\sum(D_i-\overline{D})^2}{n-1}}=\sqrt{\frac{18.84}{5}}=\sqrt{3.768}=1.94$$

i) $H_O: \mu_D=0$ (즉 $\mu_D=\mu_1-\mu_2$, $\mu_1=\mu_2$)

$H_A: \mu_D\neq 0$ (즉 $\mu_1\neq\mu_2$)

ii) $\alpha=0.05$

iii) $df=5$, $t_{5,0.025}=2.571$ 이므로

$-2,571\leq t\leq 2.571$ 이면 H_O 채택

$t>2,571$ 또는 $t<-2,571$ 이면 H_O 기각

iv) $$t=\frac{\overline{D}-(\mu_1-\mu_2)}{\frac{S_D}{\sqrt{n}}}=\frac{5.17-0}{\frac{1.94}{\sqrt{6}}}=6.53$$

$t=6.53$은 H_O를 기각하는 구간에 속하므로 H_O를 기각

v) 따라서 공부방법의 효과가 같다고 할 수 없다.

12.11 $p_1 = \frac{100}{200} = 0.5$, $p_2 = \frac{70}{200} = 0.35$

통합표본비율 $\hat{p} = \frac{n_1 P_1 + n_2 P_2}{n_1 + n_2} = \frac{100 + 70}{400} = 0.425$

따라서

$$S_{P_1 - P_2} = \sqrt{\frac{0.425 \times 0.575}{200} + \frac{0.425 \times 0.575}{200}}$$
$$= \sqrt{0.00244} = 0.0494$$

① $H_O : \pi_1 = \pi_2$

$H_A : \pi_1 \neq \pi_2$

② $\alpha = 0.05$

③ $-1.96 \leq Z \leq 1.96$ 이면 H_O 채택

$Z > 1.96$ 또는 $Z < -1.96$ 이면 H_O 기각

④

$$Z\text{통계량} = \frac{(p_1 - p_2) - (\pi_1 - \pi_2)}{S_{P_1 - P_2}} = \frac{(0.5 - 0.35) - 0}{0.0494}$$
$$= 3.036$$

⑤ Z통계량은 H_O를 기각하는 영역이므로 H_O 기각.

따라서 두 방송국의 시청율이 같다고 할 수 없다.

[제13장]

13.1 ① 4.82

② $\frac{\alpha}{2} = 0.05$ $F_{(7,6),0.05} = 4.21$

$$\text{좌측임계치} = \frac{1}{F_{(6,7),0.05}} = \frac{1}{3.87} = 0.258$$

$$\text{우측임계치} = F_{(7,6),0.05} = 4.21$$

13.3 $S^2 = 0.35$, $n = 10$

① $H_O: \sigma^2 = 0.25$

$H_A: \sigma^2 > 0.25$

② $\alpha = 0.05$

③ $df = 9$, $\chi^2_{9,0.05} = 16.919$

$\chi^2 \leq 16.92$ 이면 H_O 채택

$\chi^2 > 16.92$ 이면 H_O 기각

④ $\chi^2\text{통계량} = \dfrac{(n-1)S^2}{\sigma^2} = \dfrac{9 \times 0.35}{0.25} = 12.6$

이 값은 H_O를 기각하는 영역이므로 마개지름의 분산은 0.25보다 작다고 할 수 없다.

13.5 $n_1 = 10$, $n_2 = 10$
$S_1^2 = 16$, $S_2^2 = 18$

① $H_O: \sigma_2^2 = \sigma_1^2$

$H_A: {\sigma_2}^2 > {\sigma_1}^2$

② $\alpha = 0.05$

③ 임계치 $F_{9,9,0.05} = 3.18$

$F \leq 3.18$ 이면 H_O 채택

$F > 3.18$ 이면 H_O 기각

④ $F = \frac{S_2^2}{S_1^2} = \frac{18}{16} = 1.125$이므로 H_O 를 채택

⑤ 즉 A공장이 B공장보다 품질관리를 잘한다고 할 수 없다.

13.7 $S_1^2 = 125.90$, $S_2^2 = 102.27$

① $\mathrm{H_O}: \sigma_1^2 = \sigma_2^2$

$\mathrm{H_A}: \sigma_1^2 > \sigma_2^2$

② $\alpha = 0.01$

③ 임계치 $F_{5,5,0.05} = 10.97$

$F \leq 10.97$ 이면 H_O 채택

$F > 10.97$ 이면 H_O 기각

④ F통계량 $= \frac{S_1^2}{S_2^2} = \frac{125.9}{102.27} = 1.23$

이므로 H_O를 채택

⑤ 즉 이과반 성적이 문과반 성적보다 분산이 크다고 할 수 없다.

13.9 $n_1 = 10$, $n_2 = 10$

$S_1^2 = (285)^2 = 81,225$, $S_2^2 = (120)^2 = 14,400$

① $\mathrm{H_O}: \sigma_1^2 = \sigma_2^2$

$H_A: \sigma_1^2 > \sigma_2^2$

② $\alpha = 0.05$

③ 임계치 $F_{9,9,0.05} = 3.18$

$F \leq 3.18$ 이면 H_O 채택

$F > 3.18$ 이면 H_O 기각

④ $F = \dfrac{S_1^2}{S_2^2} = \dfrac{81,225}{14,400} = 5.64$이므로 H_O를 기각하는 영역에 속한다.

⑤ 따라서 B회사의 전구의 품질이 A회사 전구의 품질보다 더 균일하다고 할 수 있다.

[제14장]

14.1 생략

14.3 생략

14.5 생략

14.7 ① 생략

② $\hat{Y}_i = 19.8571 + 8.7857X_i$

③ 공부시간을 1시간 늘리면 성적은 8.7857점 만큼 올라가며 공부를 한시간도 하지 않아도 평균성적은 19.8571점이 된다.

④ $R^2 = 0.9878$, 공부시간은 성적의 변화를 98.78%만큼 설명하고 있다.

⑤ $r = \sqrt{R^2} = \sqrt{0.9878} = 0.9939$

즉, 공부시간과 성적은 거의 양의 선형관계에 있다.

⑥ $\widehat{Y}_i = 19.8571 + 8.7857X_i$ 에서

$X_i = 8$이면 $\widehat{Y}_i = 19.8571 + 8.7857 \times 8$

$= 90.1427$

∴ 예상점수 90점이다.

14.9 ① 생략

② $\widehat{Y}_i = 82.75 + 6.083X_i$

③ 99년은 9번째이므로

$\widehat{Y}_i = 82.75 + 6.083 \times 9 \fallingdotseq 137.5$

∴ 1999년의 예측매출액은 137.5억원이다.

④ 매년 매출액은 절대액으로 6.083억원씩 증가하며 90년도의 평균매출액은 82.75억원이다.

⑤ $R^2 = 0.9945$ 이것은 매년 매출액의 증가 추세는 년수에 거의 비례함을 나타낸다.

⑥ X와 Y의 양변이 log를 취하여 자료를 변형시킨후 log $\widehat{Y}_i = a + b$ log X의 모형을 회귀분석한 후 기울기 b를 구하면 이것이 구하는 매출액의 증가율이다.

14.11 ① 생략

② $\widehat{Y}_i = 237.14 - 25.179X_i$

잔존가치는 매년 절대액으로 25.179만원씩 감소하고 있다.

③ $R^2 = 0.9734$, 표본상관계수 $r = 0.9866$

[제15장]

15.1 ① $\widehat{Y_i}=10.26+0.0635X_i$

② $R^2=0.9042,\quad r=0.9509$

③ i) $H_O: \beta_2 = 0$

$H_A: \beta_2 \neq 0$

ii) $\alpha=0.05$

iii) 임계치 $t_{(n-2),\frac{\alpha}{2}}=t_{6,0.025}=2.447$

$-2.447 \leq t \leq 2.447$ 이면 H_O 채택

$t > 2.447$ 또는 $t < -2.447$ 이면 H_O 기각

iv) t통계량$=\dfrac{\widehat{\beta_2}-\beta_2}{SE(\widehat{\beta_2})}=\dfrac{0.00635}{0.0084}=7.526$ 이므로

H_O 를 기각하는 구간에 속함.

여기서 $\sqrt{\dfrac{S^2}{\sum x_i^2}}=\sqrt{\dfrac{\left(\dfrac{SSE}{n-2}\right)}{\sum x_i^2}}$

의 공식에서 구함. $n=8$.

v) H_O를 기각

④

$\widehat{\beta_2}-t_{(n-2),0.005}\cdot SE(\widehat{\beta_2}) \leq \beta_2 \leq \widehat{\beta_2}+t_{(n-2),0.005}\cdot SE(\widehat{\beta_2})$

$\widehat{\beta_2}=0.0635,\ t_{(n-2),0.005}=t_{6,0.005}=3.707$

$SE(\widehat{\beta_2})=0.0084$ 이므로

$$0.0635-3.707\times0.0084 \le \beta_2 \le 0.0635+3.707\times0.0084$$

$$0.0635-0.0311 \le \beta_2 \le 0.0635+0.0311$$

$$\therefore\ 0.0324 \le \beta_2 \le 0.0946$$

⑤ $\widehat{Y_i}=10.26+0.0635X_i$

$X_i=400,\quad \widehat{Y_o}=10.26+0.0635\times400$

$\qquad\qquad\qquad =35.66$

$S_o=S_e\sqrt{\dfrac{1}{n}+\dfrac{(X_O-\overline{\mathrm{X}})^2}{\sum X_i^2}}$ 에서 $S_e=\sqrt{\dfrac{SSE}{n-2}}$

$\therefore\ S_e=\sqrt{\dfrac{340.58}{6}}=\sqrt{56.7638}=7.534$

$\sum x_i^2=\sum(X_i-\overline{\mathrm{X}})^2=796.4,\quad \overline{\mathrm{X}}=590$

$\therefore$

$$S_o=7.534\sqrt{\frac{1}{8}+\frac{(400-590)^2}{796.4}}=7.534\times\sqrt{45.454}$$

$$=7.534\times6.742=50.79$$

$\therefore\ E(Y_O)$의 95% 신뢰구간은

$$\widehat{Y_o}-t_{6,0.025}\cdot S_o \le E(Y_o) \le \widehat{Y_o}+t_{6,0.025}\cdot S_o$$

$$35.66-2.447\times50.79 \le E(Y_O) \le 35.66+2.447\times50.79$$

$$\therefore\ 35.66-124.28 \le E(Y_O) \le 35.66+124.28$$

$$\therefore\ -88.62 \le E(Y_O) \le 159.94$$

15.3 ① $\widehat{Y_i}=23.388-0.3265X_i$

② $SSE=161.265,\quad S_e^2=\dfrac{SSE}{n-2}=\dfrac{161.265}{4}=40.32$

③ $R^2=0.1512$, $r=0.3888$

④ 분산분석표

제곱합	자유도	평균제곱	F값
SSR(=28.73)	1	28.73	0.7125
SSE(=161.2653)	4	40.32	
SST(=189.99)	5		

F 검정

i) $H_O: \beta_2 = 0$

$H_A: \beta_2 \neq 0$

ii) $\alpha=0.05$

iii) F임계치 $=F_{1,4,0.05}=7.71$

$F \leq 7.71$ 이면 H_O 채택

$F > 7.71$ 이면 H_O 기각

iv) 분산분석표에서 F값이 0.7125 이므로 H_O를 채택

따라서 β_2는 0이 아니라고 할 수 없다.

즉 X는 Y의 변화를 설명하지 못한다.

15.5 문제 14-6의 표본회귀식은 $\widehat{Y}_i=14.686+0.5986X_i$

$n=6$, $df=4$

① t 검정

i) $H_O: \beta_2 = 0$

$H_A : \beta_2 \neq 0$

ii) $\alpha = 0.01$

iii) t 임계치 $t_{4,0.005} = 4.604$

$-4.604 \leq t \leq 4.604$ 이면 H_O 채택

$t > 4.604$ 또는 $t > -4.604$ 이면 H_O 기각

iv)

$$t값 = \frac{\widehat{\beta_2} - \beta_2}{SE(\widehat{\beta_2})}, \qquad SE(\widehat{\beta_2}) = \sqrt{\frac{\frac{SSE}{4}}{\sum x_i^2}}$$

$$= \frac{0.5986 - 0}{0.0827} = 7.238$$

v) 따라서 H_O기각, 즉 β_2 는 0이라고 할 수 없다.

② F 검정

i)

$H_O : \beta_2 = 0$

$H_A : \beta_2 \neq 0$

ii) $\alpha = 0.01$

iii) F 임계치 $F_{1,4,0.01} = 21.2$

$F \leq 21.2$이면 H_O 채택

$F > 21.2$이면 H_O 기각

iv)

$$F통계량 = \frac{SSR/1}{SSE/4} = \frac{R^2/1}{(1-R^2)/4}$$

$$= \frac{0.9291/2}{(1-0.9291)/4} = 52.39$$

v) 따라서 H_O 기각, 즉 β_2 는 0이라 할 수 없다.

③ β_2 에 관한 95% 신뢰구간

$$\widehat{\beta_2} - t_{4,0.025} \cdot SE(\widehat{\beta_2}) \le \beta_2 \le + t_{4,0.025} \cdot SE(\widehat{\beta_2})$$

$$0.5986 - 2.776 \times 0.0827 \le \beta_2 \le 0.5986 + 2.776 \times 0.0827$$

$$0.5986 - 0.2296 \le \beta_2 \le 0.5986 + 0.2296$$

$$\therefore\ 0.369 \le \beta_2 \le 0.08282$$

15.7 $n = 27,\quad r = 0.92,\quad S_e = 15$

이므로 $R^2 = r^2 = (0.92)^2 = 0.8464$

$$S_e^2 = \frac{SSE}{n-2} = 15^2 = 225$$

$\therefore$ ① $SSE = 225 \times 25$ [즉 $S_e^2 \times (n-2) = SSE$]

$= 5,625$

$SST = SSR + SSE$ 이므로

$1 = \frac{SSR}{SST} + \frac{SSE}{SST}$, $R^2 = \frac{SSR}{SST}$ (= 0.8464)을 앞의 식에 대입하면

$$1 = 0.8464 + \frac{5,625}{SST}$$

$\therefore\ SST = 36,621.09$

따라서 $SSR = 30,996.09$ $(\because\ SSR = R^2 \times SST)$

② $R^2 = 0.8464$

15.9 ① 생략

② $\widehat{Y}_i = 3.3975 - 0.2948X_i$

즉 실업률이 한 단위(%)늘 때마다 이직율은 0.29% 만

큼 감소한다.

③ $R^2 = 0.6090$, $r = 0.7804$

$R^2 = 0.6090$은 실업률의 변화가 이직률의 변화를 약 61%정도 설명함을 나타내며 상관관계수가 0.7804라는 것은 이직률과 실업률은 비교적 선형에 가까운 상관관계를 나타내고 있음을 보여주고 있다.

④

(1) t 검정

i) $H_O : \beta_2 = 0$

$H_A : \beta_2 \neq 0$

ii) $\alpha = 0.05$

iii) t 임계치 $t_{5,0.025} = 2.571$

$-2.571 \leq t \leq 2.571$ 이면 H_O 채택

$t > 2.571$ 또는 $t < -2.571$이면 H_O 기각

iv)

$$t\text{통계량} = \frac{\widehat{\beta_2} - \beta_2}{SE(\widehat{\beta_2})}, \qquad SE(\widehat{\beta_2}) = \sqrt{\frac{\frac{SSE}{n-2}}{\sum x_i^2}}$$

여기서 $\widehat{\beta_2} = -0.2948$, $SE(\widehat{\beta_2}) = 0.1056$

$$\therefore\ t = \frac{-0.2948 - 0}{0.1056} = -2.791$$ 이므로 H_O 기각

v) 위의 t 값은 H_O를 기각하는 영역임. 따라서 실업율의 변화는 이직율의 변화를 설명하지 못한다고 할 수 없다.

(2) F 검정

i) H_O: $\beta_2 = 0$

H_A: $\beta_2 \neq 0$

ii) $\alpha = 0$

iii) F 임계치 $F_{1,5,0.05} = 6.61$

$F \leq 6.61$이면 H_O 채택

$F > 6.61$이면 H_O 기각

iv)

$$F\text{통계량} = \frac{SSR/1}{SSE/5} = \frac{R^2/1}{(1-R^2)/5}$$
$$= \frac{0.6090/1}{(1-0.6090)/5} = 7.787$$

이 값은 H_O를 기각하는 영역이므로 실업률은 이직율의 변화에 유의하다고 할 수 있다.

⑤ β_2 의 95% 신뢰구간

$$\widehat{\beta_2} - t_{5,0.025} \cdot SE(\widehat{\beta_2}) \leq \beta_2 \leq \widehat{\beta_2} + t_{5,0.025} \cdot SE(\widehat{\beta_2})$$

$$-0.2948 + 2.571 \times 0.1056 \leq \beta_2 \leq -0.2948 + 2.571 \times 0.1056$$

$$\therefore \ -0.2948 - 0.2715 \leq \beta_2 \leq -0.2948 + 0.2715$$

$$\therefore \ -0.5663 \leq \beta_2 \leq -0.0233$$

[제16장]

16.1 분산분석표

변동	제곱합	자유도	평균편차	F
처리	120	4	30	5
잔차	60	10	6	
계	180	14		

16.3 A, B, C, D의 평균을 구하면

각각 $\overline{X_1}=5.25$, $\overline{X_2}=3.88$, $\overline{X_3}=4.5$, $\overline{X_4}=4.63$

① 처리내의 변동(=SSE)

A :

$(6-5.25)^2+(5.5-5.25)^2+(4.5-5.25)^2+(5-5.25)^2=1.24$

B :

$(4.5-3.88)^2+(3-3.88)^2+(4-3.88)^2+(4-3.88)^2=1.2$

C :

$(5-4.5)^2+(5.5-4.5)^2+(4.0-4.5)^2+(3.5-4.5)^2=2.52$

D :

$(5.5-4.63)^2+(5-4.63)^2+(3.5-4.63)^2+(4.5-4.63)^2=2.2$

$\therefore\ SSE=1.24+1.2+2.52+2.2=7.16$

② 전체평균이 4.57이므로

처리간의 변동 (= SS_T)

$$4(5.25-4.57)^2+4(3.88-4.57)^2+4(4.5-4.57)^2$$
$$+4(4.63-4.57)^2=3.788$$

따라서 분산분석에 의해 가설검정을 하면 다음과 같다.

i) $H_O: \mu_1=\mu_2=\mu_3=\mu_4$

H_A: 체중이 상이하다.

ii) $\alpha=0.05$

iii) F 임계치 $F_{(k-1),(N-K),\alpha}=F_{3,12,0.05}=3.49$

$F\leq 3.49$ 이면 H_O 채택

$F>3.49$ 이면 H_O 기각

iv)
$$F\text{통계량}=\frac{\frac{SS_T}{(k-1)}}{\frac{SSE}{(N-k)}}=\frac{MS_T}{MSE}$$

$$=\frac{\frac{3.788}{3}}{\frac{(7.16)}{12}}=\frac{1.263}{0.5967}$$

$$=2.117$$

v) 따라서 H_O를 채택하는 영역에 속하므로 H_O 채택.

즉 서로 다른 이유식의 성능은 차이가 없다.

16.5 A, B, C 의 평균을 구하면

각각 $\overline{X_1}=16$, $\overline{X_2}=13.5$, $\overline{X_3}=15.5$

① 처리내의 변동(=SSE)

A :

$$(18-16)^2+(12-16)^2+(15-16)^2+(19-16)^2=30$$

B :

$(14-13.5)^2+(17-13.5)^2+(10-13.5)^2+(13-13.5)^2=25$

C :

$(15-15.5)^2+(12-15.5)^2+(16-15.5)^2+(19-15.5)^2=25$

$\therefore\ SSE=30+25+25=80$

ii) 전체평균은 15이므로

처리간의 변동(SS_T)

$=4(16-15)^2+4(13.5-15)^2+4(15.5-15)^2=14$

① 따라서 위의 결과를 바탕으로 분산분석표를 작성하면 다음과 같다.

변동	제곱의 합	자유도	평균편차	F
처리	14	2	7	0.787
오차	80	9	8.89	
계	94	11		

② i) H_O: $\mu_1=\mu_2=\mu_3$

H_A: 모평균이 상이하다.

ii) $\alpha=0.05$

iii) F 임계치 $F_{2,9,0.05}=4.26$

$F\leq 4.26$이면 H_O 채택

$F>4.26$이면 H_O 기각

iv) F값이 0.787이므로 H_O를 채택

v) 따라서 모평균이 상이하다고 할 수 없다.

16.7 분산분석표

변동	제곱의 합	자유도	평균편차	F
처리	27	4	6.75	1
오차	135	20	6.75	
계	162	24		

가설검정

i) $H_O: \mu_1 = \mu_2 = \mu_3 = \mu_4 = \mu_5$

H_A: 모평균이 상이하다.

ii) $\alpha = 0.05$

iii) F 임계치 $F_{4,20,0.05} = 2.87$

$F \leq 2.87$ 이면 H_O 채택

$F > 2.87$ 이면 H_O 기각

iv) F값이 1 이므로 H_O를 채택

v) 모평균이 상이하다고 할 수 없다.

[제17장]

17.1 생략

17.3

년도	원시계열(X_t)	$N=3$ 이동평균계열(M_1)	$N=5$ 이동평균계열(M_2)
1985	252	—	—
1986	320	329.0	—
1987	415	361.7	353.4
1988	350	398.3	407.0
1989	430	433.3	436.0
1990	520	471.7	465.0
1991	465	515.0	525.0
1992	560	558.3	583.0
1993	650	643.3	583.0
1994	720	630.0	616.0
1995	520	623.3	666.0
1996	630	653.3	684.0
1997	810	726.7	—
1998	740	—	—

시계열 그래프 : 생략

17.5 ①

분기	원시계열(Y_t)	$N=3$ 이동평균계열(M_1)	$N=5$ 이동평균계열(M_2)
90.1	67	—	—
90.2	96	89.0	—
90.3	105	94.3	92.0
90.4	82	99.0	104.0
91.1	110	106.0	111.2
91.2	127	123.0	104.2
91.3	132	109.7	117.8
91.4	70	117.3	125.0
92.1	150	122.0	134.4
92.2	146	156.7	132.4
92.3	174	147.3	159.2
92.4	122	166.7	174.2
93.1	204	183.7	197.4
93.2	225	230.3	204.6
93.3	262	232.3	—
93.4	210	—	—

3항 이동평균계열(M_1)은 5항 이동평균계열(M_2)보다 결항의 수는 작으나 평활도는 5항 이동평균계열보다 낮다.

②

분기	원시계열(Y_t)	$\alpha=0.3$ 이동평균계열(S_1)	$\alpha=0.7$ 이동평균계열(S_2)
90.1	67	67	67
90.2	96	95.8	87.3
90.3	105	98.56	99.69
90.4	82	93.59	87.31
91.1	110	98.51	103.19
91.2	127	107.06	119.86
91.3	132	114.54	128.36
92.1	150	115.83	131.25
92.2	146	124.88	141.58
92.3	174	139.62	164.27
92.4	122	134.33	134.68
93.1	204	155.23	183.20
93.2	225	176.16	212.46
93.3	262	201.91	247.14
93.4	210	204.34	221.14
91.4	70	101.18	87.51

지수평활계수가 클수록 지수평활계열은 원시계열에 근접하게 된다.

③ 생략

[제18장]

18.1 이 문제에서 "H_O는 나이와 사고건수는 관계가 없다."

H_A는 나이와 사고건수는 관계가 있다. 이다.

관찰도수와 기대도수를 분할표에 나타내어 정리하면 다음과 같다. 기대도수는 괄호 안에 표시하였음.

나이 / 사고건수	20대	30-40대	50대 이상	계	비율
0	8(14.4)	12(12.6)	25(18)	45	0.45
1	15(9.6)	8(8.4)	7(12)	30	0.30
1이상	9(8)	8(7.0)	8(10)	25	0.25
계	32	28	40	100	

$$\chi^2\text{통계량} = \sum \frac{(\text{관찰도수} - \text{기대도수})^2}{(\text{기대도수})}$$

$$= \frac{(8-14.4)^2}{14.4} + \frac{(15-9.6)^2}{9.6} + \frac{(9-8)^2}{8}$$

$$+ \frac{(12-12.6)^2}{12.6} + \frac{(8-8.4)^2}{8.4} + \frac{(8-7)^2}{7}$$

$$+ \frac{(25-18)^2}{18} + \frac{(7-12)^2}{12} + \frac{(8-10)^2}{10}$$

$$= 2.84 + 3.04 + 0.125 + 0.029 + 0.019$$

$$+ 0.143 + 2.72 + 2.083 + 0.4$$

$$= 11.4$$

자유도 = (r-1)(c-1), r : 행의 수

c : 열의 수

=2×2=4

∴ 임계치 $\chi^2_{4,\ 0.05} = 9.488$

∴ $\chi^2 \leq 9.488$이면 H_O 채택

$\chi^2 > 9.488$이면 H_O 기각

χ^2 통계량이 11.4 이므로 H_O 기각

따라서 나이와 사고 건수는 관계가 없다고 할 수 없다.

18.3 H_O : 주사위가 공정하다.

H_A : 주사위가 공정하지 않다.

눈금	관찰도수	기대도수
1	13	15
2	20	15
3	18	15
4	12	15
5	10	15
6	15	15

주사위의 특정 눈금이 나올 확률은 모두 $\frac{1}{6}$씩이므로 각 눈금의 기대도수는 $90 \times \frac{1}{6} = 15$이다. 따라서 χ^2 통계량을 구하면

$$\chi^2\text{통계량} = \frac{(13-15)^2}{15} + \frac{(20-15)^2}{15} + \frac{(18-15)^2}{15} + \frac{(12-15)^2}{15} + \frac{(10-15)^2}{15} + \frac{(15-15)^2}{15}$$

$$= 0.27 + 1.67 + 0.6 + 0.6 + 1.67 + 0 = 4.81$$

자유도는 5(=6-1)이고 임계치는

$\chi^2_{5,\ 0.05} = 11.07$이다.

$\chi^2 \leq 11.07$이면 H_O 채택

$\chi^2 > 11.07$이면 H_A 기각

χ^2 통계량이 4.81이므로 H_O 채택, 따라서 주사위의 각면은 공정하다고 할 수 있다.

18.5 두 회사 제품을 관찰치의 크기순으로 나열하면 다음과 같다.

관찰치	(220)	245	(270)	286	294	(320)	356	(360)	(400)	410
순위	1	2	3	4	5	6	7	8	9	10

(　　)표는 A 회사 제품의 관찰치임 A, B 회사 관찰치의 순위합을 각각 $R_{A,}$ R_B라고 하면

$R_A = 1+3+6+8+9 = 27$

$R_B = 2+4+5+7+10 = 28$

여기서 검정하고자 하는 가설은

H_O : 두 회사 전구의 수명은 같다.

H_A : 두 회사 전구의 수명은 다르다.

이다. 윌콕슨 순위합 검정표에서 $n_1 = 5$, $n_2 = 5$일 때 표본의 수가 두 회사 모두 같으므로 A회사의 순위합 27은 임계치($\alpha = 0.05$, 양측검정) 18과 37 사이의 값이므로 H_O를 채택, 따라서 두 회사 전구의 수명은 다르다고 할 수 없다.

18.7 관찰치를 크기순으로 나열하여 부호순위를 매기면 다음과 같다.

관찰치	48	52	53	56	57	59	64	68	72	77	82
차 이	-12	-8	-7	-4	-2	-1	4	8	12	17	22
부 호	-8.5	-6.5	-5	-3.5	-2	-1	3.5	6.5	8.5	10	11

검정 통계량인 양의 절대순위의 합 R은

$R = 3.5+6.5+8.5+10+11 = 39.5$

이다. 그러므로 윌콕슨 부호순위검정을 행하면 다음과 같다.

① $H_O : \mu = 60$

$H_A : \mu < 60$

② 유의수준 $\alpha = 0.05$

③ 검정통계량 R=39.5

④ 기각역 R>52 또는 R<14이므로 검정통계량 39.5은 H_0를 채택하는 구간에 속하므로 H_0를 채택, 따라서 모평균이 60점 이하라고 할 수 없다.

찾아보기

[ㄱ]

가설검정 192
검정기준(test criterion) 194
검정통계량 197
결정계수(coefficient of determination) 275, 308
결합확률분포(joint probability distribution) 67
계절 변동(seasonal variation) 332
공분산(covariance) 80, 279
공집합(empty set) 45
관찰도수(observed frequency) 345
교집합(intersection) 44
구간추정(interval estimation) 154
귀무가설(null hypothesis) 192, 316
기대도수(expected frequency) 345
기대치(expected value) 73
기하분포(geometric distribution) 105

[ㄴ, ㄷ]

누적도수(cumulative frequency) 15
누적상대도수(cumulative relative frequency) 15
누적확률(cumulative probability) 66
다중공선성(multicollinearity) 308
다중회귀분석 306
다중회귀분석(multiple regression analysis) 259
단순상관계수(simple correlation coefficient) 284
단순회귀분석(simple regression analysis) 259
단측검정(one tail test) 193, 246
대립가설(alternative hypothesis) 192, 316
도수분포(frequency distribution) 7
독립변수(independent variable) 258
독립성 검정 346
독립적(independent) 81
동시발생주의(equally likely priniple) 43

[ㅁ]

모 상관 계수 279
모비율 167
모수(parameter) 4
모집단 137
모회귀선(population regression line) 261
무작위 표본(random sample) 4
범위(range) 33
베르누이 분포(Bernoulli distribution) 96
베르누이 시행(Bernoulli trial) 96
베이즈 정리(Bayes' theorem) 52
변동(variation) 272
부분집합 45
부호(sign) 344

분산(variance) 76, 223
분산도(dispersion) 26, 32, 34
분산분석 298, 316
분포(distribution) 7
분할표 345
불규칙 변동(irregular variation) 332
불편성 159
불편성(unbiasedness) 156, 159
비대칭 분포(Skewed to the right) 31
비모수 통계학(non-parametric statistics) 344

[ㅅ]

산분편차(quartile deviation) 33
산술평균(arithmetic mean) 26
산포도(scatter diagram) 259
상관계수(correlation coefficient) 80, 280
상관분석(correlation analysis) 258, 279
상대도수(relative frequency) 7
상대빈도주의(relative frequency principle) 42
설명변수(explanatory variable) 258
소 표본 222
순위(rank) 344
순환 변동(cyclical variation) 332
시계열의 평활법(smoothing techniques of time series data) 335
신뢰구간(confidence interval) 154

[ㅇ]

양적인 변수(quantitative variable) 12
양측검정(two-tail test) 193, 245
여집합(complementary sets) 47
연속변수(continuous variable) 6
연속확률변수(continuous random variable) 70
연속확률분포(contiuous probability distribution) 62
예측자 295
오차제곱의 합(sums of squares of errors, SSE) 319
오차평균제곱(MSE) 299
오차효과(error effect) 316
원소(element) 44
윌콕슨 부호순위검정(Wilcoxon) 354
윌콕슨 순위합 검정(Wilcoxon) 352
유의수준(level of significance) 195
이동평균법(moving average method) 335
이산변수(discrete variable) 6
이산확률분포(discrete probability distribution) 62
이항분포(binomial distribution) 97
일치성(consistency) 158, 159
임계치(critical value) 193, 212

[ㅈ]

절대도수(absolute frequendy) 7
점추정(point estimation) 154
정구분포(normal distribution) 112
조건부 확률(conditional probability) 49
중심극한정리(central limit theorem) 125
중심화 경향치(central tendency) 26
중앙값(median) 26
지수 평활법(exponential smoothing technique) 338
질적인 변수(qualitative variable) 12
집합(set) 44
집합성 검정 350

[ㅊ]

처리(treatment) 316
처리제곱의 합(sums of squares of treatment, SST) 319
처리효과(treatment effect) 316
체비셰프의 법칙(Chebyshev's rule) 37
초기화분포(hypergeometric distribution) 103
최빈값(mode) 26
최소자승법(ordinary least square estimation method ; OLSQ) 267
추세 변동(trend variation) 332
추정량(estimator) 154
추정치(estimate) 154
충족성 159
통계량(statistics) 4
통합분산(pooled variance) 227

[ㅍ]

편차(deviation) 272
평균 223
포아송 분포(Poisson distribution) 101
표본 167
표본분포 132, 137
표본상관계수(sample correlation coefficient) 282
표본오차항(residual) 264
표본평균 137
표본회귀모형(sample regression function) 264
표준정규분포 114
표준편차(standard deviation) 34

[ㅎ]

합집합(union) 44
항등분포(uniform distribution) 110
확률(probability) 42

확률밀도함수(probability density function) 71
확률변수(random of stochastic variables) 5, 60
확률분포(probability distribution) 8
확률함수(probability function) 70
확률화(randomization) 317
회귀분석(regression analysis) 258, 290
회귀선(goodness of fit) 271
회귀평균제곱(MSR) 299
효율성(efficiency) 157, 159

[기타]

t 검정 309
t-통계량 141, 212
x^2분포(Chi-Square)분포 144
1계 필요조건 267
F 분포 147
F검정 309
t분포 212

탁충습(卓忠習)

서울공대 졸업
미국 일리노이 주립대 대학원 경제학 석사
미국 텍사스 A&M대 대학원 경제학 박사
현 : 순천향대학교 사회과학대학 경제학부 교수

<논문> Inflation 목표와 통화정책의 유효성에 관한 연구 외 다수
<저서> 경제학원론(공저, 유풍출판사, 1995)
e-mail : cstark@sch.ac.kr
Tarkcs@hitel.net

경상계열을 위한
통계학의 이해

2004년 3월 2일 초 판 발행
2011년 3월 2일 개정판 3쇄 발행

저 자 / 탁충습
발행자 / 오판근
발행처 / 교우사

주 소 / 서울특별시 동대문구 약령시로 8 교우빌딩 2층
전 화 / 925-2861(代), 편집부 / 925-2825
팩 스 / 925-2860
E-mail / kyowoo@kyowoo.co.kr
http://www.kyowoo.co.kr

등록 / 1994. 3. 24 제6-0256호

ISBN 978-89-8172-438-2 (93310)

값 24,000원